冶金工业出版社

高职高专“十四五”规划教材

焊接方法及设备使用

主　编　郭玉利　张　发
副主编　赵世通　曹　慧

扫码看本书
数字资源

北　京
冶　金　工　业　出　版　社
2024

内容提要

本书以项目形式对焊接方法及设备使用进行了详细阐述，主要内容包括走进焊接、焊接电弧基础知识、热切割方法、焊条电弧焊、埋弧焊、熔化极气体保护焊、钨极惰性气体保护焊七个项目。每个项目又分为若干个任务，包含了焊接相关理论和常用焊接方法的基本知识及操作。

本书为高职高专院校智能焊接技术专业的教材，也可作为相关工程技术人员的参考书及广大自学者的自学用书。

图书在版编目(CIP)数据

焊接方法及设备使用/郭玉利，张发主编. —北京：冶金工业出版社，2024.2

高职高专“十四五”规划教材

ISBN 978-7-5024-9765-1

Ⅰ.①焊…　Ⅱ.①郭…　②张…　Ⅲ.①焊接工艺—高等职业教育—教材②焊接设备—高等职业教育—教材　Ⅳ.①TG4

中国国家版本馆 CIP 数据核字（2024）第 027300 号

焊接方法及设备使用

出版发行　冶金工业出版社　　**电　话**　(010)64027926
地　址　北京市东城区嵩祝院北巷 39 号　　**邮　编**　100009
网　址　www. mip1953. com　　**电子信箱**　service@ mip1953. com

责任编辑　杨　敏　美术编辑　吕欣童　版式设计　郑小利
责任校对　石　静　责任印制　禹　蕊
北京印刷集团有限责任公司印刷
2024 年 2 月第 1 版，2024 年 2 月第 1 次印刷
787mm×1092mm　1/16；17 印张；406 千字；259 页
定价 46. 00 元

投稿电话　(010)64027932　投稿信箱　tougao@cnmip. com. cn
营销中心电话　(010)64044283
冶金工业出版社天猫旗舰店　yjgycbs. tmall. com
(本书如有印装质量问题，本社营销中心负责退换)

前　言

传统的电弧焊技术自20世纪初被陆续发明以来，在焊接生产中的应用占比已超过70%。虽然各种高效焊接方法不断出现，传统焊接技术应用有所缩减，但是在大部分焊接领域还是占据着不可替代的位置。本书以常用的焊接方法为主线，在内容上融入国际焊工培训标准和中华人民共和国人力资源和社会保障部制定的《焊工国家职业标准》及轨道交通装备焊接1+X考核要求，与职业岗位需求紧密结合，充分体现“工学结合”“教、学、做”一体及“基于工作过程”的现代职业教育教学理念，是高职高专院校智能焊接技术专业核心课“焊接方法及设备使用”的配套教材。

本书充分考虑高职高专学生学习和认知特点，注重实践性、启发性。对焊接基础理论知识，以够用为原则，注重理论与实践相结合，用理论指导实践，通过实践技能的提高，强化对理论知识的理解和记忆。本书从企业生产实际出发，内容丰富，可操作性强，可极大提升学生的学习兴趣。

本书由郭玉利、张发担任主编，赵世通、曹慧担任副主编。具体编写分工为：项目一、项目二由张发编写，项目三、项目四、项目七由郭玉利编写，项目五由曹慧编写，项目六由赵世通编写。张顺、王鹏参与了部分内容的编写。

本书在编写过程中，得到了相关企业的大力支持，还参考了一些文献资料，在此一并表示衷心感谢。

由于编者水平所限，书中不足之处，敬请读者批评指正。

作　者

2023年11月

目　录

项目一　走进焊接

焊接是一种古老而又年轻的加工方法，远在我国古代，就有使用锻焊和钎焊的实例。根据文献记载，春秋战国时期，我们的祖先已经懂得以黄泥作助熔剂，用加热锻打的方法把两块金属连接在一起。到公元7世纪唐代时，已应用锡焊和银焊来焊接了，这比欧洲国家要早10个世纪。然而，目前工业生产中广泛应用的焊接方法却是19世纪末和20世纪初现代科学技术发展的产物。

随着冶金学、金属学以及电工学的发展，焊接工艺及设备的理论基础逐渐被完善；而冶金工业、电力工业和电子工业的进步，则为焊接技术的长远发展提供了有力的物质和技术条件。1885年，气体放电的电弧被发现；1930年，研究人员发明了涂药焊条电弧焊方法，并在此基础上发明了埋弧焊、钨极氩弧焊、熔化极氩弧焊以及CO_2气体保护焊等自动或半自动焊接方法。电阻焊则是在1886年发明的，此后逐渐完善为电阻点焊、缝焊和对焊方法，它几乎与电弧焊同时推向工业应用，逐步取代铆接，成为工业中广泛应用的两种主要焊接方法。到目前为止，又相继发明了电子束焊、激光焊等20余种基本方法和成百种派生方法，并且仍处于继续发展之中。

通过对焊接的定义、本质、特点的分析及对焊接方法种类的学习，使学生了解焊接技术在各行各业的应用状况及重要性，树立学生学习焊接技术的荣誉感和自豪感，增强学习兴趣，学好焊接本领，为中华民族伟大复兴事业不断奋斗。

任务一　焊接的定义、特点

一、焊接的定义及其本质

焊接就是通过加热或加压，或两者并用，并且用（或不用）填充材料，使焊件达到原子结合的一种加工方法。由于焊接是利用两个物体原子间产生的结合作用来实现连接的，连接后不能再拆卸，成为永久性连接。因此，通过焊接后，其连接材料不仅在宏观上建立了永久性联系，而且在微观上也建立了组织之间的内在联系。要形成牢固接头，建立组织之间的内在联系，就必须使分离的金属原子间产生足够大的结合力，对固体来说需要外部给予很大的能量，以使金属接触表面达到原子间的距离；另外，金属表面总是存在着氧化膜和其他污物，阻碍着两分离工件表面原子间的接近。为此，金属焊接时必须采用加热、加压或两者并用的方法以达到原子间的结合。被结合的部件可以是同类或不同类的金属、非金属（石墨、陶瓷、塑料等），也可以是金属与非金属。工业中应用最广泛的还是金属之间的结合，因此本书主要讲述金属的焊接。

二、焊接的特点

在工业生产中部件连接方法主要有螺栓连接、铆钉连接、粘接和焊接。前几种都是机械连接，是可拆卸的，而焊接则是不可拆卸的连接，具有节省材料、减轻结构重量、密封性好、工艺过程简单、产品质量高等优点，同时焊接过程也易实现机械化和自动化，发展非常迅速，已成为大型金属结构制造中必不可少的加工手段。

（1）与其他连接方法相比，焊接主要具有下列优点：

1）焊接可节省金属材料，接头强度高。与铆接相比，某些焊接结构可以节省10%～20%的金属材料，从而减轻了结构的重量；与粘接相比，焊接具有较高的强度，焊接接头的承载能力可以达到与焊件材料相同的水平。

2）接头质量好。焊接接头不仅强度高，而且其他性能（物理性能、耐热性能、耐腐蚀性能及密封性）都能够与焊件材料相匹配。

3）焊接工艺过程比较简单，生产率高。焊接既不需像铸造那样要进行制作木型、造砂型、熔炼、浇铸等一系列工序，也不像铆接那样要开孔、制造铆钉等，因而缩短了生产周期。

4）焊接方法利用率高。焊接可以化大为小，并能将不同材料连接成整体；还可将不同种类的毛坯连成铸-焊、铸-锻-焊复合结构，从而充分发挥材料的潜力，提高设备利用率，用较小的设备制造出大型的产品。

（2）焊接的缺点：

1）焊接往往导致焊接接头组织和性能发生改变，如控制不当会严重影响结构件的质量。

2）焊缝及热影响区因工艺或操作不当会产生多种缺陷，使结构承载的能力下降。

3）焊接使工件产生残余应力和变形，影响产品质量。

任务二　焊接方法的分类及在现代工业中的应用

一、焊接方法的分类

目前，在工业生产中应用的焊接方法已达百余种。根据焊接过程特点可将焊接方法分为熔焊、压焊和钎焊三大类，每大类又可按不同的方法细分为若干小类，如图1-1所示。

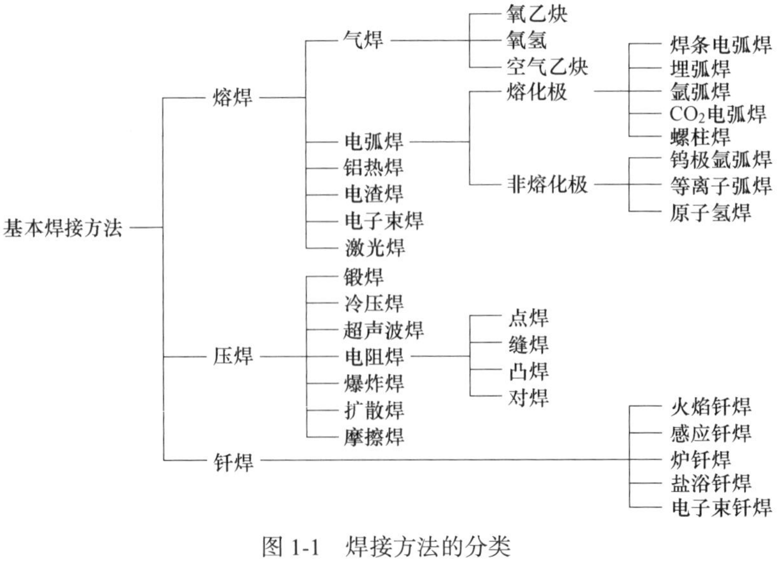

图1-1　焊接方法的分类

（1）熔焊：又叫熔化焊，是将待焊处的母材金属熔化形成焊缝的焊接方法，是一种最常见的焊接方法。实现熔焊的关键是要有一个能量集中、温度足够高的局部热源。若温度不够高，则无法使材料熔化；而能量集中程度不够，则会加大热作用区的范围，徒然增加能量损耗。按所使用热源的不同，熔焊可分为电弧焊（以气体导电时产生的电弧热为热源，以电极是否熔化为特征分为熔化极电弧焊和非熔化极电弧焊两大类）、气焊（以乙炔或其他可燃气体在氧中燃烧的火焰为热源）、铝热焊（以铝热剂的放热反应产生的热为热源）、电渣焊（以熔渣导电时产生的电阻热为热源）、电子束焊（以高速运动的电子流撞击工件表面所产生的热为热源）、激光焊（以激光束照射到工件表面而产生的热为热源）等若干种。

熔焊时，为了避免焊接区的高温金属与空气相互作用而使接头性能恶化，在焊接区要实施保护。保护的方法通常有造渣、通保护气体和抽真空三种。因此，保护形式常常是区分熔焊方法的另一个特征。

（2）压焊：是指在加热或不加热状态下，对焊件施加一定压力，使其产生塑性变形或熔化，并通过再结晶和扩散等作用，使两个分离表面的原子达到形成金属键而连接的焊接方法。为了降低加压时材料的变形抗力，增加材料的塑性，压焊时在加压的同时常伴随加热措施。

按所施加焊接能量的不同，压焊的基本方法可分为：电阻焊（包括点焊、缝焊、凸焊、对焊）、摩擦焊、超声波焊、扩散焊、冷压焊、爆炸焊和锻焊等。

（3）钎焊：采用比母材熔点低的金属材料作钎料，将焊件和钎料加热到高于钎料熔点低于母材熔点的温度，利用液态钎料润湿母材，填充接头间隙，并与母材互相扩散实现连接焊件的方法，称为钎焊。钎焊时，通常要仔细清除工件表面的氧化膜和污物，以利于毛细管在钎料熔化后发挥作用，增加钎料的润湿性，这就需要采用钎剂。

钎焊时必须加热熔化钎料（但工件不熔化）。按热源的不同可分为火焰钎焊、感应钎焊（以高频感应电流流过工件产生的电阻热为热源）、炉钎焊（以电阻炉辐射热为热源）、盐浴钎焊（以高温盐熔液为热源）和电子束钎焊等。也可按钎料的熔点不同分为硬钎焊（熔点 450 ℃以上）和软钎焊（熔点在 450 ℃以下）两类。钎焊时通常要进行保护，如抽真空、通保护气体和使用钎剂等。

二、焊接在现代工业和生活中的应用

焊接技术由于以上优点，在航空航天、机械制造、石油化工、交通能源、冶金、电子等行业中都得到了广泛的应用，几乎涵盖了国民经济生活的各个领域，如锅炉、船舶、桥梁、建筑、管道、车辆、起重机、海洋结构、冶金设备制造；重型机械和冶金设备中的机架、底座、箱体、轴、齿轮等机器零件（或毛坯）制造；铸、锻件的缺陷和局部损坏的修补等，具体应用如图 1-2 所示。

据统计，在工业发达的国家，焊接结构所用钢材约占钢材总产量的 50%以上。特别是焊接技术发展到今天，几乎所有部门（如机械制造、石油化工、交通能源、冶金、电子、航空航天等）都离不开焊接技术。在人类发展史上，留下辉煌篇章的国家体育场（又称“鸟巢”）钢结构焊接工程、三峡水利工程、西气东输工程等均采用了焊接结构。以西气东输工程项目为例，全长约 4300 km 的输气管道，焊接接头的数量竟达 35 万个以

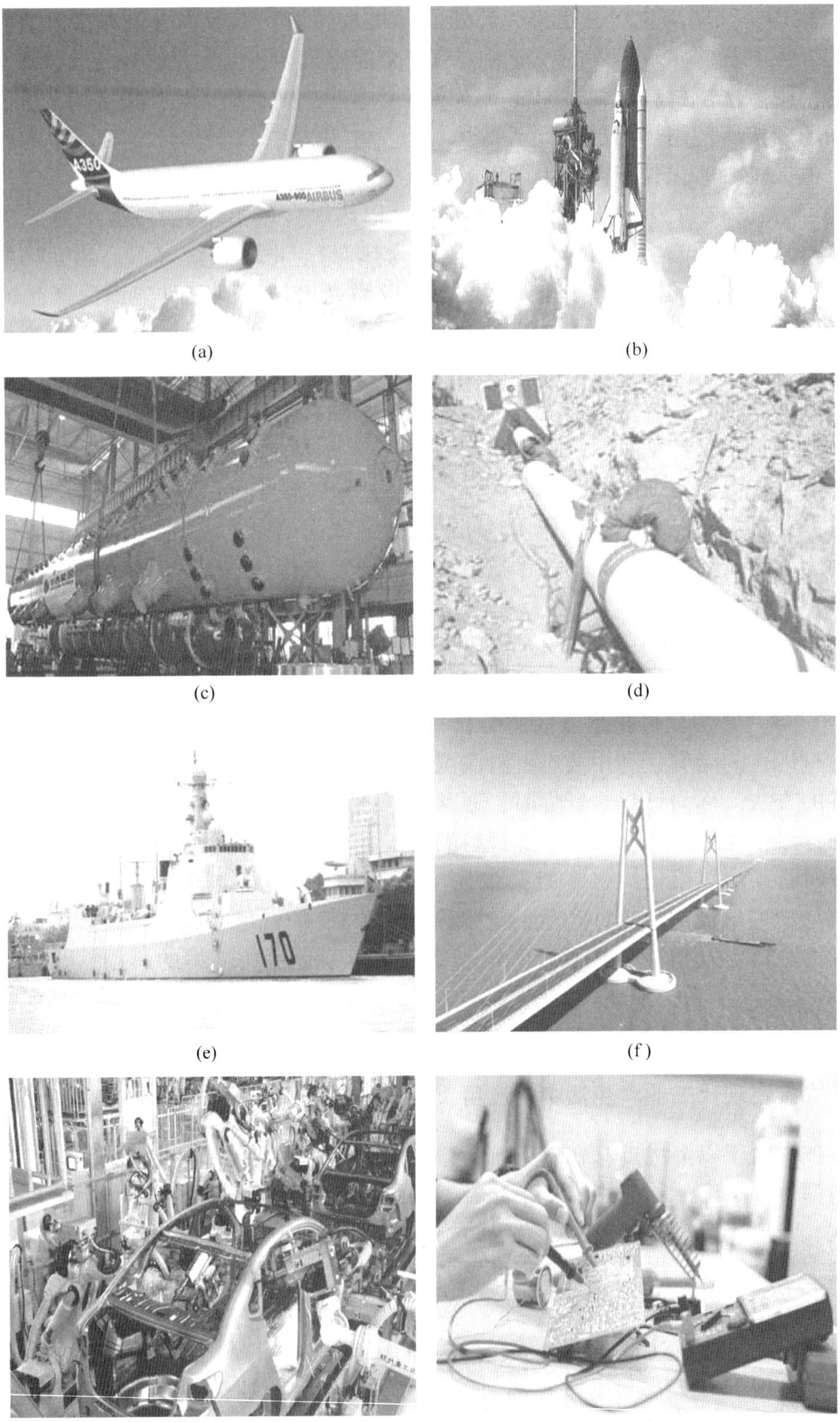

(a)　(b)　(c)　(d)　(e)　(f)　(g)　(h)

图 1-2　焊接的应用

(a) 航空；(b) 航天；(c) 锅炉汽包；(d) 管道运输；(e) 船舶；(f) 桥梁；(g) 汽车；(h) 电子零件

上，整个管道上的焊缝的长度多达51.5万千米。因此可以这样说，焊接技术的发展水平是衡量一个国家科学技术进步程度的重要标志之一，没有现代焊接技术的发展，就不会有现代工业和科学技术的今天。

随着工业生产的发展，对焊接技术提出了多种多样的要求。如对焊接产品的使用方面，提出了动载、强韧、高压、高温、低温和耐蚀等多项要求；从焊接产品结构形式上，提出了焊接厚壁零件到精密零件的要求；从焊接材料的选择上，提出了焊接各种钢铁材料和非铁金属（除钢铁之外的其他金属称为非铁金属）的要求。具体地说，在造船和海洋开发中，要求解决大面积拼板、大型立体框架结构的自动焊以及各种低合金高强度钢的焊接问题；在石油化学工业的发展中，要求解决耐高温、低温以及耐各种腐蚀性介质的压力容器制造问题；在航空工业及空间开发中，要求解决大量铝、钛等轻合金结构的制造问题；在重型机械工业中，要求解决大截面构件的焊接问题；在电子及精密仪表工业中，则要求解决微型精密零件的焊接问题。总之，一方面由于工业生产的发展对焊接技术提出了更高要求，另一方面由于科学技术的发展又为焊接技术的进步开拓了新的途径。为适应我国现代化建设的需要，相信焊接技术必将得到更迅速的发展，并在工业生产中发挥更重要的作用。

习　题

一、填空题

1. 与铆接相比，焊接可以______；与粘接相比，焊接具有______的强度。
2. 根据焊接方法的______可将其分为______、______和______三大类。
3. 按热源的不同钎焊可分为______、______、______、______和______等，也可按钎料的熔点不同分为______和______两类。

二、简答题

1. 什么是焊接，实现焊接的适当的物理化学过程指的是什么？
2. 焊接与其他连接方法相比其优越性是什么？
3. 焊接方法怎样分类，熔焊、压焊、钎焊各有什么特点？
4. 熔焊时为什么要实施保护，常用的保护方法有哪些？

项目二　焊接电弧基础知识

本书所涉及的几种最常用的焊接方法和热切割方法主要都是以焊接电弧作热源的，因此必须深入了解焊接电弧的物理本质和各种特性，了解在电弧热作用下焊丝的熔化与熔滴过渡的特点，了解在电弧热作用下母材熔化与焊缝成形之间的关系。只有充分了解了焊接电弧的物理基础、焊接电弧的导电特性、焊接电弧的工艺特性、焊丝的加热和熔化特性、熔滴上的作用力、熔滴过渡的主要形式及特点，才能更好地分析焊缝形状与焊缝质量的关系，分析焊接工艺参数对焊缝成形的影响，分析焊接过程中常见工艺缺陷的产生原因，提出解决问题的方法。

电弧能够有效而简便地通过弧焊电源把电能转换成热能和机械能来实现工件的焊接和切割，因此学好焊接电弧基础知识是学好各种电弧焊和热切割技术的基础和保证。

任务一　焊 接 电 弧

我们在日常生活中经常可以看到气体放电现象。例如：切断电源时，闸刀刚刚离开接触处的瞬间或接通电源时的瞬间，往往在电源插头处产生明亮火花，这就是气体放电的现象；在夏天，我们常看到天空中的闪电，这也是一种气体放电现象。在两电极之间的气体介质中，强烈而持久的放电现象称为电弧。电弧放电时会产生高温（温度可达 6000 ℃）和强光。人类认识了这种现象，并将其应用于工业生产和日常生活中。电弧的高热可用以进行电弧焊接、电弧切割、碳弧气刨以及电弧炼钢等；电弧的强光能用于照明（如探照灯）或用弧光灯放映电影等。通常把由焊接电源供给的、具有一定电压的两电极间或电极与焊件间，在气体介质中产生的强烈而持久的放电现象，称为焊接电弧。

一、焊接电弧的物理基础

焊接电弧是指在一定条件下，两电极之间产生的强烈持久的气体放电现象。焊接电弧不同于一般电弧，它有一个从点到面的轮廓，点是电弧电极的端部，面是电极覆盖工件的面积。电弧由电极端部扩展到工件，其温度分布是不一致的，从横截面来看，温度是从外层向电弧中心渐渐升高的；从纵向来看，弧柱区的温度最高，阳极区和阴极区的温度低于弧柱区，如图 2-1 所示。焊接电弧就是借助于这种气体放电形式将电能转换为热能、机械能和光能。焊接主要是利用其热能和机械能来达到连接金属的目的。

（一）电弧放电的条件

正常状态下的气体是由中性分子或原子组成的，不含带电粒子，所以不导电，是良好的绝缘体。两电极间气体导电必须具备两个条件：一是产生带电粒子；二是两电极间有电场。带电粒子在电场作用下运动，形成电流，从而使两极之间形成电弧。电弧放电的特点是电流密度大、阴极压降低、温度高、发光度强等。

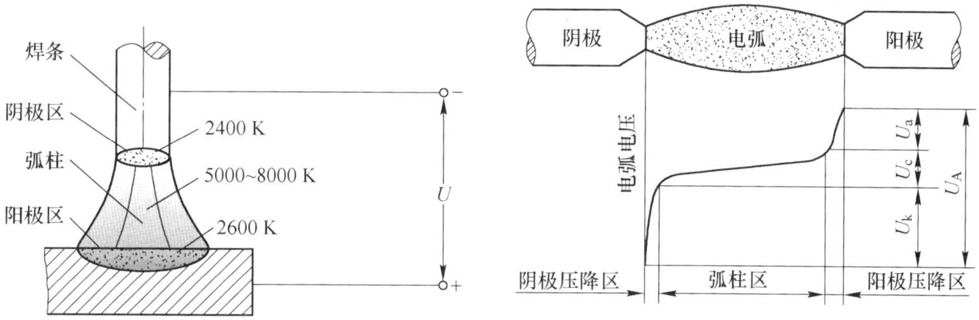

图 2-1　电弧及各区域的电场强度分布示意图

（二）电弧中带电粒子的产生

电弧中的带电粒子主要由两电极之间的气体电离和阴极电子发射两个物理过程所产生，同时伴随着解离、激励、扩散、复合、负离子的产生等过程。

1. 气体的电离

（1）电离：在外加能量作用下，中性气体分子或原子分离成正离子和电子的过程称为电离。气体电离的实质是中性的分子或原子在获得足够的外部能量后使电子脱离原子核的束缚而成为自由电子和正离子的过程。

（2）电离种类：电弧中气体粒子的电离因外加能量种类的不同可分为三类：

1）热电离：气体粒子受热的作用相互碰撞而产生的电离称为热电离。气体温度越高，气体粒子的平均运动速度也越快，动能越大。在温度一定时，气体粒子质量越小，其运动速度也越快。由于粒子的热运动是无规则的，它们将发生频繁的碰撞，若粒子的运动速度足够高，粒子之间将发生非弹性碰撞，引起中性气体粒子的电离。因此热电离的实质是由于温度升高使气体粒子热运动加剧，通过碰撞而产生带电粒子的一种电离过程。

热电离时的电离度与温度、气体压力及气体的电离电压有关。随温度的升高，压力的减少及电离电压的减小，电离度随之增加。

2）场致电离：在两电极间的电场作用下，带电粒子的运动被加速，使电能转换为带电粒子的动能。当动能足够大时，与中性粒子产生非弹性碰撞而使之电离。这种带电粒子从电场中获得能量，通过碰撞而产生的电离称为场致电离。

由于电子质量小，在电场作用下获得的动能较大，它与中性粒子发生非弹性碰撞时可将全部动能转换为中性粒子的内能，使中性粒子产生电离。因此场致电离主要是电子与中性粒子的非弹性碰撞引起的。

在普通电弧中，弧柱部分电场强度小，而温度高，热电离是主要形式，场致电离是次要的。而在阴极压降区和阳极压降区电场强度很高（约为 $10^5 \sim 10^7$ V/cm），场致电离是主要的。

3）光电离：中性粒子接受光辐射的作用而产生的电离称为光电离。光波长越短，能量越强，只有当光辐射波长小于临界波长时，中性气体粒子才可能直接被电离。光电离是电弧中产生带电粒子的一个次要途径。

2. 阴极电子发射

电弧中的带电粒子除通过两电极间的气体电离产生外，还可以由阴极电子发射获得。

在焊接电弧中电极只能发射电子而不能发射离子。金属表面接受一定的外加能量，自由电子脱离金属表面的束缚而飞到电弧空间的现象称为电子发射。

金属内部的自由电子逸出金属表面需要吸收一定的能量。根据外加能量形式不同，电子发射可分为以下几种：

（1）热发射：金属表面受热的作用而产生的电子发射现象称为热发射。这是因为金属内部的自由电子受热后其热运动速度增加，当其动能达到或超出外加能量时，电子就逸出金属表面产生热发射。

在焊接电弧中，电极的最高温度不可能超过其材料的沸点，当使用沸点高的材料钨或碳作电极材料时（其沸点分别为5950 K和4200 K）电极可能被加热到很高的温度（可达3500 K以上），这种电弧称为热阴极电弧，这种电弧阴极区的带电粒子主要由热发射提供。

（2）场致发射：是金属内的自由电子受此电场力的作用而逸出金属表面的现象。

当电极表面前面存在正电场时，由于电场力的存在，相当于降低了电极材料的外加能量，可使较多的电子在较低的温度下逸出金属表面，以供电弧导电的需要。对于低沸点材料的冷阴极电弧，阴极区的电场强度可达 $10^5 \sim 10^7$ V/cm，具备产生场致发射的条件，此时向电弧提供电子的主要方式是场致发射。实际上，电弧焊焊接时纯粹的场致发射是不存在的，只不过是在采用冷阴极时，以场致发射为主，热发射为辅。

（3）光发射：当金属表面接收光辐射时，使金属表面自由电子能量增加而脱离金属表面的束缚逸出金属表面，这种现象称为光发射。光发射在阴极电子发射中居次要地位。

产生光发射时，由于金属表面接收光辐射能量与电子逸出功相等，所以它不像热发射那样对电极有冷却作用。

（4）粒子碰撞发射：电弧中高速运动的粒子（电子或离子）碰撞阴极表面时，将能量传给阴极表面的自由电子，使其能量增加而逸出金属表面，这种现象称为粒子碰撞发射。

焊接电弧中阴极区前面有大量的正离子聚积，使阴极区形成一定强度的电场，正离子在此电场作用下被加速而冲向阴极，形成碰撞发射。在一定条件下，这种电子发射形式是电弧阴极区提供导电所需电子的主要途径。

（三）负离子的产生

电弧中除了产生电子和正离子，还会产生负离子，即在一定条件下，有些中性原子或分子能吸附一个电子而形成负离子。中性粒子吸附电子形成负离子时，其内部能量不是增加而是减少，减少的这部分能量称为中性粒子的电子亲和能，并以热或光辐射能的形式释放出来。因形成负离子是放热过程，这使得负离子在高温下不易形成。只有在电弧的周边（温度较低）才会形成负离子。负离子的形成过程会使电子减少，而负离子又不能有效地参与导电，会引起电弧导电困难、电弧稳定性降低。

（四）带电粒子的消失

电弧的稳定燃烧是带电粒子产生、运动与消失的动态平衡过程。产生的带电粒子，一部分参与导电，另一部分会在电弧空间消失。带电粒子在电弧空间的消失过程主要有扩散与复合两种形式。

（1）扩散：带电粒子将从高密度向低密度方向移动，并趋向密度均匀化的这种现象称为带电粒子的扩散。由于电子的平均自由行程比正离子大得多，因此电子的扩散速度要比正离子快，电子较容易扩散到电弧周边。使电弧周边电子密度增加，并吸引正离子向电弧周边扩散。这种扩散过程不仅使弧柱带电粒子减少，还会把弧柱中心的热量带到电弧周边。为保持稳定燃烧，电弧自身必须不断地产生带电粒子和热量以弥补上述损失。

（2）复合：电弧空间的正负带电粒子（正离子、负离子、电子），在一定条件下相遇而互相结合成中性粒子的过程称为复合。复合过程包括电子与正离子和正离子与负离子的复合。

由于电弧中心温度较高，所有粒子的热运动能量很高，不可能产生复合。电弧周边温度较低，粒子动能较小，部分电子和负离子与扩散出来的正离子会产生复合。交流电弧在电流过零的瞬时电弧熄灭，电弧温度显著降低，将产生大量正负粒子的复合。电弧再引燃困难就是因为在熄弧瞬间带电粒子的复合而使电弧空间带电粒子减少。

二、焊接电弧的导电特性

焊接电弧的导电特性是指参与形成电流的带电粒子在电弧中产生、运动和消失的过程。在焊接电弧的弧柱区、阴极区和阳极区，它们的导电特性是各不相同的。

（一）电弧的组成区域及电场强度分布

当两电极之间产生电弧时，在电弧长度方向的电场强度分布是不均匀的，如图 2-1 所示。

按电场强度的分布特点不同将电弧分为三个区域：靠近阳极附近的区域为阳极区，其电压 U_a 称为阳极电压降；靠近阴极附近的区域为阴极区，其电压 U_k 称为阴极电压降；中间部分为弧柱区，其电压 U_c 称为弧柱电压降。阳极区和阴极区在电弧长度方向的尺寸很小，约为 $10^{-2} \sim 10^{-6}$ cm，故可近似认为弧柱长度即电弧长度。弧柱的温度较高，一般在 5000~50000 K 范围，故电子和正离子的产生以热电离为主。电弧的这种不均匀的电场强度说明电弧各区域的电阻是不相同的。可将电弧看作是一个非线性的导体，弧柱的电阻较小，电压降较小；而两个电极区的电阻较大，电压降较大。

电弧作为非线性导体的导电情况完全不同于金属导体，金属导电是内部自由电子的定向移动形成电流，而电弧气氛中的所有带电粒子都参与导电，过程要复杂得多。

（二）弧柱区的导电特性

在外加电场作用下，正离子向阴极运动，电子向阳极运动，从而形成电子流和正离子流。由阴极区和阳极区不断产生相应的电子流和正离子流予以接续，保证弧柱区带电粒子的动平衡，弧柱中因扩散和复合而消失的带电粒子由弧柱自身的热电离来补充。通过弧柱的总电流是由电子流和正离子流两部分组成（负离子因占的比例很小可忽略）。在同样外加电压作用下，电子和正离子所受的力相同，但由于电子的质量比正离子小得多，所以电子的运动速度将比正离子大得多，因此弧柱中的总电流主要是由电子流（约占 99.9%）构成，而正离子流占的比例很小。弧柱中正负带电粒子流虽然有很大的差别，但每一瞬间每个单位体积中正、负带电粒子数量是相等的，从而使弧柱区整体上呈中性。

弧柱导电性能的好坏，取决于弧柱导电时所需电场强度大小，它与电弧气体介质和电流大小有密切关系。

（三）阴极区的导电特性

阴极区的作用是向弧柱区提供所需的电子流；接受由弧柱送来的正离子流，以满足电弧导电需要。由于阴极材料种类、电流大小、气体介质等因素不同，阴极区的导电特性也会不同。

（1）热发射型：当阴极采用 W、C 等高熔点材料，且电流较大时，阴极可达到很高温度，弧柱所需要的电子流主要由阴极热发射来供应。由于阴极通过热发射可提供足够数量的电子，使弧柱区与阴极之间不再存在阴极压降区，阴极表面以外的电弧空间与弧柱的特性完全一样。由弧柱到阴极，电弧直径变化不大，阴极表面导电区域的电流密度也与弧柱区相近。阴极上也不存在阴极斑点。虽然电子发射将从阴极带走热量，使阴极受到冷却，但这些热量可以从两个途径得到补充：正离子流撞击阴极表面，将其动能转换为热能传递给阴极，同时正离子在阴极表面得到电子而中和，放出电离能，也使阴极加热；电流流过阴极时产生电阻热使阴极加热。因此阴极始终保持较高的温度以保证持续的热电子发射。具有这种导电特性的阴极称为热阴极。大电流钨极氩弧焊焊接时，这种阴极导电特性占主要地位。

（2）电场发射型：当阴极材料为 W、C 等高熔点材料，且电流较小时，或阴极材料采用 Al、Cu、Fe 等熔点较低的材料时，阴极表面温度受材料沸点的限制不能升得很高，热发射不足以提供弧柱导电所需的电子流。在靠近阴极区，出现电子数不足，正离子堆积相对过剩现象，在阴极前面形成局部较强的正电场，构成了阴极压降区，如图 2-2 所示。

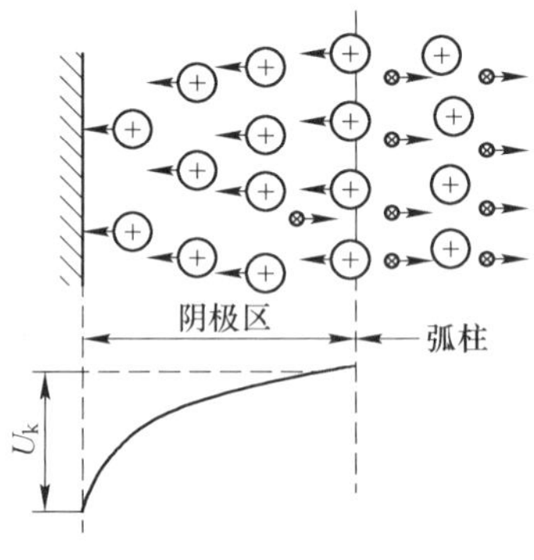

图 2-2　阴极区电场形成示意图

这个较强的正电场可使阴极产生场致发射，向弧柱区提供所需的电子流；同时正电场将阴极发射出来的电子加速，使其动能提高，在阴极区又产生碰撞电离。碰撞电离产生的电子与阴极直接发射的电子合并构成弧柱区所需的电子流；碰撞电离产生的正离子在电场作用下与弧柱区来的正离子一起冲向阴极，将使阴极区保持正离子过剩，呈现出正电性，维持场致发射。另外，由于阴极压降区的存在，正离子被加速，到达阴极时将有更多的动能转换为热能，增强了对阴极的加热作用，使阴极的热发射增大，使得阴极区能够向弧柱提供更多的电子。在小电流钨极氩弧焊和熔化极气体保护焊焊接时，这种电场发射型阴极导电特性起着重要作用。用 Cu、Fe、Al 材料作阴极材料焊接时（这种阴极也称冷阴极），实际是热发射型和电场发射型两种导电特性同时并存，相互补充的。阴极压降区的电压值因具体条件不同而变化，一般在几伏到十几伏之间，这主要决定于电极材料种类、电流大小和气体介质成分。当电极材料的熔点较高或逸出功较小时，则热发射的比例增大，阴极压降较低；反之，则电场发射的比例增大，阴极压降也较高。当电流较大时，一般热发射的比例增大，阴极压降将降低。

（四）阳极区的导电特性

阳极区的作用是接受由弧柱来的电子流，同时向弧柱提供所需的正离子流。但阳极不能直接发射正离子，正离子是由阳极区粒子电离来提供的。阳极区提供正离子有两种形式：

（1）阳极区的场致电离：当电弧导电时，由于阳极不发射正离子，弧柱所需的正离子流得不到补充，阳极前面的电子数增加，造成电子的堆积，形成负电场，如图 2-3 所示。阳极与弧柱之间形成的一个负电性区，即阳极区。阳极区的电压降称为阳极压降 U_a。只要弧柱的正离子得不到补充，阳极压降 U_a 就继续增加。随着负电荷的积累，U_a 达到一定程度时，从弧柱来的电子通过阳极区将被加速，获得足够的动能，与阳极区内中性粒子碰撞产生场致电离，直到这种碰撞电离生成的正离子足以满足弧柱需要时，U_a 不再继续增高而保持稳定。碰撞电离生成的正离子流向弧柱，电子与从弧柱来的电子一起进入阳极，阳极表面的电流完全由电子流组成。这种导电方式，阳极区压降较大。阳极区的长度约为 $10^{-2} \sim 10^{-3}$ cm。当电弧电流较小时，阳极区的导电属于这种形式。

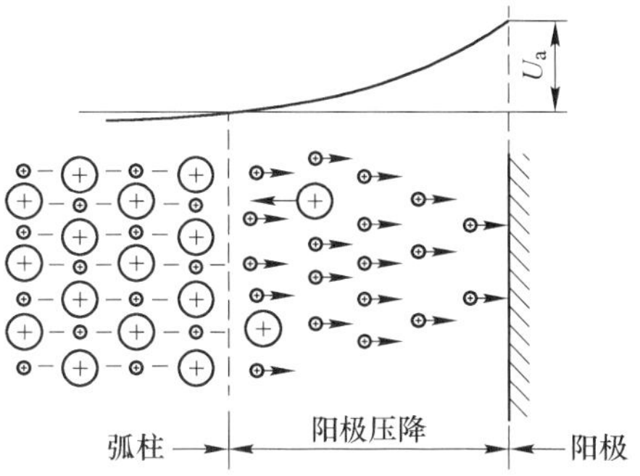

图 2-3　阳极区电场形成示意图

（2）阳极区的热电离：当电流密度较大时，阳极的温度很高，阳极金属产生蒸发。聚积在这里的金属蒸气将产生热电离，生成正离子供弧柱需要，生成的电子流向阳极。由于生成正离子不是靠 U_a 增加电子动能以产生碰撞场致电离，所以 U_a 可以较低。随着电流密度的增加，阳极区热量继续增加，当弧柱所需要的正离子流完全由这种阳极区热电离来提供时，则 U_a 可以降到零。大电流钨极氩弧焊及大电流熔化极焊接时，属于这种阳极区导电形式。

（五）阴极斑点与阴极破碎作用

（1）阴极斑点：当阴极材料熔点、沸点较低且导热性很强时，即使阴极温度达到材料的沸点也不足以通过热发射产生足够数量的电子，阴极将进一步自动缩小其导电面积，电压降增大，直至阴极前面形成正电场并足以产生较强的场致发射，补充热发射的不足，向弧柱提供足够的电子流。此时阴极将形成面积更小、电流密度更大、发光烁亮的斑点来导通电流，这种导电斑点称阴极斑点。用高熔点材料（C、W 等）作阴极时，只有在电流很小、阴极温度很低的情况下，才可能产生这种阴极斑点。当用低熔点材料（Al、Cu、Fe 等）作阴极时，大、小电流时均产生阴极斑点。阴极斑点会自动选择有利于电子发射的点，使斑点以很高的速度在阴极表面做不规则运动。

（2）阴极破碎作用：由于金属氧化物的逸出功比纯金属低，因而在氧化物处容易发射电子，氧化物发射电子的同时自身被破坏而露出纯金属表面。而其他有氧化物处就成为集中发射电子的区域，形成新的阴极斑点。发射电子后氧化物又被破坏，如此反复。如果阴极表面有低逸出功的氧化膜存在时，阴极斑点有自动寻找并清除氧化膜的倾向，这种现象称为“阴极清理”作用或“阴极破碎”作用。例如，焊接铝、镁及其合金时就是利用这种作用去除氧化膜的。

三、焊接电弧的工艺特性

电弧焊过程主要利用焊接电弧的热能和机械能。焊接电弧与热能和机械能有关的工艺特性主要包括电弧的热能特性、电弧的力学特性、电弧的稳定性等。

（一）电弧的热能特性

（1）电弧热的形成机构：电弧是一个把电能转换成热能的柔性导体，由于电弧三个组成区域的导电特性不同，因而产热特性也不相同。

1）弧柱区的产热机构：在弧柱中，带电粒子并不是由阴极直接向阳极运动，而是在频繁而激烈的碰撞过程中沿电场方向运动。这种碰撞是无规则的散乱运动，有带电粒子之间的碰撞，也有带电粒子与中性粒子之间的碰撞。碰撞过程中带电粒子温度升高，把电能转换成热能。弧柱区的导电主要是由电子流来实现的，正离子流在整个电流中占极小的比例，又由于质量差异，电子运动速度比正离子运动速度大得多，因此在弧柱区将电能转变为热能的作用几乎完全由电子流来承担。

单位弧柱长度电能 IE 的大小就代表了弧柱的产热量，它与弧柱的热损失相平衡，维持电弧的稳定。弧柱的热损失有对流、传导和辐射（包括光辐射）等部分。其中弧柱部分的对流损失占80%以上，传导和辐射损失为10%左右。电弧焊接过程中，弧柱的热量仅有很少一部分热量通过辐射传给焊条和焊件。

2）阴极区的产热机构：由于阴极区的长度很小（其数量级为 $10^{-5} \sim 10^{-6}$ cm），所以阴极区的产热量直接影响焊丝的熔化或工件的加热。阴极区的带电粒子由电子和正离子组成，这两种带电粒子不断地产生、消失和运动，伴随着能量的转变与传递。由于弧柱中正离子流所占比例很小，它的产热对阴极区产热可忽略不计。因此可认为影响阴极区能量状态的带电粒子全部由电子流产生。

阴极区提供的电子流与总电流 I 相近，这些电子在阴极压降 U_k 的作用下逸出阴极并被加速，获得总能量为 IU_k；电子从阴极表面逸出时，将从阴极表面带走相当于逸出功的能量，对阴极有冷却作用，这部分能量总和为 IU_w；电子流离开阴极区进入弧柱区时，将带走与弧柱温度相应的热能，这部分能量为 IU_T。所以阴极区总的产热功率 P_k 应为：

$$P_k = IU_k - IU_w - IU_T$$

阴极区的产热量主要用于对阴极的加热和阴极区的散热损失，焊接过程中这部分热量直接用于加热焊丝或工件。

3）阳极区的产热机构：阳极区的电流由正离子流和电子流两部分组成，因正离子流所占比例很小，可忽略不计，只考虑接受电子流的能量转换。电子流到达阳极时将带给阳极三部分能量：一部分是电子经阳极压降区被 U_a 加速而获得的动能 IU_a；一部分为电子发射时从阴极吸收的逸出功，又传给阳极，这部分能量为 IU_w；另一部分为从弧柱带来的与弧柱温度相对应的热能 IU_T。因此阳极区的总产热功率为：

$$P_A = I(U_a + U_w + U_T)$$

阳极产生的热量主要用于阳极的加热，焊接过程中这部分热量也可用于加热焊丝或工件。

（2）焊接电弧的热效率及能量密度：焊接电弧热由电能转换而来。因此电弧热量总功率 P 可用下式表示：

$$P = IU_A$$

式中，U_A 为电弧电压，$U_A = U_a + U_c + U_k$。

电弧热量并不能全部有效地用于焊接，其中一部分热量通过对流、辐射及传导等损失掉了。用于加热、熔化填充材料与工件的电弧热功率被称为有效热功率，用 P' 表示。则：

$$P' = \eta P$$

式中，η 为电弧热效率系数。

它与焊接方法、焊接工艺参数、周围条件有关。各种弧焊方法的热效率系数 η 如表 2-1 所示。

表 2-1　各种弧焊方法的热效率系数

弧 焊 方 法	η
药皮焊条电弧焊	0. 65～0. 85
埋弧焊	0. 80～0. 90
CO_2 气体保护焊	0. 75～0. 90
熔化极氩弧焊	0. 70～0. 80
钨极氩弧焊	0. 65～0. 70

由表 2-1 可见，钨极氩弧焊热效率系数较低，而埋弧焊较高。因为熔化极电弧焊焊接时，无论阴极还是阳极用于熔化焊条（或焊丝）的热量，都会通过熔滴过渡把加热和熔化焊丝的热量带给熔池，所以热效率高；埋弧焊焊接时，电弧埋在焊剂层下燃烧，弧柱热量也用于熔化焊剂，且焊剂形成的保护罩有保温作用，故热量利用充分，热效率可高达 90%。而非熔化极电弧焊（如钨极氩弧焊），由于电极不熔化，只有焊件熔化，母材只利用了一部分电弧的热量，电极吸收的热量都将被焊枪或冷却水带走，而不能传递到母材中去，所以热效率较低。

在其他条件不变的情况下，各种弧焊方法的热效率系数随电弧电压的升高而降低，因为焊接电弧电压的升高意味着电弧弧柱长度的增加，则弧柱热量的辐射、对流损失增加。

采用某热源来加热工件时，单位有效面积上的热功率称为能量密度，用 W/cm^2 表示。能量密度大时，则可更有效地将热源的有效功率用于熔化金属并减小热影响区，获得窄而深的焊缝。同时也有利于提高焊接生产率。

（3）电弧的温度分布：电弧的温度是电弧能量状态的表现形式，由于电弧三个区域的产热机构不同，因而各部分的温度分布也不同。

在轴向上，弧柱的温度较高，而阴极区和阳极区的温度较低，如图 2-4 所示。这是因为电极温度的升高受到电极材料导热性能、熔点和沸点的限制，而弧柱中的气体和金属蒸气不受这一限制。弧柱的温度受电极材料、气体介质、电流大小、弧柱压缩程度等因素的影响。在常压下当电流在 1～1000 A 变化时，弧柱温度可在 5000～30000 K 之间变化。

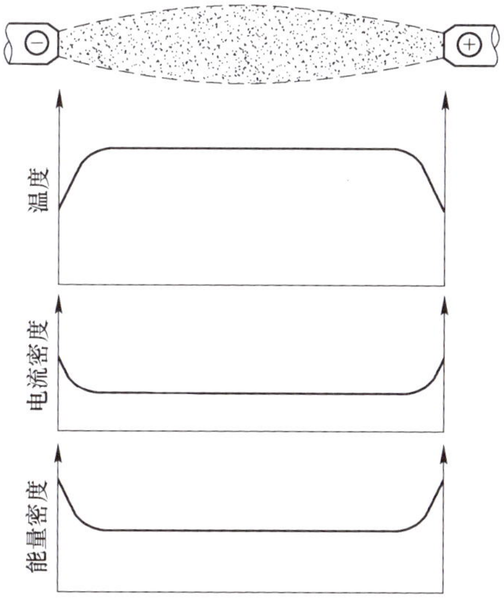

图 2-4　电弧的温度、电流密度和能量密度的轴向分布示意图

在径向上，弧柱的温度分布具有这样的特点，即靠近电极直径小的一端，电流和能量密度高，电弧温度也高，不管焊丝（或焊条）接正或

接负都有这个特点。离弧柱轴线越远温度越低，电弧纵断面等温线如图 2-5 所示。

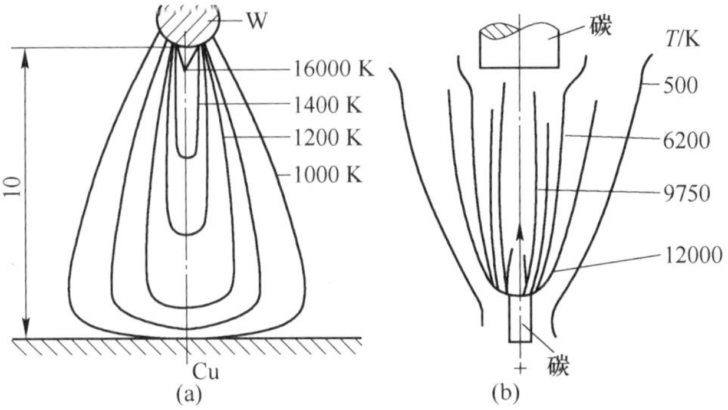

图 2-5　电弧径向温度分布示意图

（a）W-Cu 电极之间电弧等温线，电流 200 A，电压 14.2 V；（b）200 A 碳弧等温线

此外，电弧的温度还受气体介质成分、焊接参数及弧柱拘束状态的影响。

（二）电弧的力学特性

在焊接过程中，电弧产生的机械作用力对焊缝的熔深、熔池搅拌、熔滴过渡、焊缝成形等都有直接影响。如果对电弧力控制不当，将会使熔滴不能过渡到熔池而形成飞溅，甚至产生焊瘤、咬肉、烧穿等缺陷。焊接电弧中的作用力统称为电弧力，主要包括电磁力、等离子流力、斑点压力等。

1. 焊接电弧力及其作用

（1）电磁收缩力：在两根相距不远的平行导线中，通过同方向电流时，导线间产生相互吸引的力；若电流方向相反，则相互间产生排斥力。这是由于在通电导体周围空间形成磁场，而处于磁场中的通电导体受到力的作用。

当电流在一个导体中流过时，整个电流可看成由许多平行的电流线组成，这些电流线间将产生相互吸引力，使导体断面有收缩的倾向。如果导体是固态不能自由变形，此收缩力不能改变导体外形；如果导体是可以自由变形的液态或气态物质，导体将产生收缩，这种现象叫作电磁收缩效应，而此作用力称为电磁收缩力或电磁力。

焊接电弧是能够通过很大电流的圆锥状柔性导体。电磁收缩效应在电弧中产生收缩力表现为电弧内的径向压力，如图 2-6 所示。由于焊条端的电弧断面直径小，而工件端的电弧断面直径较大，电弧断面直径不同将引起压力差，从而产生了由焊条指向工件的轴向推力 $F_{推}$，而且电流越大，形成的轴向推力也越大。

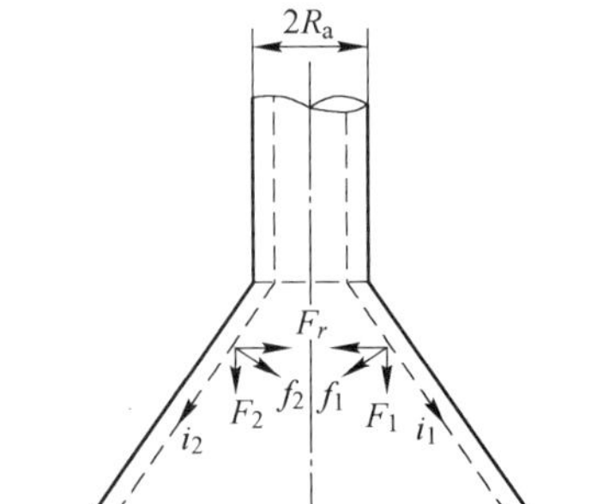

图 2-6　圆锥状电弧及其电磁力示意图

由电磁收缩力产生的电弧轴向推力作用到焊件上表现为对熔池形成的压力，这种电弧压力也称为电弧的电磁静压力。此力在熔池横断面上分布是不均匀的，弧柱轴线处最大，向外逐渐减小。它将决定熔池的熔深轮廓和焊缝的成形。

电弧自身的电磁收缩力在焊接过程中具有重要的工

艺性能：使熔池下凹增大熔深；对熔池有轻微的搅拌作用，有利于细化晶粒，排除气体及熔渣；有利于熔滴过渡；可束缚弧柱的扩展，使弧柱能量更集中，电弧更具挺直性。

（2）等离子流力：焊接电弧呈锥形，沿轴线方向的弧柱截面是变化的，因此在电弧各处由于电磁收缩力而产生的压力分布也是不均匀的。靠近焊条（丝）处的电磁压力大，靠近工件处的电磁压力小，则沿电弧轴向便形成了电磁压力差，它将使得电弧中的高温等离子体从电磁压力大的A区向靠近工件的低压力B区流动，并形成了一股等离子流，如图2-7所示。同时又将从上方吸入新的气体介质，被加热电离后继续流向B区，这样就构成了连续的等离子流。等离子流具有很高的运动速度，对熔池形成附加的压力，这种力即称为等离子流力。等离子流速度最高可达每秒数百米，并且随着电流的增大而增加。当等离子流冲击熔池表面时，会产生很大的动压力，所以等离子流力又称为电弧的电磁动压力。等离子流产生的动压力的分布是和等离子流的速度分布相对应的，在电弧中心轴线上的动压力最强。电流越大，中心线上的动压力幅值越大，而分布的区间越小。

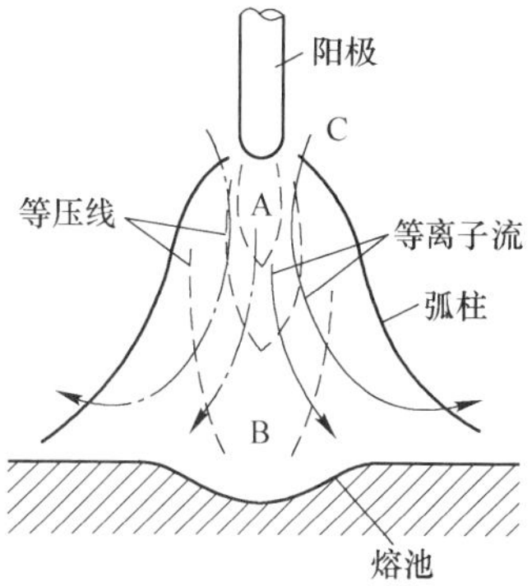

图2-7 电弧中等离子流形成示意图

等离子流力除影响熔池轮廓及焊缝形状外，它还有促进熔滴过渡、搅拌熔池、增大熔深、增加电弧挺度等作用。等离子流是由于焊条与工件形成锥形电弧而引起的，因此与电流种类和极性无关，且运动方向总是由焊条指向工件。

（3）斑点力：当电极上形成斑点时，由于斑点处受到带电粒子的撞击和金属蒸发的反作用力而对斑点产生压力，这种力称为斑点力或斑点压力。

阴极斑点力比阳极斑点力大，原因如下：阳极接受电子的撞击，阴极接受正离子的撞击。由于正离子的质量远远大于电子的质量，同时一般情况下阴极压降 U_k 大于阳极压降 U_a，故阴极斑点承受的撞击远大于阳极斑点；由于阴极斑点的电流密度比阳极斑点的高，金属蒸发更强烈，施加给阴极斑点的反作用力也更大。

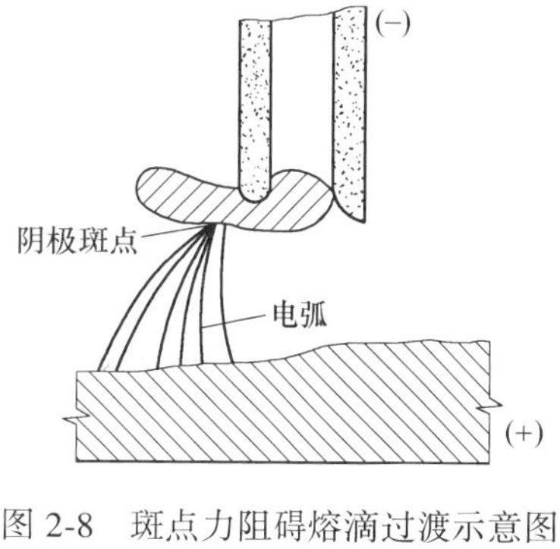

图2-8 斑点力阻碍熔滴过渡示意图

不论是阴极斑点力还是阳极斑点力，其方向总与熔滴过渡方向相反，因而总是阻碍熔滴过渡并使飞溅增大，如图2-8所示。

焊接时采用直流反接可以减小飞溅，同时由于正离子撞击焊件上的阴极斑点还会产生阴极破碎作用。

2. 影响电弧中作用力的因素

（1）电流和电弧电压：电流增大时电磁收缩力和等离子流都增加，故电弧力也增大，如图2-9所示。而电弧电压升高亦即电弧长度增加时，则电弧力降低，如图2-10所示。

（2）焊丝直径：焊丝直径越细，电流密度越大，造成电弧锥形越明显，则电磁力和等离子流力越大，电弧力也越大，如图2-11所示。

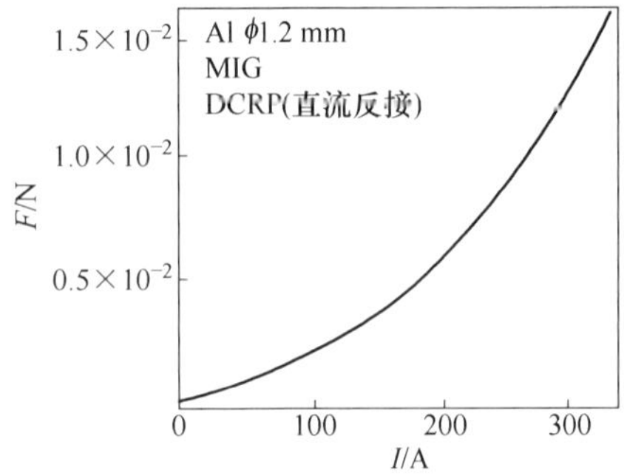

图 2-9　电弧力和焊接电流的关系

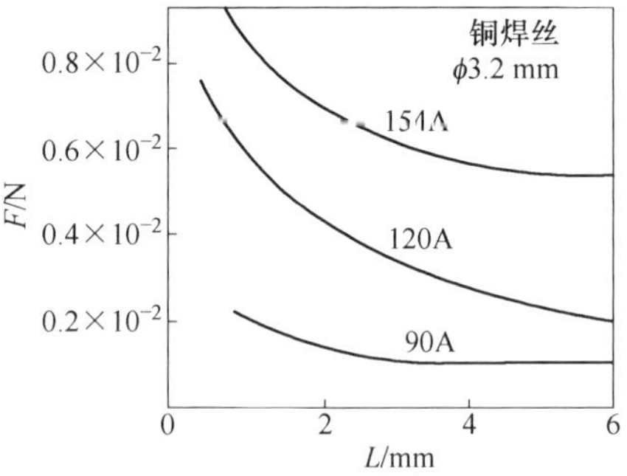

图 2-10　电弧力和电弧电压的关系

(3) 气体介质：气体种类不同，其热物理性能不同，从而影响电弧的收缩程度。导热性强的气体、多原子气体或者质量较轻的气体都使电弧收缩程度大，导致电弧力增加。气体流量或电弧空间气体压力增加，也会引起电弧收缩，并使电弧力增加，同时也将引起斑点区的收缩，使斑点力进一步增加，阻止熔滴过渡，使熔滴颗粒增大，过渡困难。

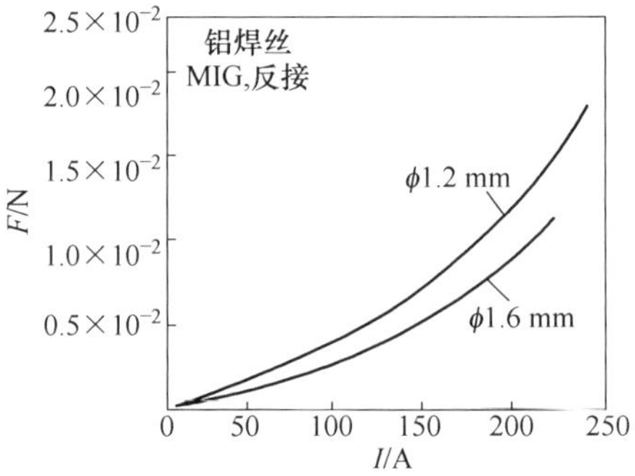

图 2-11　电弧力和焊丝直径的关系

(4) 钨极（或焊丝）的极性：焊条（焊丝）的极性对电弧力有很大的影响。钨极氩弧焊正接时，即钨极接负时允许流过的电流大，阴极导电区收缩的程度大，将形成锥度较大的锥形电弧，产生的轴向推力较大，电弧压力也大；反之钨极接正，则形成较小的电弧压力，如图 2-12 所示。对熔化极气体保护焊，直流正接时熔滴上的斑点压力较大，熔滴较大，不能形成很强的电磁力与等离子流力，因此电弧力小。直流反接时熔滴上的斑点压力小，形成细小的熔滴，电磁力与等离子流力都较大，如图 2-13 所示。

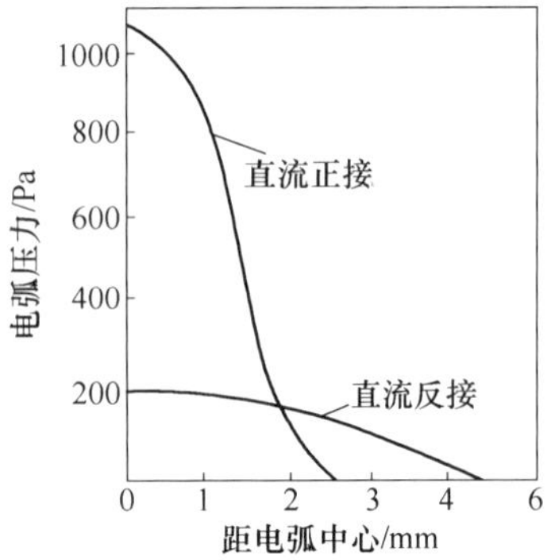

图 2-12　TIG 焊时电弧力与极性的关系

（I=100 A，钨极 ϕ=4.0 mm）

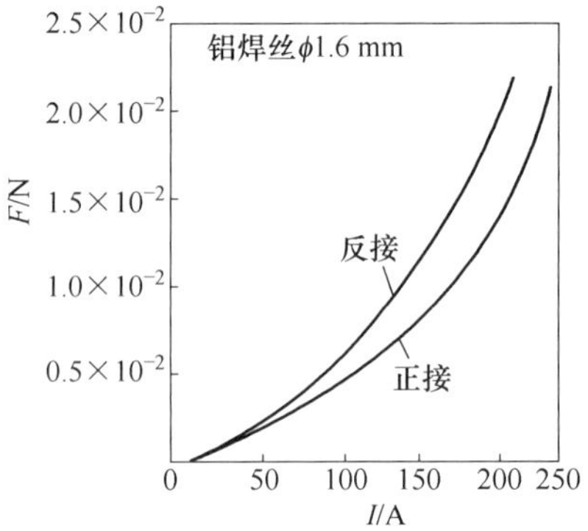

图 2-13　MIG 焊时电弧力与极性的关系

（三）焊接电弧的稳定性

焊接电弧的稳定性是指电弧保持稳定燃烧（不断弧、不偏吹、不飘移、不熄弧）的程度。电弧焊过程中，当焊接电流和电弧电压一定时，电弧长时间稳定燃烧的性能称为电弧的稳定性。电弧的稳定燃烧是保证焊接质量的重要因素，因此保持电弧的稳定性非常重要。电弧不稳定的原因除与操作人员技术熟练程度有关外，主要与下列因素有关：

（1）焊接电源：焊接电流种类和极性都会影响电弧的稳定性。使用直流电要比交流电焊接时电弧稳定；对于碱性低氢焊条，直流反接要比正接电弧稳定；空载电压较高的焊接电源，电弧燃烧比较稳定。不管交流还是直流焊接电源，为了电弧稳定燃烧，要求其应具有良好的工作特性，主要是电源的外特性应与电弧静特性相匹配，保证电弧稳定燃烧。

（2）焊条药皮：焊条药皮中含有一定量低电离能的物质（如 K、Na、Ca 的氧化物），能增加电弧的稳定性。这类物质称为稳弧剂。酸性焊条药皮中含有云母、长石、水玻璃等低电离能物质，因而电弧稳定。若焊条药皮薄厚不均匀、局部脱落或潮湿变质，电弧就很难稳定燃烧，并会造成严重的焊接缺陷。

（3）焊接电流：焊接电流大，电弧燃烧的稳定性就好。随着焊接电流的增大，电弧的引弧电压就降低；自然断弧的最大弧长也增大。

（4）焊接电弧的磁偏吹：当电弧周围磁场沿电弧轴线方向均匀对称分布时，在电弧自身磁场作用下，电弧具有一定的挺直性，使电弧尽量保持在焊条（丝）的轴线方向上，即使焊条（丝）与焊件有一定倾角时，电弧仍将保持指向焊条（丝）的轴线方向。如果某种原因导致磁场分布的均匀性受到破坏，使得电弧四周受力不均匀时，将使电弧偏向一侧。这种由于自身磁场不对称分布而使得电弧偏离电极轴线的现象称为磁偏吹，如图 2-14 所示。

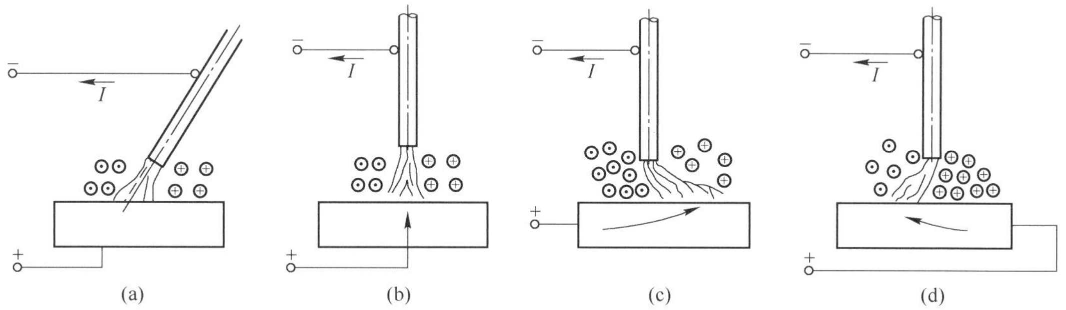

图 2-14　正常电弧与电弧的磁偏吹示意图

（a），（b）正常电弧；（c），（d）磁偏吹现象

电弧周围空间磁力线密集的地方将对电弧产生推力，将其推向磁力线稀疏的地方。产生电弧磁偏吹的根本原因是电弧周围磁场分布不对称，致使电弧两侧电磁力不对称。焊接时引起磁力线分布不对称的原因有：

1）导线接线位置：当焊条垂直于工件时，由于电流通路在电弧处互相垂直，则在电弧左侧的空间，两段导体周围产生的磁力线的叠加，提高了该处磁力线密度，而电弧右侧的空间只有电弧本身产生的磁力线，因此电弧右侧磁力线密度小，如图 2-15 所示。磁力线密度大的地方产生对电弧的推力，并指向磁力线密度小的方向，使电弧偏离焊条轴向，形成电弧的磁偏吹。如果焊条向右倾斜，调整一下电弧左右两侧空间的大小，则可以减小电弧磁偏吹的程度。电弧长度减小，磁场对电弧的作用力减弱，磁偏吹现象也要减弱。

2）电弧附近的铁磁物质的影响：当电弧的一侧放置一块钢板时，则电弧偏离焊条轴线指向钢板。因为在电弧一侧放置钢板后，较多的磁力线都集中到钢板中，使电弧空间的磁力线密度显著降低，破坏了磁力线分布的均匀性，电弧偏向有钢板的一侧。电弧一侧放的钢板越大或距离越近，引起磁力线密度分布不对称越严重，电弧的磁偏吹就越严重。

生产中经常遇到磁偏吹现象，磁偏吹严重时导致焊接过程不稳定，操作难以控制，焊缝成形不良，可用下列方法消除或减少磁偏吹：尽量用交流电源代替直流电源；尽量用短弧进行焊接，电弧越短磁偏吹越小；大工件采用两边连接地线的方法；焊前要消除工件的剩磁；避免周围铁磁物质的影响。

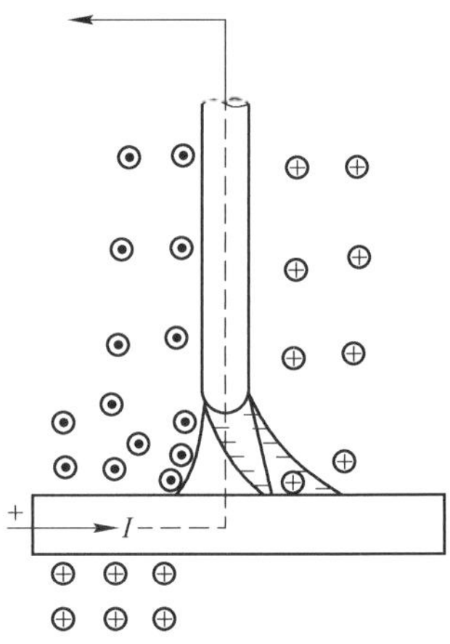

图 2-15　导线接线位置引起的磁偏吹示意图

（四）其他因素的影响

（1）焊条偏心：焊条的偏心度是指焊条药皮沿焊芯直径方向偏心的程度。焊条偏心度过大，使焊条药皮厚薄不均匀，药皮较厚的一边比药皮较薄的一边熔化时需吸收更多的热，因此药皮较薄的一边很快熔化而使电弧外露，迫使电弧向外偏吹。

（2）电弧长度：电弧太长，就会发生剧烈摆动，从而破坏焊接电弧的稳定性，飞溅也更剧烈。

（3）强风、气流：在露天、野外进行焊接时，由于强风气流的影响，会造成电弧偏吹而无法进行焊接，为此应采取必要的防风措施。

（4）焊接处的清洁程度：如有铁锈、油漆、水分及油污等污物存在时，由于吸热分解，减少了电弧的热能，会严重影响电弧的稳定性。所以焊前应将焊接处清理干净。

任务二　焊丝的熔化与熔滴过渡

熔化极电弧焊的焊条（丝）具有两个作用：一是作为电极，与工件之间产生电弧；二是被加热熔化作为填充金属过渡到熔池中去。焊条（丝）的熔化及熔滴过渡，是熔化极电弧焊的重要物理现象，熔滴过渡方式及特点将直接影响焊接质量和生产效率。

一、焊丝的加热和熔化特性

（一）焊丝的加热

电弧焊焊接时，用于加热和熔化焊丝的热源是电弧热和电阻热。熔化极电弧焊焊条（丝）的熔化主要是靠阴极区（正接）或阳极区（反接）所产生的热量和焊丝伸出长度产生的电阻热，而弧柱区所产生的高温辐射热对焊条（丝）熔化起次要作用；非熔化极电弧焊（钨极氩弧焊或等离子弧焊）的填充焊丝主要由弧柱区的热量熔化。

由上节论述，阴极区与阳极区的产热情况是不同的，热功率分别为：

$$P_k = I(U_k - U_w - U_T)$$

$$P_A = I(U_A + U_w + U_T)$$

在电弧焊情况下，若弧柱温度为6000 K，U_T 小于1 V，当电流密度较大时，U_A 近似为零，故上式可简化为：

$$P_k = I(U_k - U_w)$$

$$P_A = IU_w$$

即阴极区与阳极区的产热量主要与 U_w 和 U_k 值有关。这样，焊丝接正极时产生的热量主要决定于材料逸出电压 U_w 和电流大小。U_w 是与材料有关的数值，材料一定时，阳极区产热量只与电流大小有关。当焊丝接负极时，其加热熔化情况则与（U_k-U_w）值有关。实践表明，影响阴极区压降值 U_k 大小的因素较多，它们会影响阴极发射电子，也就必然影响阴极区域的产热及焊丝的加热与熔化情况。使用熔化极气体保护焊时，焊丝均为冷阴极材料；使用含有 CaF_2 焊剂的埋弧焊或碱性焊条电弧焊时，在同一材料和同一电流情况下，焊丝（条）为阴极（正接）时的产热量要比为阳极（反接）时多。因散热条件相同，所以焊丝（条）接负时比焊丝（条）接正时熔化快。

焊丝除了受电弧的加热外，在自动和半自动焊焊接时，从焊丝与导电嘴的接触点到焊丝端头的一段焊丝（即焊丝伸出长度，用 L_s 表示）有焊接电流流过，所产生电阻热对焊丝有预热作用，从而影响焊丝的熔化速度，如图2-16所示。特别是焊丝比较细和焊丝金属的电阻系数比较大时（如不锈钢），这种影响更为明显。

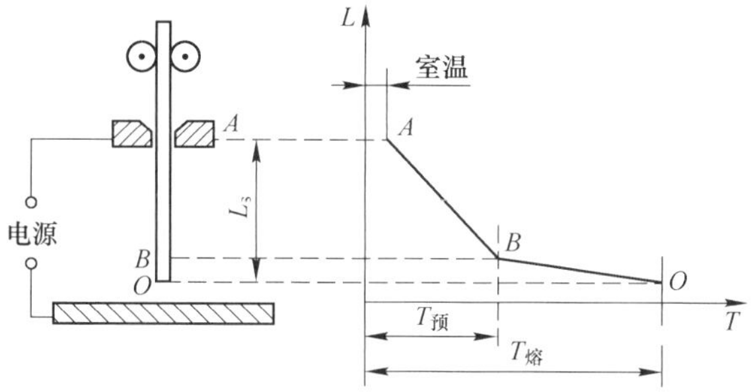

图2-16　焊丝伸出长度上的温度分布示意图

焊丝伸出长度的电阻热 P_R 为：

$$P_R = I^2 R_s$$

$$R_s = \rho L_s / S$$

式中，R_s 为 L_s 段电阻值；ρ 为焊丝电阻率；L_s 为焊丝伸出长度；S 为焊丝断面积。

材料不同，焊丝伸出长度部分产生的电阻热也不同。对于导电良好的铝和铜等金属，P_R 可忽略不计。而对钢和钛等电阻率高的金属。当伸出长度较大时，电阻热 P_R 的影响就不能忽略。

（二）焊丝的熔化速度、熔化系数及其影响因素

焊丝（条）端部受电弧热熔化并以滴状形式脱离焊丝过渡到熔池中去，同时也带走一定的热量。在稳定的焊接过程中，当弧长保持一定时，单位时间内电弧提供给焊丝的热量应该等于脱离焊丝的熔滴金属所带走的热量。焊丝（条）的熔化速度（v_m）是指单位

时间内焊丝熔化的长度（m/h）或熔化的质量（g/h）。熔化系数（α_m）则是指单位时间内通过单位电流时所熔化焊丝金属的质量［g/(A·h)］，又称为比熔化速度。

焊丝（条）的熔化速度受很多因素的影响。如焊接电流、电压，电源极性，气体介质，焊丝电阻热、表面状态以及熔滴过渡形式等，都会影响焊丝的熔化速度。

焊接电流和电压的影响：焊接电流增大，电弧热与焊丝的电阻热增多，焊丝的熔化速度增快。图 2-17 所示为不锈钢的熔化速度与电流的关系。

弧长较长时，电弧电压的变化对焊丝熔化速度影响不大；但在弧长较短的范围内，电弧电压降低，反而使得焊丝熔化速度增加。

此外，焊丝直径越细，熔化速度与熔化系数都增大，如图 2-18 所示；焊丝伸出长度增加，熔化速度也增加。

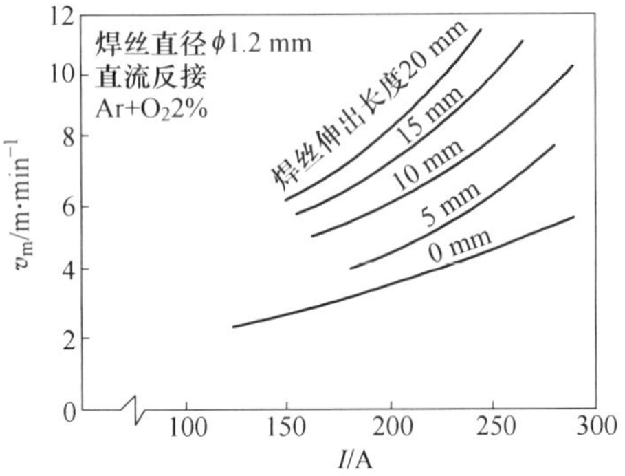

图 2-17　焊接电流和伸出长度对不锈钢焊丝熔化速度的影响

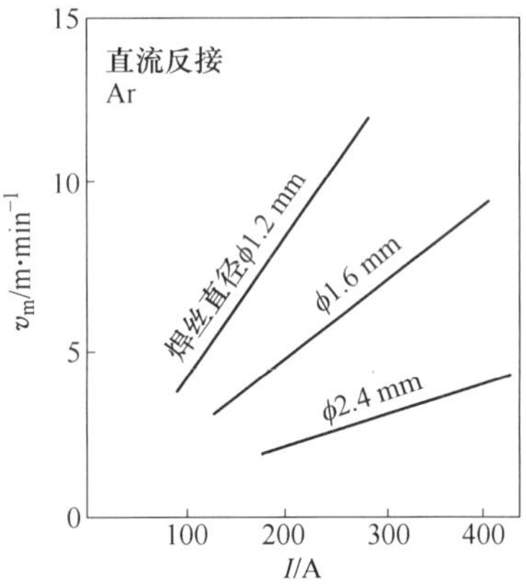

图 2-18　不同直径的铝焊丝与熔化速度的关系

二、熔滴上的作用力

熔滴上的作用力是影响熔滴过渡及焊缝成形的主要因素。根据力源不同，作用在焊条端头的金属熔滴上的力主要有：表面张力、重力、电弧力、熔滴爆破力和电弧气体吹力等。

（1）表面张力。表面张力是在焊条端头上保持熔滴的主要作用力。如图 2-19 所示，若焊丝半径为 R，这时焊丝与熔滴间的表面张力为：

$$F_\sigma = 2\pi R\sigma$$

式中，σ 为表面张力系数，其数值与材料成分、温度、气体介质等因素有关。

表 2-2 中列出了一些纯金属的表面张力系数。

在熔滴上具有少量的表面活化物质时，可以大大地降低表面张力系数。在液态钢中最大的表面活化物质是氧和硫。如纯铁被氧饱和后其表面张力系数降低到 1.03 N/m。因此，影响这些杂质含量的各种因素（金属的脱氧程度、渣的成分等）将会影响熔滴过渡的特性；增加熔滴

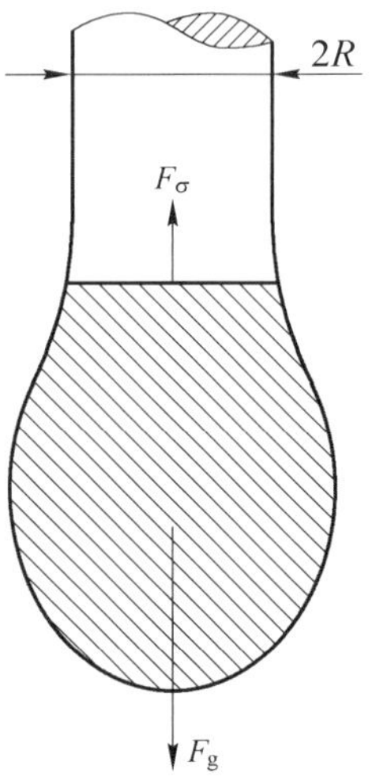

图 2-19　熔滴上的重力和表面张力示意图

温度，会降低金属的表面张力系数，从而减小熔滴尺寸，有利于形成细颗粒熔滴过渡。

表 2-2　纯金属的表面张力系数

金属种类	Mg	Zn	Al	Cu	Fe	Ti	Mo	W
$\sigma/N \cdot m^{-1}$	0.65	0.77	0.90	1.15	1.22	1.51	2.25	2.68

在长弧时，表面张力总是阻碍熔滴从焊丝端部脱离；当短弧时，熔滴与熔池金属短路并形成液体金属过桥，由于熔池界面很大，这时表面张力有助于把液体金属拉进熔池，而促进熔滴过渡。

（2）重力。当焊丝直径较大而焊接电流较小时，在平焊位置的情况下使熔滴脱离焊丝的力主要是重力。如果熔滴的重力大于表面张力，熔滴脱离焊丝。显然，重力在平焊时是促进熔滴过渡的力，而当立焊和仰焊时，重力则使过渡的金属偏离电极的轴线方向而阻碍熔滴过渡。

（3）电弧力。电弧力包括电磁收缩力、等离子流力、斑点压力、短路爆破力等，其形成原理及作用在前面已论述过，在这里不再重复。

（4）熔滴爆破力。当熔滴内部含有易挥发金属或由于冶金反应而生成气体时，在电弧高温作用下气体积聚膨胀会造成较大的内压力，从而使熔滴爆炸，这种力称为熔滴爆破力。它在促使熔滴过渡的同时也产生飞溅。

（5）电弧的气体吹力。焊条电弧焊焊接时，焊条药皮的熔化滞后于焊芯的熔化，这样在焊条的端头形成套筒，如图 2-20 所示。药皮中造气剂产生的气体和焊芯中碳氧化形成的 CO 气体在高温下急剧膨胀，从套筒中喷出作用于熔滴。不论何种位置的焊接，电弧的气体吹力都有利于熔滴过渡。

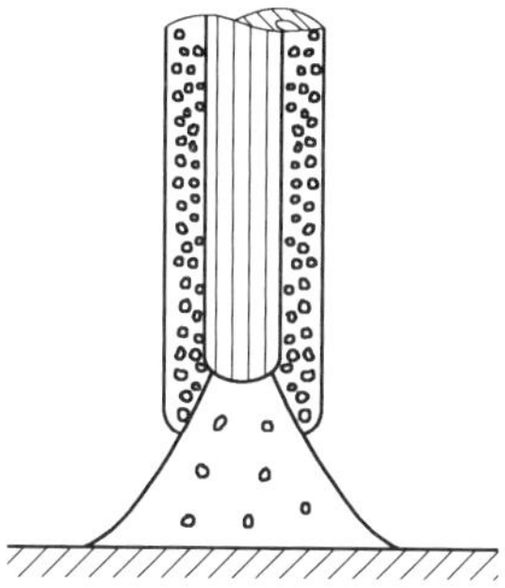

图 2-20　焊条形成的套筒示意图

三、熔滴过渡的主要形式及特点

焊丝（条）端头的金属在电弧热作用下被加热熔化，并在各种力的作用下以滴状形式脱离焊丝（条）过渡到熔池中的现象，被称为熔滴过渡。熔滴过渡的特点、规律及其控制，是直接影响焊接过程、焊接质量和焊接生产率的重要因素。

熔滴过渡形式可分为三种类型：自由过渡、接触过渡和渣壁过渡。

（一）自由过渡

自由过渡是指熔滴脱离焊丝端部后，经过电弧空间自由运动一段距离后而落入熔池的过渡形式。自由过渡又可分为滴状过渡、喷射过渡、爆炸过渡三种形式。

过渡的熔滴直径大于焊丝直径时，称为滴状过渡；过渡的熔滴直径小于焊丝直径时，称为喷射过渡；在电弧气氛中，熔滴中产生气体会发生爆炸现象，大部分金属成为飞溅物，只有少部分熔滴金属过渡进入熔池，这种形式称为爆炸过渡。由于爆炸过渡同时会产生大量的飞溅，因此应抑制此种过渡形式。

（1）滴状过渡。滴状过渡时电弧电压较高，根据电流的大小、极性及保护气体种类不同，滴状过渡又分为粗滴过渡和细滴过渡。

粗滴过渡时，焊接电流较小而电弧电压较高，弧长较长，熔滴逐渐长大，当熔滴重力足以克服其表面张力时，熔滴便脱离焊丝进入熔池。此种过渡熔滴尺寸大、存在时间长、飞溅也较大，电弧稳定性及焊缝成形都较差。当电流较小时，焊条电弧焊及熔化极气体保护焊直流正接时，无论采用 Ar 或 CO_2 气体保护，熔滴都会出现粗滴过渡现象。

细滴过渡与粗滴过渡相比，电流较大，电磁收缩力增大、表面张力减小，使熔滴细化、存在时间缩短、过渡频率增加、飞溅减少，从而提高了电弧稳定性及焊缝质量。

（2）喷射过渡。采用氩气或富氩气体保护焊时，熔滴以喷射形式进行过渡。根据不同的工艺条件，喷射过渡又分为射滴过渡、射流过渡、亚射流过渡等形式。

1）射滴过渡：其特点是过渡熔滴直径同焊丝直径相近，并沿焊丝轴线方向过渡，过渡时的加速度大于重力加速度。这时的焊丝端部熔滴大部分或全部被弧根所笼罩。如图 2-21 所示，射滴过渡时的电弧呈钟罩形。由于弧根面积大并包围着熔滴，使得通过熔滴的电流线发散，产生的电磁收缩力 F_c 对熔滴形成较强的推力。斑点压力 F_b 作用在熔滴的大部分表面上，所以其综合效用是促使熔滴过渡。只有表面张力 F_a 阻碍熔滴过渡。铝及其合金熔化极氩弧焊及钢焊丝的脉冲焊常以射滴过渡形式进行。

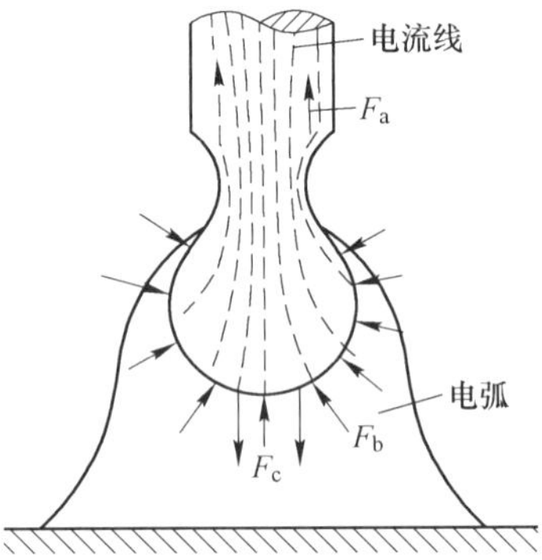

图 2-21　射滴过渡时熔滴上的作用力

2）射流过渡：钢焊丝 MIG 焊焊接电流较小时，电弧与熔滴状态如图 2-22（a）所示，电弧呈圆柱状。这时电磁收缩力较小，熔滴在重力作用下呈大滴状过渡。随着电流的增加，电弧阳极斑点笼罩的面积逐渐扩大，可以达到熔滴的根部，如图 2-22（b）所示，这时熔滴与焊丝间形成缩颈。全部电流在缩颈流过，该处电流密度很高，细颈被过热，其表面将产生大量的金属蒸气，细颈表面具备产生阳极斑点的有利条件。弧根就可以跳到 b 点，阳极斑点在缩颈上部出现，这一现象称为跳弧现象。跳弧之后的熔滴则变为如图 2-22（c）所示的形状。当第一个较大的熔滴脱落之后，电弧呈图 2-22（d）所示的圆锥状，这就容易形成较强的等离子流，使焊丝端部的液态金属呈“铅笔尖”状。在各种力的作用下，细小的熔滴从焊丝尖端一个接一个射向熔池，因此该种形式的过渡称为射流过渡。射流过渡的速度极快，脱离焊丝端部的熔滴加速度可达重力加速度的几十倍。产生跳弧现象的最小电流称为射流过渡的临界电流。

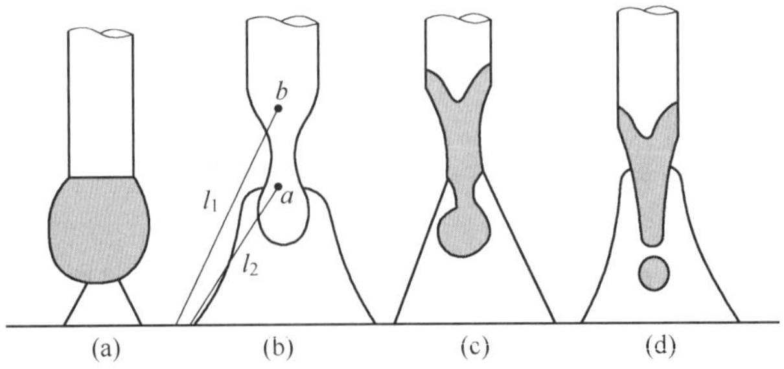

图 2-22　射流过渡形成机理示意图

射流过渡时电弧燃烧稳定，对保护气流扰动较小，金属飞溅也小，故容易获得良好的保护效果和焊接质量。此外，射流过渡时的电弧功率大，热量集中，对焊件的熔透能力强，生产率高，多用于平焊位置且厚度大于 3 mm 的构件。

3）亚射流过渡：采用铝合金 MIG 焊时，按其工艺参数的不同，通常可将熔滴过渡分为大滴状过渡、射滴过渡、短路过渡及介于短路与射滴之间的亚射滴过渡等形式，亚射滴过渡习惯上称为亚射流过渡（详见 MIG 焊部分）。

（二）接触过渡

接触过渡是焊丝端部的熔滴通过与熔池表面相接触而过渡到熔池中去。在采用熔化极气体保护焊时，这种接触短路过渡形式亦称为短路过渡。在采用 TIG 焊时，焊丝作为填充金属，它与工件之间不产生电弧，又称为搭桥过渡，如图2-23 所示。

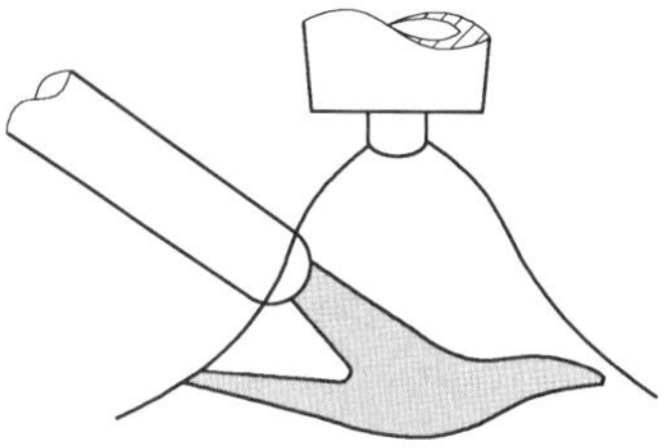

图 2-23　搭桥过渡示意图

采用较小电流和低电压焊接时，熔滴在未脱离焊丝端头前就与熔池直接接触，电弧瞬时熄灭短路，熔滴在短路电流产生的电磁收缩力及液体金属的表面张力作用下过渡到熔池中，这种熔滴过渡方式称为短路过渡。

（1）短路过渡过程。短路过渡是细焊丝（ϕ0. 8～1. 2 mm）气体保护焊在采用小电流和低电压时常用的一种熔滴过渡形式，其具体过程如图 2-24 所示。图中 1 为电弧引燃的瞬间，电弧燃烧产生的热量熔化焊丝并在其端头形成熔滴，随着焊丝的熔化和熔滴长大，如图中 3 所示，电弧向未熔化的焊丝传递热量减少，焊丝熔化速度下降。但焊丝仍以一定速度送进，使熔滴接近熔池并直接接触形成短路，如图中 4 所示。这时电弧熄灭，电压急剧下降，短路电流逐渐增大，形成短路金属液柱，如图中 5 所示。短路电流继续增大，金属液柱部分的电磁收缩作用也随之增强，并在焊丝与熔滴之间形成缩颈（称为短路“小桥”），如图中 6 所示。当短路电流增大到一定数值时，“小桥”迅速破断，电弧电压又很快回复到空载电压，电弧重新引燃，如图中 7 所示，然后又开始重复上述过程。

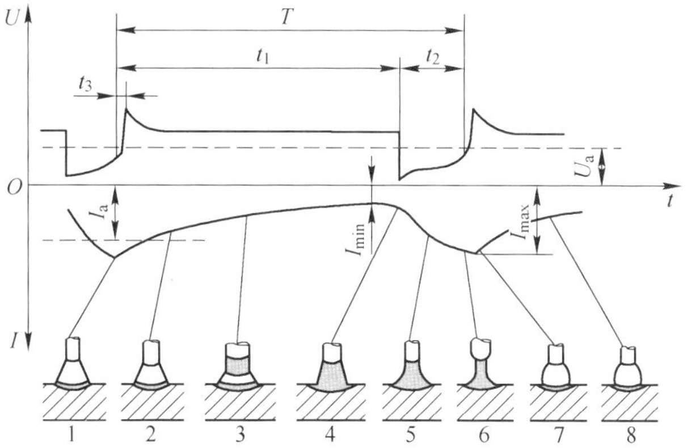

图 2-24　熔滴过渡过程与电流电压波形

（2）短路过渡的工艺特点。短路过渡时，短路频率越高，过渡熔滴越小，焊接过程越稳定，焊缝波纹越细密，焊缝成形越好。因此短路过渡时合理控制燃弧与熄弧时间、过渡频率，合理选配各工艺参数，可使电弧稳定，飞溅较小，成形良好。短路过渡是目前薄板件和全位置焊接生产中常用的焊接方式。

（三）渣壁过渡

渣壁过渡常常出现于埋弧焊和焊条电弧焊，熔滴是通过熔渣的空腔壁或沿药皮套筒过渡到熔池中去的。焊条电弧焊焊接时，通常有四种过渡形式：渣壁过渡、大颗粒过渡、细颗粒过渡和短路过渡。过渡形式取决于焊条药皮成分和药皮厚度、焊接工艺参数、电流种类和极性等。

对于碱性焊条，不易产生渣壁过渡，在低电压时弧长较短，呈短路过渡。当弧长增加时，将呈粗滴过渡。使用酸性焊条焊接时为细颗粒过渡。部分熔化金属沿套筒内壁过渡，部分直接过渡。埋弧焊焊接时，电弧是在熔渣形成的空腔（气泡）内燃烧。这时熔滴是通过渣壁流入熔池的，只有少数熔滴是通过气泡内的电弧空间过渡。

任务三 母材熔化与焊缝成形

一、焊缝形成过程

在电弧热的作用下母材接缝处金属局部熔化，与熔化的焊丝金属相混合，在焊件上形成一个具有一定形状和尺寸的液态金属，称为熔池。在焊接过程中，随着焊接电弧的向前移动，熔池前部的金属被电弧高温熔化不断进入熔池中，熔池后部的液态金属远离熔池温度降低，不断被冷却结晶，即形成焊缝，如图 2-25 所示。

熔池的形状和体积直接影响焊缝的形状、焊缝的组织、接头的力学性能及焊接质量。熔池的形状主要决定于电弧对熔池的作用力和熔滴过渡形式（前面已讲述过），接头形式和空间位置不同熔池形状也不同，平焊时熔池处于最稳定的位置，容易得到良好的焊缝和焊接质量，因此在生产中应尽量将焊件调整到平位或船形位置焊接；熔池的体积主要由电弧的热输入决定，焊接工艺方法和焊接参数不同，熔池的体积和长度也不同。

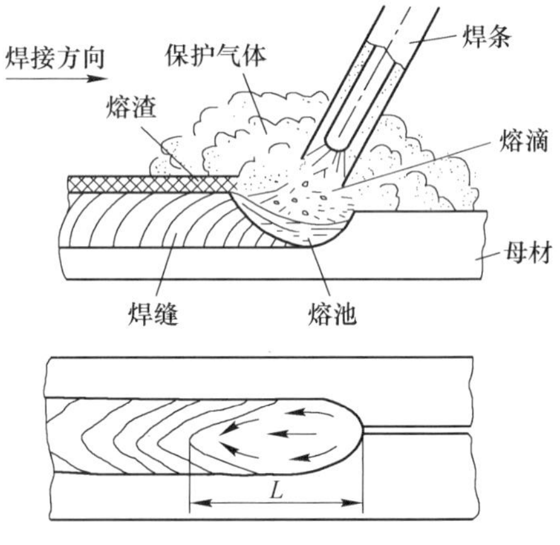

图 2-25 熔池形状与焊缝成形示意图

焊接热循环的特点决定了熔池的形状特征：

（1）在电弧前方熔池的温度梯度较大，而在电弧后方熔池的温度梯度较小。

（2）在工件表面的等温线（包括熔池形状）近似椭圆形，但熔池头部较宽，而尾部较尖。

（3）在垂直焊接方向平面上的等温线（包括熔池）均为半圆形。

熔池的形状和体积与焊缝的结晶过程密切相关，因而对焊缝的组织、性能及质量有重要影响。焊缝结晶总是从熔池边缘处母材的原始晶粒开始，沿着熔池散热方向的相反方向进行，直至熔池中心与从不同方向结晶而来的晶粒相遇为止。因此，所有的结晶晶粒方向都与熔池壁相垂直，如图 2-26 所示。

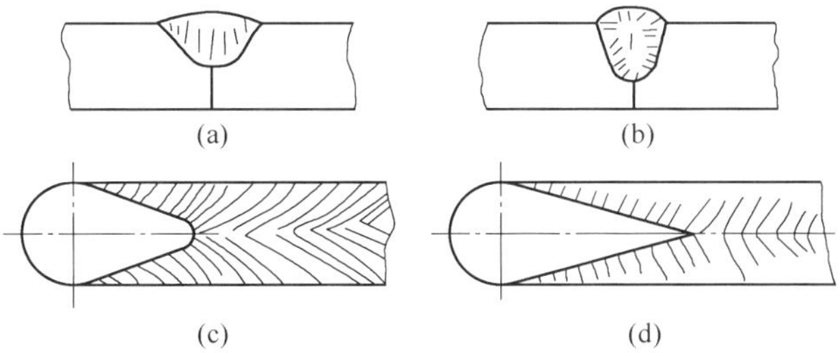

图 2-26　熔池的形状对焊缝结晶的影响

窄而深的熔池，焊缝的晶粒会在焊缝中心相遇，易使低熔点杂质聚集在焊缝中心而产生裂纹、气孔和夹渣等缺陷，如图 2-26（b）所示；从水平面上看，图 2-26 中（c）和（d）的熔池尾部的形状决定了晶粒的交角。焊接速度过快，使熔池尾部细长，两侧晶粒在焊缝中心相交的夹角增大，焊缝中心的杂质偏析严重，使产生纵向裂纹的倾向增大；当焊接速度较低时，产生纵向裂纹的倾向减小。

二、焊缝形状与焊缝质量的关系

（一）焊缝形状尺寸及其影响

焊缝的形状通常是指焊件熔化区横截面的形状，一般以熔深 s、熔宽 c 和余高 h 三个参数来表示，如图 2-27 所示。其中熔深 s 是对接接头焊缝最重要的尺寸，它直接影响接头的承载能力。熔宽和余高则应与熔深具有恰当的比例，因而采用焊缝成形系数 φ（$\varphi=c/s$）和余高系数 ψ（$\psi=c/h$）来表征焊缝的成形特征。

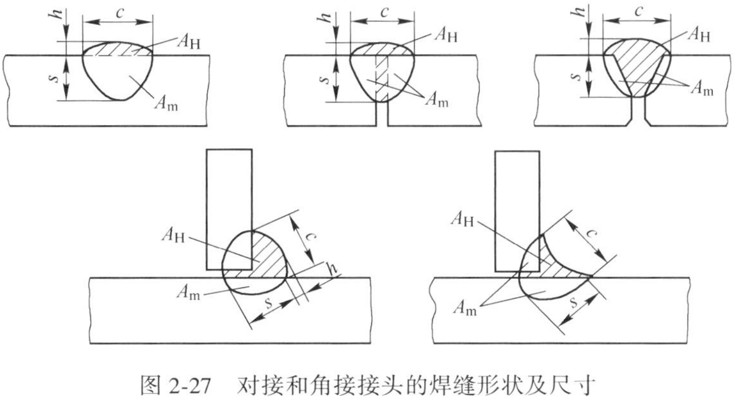

图 2-27　对接和角接接头的焊缝形状及尺寸

焊缝成形系数 φ 的大小影响到熔池中气体逸出的难易、熔池的结晶方向、焊缝中心偏析的严重程度等。φ 的大小受到焊接方法及材料对焊缝产生裂纹和气孔的敏感性（即熔池合理冶金条件）的制约。一般而言，对于裂纹和气孔敏感的材料，其焊缝的 φ 值应大些。此外，φ 值的大小还受到电弧功率密度的限制。常用电弧焊焊缝的 φ 值一般取 1.3~2。堆焊时为了保证堆焊层材料的成分和高的生产率，要求熔池浅，焊缝宽度大，此时 φ 值可达 10 左右。

焊缝余高可避免熔池金属凝固收缩时形成缺陷，也可增加焊缝截面，提高结构承受静载荷能力。但余高太大将引起应力集中，从而降低承受动载荷能力，因此要限制余高的尺寸。通常对接接头的余高应控制在 3 mm 以下，或者余高系数 ψ 取 4~8。对重要的承受动载荷的结构，焊后应将余高去除。理想的角焊缝表面最好是凹形的。对于重要结构，可在焊后除去余高，磨成凹形。

（二）焊缝的熔合比

焊缝的熔深、熔宽和余高确定后，基本确定了焊缝横截面的轮廓。焊缝准确的横截面形状及面积可由焊缝断面的粗晶腐蚀确定，从而可确定母材金属在焊缝中所占的比例，即焊缝的熔合比。表示为：

$$\gamma = A_m/(A_m + A_H)$$

式中，A_m 为母材金属在焊缝横截面中所占面积；A_H 为填充金属在焊缝横截面中所占面积。

由图 2-27 可见，当坡口和熔池形状改变时，熔合比 γ 将发生变化。在焊接各种高强度合金结构钢和有色金属时，可通过改变熔合比来调整焊缝的化学成分，降低裂纹的敏感性和提高焊缝的力学性能。

三、焊接工艺参数对焊缝成形的影响

电弧焊的焊接工艺参数包括焊接参数、工艺因数和结构因数。对焊接质量影响较大的焊接工艺参数（焊接电流、电弧电压、焊接速度等）称为焊接参数；焊条直径、电源种类与极性、电极和焊件倾角、保护气体等工艺参数称为工艺因数；焊件的坡口形状、间隙、焊件厚度等参数称为结构因数。下面将介绍各种参数对焊缝成形的影响。

（一）焊接参数的影响

焊接电流、电弧电压和焊接速度是决定焊缝尺寸的主要工艺参数。焊接参数决定焊接线能量的大小，它对焊缝厚度、焊缝宽度和余高的影响如图 2-28 所示。

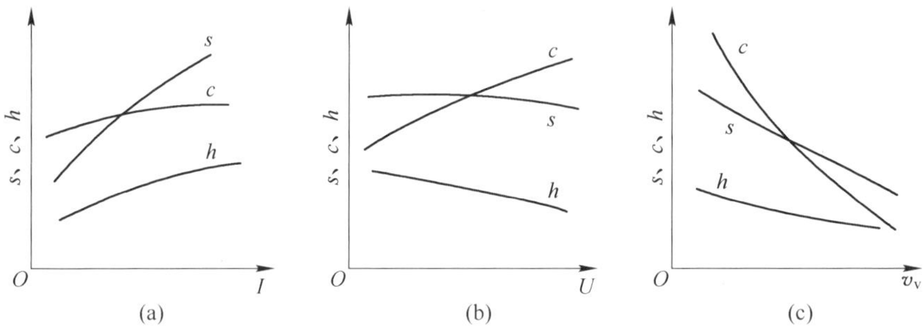

图 2-28　焊接参数对焊缝厚度、焊缝宽度和余高的影响

（a）焊接电流的影响；（b）电弧电压的影响；（c）焊接速度的影响

（1）焊接电流：其他条件不变时，焊接电流增大，焊缝的熔深、熔宽和余高均增大，如图 2-28（a）所示。其中熔深随电流变化最明显，而熔宽只是略有增大。这是因为电流增大，工件上的热输入和电弧力均增大，热源位置下移，使熔深增大。熔深与焊接电流近于成正比关系；随电流增大，电弧截面增加，同时电弧潜入工件深度也增加，使电弧斑点移动范围受到限制，因此熔宽几乎保持不变；焊缝成形系数则由于熔深增大而减小；熔化极电弧焊焊接时，随电流增大焊丝熔化量几乎成比例增加，由于熔宽几乎不变，所以余高增大。

（2）电弧电压：其他条件不变时，随电弧电压增大焊缝熔宽显著增加，而熔深和余高略有减小，如图2-28（b）所示。这是因为弧长增加，工件上电弧热的分布半径增大，因此熔宽增大而熔深略有减小。当焊丝熔化量不变时，由于熔宽增大而使余高减小。

电流是决定熔深的主要因素，而电压是决定熔宽的主要因素。电弧电压又是根据焊接电流确定的，即一定的焊接电流应对应一定范围的弧长，以保证电弧稳定燃烧和焊缝成形良好。

（3）焊接速度：焊接速度提高时，焊接线能量减小，熔宽和熔深都明显减小，余高也略有减小，如图2-28（c）所示。提高焊接速度可提高焊接生产率，但提高焊接速度应同时提高焊接电流和电弧电压，才能保证合理的焊缝尺寸，因此焊接速度、焊接电流、电弧电压三者是相互联系的。

（二）工艺因数的影响

（1）电源种类和极性：熔化极电弧焊焊接时，直流反接时的熔深和熔宽要比直流正接时大，交流电弧焊接时介于两者之间，这是由于熔化极电弧阳极（工件）析出的能量较大。直流正接时，焊丝为阴极，焊丝的熔化率较大，使焊缝余高较大，焊缝成形不良，熔化极电弧焊一般采用直流反接。采用脉冲电流焊接时，由于脉冲电流和脉冲电压比平均值高，因而在同样的焊接电流和电弧电压平均值条件下，可以获得更大的熔深和熔宽。

（2）焊丝直径和伸出长度：随着焊丝直径减小，熔深增大，而熔宽减小。也就是说，达到同样的熔深，焊丝直径越细，所需电流越小，而与之相应的电流密度却显著提高。

焊丝伸出长度加大时，焊丝电阻热增加，熔化量增多，使焊缝余高增大。焊丝材质的电阻率越高，直径越细，伸出长度越大时，这种影响越明显。因此，为保证得到所需焊缝尺寸，在用细焊丝，尤其是高电阻率的不锈钢焊丝焊接时，必须限制焊丝伸出长度的允许变化范围。

（3）电极（焊丝）倾角：焊丝倾斜焊接时有前倾焊和后倾焊两种，如图2-29所示。焊丝倾斜的方向和大小不同，电弧对熔池的力和热的作用就不同，从而对焊缝成形的影响不同。后倾焊时，电弧力后排熔池金属的作用减弱，熔池底部液体金属增厚，熔深减小，而电弧对熔池前方的母材的预热作用加强，故熔宽增大。焊丝倾角越大，这一作用越明显。前倾焊时，情况则相反，如图2-29（c）所示。

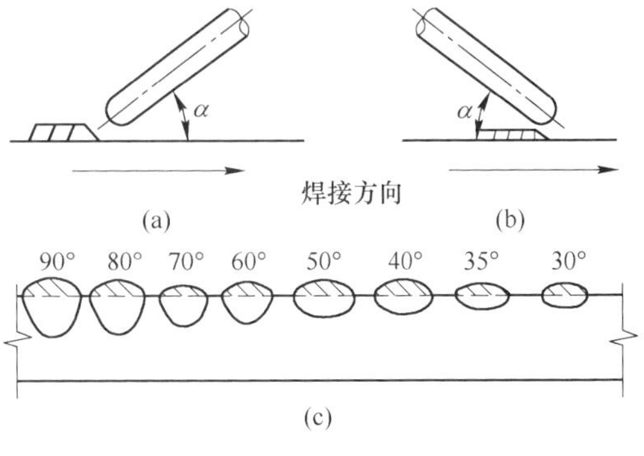

图2-29　电极倾角对焊缝成形的影响

（a）前倾焊；（b）后倾焊；（c）前倾角的影响

（4）工件倾斜：焊件倾斜时，有上坡焊和下坡焊两种情况，如图2-30所示。上坡焊时，液体金属的重力有助于熔池金属排向熔池尾部，因而熔深、余高增加，而熔宽减小。若倾角 $\alpha=6°\sim12°$，则焊缝余高过大，两侧出现咬边，成形明显恶化。下坡焊的情况与上坡焊相反，当倾角 $\alpha=6°\sim8°$ 时，焊缝的熔深和余高均减小，而熔宽略有增加，焊缝成形得到改善。继续增大 α 角，将会产生未焊透、焊瘤等缺陷。

（三）结构因数的影响

焊件坡口尺寸、间隙大小、工件厚度等对焊缝成形都有影响。

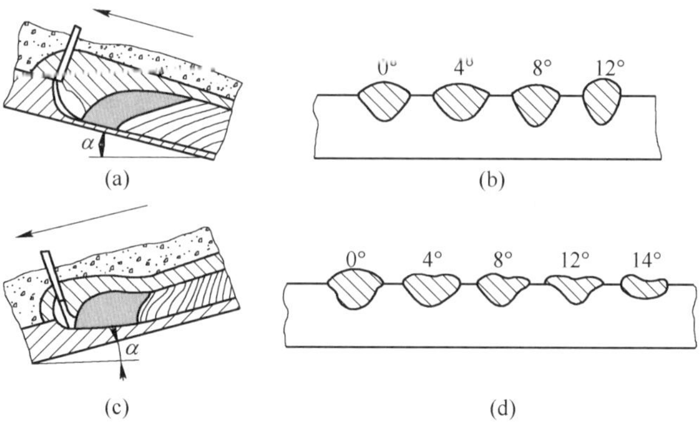

图 2-30　焊件倾斜对焊缝成形的影响

（a）上坡焊；（b）上坡焊焊缝成形；（c）下坡焊；（d）下坡焊焊缝成形

（1）坡口和间隙：其他条件不变时，坡口或间隙的尺寸增大，焊缝熔深略有增加，而余高和熔合比显著减小。通常用开坡口的方法控制焊缝的余高和调整熔合比。

（2）工件厚度和工件散热条件：导热性好的材料熔化单位体积金属所需热量多，在热输入量一定时，熔深和熔宽就小。在其他条件相同时，焊件越厚，散热越多，熔深和熔宽就越小。

总之，影响焊缝成形的因素很多，要获得良好的焊缝成形，就要根据工件材质和厚度、接头形式和焊缝空间位置以及工作条件等，合理选择工艺参数。

四、焊缝成形缺陷的产生及防止

根据 GB/T 6417—2005 规定，金属熔化焊焊缝缺陷分为裂纹、空穴、固体夹杂、未熔合和未焊透、形状缺陷、其他缺陷等六类，每一类中又包含若干小类。其中气孔、夹渣、裂纹等缺陷主要受冶金因素的影响，这部分内容在《金属熔焊原理》教材中作详细讨论。这里主要讲述因焊接工艺参数选择不当造成的焊缝成形缺陷。

（一）焊缝外形尺寸不符合要求

焊缝外形尺寸不符合要求主要有焊缝波纹粗劣、焊缝宽窄不均匀、余高过高或过低等，如图 2-31 所示。

（1）危害：焊缝成形不美观；余高过高，易在焊缝与母材连接处形成应力集中，余高过低，则焊缝承载面积减小，使结合强度降低。

（2）产生原因：焊缝坡口角度不当；装配间隙不均匀；焊接参数选择不合适；操作人员技术不熟练等。

（3）防止措施：正确选择坡口角度、装配间隙及焊接参数、熟练掌握操作技术，严格按设计要求施焊。

（二）咬边

由于焊接参数选择不当或操作方法不正确，沿焊趾的母材部位产生的沟槽或凹陷称为咬边（或称为咬肉）。咬边是电弧将焊缝边缘熔化后没有得到填充金属的补充而留下的缺口，如图 2-32 所示。咬边可能是连续的，也可能是断续的。

（1）危害：使接头承载面积减小，强度降低；造成咬边处应力集中，接头承载后易引起裂纹。

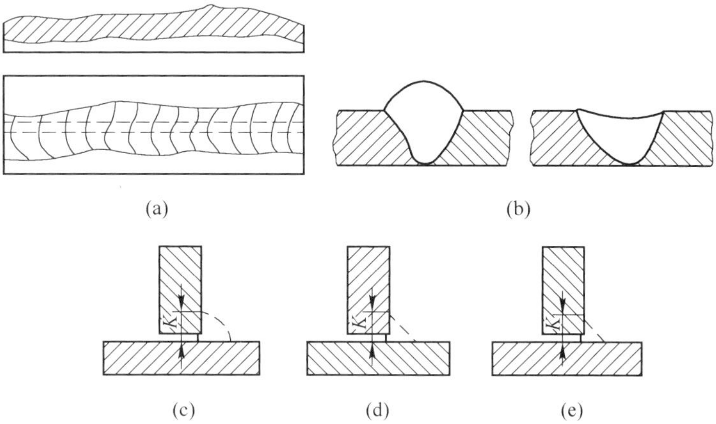

图 2-31　焊缝外形尺寸不符合要求
（a）焊缝高低不平、宽窄不匀、波纹粗劣；（b）余高过高或过低；
（c）余高凸起；（d）过渡不圆滑；（e）合适

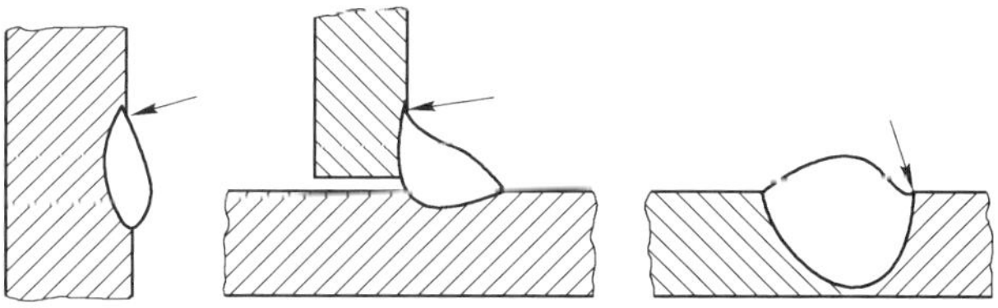

图 2-32　咬边

（2）产生原因：焊接电流过大；焊接速度太快；电弧电压过高；焊条角度不当；焊接角焊缝时一次焊接的焊角尺寸过大。

（3）防止措施：正确选择焊接工艺参数，熟练掌握焊接操作技术。

（三）未熔合

焊缝金属与母材之间，或焊道金属与焊道金属之间未完全熔化结合的部分称为未熔合。未熔合可分为侧壁未熔合、层间未熔合及根部未熔合等，如图 2-33 所示。

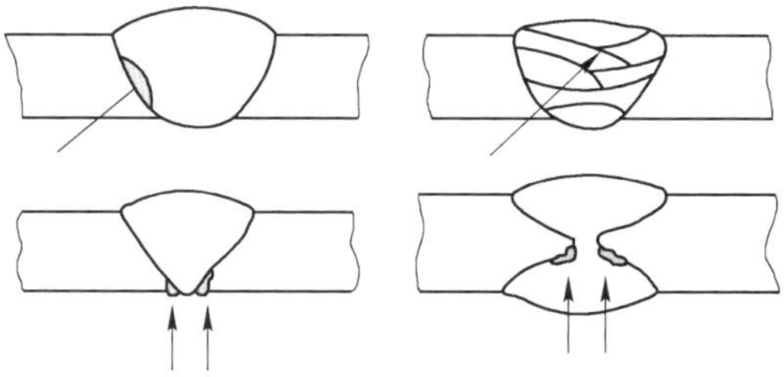

图 2-33　未熔合

（1）危害：产生应力集中，使接头力学性能下降。

（2）产生原因：焊接电流过小，焊接速度过高，坡口尺寸不合适及焊丝偏离焊缝中心线，磁偏吹的影响，焊件及层间清理不良，杂质阻碍母材边缘与根部之间以及焊道之间的熔合。

（3）防止措施：应根据产生原因采取相应措施。

（四）未焊透

未焊透是指接头根部未完全熔透的现象，如图 2-34 所示。

（1）危害：产生应力集中，使接头力学性能下降。

（2）产生原因：焊接电流过小，焊接速度过高，坡口尺寸不合适及焊丝偏离焊缝中心线，磁偏吹的影响。

（3）防止措施：应根据产生原因采取相应措施。

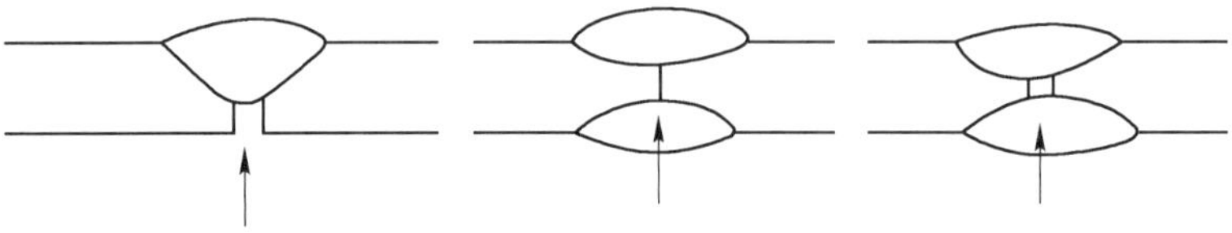

图 2-34　未焊透

（五）焊瘤

焊接过程中，熔化的金属流淌到焊缝之外未熔化的母材上所形成的金属瘤称为焊瘤，也称为满溢，如图 2-35 所示。

（1）危害：焊瘤会影响焊缝的外观成形，造成焊接材料的浪费，焊瘤部位往往伴随着夹渣和未焊透。

（2）产生原因：主要是由于填充金属过多引起。当坡口尺寸过小、焊接速度过慢、电弧电压过低、焊丝偏离焊缝中心线及焊丝伸出长度过长都会产生焊瘤。平焊时产生焊瘤的可能性最小，而立焊、横焊、仰焊都易产生焊瘤。

（3）防止措施：尽量使焊缝处于水平位置，并正确选择焊接工艺参数。

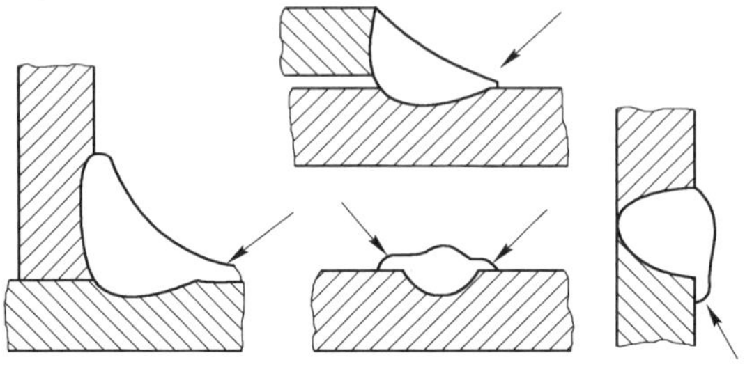

图 2-35　焊瘤

（六）烧穿及塌陷

焊缝上形成穿孔的现象称为烧穿（或焊穿）；熔化的金属从焊缝背面漏出，使焊缝正面下凹、背面凸起的现象称为塌陷，如图 2-36 所示。

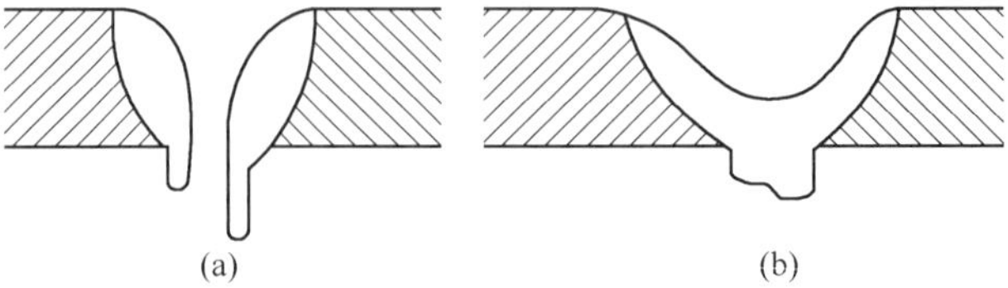

(a)　(b)

图 2-36　烧穿及塌陷

（a）烧穿；（b）塌陷

（1）产生原因：焊接电流过大、焊接速度过低、坡口间隙过大；气体保护焊焊接时，气体流量过大。

（2）防止措施：应根据产生原因采取相应措施。

习　题

一、填空题

1. 按电场强度分布特点可将电弧分为________、________和________三个区域。
2. 焊材和母材熔化所需热量主要由______或______提供。
3. 熔化的焊材向熔池过渡的方式有______、______和______三种形式。
4. 电弧产生和维持不可缺少的两个必要条件是________和 __________。
5. 气体电离的种类有________、__________、__________等。
6. 电弧力主要包括 ______________、______________和________________。
7. 焊缝的形状是指焊件熔化区横截面的形状，它可以用______、______和______三个参数来描述。

二、选择题

1. 焊接电弧按电场强度分布特点分为阴极区、阳极区和弧柱区，其中（　　）温度最高。
   A. 阴极区　B. 阳极区　C. 弧柱区　D. 一样高
2. 焊条电弧焊焊接时不属于产生咬边的原因是（　　）。
   A. 电流过大　B. 焊条角度不当　C. 焊接速度过低　D. 电弧电压过高
3. 电弧焊克服电弧磁偏吹的方法不包括（　　）。
   A. 改变地线位置　B. 压低电弧　C. 改变焊条角度　D. 增加焊接电流
4. 焊接接头根部未完全熔透的现象称为（　　）。
   A. 未熔合　B. 未焊透　C. 咬边　D. 塌陷
5. 受力状况好，应力集中较小的接头是（　　）。
   A. 对接接头　B. 角接接头　C. 搭接接头　D. T 形接头
6. 焊接接头根部预留间隙的目的是（　　）。
   A. 防止烧穿　B. 保证焊透　C. 减少应力　D. 提高效率
7. 在坡口中留钝边的目的是（　　）。
   A. 防止烧穿　B. 保证焊透　C. 减少应力　D. 提高效率
8. 焊缝的形状系数是指焊缝（　　）。
   A. 余高与熔宽之比　B. 熔宽与熔深之比　C. 余高与熔深之比　D. 熔深与熔宽之比

三、判断题（正确的画“√”，错误的画“×”）

1. 电弧中的斑点力总是有利于熔滴过渡的。（　　）
2. 焊缝的余高越高焊缝的强度也越高。（　　）
3. 熔合比是指单道焊焊接时，在焊缝横截面上母材熔化部分所占的面积与焊缝全部面积之比。（　　）
4. 咬边产生的原因是焊接速度太慢，电弧电压过高。（　　）

四、简答题

1. 简述热发射、场致发射与阴极材料的关系。
2. 什么是阴极破碎现象？
3. 影响焊接电弧稳定性的因素有哪些？

4. 简述熔滴过渡的主要形式及特点。
5. 在电弧中有哪几种主要作用力？说明各种力对熔池及熔滴过渡的影响。
6. 什么是焊缝成形系数和余高系数，它们对焊缝质量有何影响？
7. 试述常见焊缝成形缺陷的产生原因及防止措施。

项目三　热切割方法

热切割是利用集中的热能使材料熔化并分离的方法。热切割广泛应用于工业部门中金属材料下料、零部件加工、废品废料解体以及安装和拆除等。由于热切割与焊接有直接关系，两者所用热源设备基本相同，且热切割常用作焊接前的焊件下料和接头坡口加工，因而通常将热切割归并在焊接技术领域内。

按所用热能种类，热切割分为：

（1）气割（火焰切割）：用可燃气体与氧混合燃烧所产生的热能熔化金属并将其吹除而形成割缝。可燃气体一般用乙炔，也可用石油气、天然气或煤气。

（2）等离子弧切割：用等离子弧作为热源熔化金属，借助高速热离子气体（如氮、氩、氩氢、氮氢、空气等）将其吹除而形成割缝。同样条件下等离子弧的切割速度大于气割，且切割材料范围也比气割更广。有一般等离子弧切割、双流（保护）等离子弧切割、水保护等离子弧切割、水再压缩等离子弧切割及空气等离子弧切割等多种切割方法。

（3）电弧切割：利用电弧作为热源进行的切割。其切割质量比气割差，但切割材料种类比气割广泛，所有金属材料几乎都可用电弧切割。可分为碳弧切割、碳弧气刨和空心焊条电弧切割三种。

（4）激光切割：利用激光束作为热源进行的切割。其温度超过 11000 ℃，足以使任何材料气化。激光切割的切口细窄、尺寸精确、表面光洁，质量优于其他任何热切割方法。

任务一　气　　割

现代焊接生产中钢材的切割主要采用机械切割和热切割。机械切割由于受到机器容量的限制，故一般应用于厚度在 20 mm 以下的中、薄板。而气割切割的厚度远远大于机械切割，因此应用领域几乎覆盖了机械、矿山、船舶、石油化工、交通、电力等许多工业部门。

通过本任务的学习使学生掌握气割的原理、特点及应用、手工气割设备组成及安全使用、气割工艺参数选用的原则等相关知识；训练学生正确安装、调试、操作使用和维护保养手工气割设备、工具的能力；指导学生使用气割设备规范地进行各种金属材料的气割操作；培养学生始终把安全生产要求放到首位，严格遵守气割安全操作规程。

一、气割的原理、特点及应用范围

（一）气割的原理

气割是利用助燃气体氧气与可燃气体混合燃烧的火焰，将金属加热到红热的燃烧点（金属在氧气中能够剧烈燃烧的温度），工件剧烈燃烧而成为金属氧化物（熔渣），同时放出大量的热。然后，开启割炬上的切割氧，使高压氧流喷射在红热的工件上，把金属燃烧形成的金属氧化物（熔渣）吹掉。与此同时，燃烧热和预热火焰又进一步加热下层金属，使之达到燃点，并自行燃烧。这种预热—燃烧—吹渣的过程重复进行，即形成切口，移动割炬就把金属逐渐割开，这就是气割过程的基本原理，如图 3-1 所示。由此可见，金属的气割过程实质上是金属在纯氧中燃烧的过程，而不是熔化过程。如果把割炬安装在自动行走的小车或机械上，就变成了半自动或自动切割。

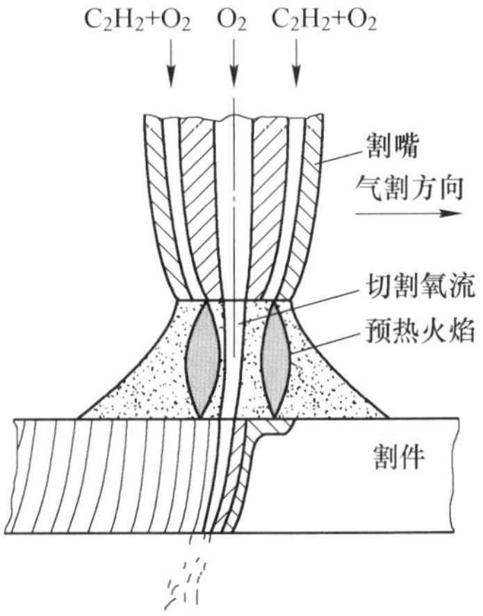

图 3-1　钢材气体火焰切割的原理示意图

气体火焰切割过程可分为互有关联的四个阶段：

（1）起割点处的金属表面用预热火焰加热到燃点，随之在切割氧中开始燃烧反应；

（2）燃烧反应向金属下层进展；

（3）排除燃烧反应生成的熔渣，沿厚度方向割开金属；

（4）利用熔渣和预热火焰的热量将切口前缘的金属上层加热到燃点，使之继续与氧产生燃烧反应。

（二）气割的特点

1. 金属的气割性

气割过程是预热—燃烧—吹渣过程，但并不是所有金属都能满足这个过程的要求，只有符合下列条件的金属才能进行气割。

（1）金属在氧气中的燃烧点应低于其熔点。如果金属在氧气中的燃点高于金属的熔点，金属材料会首先熔化，温度将不再升高，金属也将不会发生燃烧而生成金属氧化物。金属材料一般随着含碳量增加，其燃点升高而熔点降低。

（2）气割时金属氧化物的熔点应低于金属的熔点，且流动性要好。如果金属氧化物的熔点高于金属的熔点，那么高熔点的氧化物就会以固态形式覆盖在切口表面，使切割无法进行。常见金属的熔点和金属氧化物熔点如表 3-1 所示。

表 3-1　常见金属的熔点和金属氧化物熔点

金属名称	金属熔点/℃	金属氧化物熔点/℃
纯铁	1538	1370~1565
低碳钢	1500	1370~1565
高碳钢	1300~1400	1370~1565
铸铁	约 1200	1370~1565
紫铜	1083	1236
黄铜	850~900	1236
锡青铜	850~900	1236
铝	660	2050
锌	419	1800
铬	1550	1990
镍	1452	1990

（3）金属在切割氧流中的燃烧应是放热反应。只有放出足够的热量，才能保证把切口前缘的金属层迅速地加热到燃烧点。气割时金属燃烧所产生的热量约占整个切割过程的70%左右，而预热火焰所产生的热量仅占30%。

（4）金属的导热性不应太高。如果金属导热性过高，会带走大部分热量，使切割不能进行或者中断。

（5）金属中阻碍气割过程和提高钢的可淬性的杂质要少。符合上述条件的金属有纯铁、低碳钢和低合金钢等。而高碳钢及含有易淬硬元素（如铬、钼、钨、锰等）的中合金和高合金钢气割性较差。不锈钢含有较多的铬和镍，易形成高熔点的氧化膜（如Cr_2O_3），铸铁的熔点低，铜和铝的导热性好，它们属于难于气割或不能气割的金属材料。

2. 气割的优点

（1）与机械切割方法比较，机械方法难以切割的截面形状和厚度，采用氧-乙炔焰切割，效率高，成本低。

（2）切割设备的投资比机械切割设备的投资低，切割设备轻便，可用于野外作业。

（3）切割小圆弧时，能迅速改变切割方向。切割大型工件时，不用移动工件，借助移动氧-乙炔火焰，便能迅速切割。

（4）可进行手工和机械切割。

3. 气割的缺点

（1）切割的尺寸公差，劣于机械方法。

（2）预热火焰和飞溅的熔渣存在发生火灾以及烧坏设备和烧伤操作人员的危险。

（3）切割材料受到限制，例如，铜、铝、不锈钢、铸铁等，一般不能用氧-乙炔焰切割。

（4）劳动强度大，要求操作者具有较高的技术水平，薄板气割时会产生较大的变形。

（三）应用范围

由于气割的成本低，设备简单，操作方便，并能在各种位置进行切割和在钢板上切割各种外形复杂的零件，因此，广泛地用于钢板下料、装配过程中的余量切割与边缘修整，焊接坡口的加工和铸件浇冒口的切割，切割厚度可达300 mm以上。随着各种自动、半自动气割设备和新型割嘴的应用，特别是数控火焰切割技术的发展，使得气割可以代替部分机械加工。有些焊接坡口可一次直接用气割方法切割出来，切割后直接进行焊接。气体火焰切割的精度和效率大幅度提高，使气体火焰切割的应用领域更加广阔。

二、气割的设备与工具

（一）气瓶

（1）氧气瓶的构造。氧气瓶是储存和运输氧气的一种高压容器。目前，工业中最常用的氧气瓶规格是：瓶体外径为219 mm，瓶体高度约为1370 mm，容积为40 L，当工作压力为15 MPa时，可储存6 m^3 氧气。其构造如图3-2所示，它是由瓶体、胶圈、瓶箍、瓶阀和瓶帽五部分组成。瓶体外部装有两个防震胶圈以防碰撞，为使氧气瓶平稳直立地放置，制造时把瓶底挤压成凹弧面形状。为了保护瓶阀在运输中免遭撞击，在瓶阀的外面套有瓶帽。氧气瓶外表面为天蓝色，并用黑漆写上“氧”字样，用以区别其他气瓶。

（2）乙炔瓶的构造。乙炔瓶是储存和运输乙炔气的压力容器，其外形与氧气瓶相似，

图 3-2　氧气瓶的构造
1—瓶体；2—胶圈；3—瓶箍；4—瓶阀；5—瓶帽

它的构造要比氧气瓶复杂。主要因为乙炔不能以高的压力压入普通的气瓶内，而必须利用乙炔能溶解于丙酮的特性，采取必要的措施，才能把乙炔压入钢瓶内。乙炔的瓶体是由优质碳素结构钢或低合金结构钢经轧制焊接而成。乙炔瓶内有微孔填料布满其中，而微孔填料中浸满丙酮，利用乙炔易溶解于丙酮的特点，使乙炔稳定、安全地储存在乙炔瓶中。瓶阀下面中心连接一锥形不锈钢网，内装石棉或毛毡，其作用是帮助乙炔从丙酮溶液中分解出来。瓶内的填料要求多孔且轻质，目前广泛应用的是硅酸钙。为使气瓶能平稳直立地放置，在瓶底部装有底座，瓶阀装有瓶帽。为了保证安全使用，在靠近收口处装有易熔塞，一旦气瓶温度达到 100 ℃左右时，易熔塞即熔化，使瓶内气体外逸，起到泄压作用。常用的乙炔瓶瓶体外径为 250 mm，瓶体高度约为 1025 mm，瓶体总重约 37 kg。瓶体表面涂白漆，并印有“乙炔不可近火”的红色字样。乙炔瓶的容积为 40 L，一般乙炔瓶内能溶解 6~7 kg 的乙炔。乙炔瓶的工作压力是 1.5 MPa，水压试验的压力为 6 MPa，其构造如图 3-3 所示。

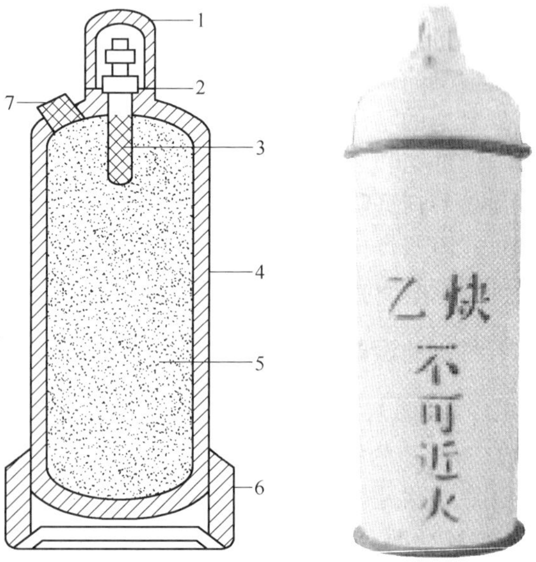

图 3-3　乙炔瓶的构造
1—瓶帽；2—瓶阀；3—分解网；4—瓶体；
5—微孔填料；6—底座；7—易熔塞

（3）液化石油气瓶。液化石油气瓶是储存液化石油气的专用容器，按用量及使用方式不同，气瓶储存量分别有 10 kg、15 kg、36 kg 等多种规格。气瓶材质选用 16Mn 钢或优质碳素钢，气瓶的最大工作压力为 1.6 MPa，水压试验压力为 3 MPa。气瓶外表涂银灰色，并有“液化石油气”的红色字样。其结构如图 3-4 所示。

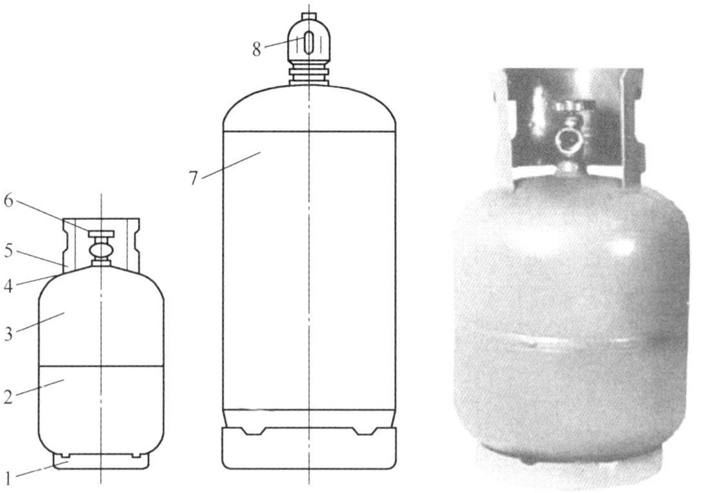

图 3-4　液化石油气瓶

1—底座；2—下封头；3—上封头；4—瓶阀座；5—护罩；6—瓶阀；7—筒体；8—瓶帽

（二）气瓶阀

（1）氧气瓶阀。氧气瓶阀是控制氧气瓶内氧气进出的阀门。目前多采用活瓣式阀门，其结构如图 3-5 所示。活瓣式瓶阀结构主要由阀体、密封垫圈、手轮、压紧螺母、阀杆、开关片、活门及安全装置等组成。除手轮、开关片、密封垫圈外，其余都是由黄铜或青铜压制和机加工而成的。为使瓶口和瓶阀紧密结合，将阀体和氧气瓶口结合的一端，加工成锥形管螺纹，以旋入气瓶口内；阀体的出气口处，加工成定型螺纹，用以连接减压器。阀

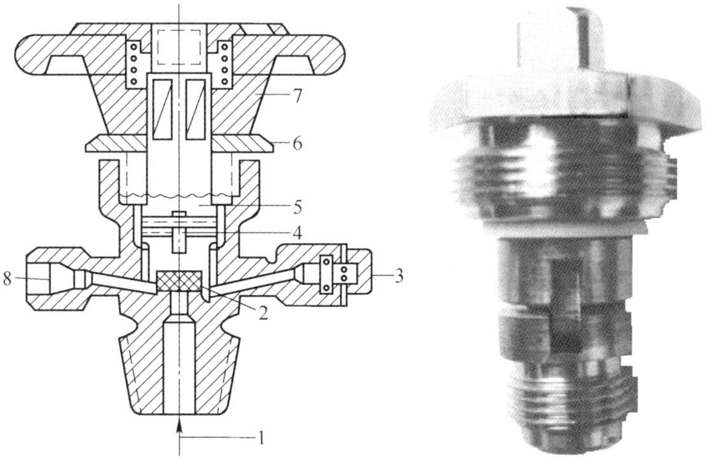

图 3-5　活瓣式氧气瓶阀

1—进气口；2—活门；3—安全阀；4—开关片；5—阀杆；6—压紧螺母；7—手轮；8—出气口

体的出气口背面，装有安全装置。使用时，如将手轮逆时针方向旋转，则可开启瓶阀；顺时针旋转则关闭瓶阀。旋转手轮时，阀杆也随之转动，再通过开关片使活门一起转动，造成活门向上或向下移动。活门向上移动，气门开启，瓶内的氧气从出气口喷出。活门向下压紧时，由于活门内嵌有用尼龙材料制成的密封垫，因此可以使活门密闭。瓶阀活门上下移动的范围为 1.5~3 mm。氧气瓶的安全是由瓶阀中的金属安全帽来实现的。一旦瓶内压力达 18~22.5 MPa，安全膜即自行爆破泄压，确保瓶体安全。

（2）乙炔瓶阀。乙炔瓶阀是控制乙炔瓶内乙炔进出的阀门，其构造如图 3-6 所示。它主要包括阀体、阀杆、密封垫圈、压紧螺母、活门和过滤件等几部分。乙炔阀门没有手轮，活门开启和关闭是靠方孔套筒扳手完成的。当方形套筒扳手按逆时针方向旋转阀杆上端的方形头时，活门向上移动即开启阀门，反之则是关闭。乙炔瓶阀体是由低碳钢制成的，阀体下端加工成 ϕ27.8×14 牙/英寸螺纹的锥形尾，以使旋入瓶体上口。由于乙炔瓶阀的出气口处无螺纹，因此使用减压器时必须带有夹紧装置与瓶阀结合。

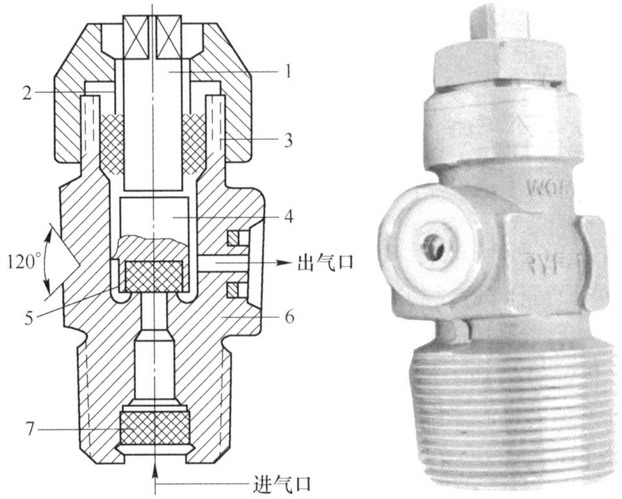

图 3-6　乙炔瓶阀的构造

1—阀杆；2—压紧螺母；3—密封垫圈；4—活门；5—尼龙垫；6—阀体；7—过滤件

（3）液化石油气瓶阀。液化石油气瓶阀主要由阀体、手轮、活门、活门垫和 O 形圈等组成，其结构如图 3-7 所示。

（三）减压器

1. 减压器的作用和分类

（1）作用。由于气瓶内压力较高，而气焊和气割所需的压力却较小，所以需要用减压器来把储存在气瓶内的较高压力的气体降为低压气体（减压作用），并应保证所需的工作压力自始至终保持稳定状态（稳压作用）。总之，减压器是将高压气体降为低压气体、并保持输出气体的压力和流量稳定不变的调节装置。

（2）分类。减压器按工作原理不同可分为正作用式和反作用式两类。目前，常见的国产减压器以单级反作用式和双级混合式（第一级为正作用式、第二级为反作用式）两类为主。常用减压器的型号和主要技术数据如表 3-2 所示。

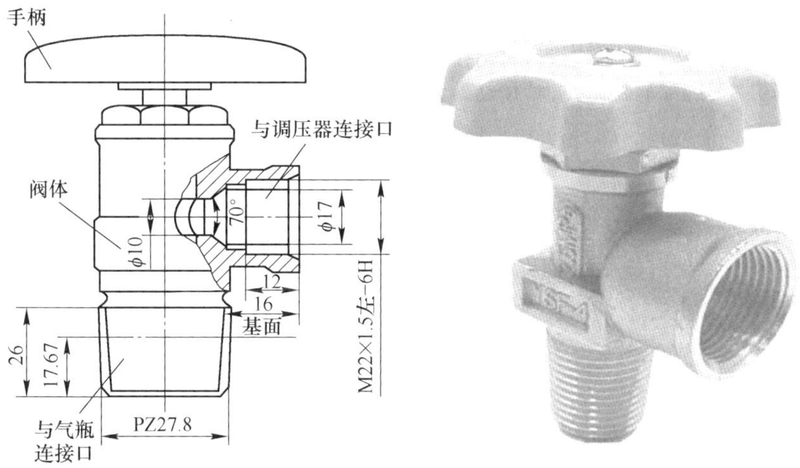

图 3-7　液化石油气瓶阀结构

表 3-2　减压器的主要技术数据

减压器型号	QD-1	QD-2A	OD-3A	DJ-6	SJ7-10	QD-20	QW2-16/0.6
名称	单级氧气减压器				双级氧气减压器	单级乙炔减压器	单级丙烷减压器
进气口最高压力/MPa	15	15	15	15	15	2	1.6
最高工作压力/MPa	2.5	1.0	0.2	2	2	0.15	0.06
工作压力调节范围/MPa	0.1~2.5	0.1~1.0	0.01~0.2	0.1~2	0.1~2	0.01~0.15	0.02~0.06
最大放气能力/$m^3 \cdot h^{-1}$	80	40	10	180	—	9	—
出气口孔径/mm	6	5	3	—	5	4	—
压力表规格/MPa	0~25 0~4.0	0~25 0~1.6	0~25 0~0.4	0~25 0~4	0~25 0~4	0~2.5 0~0.25	0~2.5 0~0.16
安全阀泄气压力/MPa	2.9~3.9	1.15~1.6	—	2.2	2.2	0.18~0.24	0.07~0.12
进气口连接螺纹/mm	G15.875	G15.875	G15.875	G15.875	G15.875	夹环连接	G15.875
质量/kg	4	2	2	2	3	2	2
外形尺寸/mm×mm×mm	200×200×200	165×170×160	165×170×160	170×200×142	200×170×220	170×185×315	165×190×160

2. 减压器的构造和工作原理

（1）QD-1 型氧气减压器构造和工作原理。QD-1 型氧气减压器属丁单级反作用式，其进气口最高压力为 15 MPa，工作压力调节范围为 0. 1～2. 5 MPa。QD-1 型氧气减压器主要由本体、罩壳、调压螺钉、调压弹簧、弹性薄膜装置、减压活门与活门座、安全阀、进气口接头、出气口接头、高压表、低压表等部分组成，其结构如图 3-8 所示。

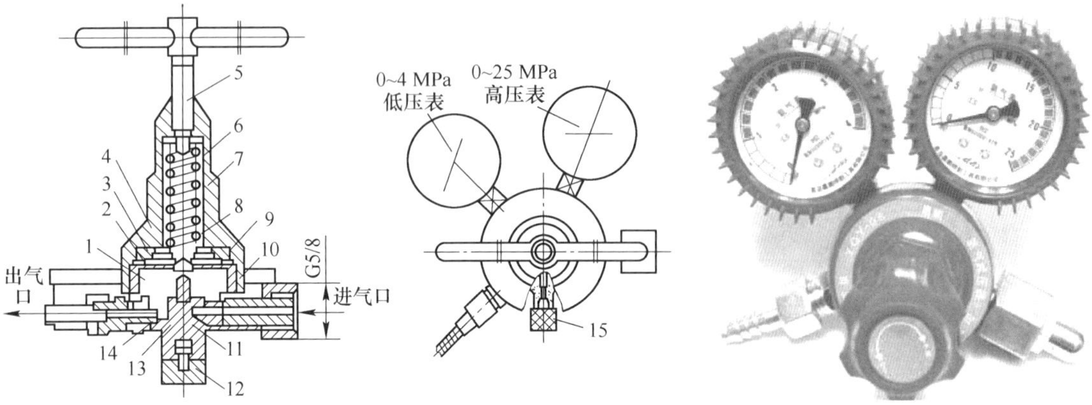

图 3-8　QD-1 型氧气减压器的构造

1—低压气室；2—耐油橡胶平垫片；3—薄膜片；4—弹簧垫块；5—调压螺钉；6—罩壳；7—调压弹簧；8—螺钉；9—活门顶杆；10—本体；11—高压气室；12—副弹簧；13—减压活门；14—活门座；15—安全阀

QD-1 型减压器的本体由黄铜制成，弹性薄膜装置（由弹簧垫块、薄膜片、耐油橡胶平垫片等组成）被紧压在罩壳与本体之间，在罩壳内装有调压弹簧并在其上部旋有调压螺钉。当旋拧调压螺钉时，通过活门顶杆使减压活门做不同程度的开启和关闭，调节氧气的减压程度或停止供氧。在减压器的本体上设有与低压室相通的安全阀，当减压器发生故障，低压气室的压力超过安全阀开启压力时（氧气压力大于 2. 9 MPa 时开始泄气，在压力达到 3. 9 MPa 时完全打开），氧气便自动冲开安全阀而逸出。这样，既保证低压表不因受到冲击而损坏，又避免了超过工作压力的气体流出而造成其他事故。QD-1 型减压器进气接头处螺纹尺寸为 G15. 875 mm，接头的内径尺寸为 5. 5 mm，出气接头内径尺寸为6 mm，其最大流量为 80 m^3/h。减压器本体上还装有高压氧气表和低压氧气表，分别指示高压气室（即氧气瓶内）和低压气室内的压力（即工作压力）。高压氧气表的量程为 0～25 MPa，低压氧气表的量程为 0～4 MPa。

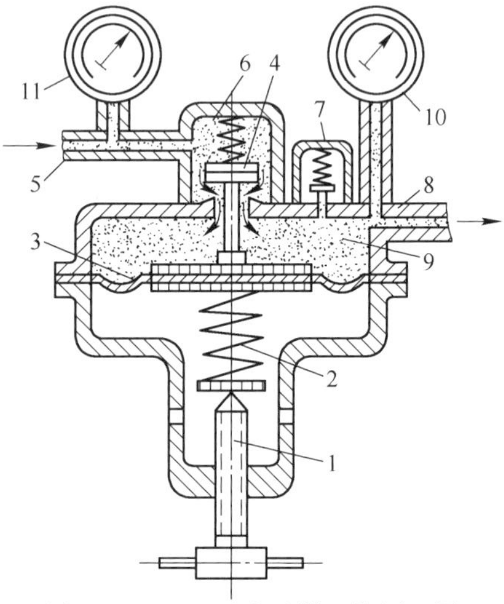

图 3-9　QD-1 型减压器工作原理图

1—调节螺钉；2—调压弹簧；3—薄膜片；4—减压活门；5—进气口；6—高压室；7—安全阀；8—出气口；9—低压室；10—低压表；11—高压表

使用 QD-1 型减压器时，当顺时针旋拧调节螺钉时，可顶开减压活门，高压氧气便从缝隙中流入低压室。由于氧气在低压室内体积发生膨胀而使压力降低，即减压作用，工作原理如图 3-9 所示。在使用过程中，如果气体输送量减少，即低压室压力增高，通过薄膜片压缩调压弹簧，带动减压活门向下移动，使开启程度逐渐减小；反之，减压活门的开启程度就会逐渐增大。当氧气瓶内的氧气压力逐渐下降时，在高压室中促使减压活门关闭，调压弹簧的作用力也就逐渐减小，即减压活门的开启程度逐渐增大，结果仍保证了低压室内氧气的工作压力稳定，这就是减压器的稳压作用。

（2）QD-20 型单级乙炔减压器（供瓶装溶解乙炔减压用）。QD-20 型乙炔减压器进气口最高压力为 2 MPa，工作压力的调节范围为 0. 01~0. 15 MPa。QD-20 型单级乙炔减压器的构造和工作原理与单级氧气减压器（QD-1 型）基本相同，不同的是乙炔减压器与乙炔瓶阀连接采用夹环和紧固螺钉来加以固定，其结构如图 3-10 所示。

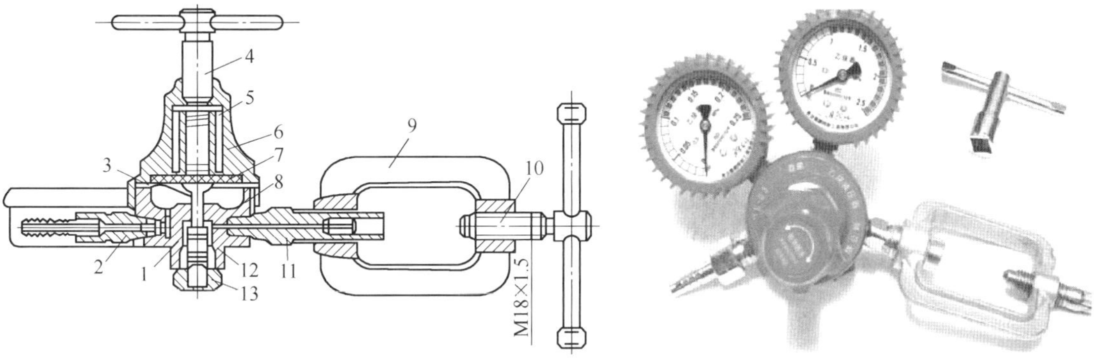

图 3-10　QD 20 型单级乙炔减压器的构造

1—减压活门；2—低压气室；3—活门顶杆；4—调压螺钉；5—调压弹簧；6—罩壳；7—弹性薄膜装置；8—本体；9—夹环；10—紧固螺钉；11—过滤接头；12—高压气室；13—副弹簧

（四）回火防止器

1. 回火防止器的分类

（1）按工作压力分为低压式（0. 01 MPa 以下）、中压式（0. 01~0. 15 MPa）回火防止器。

（2）按作用原理可分为水封式和干式回火防止器。

（3）按装置部位不同可分为集中式，管路式和岗位式回火防止器。

2. 回火防止器的结构

回火防止器的核心元件就是用球形不锈钢粉烧结成的不锈钢止火管，此元件相当于金属海绵材料的管状物，当在焊接过程中发生回火时，火焰通过火焰熄灭器时会自然熄灭，从而达到防止回火的目的。原理就是因为火焰到达火焰熄灭器时，火焰熄灭器的独特结构导致它不能被迅速升温，那么乙炔在此处就达不到着火点，火焰也就熄灭了。防回火装置就是一个有许多微孔的金属件，如钢铁或铜合金。由于高温在短时间内透不过凉的金属，不能把金属加热，到达金属处的乙炔达不到燃烧温度而自动熄灭，实现阻燃。生产中一般使用的是干式回火器。干式回火防止器主要由单向阀、火焰熄灭器、壳体等部件组成，其基本结构如图 3-11 所示。除减压表用回火器外，还有胶管回火阀及割炬回火阀，使切割过程更具安全性，如图 3-12 所示。

3. 回火防止器的作用

在气焊或气割过程中，有时会发生气体火焰进入喷嘴内逆向燃烧的现象，称为回火。回火时，一旦逆向燃烧的火焰进入乙炔瓶内，就会发生燃烧爆炸事故。回火防止器的作用

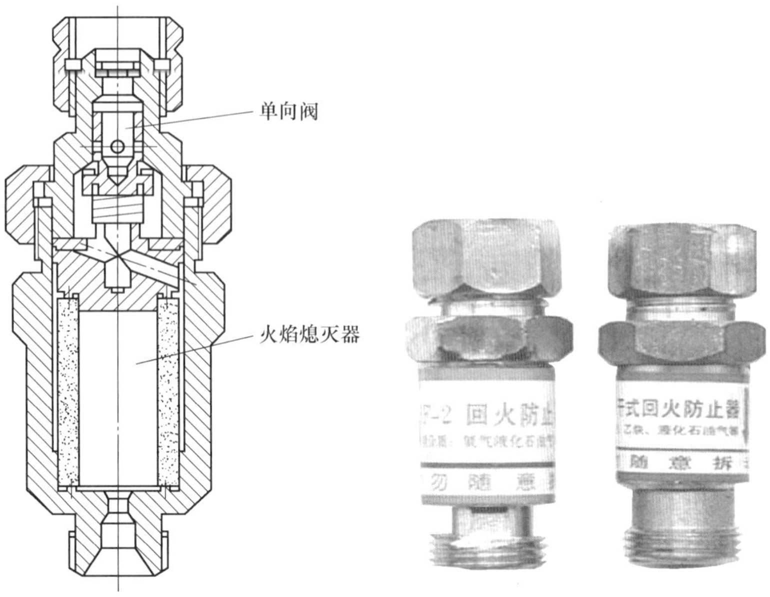

图 3-11　回火防止器的基本结构图

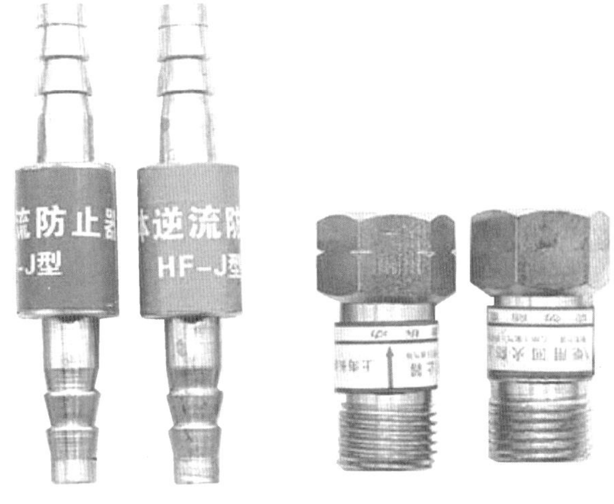

图 3-12　胶管回火阀和割炬回火阀

是当焊炬或割炬发生回火时，可防止火焰倒流入乙炔瓶内，或阻止火焰在乙炔管道内燃烧，从而保障乙炔瓶的安全。所以乙炔瓶必须安装回火防止器。

4. 回火产生的原因

（1）割嘴过于接近加热点。例如用割嘴清除熔渣等错误做法，会造成割嘴附近的压力增大，使混合气体难以流出，喷射速度变慢。

（2）割嘴过热使混合气体受热膨胀。如割嘴温度超过 400 ℃，一部分混合气体来不及流出割嘴，就会在割嘴内部燃烧，并发出“啪啪”的爆炸声。

（3）割嘴被金属飞溅熔化物堵塞。割枪内气体通道被固体炭质颗粒堵塞，使混合气流出速度减慢，在割枪内燃烧爆炸。

（4）乙炔气压过小。供气压力减小，软管受压、弯折或破损漏气；氧气压力过大，氧气容易进入乙炔系统，在熄火的瞬间，往往因氧气或空气进入割枪的乙炔管，引起爆炸。

（5）割枪阀门不严密或其内部结构破坏。这将造成氧气倒流入乙炔管道，形成可燃的混合气体，点火时即发生回火爆炸，这种情况危险性最大。

（五）胶管

气割用胶管，包括氧气胶管和乙炔胶管。胶管的作用是向割炬输送氧气和乙炔气，它由优质橡胶内、外胶层和中间棉织纤维层组成，整个胶管经过特殊的化学加工处理，以增强其阻燃性，胶管是气割操作中的重要工具。

（1）氧气胶管（图3-13）。按新标准GB 2550—2007《气体焊接设备　焊接、切割和类似作业用橡胶软管》规定，氧气胶管的外观为蓝色。新胶管使用前，应将管内滑石粉吹除干净。胶管的长度一般在10～15 m为宜，过长会增加气体流动的阻力。胶管应避免暴晒、雨淋，避免和其他有机溶剂接触，操作温度为-20～60 ℃。严禁使用有磨损、扎伤、老化裂纹和回火烧损的胶管。

（2）乙炔胶管（图3-13）。按新标准GB 2550—2007《气体焊接设备　焊接、切割和类似作业用橡胶软管》规定，乙炔胶管的外观为红色，使用方法基本同氧气胶管，但由于二者的最高工作压力不同，所以不能混用。

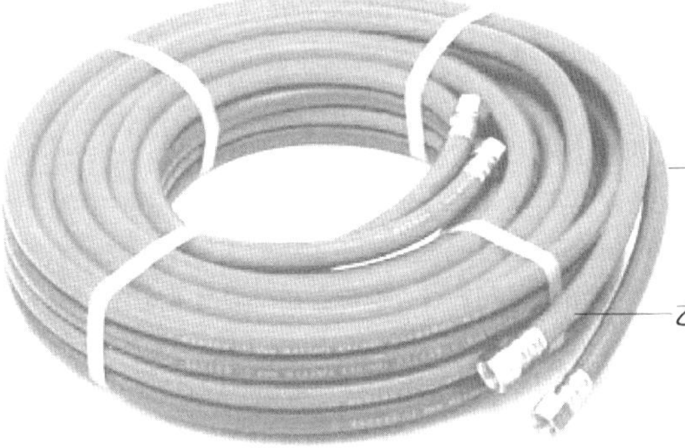

图3-13　氧气胶管和乙炔胶管

（六）割炬

割炬就是使氧与乙炔按比例进行混合，形成预热火焰，使被切割金属在氧气中燃烧，同时将高压纯氧喷射到被切割的工件上，氧射流把燃烧生成的熔渣（氧化物）吹走而形成割缝。割炬是气割工件的主要工具。

1. 割炬的分类

按预热火焰中氧气和乙炔的混合方式分为射吸式和等压式两种，其中以射吸式割炬的使用最为普遍。按割炬用途又分为普通割炬、重型割炬以及焊、割两用炬等。

2. 割炬的构造

（1）射吸式割炬主要由主体、乙炔调节阀、预热氧调节阀、切割氧调节阀、喷嘴、射吸管、混合气管、切割氧气管、割嘴、手柄以及乙炔管接头和氧气管接头等部分组成。图3-14所示是最常见的G01-100型射吸式割炬的构造。射吸式割炬型号由汉语拼音字母、表示结构和形式的序号及规格组成。

例如：

G 0 1-100

- 100——表示切割低碳钢最大厚度为100mm
- 1——表示射吸式
- 0——表示手工
- G——表示割炬

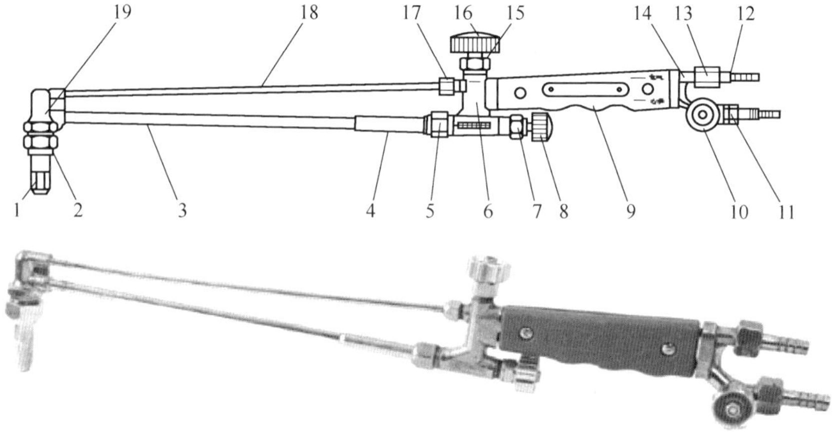

图 3-14　G01-100 型射吸式割炬构造

1—割嘴；2—割嘴螺母；3—混合气管；4—射吸管；5—射吸管螺母；6—中部主体；7—密封螺母；8—预热氧调节阀；9—手柄；10—乙炔阀；11—乙炔螺母；12—软管接头；13—氧气螺母；14—后部接体；15—密封螺母；16—切割氧调节阀；17—螺母；18—切割氧气管；19—割嘴接头

G01-100 型割炬使用的割嘴为环形或梅花形割嘴，其结构如图 3-15 所示。割嘴上的混合气喷孔呈环形（组合式割嘴）或梅花形（整体式割嘴），形成的气割火焰呈环状分布。G01-30 型割炬和 G01-300 型割炬的构造和工作原理与 G01-100 型割炬相同。区别仅在于割炬的尺寸和割嘴的大小不同。G01-30 型割炬和 G01-300 型割炬可分别切割 2~30 mm 和 100~300 mm 厚的工件。

（2）等压式割炬的构造与射吸式割炬的构造有所不同，主要由主体、调节阀（预热、切割）、氧气管、乙炔管、割嘴等组成，图 3-16 所示为 G02-500 等压式割炬，其工作原理与射吸式割炬相同。

（七）辅助工具

（1）护目镜：如图 3-17 所示，气焊、气割时，焊工应戴护目镜操作，以保护焊工眼睛不受火焰亮光的刺激，以便在切割过程中能仔细地观察割缝，又可防止飞溅金属烫伤眼睛。镜片的颜色要深浅合适，根据光度强弱可选用 3~7 号遮光玻璃。

（2）通针：如图 3-18 所示，根据表面形状分光面通针和螺纹通针，主要用于清理发生堵塞的割嘴孔道，一般根据割嘴的孔径不同分为多种规格。

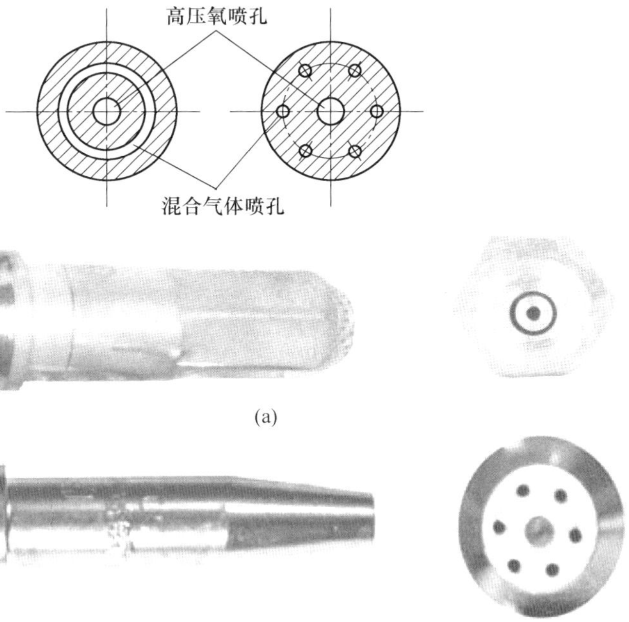

图 3-15　割嘴的截面结构及实物图
（a）环形割嘴；（b）梅花形割嘴

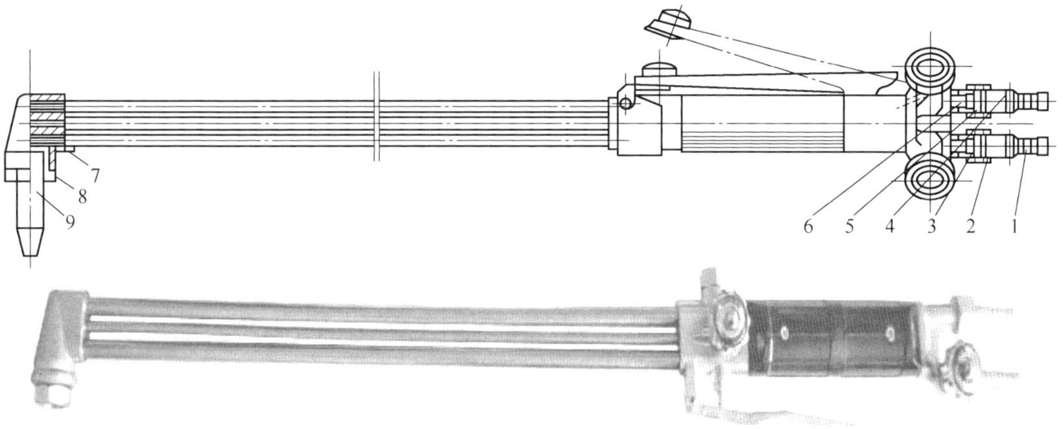

图 3-16　G02-500 等压式割炬构造及实物图
1—乙炔管接头；2—乙炔螺母；3—乙炔接头螺纹；4—氧气管接头；5—氧气螺母；6—氧气接头螺纹；7—割嘴接头；8—割嘴螺母；9—割嘴

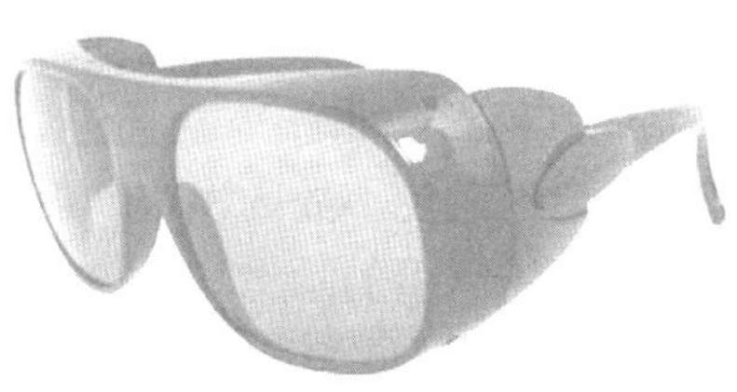

图 3-17　护目镜

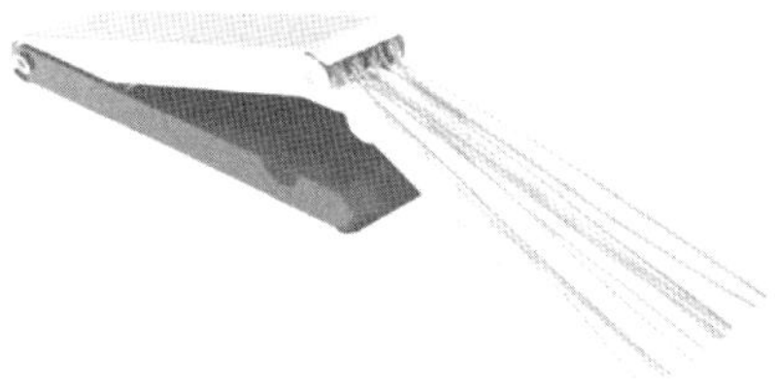

图 3-18　通针

（3）点火枪：用于点燃混合气的工具，一般有直柄点火枪和手枪式点火枪，如图 3-19 所示，使用手枪式点火枪点火最为安全可靠。尽量避免使用火柴或打火机点火。当用火柴或打火机点火时，必须把划着的火柴或打火机从割嘴的后面送到割嘴边，以免手被烫伤。

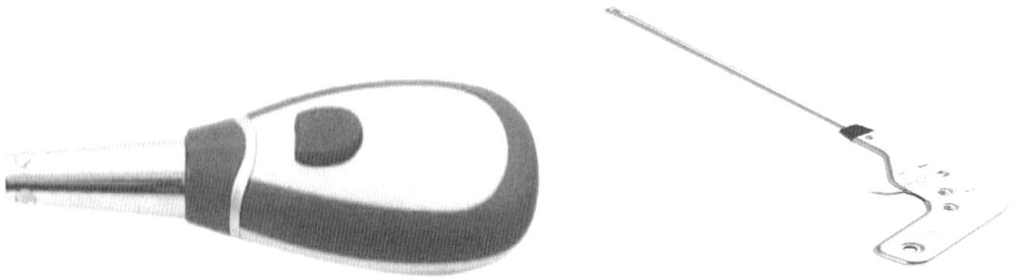

(a)　　(b)

图 3-19　点火枪

（a）直柄点火枪；（b）手枪式点火枪

（4）其他工具：如图 3-20 所示，主要有钢丝刷、锤子、锉刀、扳手、钳子等，一般用于清理割件表面水、锈、油污和熔渣以及装卸割炬等。

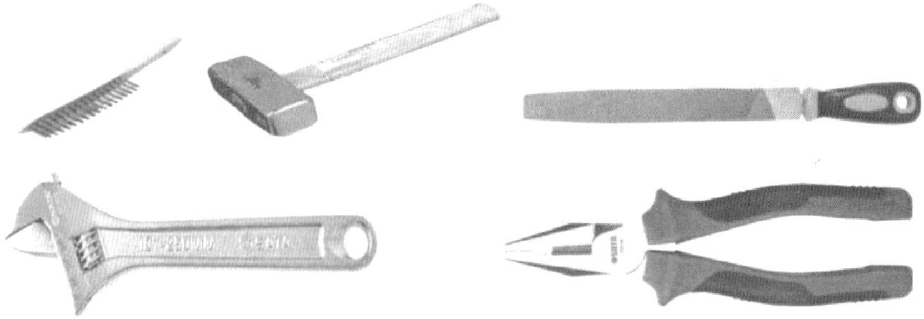

图 3-20　其他工具

三、气瓶的安全使用

由于气割使用的是易燃、易爆气体及各种具有一定压力的气瓶，而且又是明火操作，因此在气割过程中存在诸多不安全因素，如果不小心特别容易造成安全事故，所以在操作前必须了解气割所使用设备与工具的安全使用原则，包括气瓶的安全使用以及减压器、割炬和胶管的安全使用。在操作中遵守安全规程并予以防护，防止发生各类安全事故。

（一）氧气瓶的安全使用

（1）氧气瓶在出厂前必须按照《气瓶安全监察规程》的规定，严格进行技术检验。检验合格后，应在气瓶的球面部分作明显标志。氧气瓶必须每 3 年检验一次，要求色标明显，瓶帽齐全。气瓶在使用过程中，如发现有严重腐蚀或其他严重损伤应提前进行检验。其目的是及时查清氧气瓶的安全状况，及时发现缺陷和隐患以避免事故的发生。但目前使用中氧气瓶超检验期充装的现象较为严重，给安全使用带来了严重的隐患。

（2）氧气瓶的附件中有瓶阀、手轮、瓶帽和防震胶圈。瓶帽是为了防止气瓶瓶阀在搬运过程中被撞击而损坏，甚至被撞断使气体高速喷出，推动瓶阀和手轮向前高速飞出造成伤亡事故。防震圈是为了防止气瓶受撞击的一种保护装置，要求具有一定的厚度和弹性。运输和装卸气瓶时，必须佩戴好防护帽。但在实际使用中氧气瓶附件齐全的很少，大多数没有瓶帽、手轮，瓶阀伤痕累累，阀杆被撞弯，甚至严重变形，给安全使用带来严重威胁。

（3）夏季使用氧气瓶时，必须放置在阴凉处，严禁阳光照射。因为氧气瓶的容积是有限的，暴晒会使瓶内介质温度升高，导致瓶内压力骤增，使气瓶处于危险状态。有些用户在运输中没有采取遮阳措施，夏天使用时将氧气瓶置于太阳下暴晒。尤其是夏季地面温度经常达到 40 ℃，倘若气瓶本身存在缺陷，充装过量或者相互撞击，就有可能发生爆炸事故。冬季不要将气瓶放在火炉和距暖气太近的地方，以防爆炸。冬季氧气瓶阀如有冻结现象，只能用 40 ℃以下温水或热毛巾解冻，严禁用明火烘烤或其他物体敲击。

（4）氧气瓶使用时必须距明火 10 m 以外，确实无法满足要求时，也应有可靠的隔热防护措施，但最近不得小于 5 m。贮存时严禁和乙炔瓶同室存放。许多用户忽视了这项要求，存在着切割作业时氧气瓶距切割点的距离不够 10 m，氧气瓶、乙炔瓶同室存放的现象。一旦气瓶漏气，遇上明火发生爆炸，将造成不可挽回的损失。

（5）运输和使用中，野蛮装卸的现象很普遍，如短距离运输时，将氧气瓶用力推倒，然后顺地面滚动；车辆运输时固定不牢，气瓶相互碰撞，从车辆上直接向下推，等等。如果撞击力度过大很容易引起两只气瓶同时爆炸。

（6）气体钢瓶存放或使用时要固定好，防止滚动或跌倒。为确保安全，最好在钢瓶外面装置橡胶防震圈。钢瓶使用时一定要直立放置，禁止倒置使用。

（7）取瓶帽时，只能用手轮或扳手旋转，禁止用铁器敲击。开启高压气瓶时，应用手轮或专门扳手，操作者须站在气瓶出气口的侧面，缓缓打开钢瓶上端的阀门吹掉出气口内的杂质，开启和关闭气瓶阀不可用力过猛，也不能将钢瓶内的气体全部用完，要留有 0.1~0.2 MPa 气体，以便充氧时鉴别气体的性质和防止空气或可燃气体倒流入氧气瓶内。用完的气瓶要将阀门拧紧，并写上“空瓶”标记。

（8）气体必须经减压阀减压后才能使用，不得直接放气。高压气瓶上选用的减压阀专瓶专用，禁止混用，安装时螺母要拧紧。

（9）氧气瓶及其专用工具严禁与油类接触，氧气瓶附近也不得有油类存在，操作者必须将手洗干净，绝对不能穿沾有油脂或油污的工作服、手套操作，以防万一氧气冲出后发生燃烧甚至爆炸。在氧气瓶检验场所要严禁烟火，严禁存放易燃易爆物质。

（二）乙炔瓶的安全使用

使用乙炔瓶时除必须遵守氧气瓶的安全使用外，还应严格遵守下列几点：

（1）乙炔瓶出厂前，须经严格检验，并做水压试验。乙炔瓶的设计压力为3 MPa，试验压力应高出一倍。在靠近瓶口的部位，还应标注出容量、重量、制造年月、最高工作压力、试验压力等内容。使用期间，要求每 3 年进行一次技术检验，发现有渗漏或填料空洞的现象，应报废或更换。

（2）乙炔瓶的储存仓库或储存间，应避免阳光直射，并应避开放射性射线源，与明火或散发火花地点的距离不得小于 15 m；应有良好的通风、降温等设施，不得有地沟、暗道和底部通风孔，并且严禁任何管线穿过；应有专人管理，并设置“乙炔危险”“严禁烟火”的标志；空瓶与满瓶应分开、整齐放置，并有明显标志；严禁与氧气瓶、氯气瓶及易燃物品同室储存。

（3）乙炔瓶不应遭受剧烈振动和撞击，以免引起乙炔瓶爆炸。在使用时应直立放置，并应采取措施防止倾倒，不能躺卧，以免丙酮流出，引起燃烧爆炸。

（4）乙炔减压器与乙炔瓶阀的连接必须可靠，严禁在漏气情况下使用，严禁放置在通风不良或有放射性射线源的场所使用，严禁敲击、碰撞乙炔瓶，严禁在瓶体上引弧，严禁将乙炔瓶放置在电绝缘体上使用。不得靠近热源和电器设备。

（5）乙炔瓶体表面的温度不应超过 40 ℃，因为温度高会降低丙酮对乙炔的溶解度，而使瓶内乙炔压力急剧增高。当乙炔瓶阀冻结时，不能用明火烘烤。必要时可用 40 ℃以下的温水解冻。

（6）乙炔瓶使用过程中，开闭乙炔瓶阀的专用扳手，应始终装在阀上。暂时中断使用时，必须关闭切割工具的阀门和乙炔瓶阀，严禁手持点燃的切割工具调节减压器或开、闭乙炔瓶阀；开启乙炔瓶阀时应缓慢，不要超过一圈半，一般只需开启 3/4 圈。瓶阀出口处必须配置专用的减压器和回火防止器。正常使用时，减压器指示的放气压力不得超过 0.15 MPa，乙炔瓶内的乙炔不能全部用完，必须留 0.03 MPa 以上的乙炔气，并将瓶阀关紧，防止漏气。

（7）使用乙炔瓶时，应装置干式回火防止器，以防止回火火焰传入瓶内引起气瓶爆炸。

（8）使用乙炔瓶的单位和个人不得自行对瓶阀、易熔合金塞等附件进行修理或更换，严禁对在用乙炔瓶瓶体和底座进行焊接修理。

（三）液化石油气瓶的安全使用

（1）对在用的 YSP-0.5 型、YSP-2.0 型、YSP-5.0 型、YSP-10 型、YSP-15 型钢瓶，自制造日期起，第一次至第三次检验的检验周期均为 4 年，第四次检验有效期为 3 年；对在用的 YSP-50 型钢瓶，每 3 年检验一次。

（2）当钢瓶受到严重腐蚀、损伤或其他可能影响安全使用的缺陷时，应提前检验。

（3）库存或停用时间超过一个检验周期的钢瓶，启用前应进行检验。气瓶内不得充满液体，必须留出 20% 的汽化空间，以防止液体随环境温度的升高而膨胀，导致气瓶破裂。钢瓶应直立使用，严禁倒置。

（4）气瓶应距离明火和飞溅火花不小于 5 m，禁止将装有液化石油气的钢瓶置于阳光下长时间暴晒，禁止用火烤、热水烫钢瓶；冬季使用时，可用 40 ℃以下的温水加热或用蛇管式或列管式热水汽化器。禁止把液化石油气瓶直接放在加热炉旁或用明火烘烤；禁止自行瓶对瓶倒装液化石油气、倒残液；禁止摔打、碰撞钢瓶。

（5）液化石油气瓶应加装减压器，禁止用胶管直接同气瓶阀连接。

（6）液化石油气瓶内的气体禁止用尽，瓶内应留有一定量的余气，便于充装前检查气样和防止其他气体进入瓶内。

（7）要经常注意检查气瓶阀门及连接管接头等处的密封情况，防止漏气，气瓶用完后要关闭全部阀门，严防漏气。

（8）禁止自行拆卸钢瓶角阀和减压阀零部件，应找专业人员维修。

四、减压器、割炬和胶管的安全使用

了解气割设备中减压器使用过程中的注意事项；割炬的使用安全和氧气胶管、乙炔胶管的使用。正确操作使用减压器、割炬和氧气、乙炔胶管可以延长其寿命，避免造成人为因素的损毁。

（一）减压器的安全使用

（1）氧气瓶阀和减压器开启时动作必须缓慢，如果阀门开启速度过快，减压器工作部分的气体因受热压缩而温度大大提高，这样有可能使有机材料制成的零件，如橡胶填料、橡胶薄膜纤维质衬垫着火烧坏，并可使减压器完全烧坏。另外，由于放气过快产生的静电火花以及减压器有油污等，也会引起着火燃烧烧坏减压器零件。

（2）安装减压器之前，要略打开瓶阀门，吹除污物，以防灰尘和水分带入减压器。在开启气瓶阀时，瓶阀出气口不得对准操作者或他人，以防高压气体突然冲出伤人。减压器出气口与气体橡胶管接头处必须用退过火的铁丝或卡箍拧紧；防止送气后脱开发生危险。

（3）装卸减压器时必须注意防止管接头丝扣滑牙，将输入输出接头拧紧，以免旋装不牢而射出，在工作过程中必须注意观察工作压力表的压力数值。停止工作时应先松开减压器的调压螺钉，再关闭氧气瓶阀，并把减压器内的气体慢慢放尽，这样，可以保护弹簧和减压活门免受损坏。工作结束后，应从气瓶上取下减压器，加以妥善保存。

（4）减压器必须定期校修，压力表必须定期检验，这样做是为了确保调压的可靠性和压力表读数的准确性。在使用中如发现减压器有漏气现象、压力表针动作不灵等，应及时维修或更换。

（5）减压器必须保持清洁，使用前应确认减压器是完好的，减压器上不得沾染油脂、污物，如有油脂，必须在擦拭干净后才能使用。

（6）各种气体的减压器及压力表不得调换使用，如用于氧气的减压器不能用于乙炔、石油气等系统中。

（7）减压器应妥善保存避免撞击振动，不要放在露天和有腐蚀性介质的地方。

（二）割炬的安全使用

（1）首先应根据割件厚度，选择适当的割嘴，并将其装好。

（2）使用前必须检查其射吸情况，先把氧气胶管紧接在氧气接头上，使割炬接通氧气。此时先开启乙炔调节阀，再开启氧气调节阀，用手指按在乙炔接头上，检查乙炔接头处是否有一股吸力，如果有吸力则表示割炬射吸情况正常，若乙炔接头处没有吸力，则表示割炬射吸情况不正常，这种情况下，割炬不能使用，必须进行检修。

（3）割炬射吸情况检查正常后，把乙炔胶管也紧接在乙炔接头上，一般要求将氧气及乙炔橡皮胶管用细铁丝扎紧或用卡箍夹紧在进气接头上，同时检查割炬其他各气体通道是否正常。

（4）点火时，应先把乙炔调节阀稍微打开，再开启氧气调节阀，用点火枪或火柴点火。点火不宜用废棉纱作为引燃源，以免遗留火种造成火灾。点火后应随即调整火焰的大小和形状，调整后的火焰应具有轮廓明显的焰心以及正常的火焰长度。如果将乙炔调节阀完全开启，但仍不能得到正常的中性焰或出现断火现象，则应检查割炬气体通道内是否发生了阻塞和漏气等现象，并进行检修。

（5）割炬停止使用时，应先关闭乙炔调节阀，然后关闭氧气调节阀，这样可以防止发生回火和减少熄火时产生大量的黑烟。

（6）在使用过程中若发生回火现象，应立即关闭乙炔调节阀，随即关闭氧气调节阀，这样回火就在割炬内迅速熄灭。待回火熄灭后，再开启氧气调节阀，吹灭割炬内的余焰和吹除残留的炭质微粒，并将割嘴和混合气管放在水中冷却。

（7）割炬的各气体通道，都不得沾染油脂，以防止氧气遇油脂燃烧和爆炸，同时不得碰伤割嘴的配合面，以免漏气而影响使用。

（8）割炬各气体通道均不得漏气，如果有漏气现象应立即关闭各调节阀，经检查调整至不漏气后才能使用。割炬停止使用后应挂在适当的地方，严禁将带有气源的割炬存放在密封容器中。

（三）乙炔与氧气胶管的安全使用

（1）在保存和使用胶管时，必须保持胶管的清洁和不受损坏。例如避免阳光照射，避免雨雪浸淋，防止与酸、碱、油类及其他有机溶剂等物质接触。存放温度为－15～40 ℃。距离热源应不小于 1 m。如果由于保存和使用时维护不善，或胶管使用日久老化脆硬，这些胶管内的硫黄质被分解出来，常常会因此引起回火爆炸事故。

（2）新胶管在使用前必须先把胶管内壁滑石粉吹除干净，防止割炬的通道被堵塞，在使用中应避免受外界挤压和机械损伤，也不得与上述影响胶管质量的物质接触，不得将管身折叠。

（3）氧气与乙炔胶管不得互相混用和代用，不得用氧气吹除乙炔胶管的堵塞物，同时应随时检查和消除割炬的漏气堵塞等缺陷，防止在胶管内形成氧气与乙炔混合气。

（4）如果发生回火倒燃进入氧气胶管的现象，则不可以继续使用，必须更换。因为回火常常将胶管内胶层烧坏，此外压缩纯氧又是强氧化剂，若再继续使用必将失去原来正常的安全性。

五、气割的工艺及参数

（一）气割用气体

（1）氧气。氧气是一种无色、无味、无毒、不可燃气体，在常温、常压下是气态，分子式为 O_2。工业上用的大量氧气主要采用空气液化法制取。分离出的氧气被压缩到 12 MPa或 15 MPa，装入氧气瓶内。氧气本身不能燃烧，但它是一种活泼的助燃气体。氧气的化学性质极为活泼，它能与自然界的大部分元素发生反应（除惰性气体和金、银、铂外），称为氧化反应。而剧烈的氧化反应就是燃烧。氧的化合能力随着压力的加大和温度的升高而增强。高压氧与油脂类等易燃物质接触就会发生剧烈的氧化反应而迅速燃烧甚至爆炸，因此使用中要特别注意安全。

气焊和气割必须选用高纯度氧气，否则会影响燃烧效率和切割效果。气焊与气割工业用氧气指标如表 3-3 所示。

表 3-3　气焊、气割工业用氧气指标

名　　称	一级品	二级品
氧含量(体积分数)/%	≥99.2	≥98.5
水分/mL · 瓶$^{-1}$	≤10	≤10

（2）乙炔气。乙炔又称电石气，属于不饱和的碳氢化合物，化学式为 C_2H_2。工业用乙炔中，因混有硫化氢（H_2S）及磷化氢（PH_3）等杂质，故具有特殊的臭味。

乙炔是一种高热值的容易燃烧和爆炸的气体，与空气混合燃烧产生的火焰温度为

2350 ℃；与氧气混合燃烧产生的火焰温度为 3100~3300 ℃。乙炔能溶解于多种液体，如水、汽油、酒精、丙酮等，其溶解度与其压力呈正比，与温度呈反比，具体数值如表 3-4 所示（表中温度为 15 ℃，压力为 0.1 MPa）。

表 3-4　乙炔在不同液体中的溶解度

溶剂	溶解度（单位体积乙炔/单位体积溶剂）	溶剂	溶解度（单位体积乙炔/单位体积溶剂）
水	1.15	汽油	5.7
松节油	2	酒精	6
苯	4	丙酮	23

（二）气割火焰的分类

气割的气体火焰包括氧-乙炔焰、氢-氧焰及液化石油气［丙烷（C_3H_8）含量占50%~80%，此外还有丁烷（C_4H_{10}）、丁烯（C_4H_8）等］燃烧的火焰。乙炔与氧混合燃烧形成的火焰，称为氧-乙炔焰。氧-乙炔焰具有很高的温度（约 3200 ℃），加热集中，因此，是气割中主要采用的火焰。

液化石油气燃烧的温度比氧-乙炔火焰要低（丙烷在氧气中燃烧温度为 2000~2850 ℃）。液化石油气燃烧的火焰主要用于金属切割，用于气割时，金属预热时间稍长，但可以减少切口边缘的过烧现象，切割质量较好，在切割多层叠板时，切割速度比使用乙炔快 20%~30%。液化石油气燃烧的火焰除越来越广泛地应用于钢材的切割外，还用于焊接有色金属。国外还有采用乙炔与液化石油气混合作为焊接气源的。

（三）氧-乙炔焰的性质

根据氧和乙炔混合比大小的不同，可以把氧-乙炔焰分为中性焰、碳化焰和氧化焰三种类型，其构造和形状如图 3-21 所示。

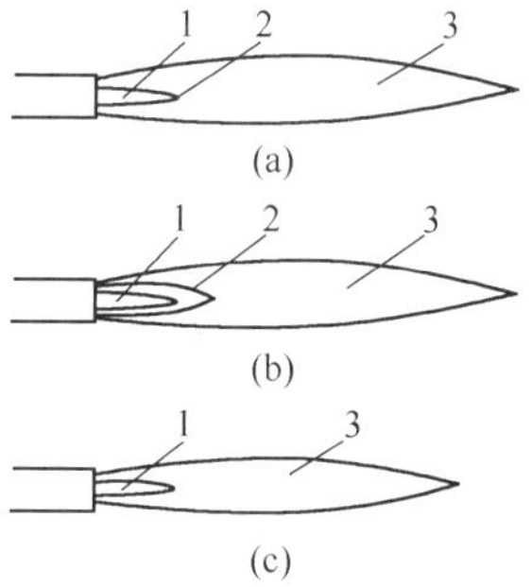

图 3-21　氧-乙炔焰的构造和形状
（a）中性焰；（b）碳化焰；（c）氧化焰
1—焰芯；2—内焰；3—外焰

（1）中性焰。中性焰是氧与乙炔体积的比值（O_2/C_2H_2）为 1.1~1.2 的混合气燃烧形成的气体火焰，中性焰在第一燃烧阶段既无过剩的氧又无游离的碳。中性焰有三个显著区别的区域，分别为焰芯、内焰和外焰，如图 3-21（a）所示。

1）焰芯。中性焰的焰芯呈尖锥形，色白而明亮，轮廓清晰。焰芯由氧气和乙炔组成，焰芯外表分布一层由乙炔分解所生成的碳素微粒，由于炽热的碳粒发出明亮的白光，因而有明亮而清晰的轮廓。焰芯虽然很亮，但温度较低（800~1200 ℃），这是由于乙炔分解而吸收了部分热量的缘故。

2）内焰。内焰主要由乙炔的不完全燃烧产物，即来自焰芯的碳和氢气与氧气燃烧的生成物一氧化碳和氢气组成。内焰位于碳素微粒层外面，呈蓝白色，有深蓝色线条。中性焰的温度是沿着火焰轴线而变化的，如图 3-22 所示。中性焰温度最高处在距离焰芯末端 2~4 mm 的内焰范围内，此处温度可达 3100~3150 ℃，离此处越远，火焰温度越低。

3）外焰。处在内焰的外部，外焰的颜色从里向外由淡蓝色变为橙黄色。外焰是来自内焰燃烧生成的一氧化碳和氢气与空气中的氧充分燃烧，即进行第二阶段的燃烧。外焰燃烧的生成物是二氧化碳和水。外焰温度为 1200~2500 ℃。由于二氧化碳和水在高温时容易分解，所以外焰具有氧化性。

（2）碳化焰。碳化焰是氧与乙炔体积的比值（O_2/C_2H_2）小于 1.1 时的混合气燃烧形成的气体火焰，碳化焰也可分为焰芯、内焰和外焰三部分，如图 3-21（b）所示。碳化焰的整个火焰比中性焰长而柔软，碳化焰的焰芯较长，呈蓝白色，内焰呈蓝色，外焰更长，呈橘红色。碳化焰由水蒸气、二氧化碳、氧气、氢气和碳素微粒组成，而且随着乙炔的供给量增多，碳化焰也会变得越长、越柔软，其挺直度也越差。当乙炔过剩量很大时，由于缺乏使乙炔完全燃烧所需要的氧气，火焰开始冒黑烟。碳化焰的温度为 2700 ~3000 ℃。

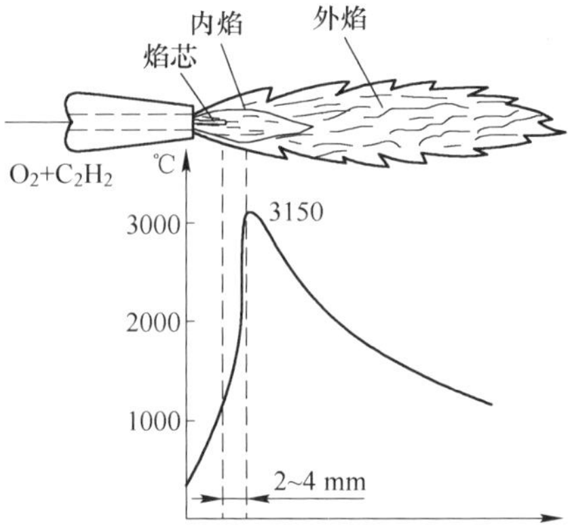

图 3-22　中性焰的温度分布情况

（3）氧化焰。氧化焰是氧与乙炔体积的比值（O_2/C_2H_2）大于 1.2 时的混合气燃烧形成的气体火焰，氧化焰中有过剩的氧，在尖形焰芯外面形成了一个有氧化性的富氧区，其构造和形状如图 3-21（c）所示。氧化焰由于火焰中含氧较多，氧化反应剧烈，使焰芯、内焰、外焰都缩短，特别是内焰更短，几乎看不到。氧化焰的焰芯呈淡紫蓝色，轮廓不明显；外焰呈蓝色，火焰挺直，燃烧时发出急剧的“嘶嘶”声。氧化焰的长度取决于氧气的压力和火焰中氧气的比例，氧气的比例越大，则整个火焰就越短，声音也就越大。氧化焰的温度可达 3100~3400 ℃。

（四）气割的工艺参数

气割的工艺参数主要包括割炬型号和切割氧压力、气割速度、预热火焰能率、割嘴与工件的倾角、割嘴离工件表面的距离等。

（1）割炬型号和切割氧压力。被割件越厚，割炬型号、割嘴号码、氧气压力均应增大，氧气压力与割件厚度、割炬型号、割嘴号码的关系如表 3-5 所示。当割件较薄时，切

表 3-5　射吸式割炬型号及参数

型号	割嘴号码	割嘴形式	切割低碳钢板厚度/mm	切割氧孔径/mm	气体压力/MPa		气体消耗/L·min^{-1}	
					氧气	乙炔	氧气	乙炔
G01-30	1 号	环形	3~10	0.7	0.2	0.001~0.1	13.3	3.5
	2 号		10~20	0.9	0.25		23.3	4.0
	3 号		20~30	1.1	0.3		36.7	5.2
G01-100	1 号	环形或梅花形	10~25	1.0	0.3		36.7~45	5.8~6.7
	2 号		25~50	1.3	0.4		58.2~71.7	7.7~8.3
	3 号		50~100	1.6	0.5		91.7~121.7	9.2~10
G01-300	1 号	梅花形	100~150	1.8	0.5		130~150	11.3~13
	2 号		150~200	2.2	0.65		183~233	13.3~18.3
	3 号		200~250	2.6	0.8		242~300	19.2~20
	4 号		250~300	3.0	1.0		367~433	20.8~26.7

割氧压力可适当降低。切割氧的压力不能过高，也不能过低。若切割氧压力过高，则切割缝过宽，切割速度降低，不仅浪费氧气，同时还会使切口表面粗糙，而且还将对割件产生强烈的冷却作用。若氧气压力过低，会使气割过程中的氧化反应减慢，切割的氧化物熔渣吹不掉，在割缝背面形成难以清除的熔渣粘结物，甚至不能将工件割穿。

除上述切割氧的压力对气割质量的影响外，氧气的纯度对气割速度、氧气消耗量和切口质量也有很大影响。在氧气纯度为 97.5%～99.5%的范围内，氧气纯度每降低 1%时，气割 1 m 长的割缝，气割时间将增加 10%～15%，氧气消耗量将增加 25%～35%。此外氧气中的杂质，如氮等在气割过程中会吸收热量，并在切口表面形成气体薄膜，阻碍金属燃烧，从而使气割速度下降和氧气消耗量增加，并使切口表面粗糙。因此，气割用的氧气的纯度应尽可能地提高，一般要求在 99.5%以上。若氧气的纯度降至 95%以下，气割过程将很难进行。

（2）气割速度。一般气割速度与工件的厚度和割嘴形式有关，工件越厚，气割速度越慢；相反气割速度越快。气割速度由操作者根据割缝的后拖量自行掌握。所谓后拖量，是指在氧气切割的过程中，在切割面上的切割氧气流轨迹的始点与终点在水平方向上的距离，如图 3-23 所示。在气割时，后拖量总是难以避免的，尤其气割厚板时更为显著。合适的气割速度，应以使切口产生的后拖量比较小为原则。若气割速度过慢，会使切口边缘不齐，甚至产生局部熔化现象，割后清渣也较困难；若气割速度过快，会造成后拖量过大，使割口不光洁，甚至造成割不透。总之，合适的气割速度可以保证气割质量，并能降低氧气的消耗量。

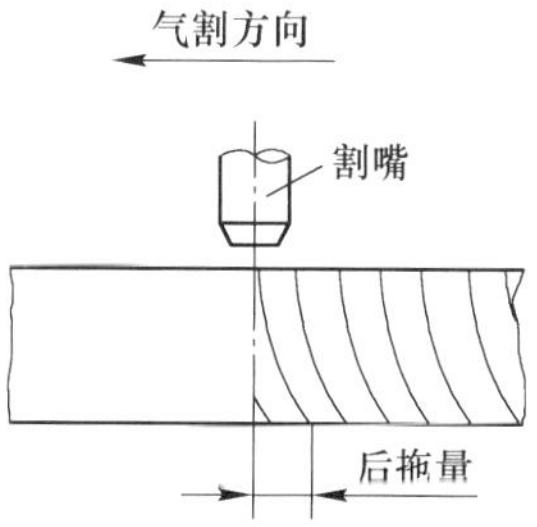

图 3-23　后拖量示意图

（3）预热火焰能率。预热火焰的作用是把金属工件加热至金属在氧气中燃烧的温度，并始终保持这一温度，同时还使钢材表面的氧化皮剥离和熔化，便于切割氧流与金属接触。气割时，预热火焰应采用中性焰或轻微氧化焰。碳化焰因有游离碳的存在，会使切口边缘增碳，所以不能采用。在切割过程中，要注意随时调整预热火焰，防止火焰性质发生变化。预热火焰能率以可燃气体每小时消耗量（L/h）表示，它取决于割嘴孔径的大小，所以实际工作中，根据割件厚度，选定割嘴号码也就确定了火焰能率。表 3-6 为氧-乙炔焰切割碳钢时，割件厚度与火焰能率的关系。

表 3-6　割件厚度与火焰能率的关系

割件厚度/mm	3～12	13～25	26～40	41～60	61～100
火焰能率/$L \cdot h^{-1}$	320	340	450	840	900

由表 3-6 可以看出，工件越厚，火焰能率越大，但在气割时应防止火焰能率过大或过小的情况发生。如在气割厚钢板时，由于气割速度较慢，为防止割缝上缘熔化，应相应使火焰能率降低；若此时火焰能率过大，会使割缝上缘产生连续珠状钢粒，甚至熔化成圆角，同时还造成割缝背面黏附熔渣增多，而影响气割质量。如在气割薄钢板时，因气割速度快，可相应增加火焰能率，但割嘴应离工件远些，并保持一定的倾斜角度；若此时火焰能率过小，使工件得不到足够的热量，就会使气割速度变慢，甚至使气割过程中断。

（4）割嘴与工件间的倾角。割嘴与工件之间的倾角会影响气割速度和后拖量，但只能在直线气割时被采用，不能用于曲线的气割。当割嘴向气割前进方向的后部倾斜时，可以使熔渣吹向割线的前缘，这样就能充分利用燃烧反应所产生的热量，从而加快了割嘴前进速度，割嘴倾角的大小主要根据工件的厚度来确定。一般气割小于 4 mm 厚的钢板时，割嘴应后倾 25°～45°；气割 4～20 mm 厚的钢板时，割嘴应后倾 20°～30°；气割 20～30 mm 厚的钢板时，割嘴应垂直于工件；气割大于 30 mm 厚的钢板时，开始气割时应将割嘴前倾 20°～30°，待割穿后再将割嘴垂直于工件进行正常切割，当快割完时，割嘴应逐渐向后倾斜 20°～30°。割嘴与工作间的倾角如图 3-24 所示。但是在切割曲线或圆形时，无论割件厚度多大，割嘴都应垂直于割件，以保证切口平整。割嘴与工件间的倾角对气割速度和后拖量产生直接影响，如果倾角选择不当，不但不能提高气割速度，反而会增加氧气的消耗量，甚至造成气割困难。

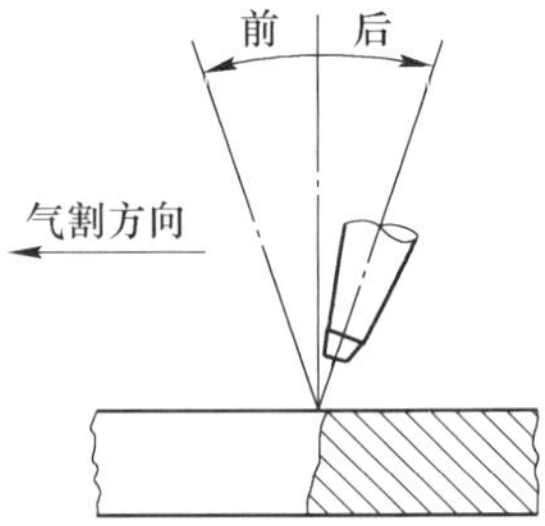

图 3-24　割嘴与工件间的倾角示意图

（5）割嘴离工件表面的距离。通常火焰焰芯离开工件表面的距离应保持在 2～4 mm 的范围内，这样，加热条件最好，而且渗碳的可能性也最小。如果焰芯触及工件表面，不仅会引起割缝上缘熔化，还会使割缝渗碳的可能性增加，甚至堵塞喷嘴造成回火。一般来说，切割薄板时，由于切割速度较快，火焰可以长些，割嘴离开工件表面的距离可以大些；切割厚板时，由于气割速度慢，为了防止割缝上缘熔化，预热火焰应短些，割嘴离工件表面的距离应适当小些，这样，可以保持切割氧流的挺直度和氧气的纯度，使切割质量得到提高。

六、气割操作训练

（一）手工气割设备、工具的正确安装、调试、操作使用和维护保养

（1）割嘴的选择。根据切割工件的厚度，选择合适的割嘴。装配割嘴时，必须使内嘴和外嘴保持同心，以保证切割氧射流位于预热火焰的中心，安装割嘴时注意拧紧割嘴螺母。

（2）检查射吸能力。操作人员用扳手将割嘴拧紧后，先将氧气胶管接上，打开预热氧气阀，当氧气从割嘴流出时，用手指按在割炬的乙炔胶管接头上，如手指上感到有足够的吸力，则表明割炬是正常的。反之割炬不能使用。割炬的射吸力检验合格后，还应作泄漏检验，检验各调节阀和管接头处有无泄漏。射吸式割炬经射吸情况检查正常后，方可把乙炔胶管接上，以不漏气并容易插上、拔下为准。使用等压式割炬时，应保证乙炔有一定的工作压力。

（3）火焰熄灭的处理。点火后，当打开预热氧调节阀调整火焰时，若火焰立即熄灭，其原因是各气体通道内存在脏物或射吸管喇叭口接触不严，以及割嘴外套与内嘴配合不当。此时，应将射吸管螺母拧紧，若还不能解决问题，应拆下射吸管，清除各气体通道内的脏物及调整割嘴外套与内套间隙，并拧紧。

（4）割嘴芯漏气的处理。预热火焰调整正常后，割嘴端部发出有节奏的“叭、叭”声，但火焰并不熄灭，若将切割氧开大时，火焰就立即熄灭，其原因是割嘴芯处漏气。此时，应拆下割嘴外套，轻轻拧紧割嘴芯，如果仍然无效，可再拆下外套，并用石棉绳垫上。

（5）割嘴和割炬配合不严的处理。点火后火焰虽正常，但打开切割氧调节阀时，火焰就立即熄灭。其原因是割嘴和割炬配合面不严。此时应将割嘴拧紧，若还是无效，应拆下割嘴，用细砂纸轻轻研磨割嘴配合面，直到配合严密。

（6）回火的处理。当发生回火时，应立即关闭切割氧调节阀，然后关闭乙炔调节阀及预热氧调节阀。在正常切割工作停止时，应先关闭切割氧调节阀，再关乙炔和预热氧调节阀。

（7）保持割嘴通道清洁。割嘴通道应经常保持清洁光滑，孔道内的污物应随时用通针清除干净。

（二）下面以 12 mm 厚的 Q235 钢板为例进行气割的操作训练

（1）操作前准备。

1）根据钢板厚度选用 G01-30 型割炬和 2 号环形割嘴，并按照规定调节工艺规范。

2）仔细检查整个气割系统的设备及工具是否正常，工作现场是否符合安全生产要求。

3）清理工件表面，去除表面污垢、油漆、氧化皮等。如果切割是在钢板中间开始的，如割圆，应在钢板上先割出孔，钢板较厚时可先钻孔，再由钻孔处开始切割。

4）把工件垫平、垫高，切勿在距水泥地面很近的位置气割，以免水泥受热爆炸。为防止被飞溅的氧化物熔渣烫伤，可用挡板遮挡。

5）点火，先稍微开启预热氧调节阀，再打开乙炔调节阀并立即点火。然后增大预热氧流量，氧气与乙炔混合后从割嘴混合气孔喷出，形成环形预热火焰，然后调节为切割所需要的火焰性质。开启切割氧调节阀，观察切割氧气流（风线）的形状。切割氧气流应为笔直而清晰的圆柱体，并有适当的长度。若切割氧气流不规则，需关闭所有阀门修整割嘴。

（2）操作姿势。操作时，双脚呈八字形蹲在工件一侧，右臂靠住右膝，左臂悬空在两腿之间，以便在切割时移动方便，右手握住割炬手柄，并以大拇指和食指控制预热调节阀，以便于调整预热火焰和回火时及时切断预热氧气。左手的拇指和食指控制切割氧调节阀以调节切割氧流量，其余三指平稳托住射吸管，控制切割方向。上身不要弯得太低，呼吸要有节奏，眼睛应注视割件和割嘴以及割嘴前面的割线。一般从右向左切割。整个气割过程中，割炬运行要均匀，割炬与工件间的距离保持不变。每割一段需移动身体时要暂时关闭切割氧调节阀。

（3）气割操作。

1）气割。开始气割时，首先用预热火焰在工件边缘预热，待呈亮红色时（即达到燃烧温度），慢慢开启切割氧气调节阀。若看到铁水被氧气流吹掉时，再加大切割氧气流，当听到工件下面发出“噗、噗”的声音并看见有大量的火花（红热的氧化渣）喷出时，则说明工件已被割透。这时应按工件的厚度，灵活掌握气割速度，沿着割线向前切割。

2）气割过程。12 mm 钢板气割时火焰焰芯离开割件表面的距离可调整为 3～5 mm。割嘴与割件的距离在整个气割过程中应保持均匀。手工气割时，可将割嘴沿气割方向后倾 20°～30°，以提高气割速度。气割质量与气割速度有很大关系。气割速度是否正常，可以从熔渣的流动方向来判断，熔渣的流动方向基本上与割件表面垂直。当切割速度过快时，熔渣将呈一定角度流出，即产生较大的后拖量。当气割较长的直线或曲线割缝时，一般切割 300~500 mm 后需移动操作位置。此时应先关闭切割氧调节阀，将割炬火焰离开割件后再移动身体位置。继续气割时，割嘴一定要对准割缝的切割处，并预热到燃点，再缓慢开启切割氧。

3）停割。气割要结束时，割嘴应向气割方向后倾一定角度，使钢板下部提前割开，并注意余料的下落位置，这样可使收尾的割缝平整。气割结束后，应迅速关闭切割氧调节阀，并将割炬抬高，再关闭乙炔调节阀，最后关闭预热氧调节阀。

4）气割操作完成后，及时关闭氧气瓶阀和乙炔瓶阀，松开减压器调节螺钉，放出胶管内的余气。

5）清除工件正反面的熔渣，并对工件进行检查。

任务二　碳 弧 气 刨

利用焊接技术制造金属结构时，必须先将金属加工成符合要求的形状，有时还需要刨削各种坡口，清理焊根及清除焊接缺陷。虽然对金属进行切割和刨削的方法多种多样，然而应用电弧热切割和刨削金属具有诸多优点，因而被广泛应用。实际上，电弧切割与电弧气刨的工作原理、电源、工具、材料及气源完全一样，不同之处仅仅在于具体操作略有不同。可以认为电弧气刨是电弧切割的一种特殊形式，而碳弧气刨则是电弧气刨家族中的一员。由于碳弧气刨具有操作使用方便，能切割气割法不能或难以切割的金属等，被广泛应用于不锈钢、铸铁、铜、铝等金属材料的切割、开坡口、清理焊根、清除焊缝缺陷和铸造缺陷以及铸件的飞边、毛刺等。

本任务主要讲述碳弧气刨的原理、特点及应用；碳弧气刨的设备与工具；碳弧气刨工艺及安全防护；碳弧气刨的具体操作。训练学生能够正确安装、调试和操作使用碳弧气刨设备与工具；指导学生使用气割设备规范地进行各种金属材料的气割操作；培养学生自身防护意识，严格遵守碳弧气刨安全操作规程。

一、碳弧气刨的原理、特点及应用

（一）碳弧气刨的原理

用碳棒作为电极产生的电弧，具有很高的温度，弧柱中心温度可达 5000~8000 K，这样高的温度能很快把金属加热到熔化状态，甚至变成金属蒸气，这时只要在液体金属凝固之前将之清除掉，就可以达到刨削的目的，简单易行的去除液体金属的方法就是用压缩空气流吹除。

碳弧气刨是利用在碳棒与工件之间产生的电弧热将金属局部加热到熔化状态，同时用高速的压缩空气将这些熔化金属吹掉，从而在金属上刨削出沟槽或者切割金属的一种热加工工艺，其工作原理如图 3-25 所示。

（二）碳弧气刨的特点

（1）碳弧气刨的优点：

1）与风铲或砂轮相比，效率高，噪声小，并可减轻劳动强度。

2）与等离子弧气刨相比，设备简单，压缩空气容易获得且成本低。

3）手工碳弧气刨时，灵活性很大，可进行全位置操作，可达性好，非常简便。

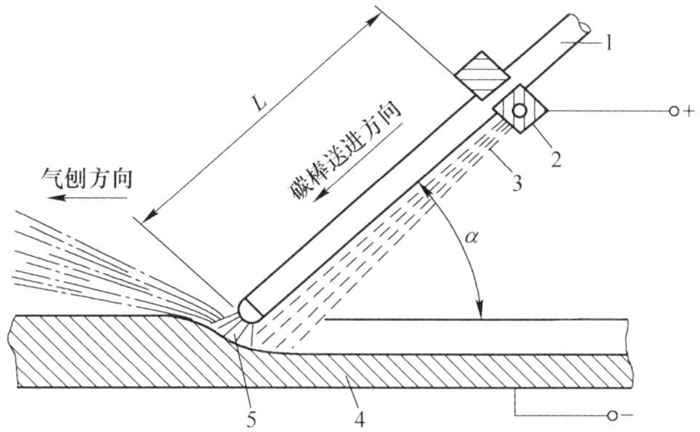

图 3-25　碳弧气刨工作原理示意图

1—碳棒；2—气刨枪夹头；3—压缩空气；4—工件；5—电弧

L—碳棒外伸长；α—碳棒与工件夹角

4）清除焊缝的缺陷时，在电弧下可清楚地观察到缺陷的形状和深度。

5）用自动碳弧气刨时，具有较高的精度，可减轻劳动强度。

（2）碳弧气刨的缺点：

1）碳弧气刨时会产生大量的烟雾、粉尘污染和弧光辐射。

2）对操作者的技术要求高，操作不当容易引起刨槽增碳。

3）对于某些强度等级高、冷裂纹十分敏感的合金钢厚板，不宜采用碳弧气刨或切割。

（三）碳弧气刨的应用

（1）清焊根：碳弧气刨比较广泛的应用就是焊缝的清焊根。

（2）开坡口：特别是中厚板对接、管对接 U 形坡口。

（3）清缺陷：返修焊件时，可利用碳弧气刨消除焊接缺陷。

（4）刨余高：刨削焊缝表面的余高。

此外，还可清除铸件表面的毛边、飞刺、冒口和铸件中的缺陷，切割不锈钢板，在板材工件上打孔。

二、碳弧气刨的设备与工具

碳弧气刨由电源、气刨枪、碳棒、电缆气管和压缩空气源等组成，如图 3-26 所示。

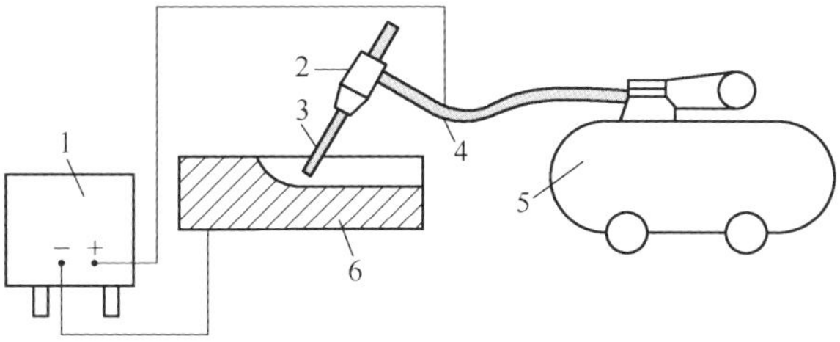

图 3-26　碳弧气刨系统示意图

1—电源；2—气刨枪；3—碳棒；4—电缆气管；5—空气压缩机；6—工件

（1）电源。碳弧气刨一般采用具有陡降外特性且动特性较好的直流电源。由于碳弧气刨一般使用的电流较大，且连续工作时间较长，因此，应选用功率较大的电源。一台容量不够用时可以采用两台电焊机并联使用。常用的有 ZX5-630、ZX-500 型整流弧焊机等。近年来研制成功的交流方波焊接电源，尤其是逆变式交流方波焊接电源的过零时间极短，且动态特性和控制性能优良，可应用于碳弧气刨。

（2）气刨枪。碳弧气刨枪的电极夹头应导电性良好、夹持牢固，外壳绝缘及绝热性能良好，更换碳棒方便，压缩空气喷射集中而准确，重量轻和使用方便。碳弧气刨枪就是在焊条电弧焊钳的基础上，增加了压缩空气的进气管和喷嘴而制成。碳弧气刨枪有侧面送气和圆周送气两种类型。

1）侧面送气气刨枪。侧面送气气刨枪结构如图 3-27 所示。

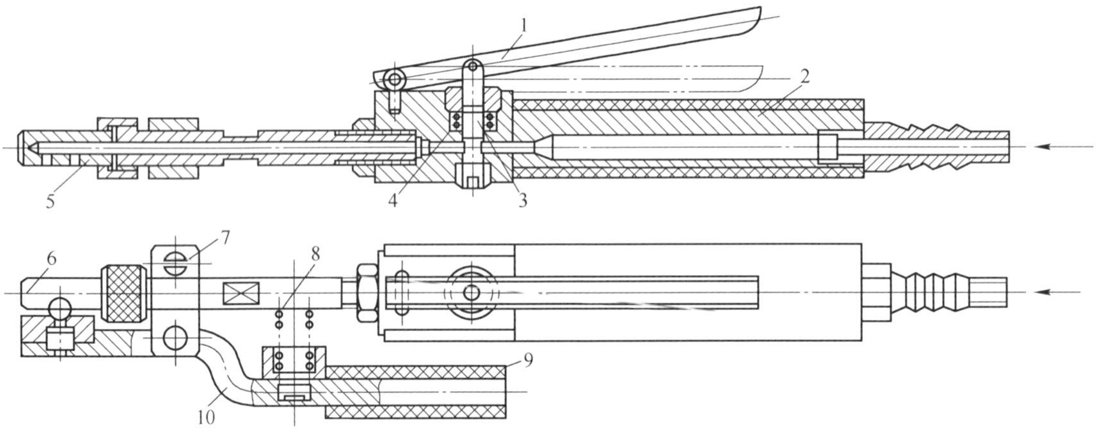

图 3-27　侧面送气气刨枪结构示意图

1，10—杠杆；2—手柄；3—阀杆；4—弹簧；5—喷嘴；6—钳口；7—夹箍；8—弹簧；9—橡胶管

2）圆周送气气刨枪。圆周送气气刨枪只是枪嘴的结构与侧面送气气刨枪有所不同。圆周送气气刨枪结构如图 3-28 所示。

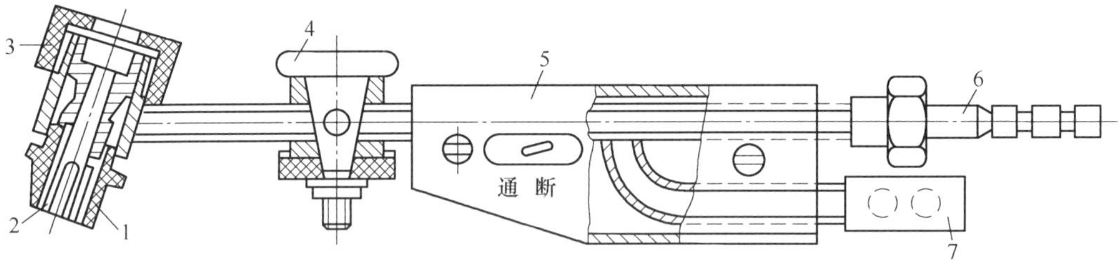

图 3-28　圆周送气气刨枪结构示意图

1—喷嘴；2—分瓣弹性夹头；3—绝缘帽；4—压缩空气开关；5—手柄；6—气管接头；7—电缆接头

（3）碳棒。碳棒是由碳、石墨加上适当的黏合剂，通过挤压成形，经 2200 ℃焙烤后镀一层铜制成。碳棒在碳弧气刨时作为电极，用作传导电流和引燃电弧，镀铜的目的是更好地传导电流。碳棒主要分圆碳棒、扁碳棒和半圆碳棒三种，其中圆碳棒最常用。对碳棒的要求是耐高温，导电性良好，不易断裂，使用时散发烟雾及粉尘少。

(4) 压缩空气源。碳弧气刨所需的压缩空气的压力范围为0.4~0.8 MPa，由空气压缩机或集中式供气管道供气，然后由空气导管输送至气刨枪，目前广泛应用的是气电合一的碳弧气刨软管。

三、碳弧气刨工艺参数

(1) 碳棒直径。碳棒直径通常根据钢板的厚度选用，但也要考虑刨槽宽度的需要，碳棒直径越大，则刨槽越宽。一般直径应比所需的槽宽小2~4 mm。表3-7列出了碳棒直径选用与板厚的关系。

表3-7　碳棒直径选用与板厚的关系

板厚/mm	碳棒直径/mm	板厚/mm	碳棒直径/mm
4~6	4	>10	7~10
6~8	5~6	>15	>10
8~12	6~7		

(2) 电源极性。碳素钢和普通低合金钢碳弧气刨时，一般采用直流反接，即工件接负极，碳棒接正极。这样可以使电弧稳定。试验表明，普通低合金钢采用反极性碳弧气刨，其熔化金属的碳含量高达1.44%，这是由于碳的正离子被吸引到工件表面，被阴离子还原成碳原子，融入熔化的金属中。而正极性时碳含量为0.38%。碳含量较高的熔化金属的流动性较好，凝固温度较低，因此反接时刨削过程稳定，电弧发出“唰唰”声，刨槽宽窄一致，光滑明亮。若极性接错，电弧不稳且发出断续的“嘟嘟”声。部分金属材料碳弧气刨时电源极性的选择要求如表3-8所示。

表3-8　部分金属材料碳弧气刨时电源极性的选择要求

材　料	电源极性	备　注	材　料	电源极性	备　注
碳素钢	反接	正接时电弧不稳定，刨槽表面不光滑	铜及铜合金	正接	—
合金钢	反接		铝及铝合金	正接或反接	—
不锈钢	反接		锡及锡合金	正接或反接	—
铸铁	正接	反接亦可，但操作性比正接差			

(3) 电流与碳棒直径。电流与碳棒直径成正比关系，可参照表3-9或参照下面的经验公式选择电流。

电流与碳棒直径的经验公式

$$I=(30\sim50)D$$

式中　I——电流，A；

D——碳棒直径，mm。

对于一定直径的碳棒，如果电流较小，则电弧不稳，且易产生夹碳缺陷；适当增大电流，可提高刨削速度，使刨槽表面光滑、宽度增大。在实际应用中，一般选用较大的电流，但电流过大时，碳棒头部因过热而发红，镀铜层容易脱落，碳棒烧损加快，甚至会使碳棒熔化滴入刨槽内，使刨槽严重渗碳。正常电流下，碳棒发红的长度约为25 mm。

表 3-9　碳棒规格及适用电流

断面形状	规格/mm×mm	适用电流/A	断面形状	规格/mm×mm×mm	适用电流/A
圆形	ϕ3×355	150~180	扁形	3×12×355	200~300
	ϕ4×355	150~200		5×10×355	300~400
	ϕ5×355	150~250		5×12×355	350~450
	ϕ6×355	180~300		5×15×355	400~500
	ϕ7×355	200~350		5×18×355	450~550
	ϕ8×355	250~400		5×20×355	500~600
	ϕ10×355	400~550		5×25×355	550~600
	ϕ12×355	450~600		6×20×355	550~600

（4）刨削速度。刨削速度对刨槽尺寸、表面质量和刨削过程的稳定性有一定的影响。刨削速度需与电流大小和刨槽深度（或碳棒与工件间的夹角）相匹配。刨削速度太快，易造成碳棒与金属接触，使碳凝结在刨槽的顶端，造成短路，电弧熄灭，形成夹碳缺陷。一般刨削速度控制在 0.5~1.2 m/min 为宜。

（5）压缩空气压力。压缩空气压力会直接影响刨削速度和刨槽表面质量。压力太小熔化的金属吹不掉，刨削很难进行。压力低于 0.4 MPa 时，就不能进行刨削。因此压缩空气压力高一些，对刨削是有利的。并且对碳棒起到一定的冷却作用。随着电流增大，熔化金属也增加，相应地压缩空气就应该高一些。当电流较小时，压缩空气的压力就应该低一些，太高的压缩空气压力易使电弧不稳，甚至熄弧。碳弧气刨常用的压缩空气压力为 0.4~0.6 MPa，流量为 0.85~1.7 m^3/min。压缩空气中所含水分和油分都应清除，可通过在压缩空气的管道中加过滤装置，以保证刨削质量。

（6）碳棒的伸出长度。碳棒伸出长度指碳棒从气刨枪钳口处伸出的长度。手工碳弧气刨时，碳棒伸出长度大，压缩空气的喷嘴离电弧就远，电阻也增大，碳棒容易发热，烧损也较大。并且造成风力不足，不能将熔渣顺利吹掉，而且碳棒也容易折断。一般伸出长度控制在 80~100 mm 为宜。随着碳棒烧损，碳棒的伸出长度不断减少，当减少到 20~30 mm时，就需重新调整。

（7）碳棒与工件间的夹角。碳棒与工件间的夹角 α 大小，主要影响刨槽深度和刨削速度。夹角增大，则刨削深度增加，刨削速度减小。反之，则深度减小。一般手工碳弧气刨采用夹角 25°~45°为宜。碳棒夹角与刨槽深度的关系如表 3-10 所示。

表 3-10　碳棒夹角与刨槽深度的关系

碳棒夹角/(°)	25	35	40	45
刨槽深度/mm	2.5	3.0	4.0	5.0

（8）电弧长度。碳弧气刨操作时，电弧长度过长会引起电弧不稳，甚至会造成熄弧。操作时电弧长度以 1~2 mm 为宜，并尽量保持短弧。这样可以提高生产效率，同时也可提高碳棒的利用率。但电弧太短时，容易引起“夹碳”缺陷。刨削过程弧长变化尽量小，以保证得到均匀的刨削尺寸。

四、碳弧气刨操作训练

（一）碳弧气刨准备工作

（1）清理工作场地，保证 10 m 范围内无易燃、易爆物品。

（2）气刨前先检查电源极性是否符合要求，电源线及接地线连接应牢固，气管连接应可靠、畅通、无泄漏现象。

（3）根据材料的厚度和刨槽宽度选择碳棒直径并调节好电流。

（4）调节碳棒伸出长度，一般为 80～100 mm。

（5）打开压缩空气阀并调节好出气量。检查气刨枪夹持碳棒情况，碳棒中心线应与刨槽中心线重合，否则刨槽形状不对称。

（6）把准备刨削部位的油污、铁锈等清理干净。

（二）碳弧气刨操作

（1）将碳棒夹持在碳弧气刨枪上，调整好伸出长度。气刨时应先送风后引弧，防止引弧时产生夹碳现象。碳棒与工件轻轻接触引燃电弧后，碳棒与工件的夹角要小，气刨速度应稍慢些，待金属材料被充分加热后再调至正常气刨速度，然后逐渐将夹角增大到所需的角度。在刨削过程中，弧长与刨削速度和夹角大小三者应配合合理。

（2）在垂直位置时，应由上向下操作，这样在重力的作用下有利于除去熔化金属；在平位置时，既可从左向右，也可从右向左操作；在仰位置时，熔化金属由于重力的作用很容易下落，这时应注意防止熔化金属烫伤操作人员。

（3）碳棒与工件之间的夹角由槽深而定，要求刨槽深，那么夹角就应该大一些。然而，一次刨削的深度越大，对操作人员的技术要求越高，且越容易产生缺陷。因此，刨槽较深时，往往要求刨削 2～3 次。

（4）要保持均匀的刨削速度，均匀清脆的“嘶嘶”声表示电弧稳定，能得到光滑均匀的刨槽。速度太快易短路，太慢又易断弧。刨槽衔接时，应在弧坑上引弧，以防止划伤刨槽或产生严重凹痕。

（5）气刨结束后应先熄弧，等碳棒冷却以后再切断气源。

（6）气刨结束后应彻底清除刨槽及其两侧的氧化皮、黏渣、飞溅等附着物。

（三）碳弧气刨常见缺陷及排除措施

（1）夹碳。刨削速度和碳棒送进速度不稳，造成短路熄弧，碳棒粘在未熔化的金属上，易产生夹碳缺陷。若夹碳残存在坡口中，焊后易产生气孔和裂纹。

排除措施：夹碳主要是由操作不熟练造成的，因此应提高操作技术水平。在操作过程中要细心观察，及时调整刨削速度和碳棒送进速度。发生夹碳后，可用砂轮、风铲或重新用气刨将夹碳部分清除干净。

（2）黏渣。碳弧气刨吹出的金属化合物称为渣，它实质上主要是氧化铁和碳化铁等化合物，这些化合物易粘在刨槽的两侧而形成黏渣，焊接时容易形成气孔。

排除措施：黏渣的主要原因是压缩空气压力偏小。发生黏渣后，可用钢丝刷、砂轮或风铲等工具将其清除。

（3）铜斑。碳棒表面的铜皮成块剥落，熔化后集中熔敷到刨槽表面某处而形成铜斑。焊接时，该部位焊缝金属可能由于含铜而引起热裂纹。

排除措施：碳棒镀铜质量不好、电流过大都会造成铜皮成块剥落而形成铜斑。因此，应选用质量好的碳棒和选择合适的电流。若出现铜斑，可用钢丝刷、砂轮或重新用气刨将铜斑消除干净。

（4）刨槽尺寸和形状不规则。在碳弧气刨操作过程中，有时会产生宽窄不一、深浅不匀甚至刨偏的缺陷。

排除措施：产生这种缺陷的主要原因是操作技术不熟练，因此操作时一定要保持刨削速度和碳棒送进速度均匀。刨削时注意力集中，使碳棒对准预定刨削路径。在清焊根时，应将碳棒对准装配间隙。

任务三　等离子弧切割

等离子弧切割是用等离子弧作为热源，在钨极和工件之间加上一个较高的电压并经过高频振荡器的激发，使气体电离形成电弧。电弧经过压缩后能量将高度集中，温度也达到极高的程度（约10000~20000 ℃），弧柱内的气体得到了高度的电离。当压缩效应的作用与电弧内部的热扩散达到平衡后，这时的电弧便变成为稳定的等离子弧。电弧发生在钨极和工件之间，高温的阳极斑点在工件上喷嘴附近最高温度可达30000 ℃，再借助高速热离子气体熔化和吹除熔化金属而形成切口的热切割。自由电弧经过三种压缩效应获得的等离子弧具有弧柱截面积小、电流密度大、电离程度高等特点。因而对于熔化一些难熔的金属和非金属非常有利，是一种非常有发展前途的先进工艺。等离子弧切割方法除一般型外，还有双流（保护）等离子弧切割、水保护等离子弧切割、水再压缩等离子弧切割和空气等离子切割等方法。

本任务主要讲述等离子弧的基本知识；等离子弧切割的原理、特点及应用；等离子弧切割设备组成；等离子弧切割工艺参数的选用的原则等相关知识。训练学生正确安装、调试、操作使用和维护保养等离子弧切割设备。指导学生能使用等离子弧切割设备规范地进行各种金属材料的切割操作训练，并严格遵守等离子切割安全操作规程。培养学生解决切割过程中出现的各种问题，找到解决办法的能力。

一、等离子弧知识

（一）等离子弧的形成

一般的电弧未受到外界的压缩，称为自由电弧。自由电弧中的气体电离是不充分的，能量不能高度集中。如果对自由电弧强迫压缩（压缩效应），使弧柱中的气体几乎达到全部电离状态的电弧，称为等离子弧。等离子弧能量密度可达$10^5 \sim 10^6$ W/cm^2，弧柱中心温度高达20000~30000 ℃。等离子弧主要是通过下列三种压缩作用获得的：

（1）机械压缩效应。在钨极（负极）和工件（正极）之间加上一个高电压，使气体电离形成电弧，当弧柱通过特殊孔形喷嘴的同时，又施以一定压力的工作气体，喷嘴孔径限制弧柱截面积的自由扩大，使弧柱截面变小，故称为机械压缩效应。

（2）热收缩效应。当电弧通过水冷喷嘴时，在电弧的外围不断送入高速冷却气流（氮气或氩气等），使弧柱外围受到强烈冷却。喷嘴中的冷却水使喷嘴内壁附近形成一层冷气膜，迫使电弧电流只能从弧柱中心通过，进一步减小了弧柱的截面，提高了电弧弧柱的电流密度及温度，这就是热收缩效应。

(3) 磁收缩效应。由于电流方向相同，在电流自身产生的电磁力作用下，彼此互相吸引，将产生一个从弧柱四周向中心压缩的力，使弧柱直径进一步缩小。这种因弧柱电流自身磁场对弧柱的压缩作用称磁收缩效应。

(二) 等离子弧的类型

根据电源电极接线方式和等离子弧产生的形式不同，可分为非转移型弧、转移型弧及联合型弧三种类型，如图 3-29 所示。

(1) 非转移型等离子弧。电源正极接水冷铜喷嘴，负极接钨极，等离子弧在钨极与喷嘴之间燃烧，工件不接到焊接回路上，依靠高速喷出的等离子焰流来加热熔化工件。由于加热能量和温度较低，一般主要用于焊接或切割较薄的材料。

(2) 转移型等离子弧。电源的负极接钨极，正极接工件，等离子弧直接燃烧在钨极与工件之间，工作时首先引燃钨极与喷嘴间的非转移弧，然后在电极与工件间加一较高电压，将电弧转移到钨极与工件之间。转移后，钨极与喷嘴间的电弧即熄灭。这时工件成为另一个电极，较多的能量传递到工件上，适用于焊接、堆焊或切割较厚的材料。

(3) 联合型等离子弧。电极接负极、喷嘴和工件同时接正极，非转移弧和转移弧同时存在的等离子弧称为联合型等离子弧，这种等离子弧需要两个独立的电源供电。联合型等离子弧稳定性好，电流很小（30 A 以下）时也能保持电弧稳定，主要用在微束等离子弧焊接和粉末等离子弧堆焊等工艺方法中。

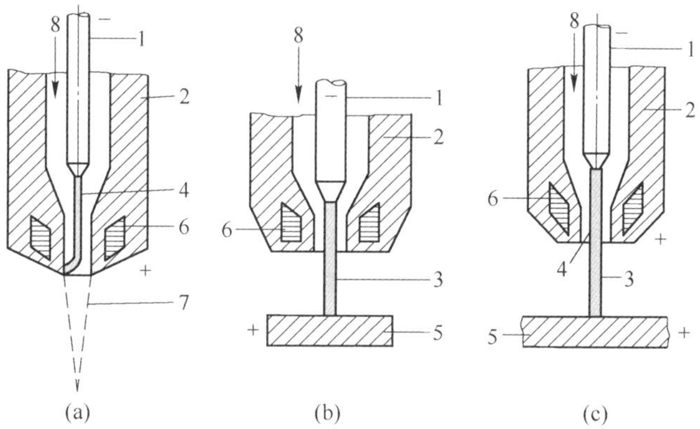

图 3-29　等离子弧的类型

(a) 非转移型弧；(b) 转移型弧；(c) 联合型弧

1—钨极；2—喷嘴；3—转移弧；4—非转移弧；5—工件；6—冷却水；7—弧焰；8—离子气

(三) 等离子弧的双弧现象

1. 双弧

所谓双弧就是在使用转移型等离子弧进行焊接或切割时出现的一种破坏电弧稳定燃烧的现象。正常的等离子弧应稳定地在钨极与工件之间燃烧，但由于某些原因，会在电极与喷嘴之间和喷嘴与工件之间产生与主弧并列的电弧，即两个电弧同时燃烧，如图 3-30 所示，这种现象就称为等离子弧的双弧现象。

2. 双弧的危害

工作过程中如果产生双弧，可观察到电弧飘忽不定，规范参数发生变化，弧压降低，电流减小，双弧带来的不良影响主要表现在以下几方面：

（1）破坏等离子弧的稳定性，使焊接或切割过程不能稳定地进行，恶化焊缝成形和切口质量。

（2）由于出现双弧，在钨极和工件之间形成两条并联的导电通路，故通过主弧的电流反而比原来的电流值减小，且弧压也降低了，因而使焊接时熔透能力和切割时的切割厚度都减小了。

（3）双弧现象一旦发生，喷嘴就成为并列弧的电极，且主弧和喷嘴孔内壁之间的冷气膜遭受破坏，使喷嘴受到强烈加热，温度升高，易引起喷嘴烧损。

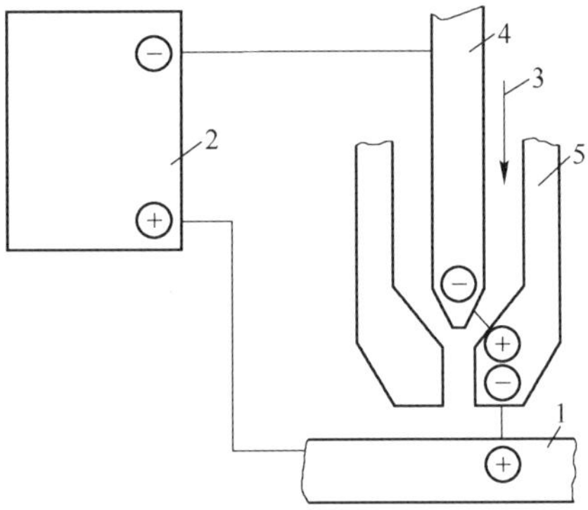

图 3-30 双弧现象示意图

1—工件；2—电源；3—离子气；4—电极；5—喷嘴

3. 防止双弧的措施

双弧的形成主要是喷嘴结构设计不合理或工艺参数选择不当造成的。因此防止等离子弧产生双弧的措施主要有：

（1）正确选择电流。电流增大，等离子弧直径增大，冷气膜厚度减薄，易于形成双弧。对于一定形状和尺寸的喷嘴，避免出现双弧的最大许用电流有一个极限值，称为喷嘴的临界电流。只要焊接或切割时选定的电流值低于临界电流值，一般就可避免出现双弧。

（2）正确选择等离子气成分和流量。离子气成分不同，对弧柱的冷却作用、热收缩作用也不同，产生双弧的倾向也不一样，例如 $Ar+H_2$ 混合气体作离子气时，引起双弧的临界电流将会升高。等离子气流量增大，也增强对电弧的热压缩作用，使弧柱截面减小和增大冷气膜的厚度，提高喷嘴的临界电流值，减小形成双弧的可能性。

（3）钨极和喷嘴应尽可能对中。钨极和喷嘴的同心度不好，会造成冷气膜不均匀，使局部冷气膜厚度减小，易于产生双弧。

（4）控制喷嘴端面到工件表面的距离。喷嘴与工件距离增加，易导致双弧；但距离过小，则会造成等离子弧的热量从焊件表面反射到喷嘴端面，使喷嘴温度升高而导致冷气膜厚度减小，而且喷嘴端面容易黏附飞溅物，也易导致双弧，距离一般取 5~12 mm。

（5）选择结构设计合理的喷嘴类型。收敛型喷嘴较扩散型喷嘴更易形成双弧，喷嘴孔径减小、孔道长增加，会使冷气膜厚度减小而容易被击穿，形成双弧。钨极内缩增大，也易形成双弧。

等离子弧形成双弧的因素是很多的，但只要按具体情况采用有针对性的措施，防止产生双弧是完全可以做到的。

二、等离子弧切割原理、特点及应用

（一）等离子弧切割原理

等离子弧切割是利用高温等离子电弧作为热源使工件切口处的金属局部熔化（和蒸发），并借助高速等离子气的动量排除熔融金属以形成切口的一种加工方法。等离子弧切割使用的工作气体是氮、氩、氢及它们的混合气体，由于氮气价格低廉，故常用的是氮气，且氮气纯度不低于 99.5%。此外，在碳素钢和低合金钢切割中，常使用以压缩空气作为工作气体的空气等离子弧切割。

（二）等离子弧切割的特点

1. 等离子弧切割的优点

（1）切割质量高。等离子弧柱的温度高，远远超过所有金属以及非金属的熔点，等离子弧切割过程不是依靠氧化反应，而是靠熔化来切割材料。等离子弧切割的切口细窄、光洁而平直、热变形小、几乎没有热影响区，质量与精密气割质量相似。

（2）生产率高。同样条件下等离子弧的切割速度大于气割，在切割厚度不大的金属的时候，等离子弧切割速度非常快，尤其在切割普通碳素钢薄板时，速度可达氧切割法的5~6倍。切割10 mm的铝板，速度可达200~300 m/h；切割12 mm厚的不锈钢，速度可达100~130 m/h。

（3）切割材料范围广。能够切割气割不能切割的绝大部分金属和非金属材料。

（4）成本低。空气等离子切割无需使用昂贵的气体，只需要压缩空气作气源，因而切割成本相应降低。

2. 等离子弧切割的缺点

（1）设备比氧-乙炔气割复杂、投资较大。

（2）电源的空载电压较高。

（3）气割时产生的气体、弧光辐射、噪声、高频会影响人体健康。

（三）等离子弧切割的应用

（1）可以切割任何黑色和有色金属。等离子弧可以切割各种高熔点金属及其他切割方法不能切割的金属，如不锈钢、耐热钢、钛、钼、钨、铸铁、铜、铝及其合金。切割不锈钢、铝等厚度可达200 mm以上。

（2）可以切割各种非金属材料。采用非转移型电弧时，由于工件不接电，所以在这种情况下能切割各种非导电材料，如耐火砖、混凝土、花岗石、碳化硅等。

三、等离子弧切割设备

等离子弧切割设备主要由电源、割枪、控制系统、供气系统、冷却系统等组成。其中空气等离子弧切割设备应用非常广泛，示意图如图3-31所示。

（1）等离子弧切割电源。等离子弧切割电源一般采用陡降外特性电源。但由于等离子弧的直径很细，电流密度很高，因此弧柱单位长度上的电压降也高，故要求切割电源的工作电压和空载电压都较高，尤其空载电压可达到150~400 V，水再压缩空气等离子弧切割电源空载电压更可高达600 V。电流等级越大，则选用切割电源的空载电压越高。双原子气体和空气作为工作气体以及高压喷射水作为工作介质时，切割电源的空载电压要高一些，才能使引弧可靠和切割电弧稳定。等离子弧切割采用转移型电弧时，电极与喷嘴之间和电极与工件之间可以共用一套电源，也可以分别采用独立电源。切割起始阶段，为了易于引燃电弧，先选入小流量的非转移弧用的等离子主体，引燃电弧后，再送入大流量的切割气体。如果是水再压缩等离子弧切割或空气等离子弧切割，则引燃电弧后，送入的分别是大流量高压水或压缩空气。几种常见的等离子弧切割电源的基本参数如表3-11所示。

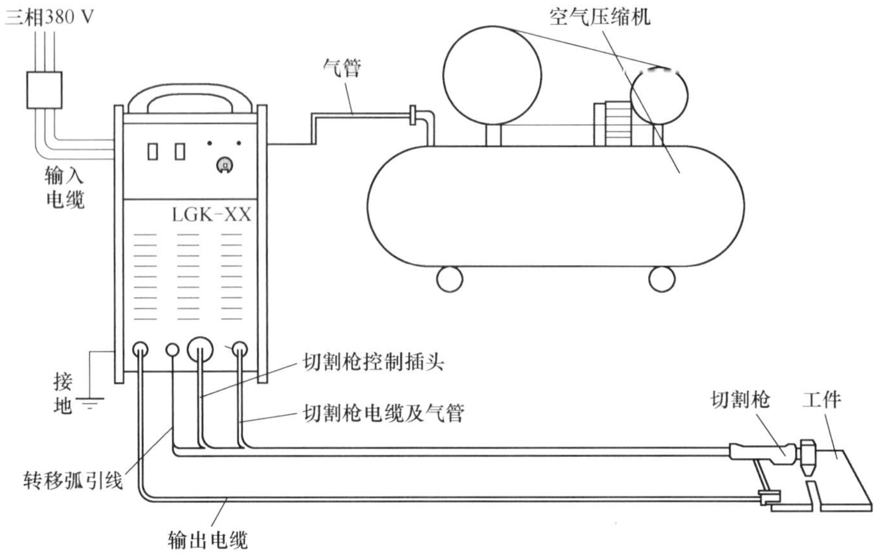

图 3-31　空气等离子弧切割系统示意图

表 3-11　等离子弧切割电源的基本参数

技术数据	型　号				
	LG-400-2	LG-250	LG-100	LGK-90	LGK-30
空载电压/V	300	250	350	240	230
切割电流/A	100～500	80～320	10～100	45～90	30
工作电压/V	100～500	150	100～150	140	85
负载持续率/%	60	60	60	60	45
电极直径/mm	ϕ6	ϕ5	ϕ2. 5		
备　注	自动型	手工型	微束型	压缩空气型	压缩空气型

(2) 割枪。等离子割枪一般由电极、电极夹头、喷嘴、冷却水套、中间绝缘体、气室、水路、气路、导电体等组成。割枪中工作气体的通入可以是轴向通入、切线旋转吸入或者是轴向和切线旋转组合吸入。割枪的设计要充分考虑水冷却作用和电极容易更换。割枪的具体形式取决于割枪的电流等级，一般 60 A 以下割枪多采用风冷结构，如图 3-32 所示。而 60 A 以上割枪多采用水冷结构，如图 3-33 所示。

(3) 控制系统。控制系统的程序可完成提前送气和滞后停气，以免电极氧化；采用高频引弧时，等离子弧引燃后高频振荡器应能自动断开；离子气流量应有递增过程；无冷却水时切割机应不能启动，若切割过程中断水，切割机应能自动停止工作；在切割结束或切割过程断弧时，控制线路应能自动断开。

(4) 供气系统。等离子弧切割时在割枪中通入离子气除了起压缩电弧和产生电弧冲力外，还可减少钨极的氧化烧损，因此切割时必须保证气路畅通。输出气体的路径不宜过长，气体的工作压力一般在 0. 45 MPa 左右。

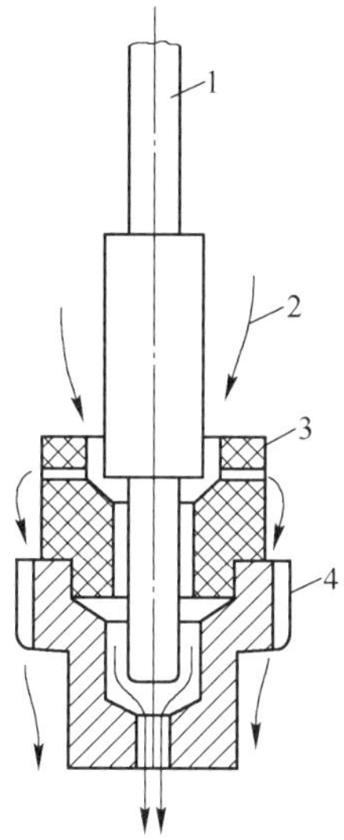

图 3-32　风冷式等离子割枪的结构
1—电极；2—气流；
3—分流器（陶瓷）；4—喷嘴

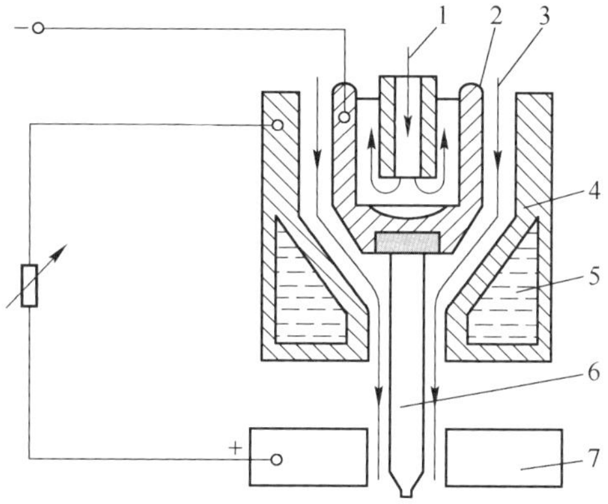

图 3-33　水冷式等离子割枪的结构
1—电极冷却水；2—电极；3—工作气体；4—压缩喷嘴；
5—压缩喷嘴冷却水；6—电弧；7—工件

（5）冷却系统。在大电流切割时，为防止割枪的喷嘴、电极被烧坏，切割时必须对割炬进行通水强制冷却。水流量应控制在 3 L/min，水压为 0.15～0.2 MPa。冷却系统一般装有水压开关，以保证在没有冷却水时不能引弧。冷却水一般可采用自来水，但当水压小于 0.098 MPa 时，必须安装专用液压泵供水，以提高水压，保证冷却效果。

四、等离子弧切割工艺及安全防护

（一）等离子弧切割工艺参数

等离子弧切割的工艺参数包括切割电流、电弧电压、切割速度、工作气体的种类及流量、喷嘴孔径、钨极内缩量、喷嘴到割件的距离等。表 3-12 列出常用金属材料等离子弧切割参数。

表 3-12　常用金属材料等离子弧切割参数

材料	厚度 /mm	喷嘴孔径 /mm	空载电压 /V	切割电流 /A	切割电压 /V	氮气流量 /L·h^{-1}	切割速度 /m·h^{-1}
不锈钢	8	3	160	185	120	2100～2300	45～50
	20	3	160	220	120～125	1900～2200	32～40
	30	3	230	280	135～140	2700	35～40
	45	3.5	240	340	145	2500	20～25
铝及铝合金	12	2.8	215	250	125	4400	78
	21	3.0	230	300	130		75～80
	34	3.2	340	350	140		35
	80	3.5	245	350	150		10

续表 3-12

材料	厚度/mm	喷嘴孔径/mm	空载电压/V	切割电流/A	切割电压/V	氮气流量/L·h^{-1}	切割速度/m·h^{-1}
纯铜	5	2.5	160	310	70	1420	94
	18	3.2	180	340	84	1660	30
	38	3.2	252	304	106	1570	11.3
碳钢	50	10	252	300	110	1230	10
	85	7				1050	5

(1) 切割电流。一般依据板厚及切割速度选择切割电流。切割电流过大，易烧损电极和喷嘴，且易产生双弧，因此相对于一定的电极和喷嘴应有一定合适的电流。切割电流还会影响切割速度和割口宽度，切割电流增大，会使弧柱变粗，致使切口变宽，易形成V形割口，但能加快切割速度。

(2) 空载电压。空载电压高，易于引弧。切割大厚度板材和采用双原子气体时，空载电压相应要高。空载电压还与割枪结构、喷嘴至工件距离、气体流量等有关。虽然可以通过提高电流增加切割厚度及切割速度，但单纯增加电流使弧柱变粗，切口加宽，所以切割大厚度工件时，提高切割电压的效果更好。可以通过增加气体流量和改变气体成分来提高切割电压，但一般切割电压超过空载电压的 2/3 后，电弧就不稳定，容易熄弧。因此，为了提高切割电压，必须选用空载电压较高的电源，所以等离子弧切割电源的空载电压不得低于 150 V，是一般切割电压的 2 倍。

(3) 切割速度。切割速度主要取决于材料板厚、切割电流、切割电压、工作气体种类及流量、喷嘴结构和合适的后拖量等。切割速度是切割过程中割炬与工件间的相对移动速度，是切割生产率高低的主要指标。切割速度对切割质量有较大影响，合适的切割速度是切口表面平直的重要条件。在切割功率不变的情况下，较低的切割速度易使切口表面粗糙不平直，使切口底部熔渣增多，清理较困难，同时热影响区及切口宽度增加。切割时割炬应垂直于工件表面，但有时为了有利于排除熔渣，也可稍有一定的后倾角。一般情况下倾角不大于 3°是允许的。所以为提高生产率，应在保证切透的前提下尽可能选用大的切割速度。

(4) 工作气体的流量及种类。气体流量要与喷嘴孔径相适应。气体流量大，利于压缩电弧，使等离子弧的能量更为集中，提高了工作电压，有利于提高切割速度和及时吹除熔化金属。但当气体流量过大时，会因冷却气流从电弧中带走过多的热量，反而使切割能力下降，电弧燃烧不稳定，甚至使切割过程无法正常进行。等离子弧切割最常用的气体为氮气、氩气、氩气和氢气混合气、氮气和氢气混合气、氧气以及空气等，可依据被切割材料及各种工艺条件而选用。等离子弧切割时工作气体应用最广的是氮气。

(5) 喷嘴到割件的距离。在电极内缩量一定时（通常为 2~4 mm），喷嘴距离工件的高度一般在 6~8 mm，空气等离子弧切割和水再压缩等离子弧切割的喷嘴距离工件高度可略小。喷嘴到工件表面间的距离增加时，电弧电压升高，即电弧的有效功率提高，等离子弧柱暴露在空间的长度将增加，弧柱散失在空间的能量增加。结果导致有效热量减少，对熔融金属的吹力减弱，引起切口下部熔渣增多，切割质量明显变坏，同时还增加了出现双弧的可能性。当距离过小时，喷嘴与工件间易短路而烧坏喷嘴，破坏切割过程的正常进行。除了正常切割外，空气等离子弧切割时还可以将喷嘴与工件接触，即喷嘴贴着工件表面滑动，这种切割方式称为接触切割或笔式切割，常用于较薄工件的切割。

（二）安全防护技术

（1）防电击。等离子弧焊接和切割用电源的空载电压较高，尤其在手工操作时，有电击的危险。因此，在使用电源时必须可靠接地，焊枪枪体或割枪枪体与手触摸部分必须可靠绝缘。可以采用较低电压引燃非转移弧后再接通较高电压的转移弧回路。如果启动开关装在手柄上，必须将外露开关套上绝缘橡胶套管，避免手直接接触开关。尽可能采用自动操作方法。

（2）防电弧光辐射。电弧光辐射强度大，它主要由紫外线辐射、可见光辐射与红外线辐射组成。等离子弧较其他电弧的光辐射强度更大，尤其是紫外线对皮肤损伤严重，操作者在焊接或切割时必须戴好面罩、手套，最好加上吸收紫外线的镜片。自动操作时，可在操作者与操作区设置防护屏。等离子弧切割时，可采用水中切割方法，利用水来吸收光辐射。

（3）防灰尘与烟气。等离子弧焊接与切割过程中伴随有大量汽化的金属蒸气、臭氧、氮化物等。尤其切割时，由于气体流量大，致使工作场地上的灰尘大量扬起，这些烟气与灰尘对操作者的呼吸道、肺等产生严重影响。因此切割时，可在栅格工作台下方安置排风装置，也可以采取水中切割方法。

（4）防噪声。等离子弧会产生高强度、高频率的噪声，尤其采用大功率等离子弧切割时，其噪声更大，这对操作者的听觉系统和神经系统非常有害。其噪声能量集中在2000~8000 Hz范围内，因此要求操作者必须戴耳塞。在可能的条件下，尽量采用自动化切割或使操作者在隔声良好的操作室内工作，也可以采取水中切割方法，利用水来吸收噪声。

（5）防高频。等离子弧焊接和切割采用高频振荡器引弧，高频对人体有一定的危害，为减小这种危害，引弧频率一般选择在20~60 kHz。同时要求工件接地可靠，转移弧引燃后，立即切断高频振荡器电源。

五、等离子弧切割操作

下面以3 mm厚度的0Cr18Ni9为例进行空气等离子弧切割训练。

（1）将面板上的电源开关扳到“通”位，电源指示灯亮。此时应有压缩空气从割炬中流出。注意过滤减压阀压力表指针是否在0.4 MPa左右的位置上，若压力不符，应在气体流动的情况下，调节过滤减压阀压力表上部旋钮，顺时针转动为增加压力，反之则降低。

（2）根据切割材料板厚设定电流等工艺参数。

（3）放置好待切割工件并把切割地线夹子夹紧在工件上或接触良好的工作台上，但切割工件必须悬空100 mm以上。

（4）将割炬喷嘴对准切割工件起点位置（板材边缘），按下割炬开关引燃电弧，割炬在板材边缘起弧后停顿数秒，待工件完全切透后，方可匀速移动割炬，不要移动过早，否则会翻浆造成切不透。但是一定要注意，无论在任何情况下切割，均应防止割炬喷嘴与工件接触，否则喷嘴会很快损坏。

（5）切割中割炬与工件垂直，或根据切割电弧的形态稍作倾斜，这样挂渣易于清理。

（6）松开割炬开关，停止移动割炬，电弧熄灭，由线路板控制继续延时供气，冷却电极喷嘴及割炬直至停气。

操作过程中应注意以下几点：

（1）切割过程中，若切割面有较大的倾斜，切割电弧中断，喷嘴孔变形，起弧恶化，喷嘴与工件将要粘连时应及时停止切割，检查喷嘴与电极，以免烧毁割炬。

（2）切割快要结束时，将切割速度稍放慢些并注意防止工件变形与喷嘴相碰而损坏喷嘴。

（3）当电极消耗深度在 1.5 mm 以上时，应及时更换，否则会产生强烈的电弧，这时喷嘴和割炬极易损坏。更换割炬零件前，必须切断电源总开关。

（4）经常排除过滤减压阀中的积水，即逆时针旋转最下部螺丝，排除积水后再拧紧。若压缩空气中含水量过多，应考虑过滤减压阀与气源间再外加一只过滤阀，否则将影响切割质量。

（5）未进行切割工件时，尽量少按动割炬按钮，以免损坏机器内部元器件。

任务四　激光切割

激光切割是利用高能量密度的激光束加热工件，使温度迅速上升，在非常短的时间内达到材料的沸点，材料开始汽化，形成蒸气。这些蒸气的喷出速度很大，在蒸气喷出的同时，在材料上形成切口。激光切割技术广泛应用于金属和非金属材料的加工中，可大大减少加工时间，降低加工成本，提高工件质量。现代的激光成了人们所幻想追求的“削铁如泥”的宝剑。激光切割设备的价格比较高。但是，由于降低了后续工艺处理的成本，所以，在大批量生产中采用这种设备还是可行的。由于没有刀具加工成本，所以激光切割设备也适用生产小批量的各种尺寸的部件。

激光切割是应用激光聚焦后产生的高功率密度能量来实现的。在计算机的控制下，通过脉冲使激光器放电，从而输出受控的重复高频率的脉冲激光，形成一定频率，一定脉宽的光束，该脉冲激光束经过光路传导及反射并通过聚焦透镜组聚焦在加工物体的表面上，形成一个个细微的、高能量密度光斑，焦斑位于待加工面附近，以瞬间高温熔化或气化被加工材料。每一个高能量的激光脉冲瞬间就把物体表面溅射出一个细小的孔，在计算机控制下，激光加工头与被加工材料按预先绘好的图形进行连续相对运动打点，这样就会把物体加工成需要的形状。切割时，一股与光束同轴的气流由切割头喷出，将熔化或汽化的材料从切口的底部吹出。

本任务主要讲述激光切割的原理、特点及应用范围，激光切割机的组成，激光切割工艺参数及其对切割质量的影响，激光切割的危害及操作规程。训练学生能够正确操作使用激光切割设备与工具；指导学生使用激光切割设备规范地进行各种金属材料的切割操作；培养学生加工操作过程中的安全意识，创新意识。

一、激光切割的原理、特点及应用范围

（一）激光切割的原理

激光切割是利用激光器发出的水平激光束经过 45°全反射镜，转为垂直向下，再经过

透镜聚焦，在焦点处聚成一极小光斑，经聚焦的高功率密度（功率密度达 10^6 ~ 10^9 W/cm^2）光斑激光束照射工件，使被照射的材料迅速熔化、汽化、烧蚀或达到燃点，同时从锥形喷嘴中喷出 0.15~0.4 MPa 的高压辅助气体，吹走熔化的金属，通过调整工艺参数可以使材料恰好熔化到底面为止，完成切割过程，如图 3-34 所示。激光切割可分为激光汽化切割、激光熔化切割、激光氧化熔化切割和激光划片与控制断裂切割四类。

（1）激光汽化切割。在高功率密度激光束的加热下，材料表面温度升至沸点温度的速度非常快，足以避免热传导造成的熔化，于是部分材料汽化成蒸气消失，部分材料作为喷出物从切缝底部被辅助气体流吹走。一些不能熔化的材料，如木材、碳素材料和某些塑料等，就是通过这种汽化切割方法切割成形的。汽化切割过程中，蒸气随身带走熔化质点和冲刷碎屑，形成孔洞。汽化过程中，大约 40%的材料化作蒸气消失，而有 60%的材料是以熔滴的形式被气流去除的。

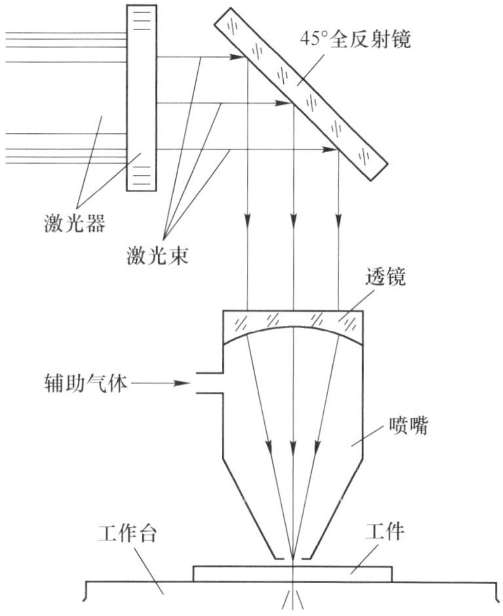

图 3-34　激光切割的原理

（2）激光熔化切割。当入射的激光束功率密度超过某一值后，光束照射点处材料内部开始蒸发，形成孔洞。一旦这种小孔形成，它将作为黑体吸收所有的入射光束能量。小孔被熔化金属壁所包围，然后，与光束同轴的辅助气流把孔洞周围的熔融材料带走。随着工件移动，小孔按切割方向同步横移形成一条切缝。激光束继续沿着这条缝的前沿照射，熔化材料持续或脉动地从缝内被吹走。

（3）激光氧化熔化切割。熔化切割一般使用惰性气体，如果代之以氧气或其他活性气体，材料在激光束的照射下被点燃，与氧气发生激烈的化学反应而产生另一热源，称为氧化熔化切割。具体描述如下：

材料表面在激光束的照射下很快被加热到燃点温度，随之与氧气发生激烈的燃烧反应，放出大量热量。在此热量作用下，材料内部形成充满蒸汽的小孔，而小孔的周围为熔融的金属壁所包围。

燃烧物质转移成熔渣控制氧和金属的燃烧速度，同时氧气扩散通过熔渣到达点火前沿的快慢也对燃烧速度有很大的影响。氧气流速越高，燃烧化学反应和去除熔渣的速度也越快。当然，氧气流速不是越高越好，因为流速过快会导致切缝出口处反应产物即金属氧化物的快速冷却，这对切割质量也是不利的。

激光氧化熔化切割过程存在两个热源，即激光照射能和氧与金属化学反应产生的热能。据估计，切割钢时，氧化反应放出的热量要占到切割所需全部能量的 60%左右。很明显，与惰性气体比较，使用氧作辅助气体可获得较高的切割速度。

在拥有两个热源的氧化熔化切割过程中，如果氧的燃烧速度高于激光束的移动速度，割缝显得宽而粗糙。如果激光束移动的速度比氧的燃烧速度快，则所得切缝狭窄而光滑。

(4) 激光划片与控制断裂切割。激光划片与控制断裂切割是利用高能量密度的激光在脆性材料的表面进行扫描，使材料受热蒸发出一条小槽，然后施加一定的压力，脆性材料就会沿小槽处裂开。激光划片用的激光器一般为 Q 开关激光器和 CO_2 激光器。控制断裂是利用激光刻槽时所产生的陡峭的温度分布，在脆性材料中产生局部热应力，使材料沿小槽断开。这种切割过程主要内容是：激光束加热脆性材料小块区域，引起该区域大的热梯度和严重的机械变形，导致材料形成裂缝。只要保持均衡的加热梯度，激光束可引导裂缝在任何需要的方向产生。要注意的是，这种控制断裂切割不适合切割锐角和角边切缝。切割特大封闭外形也不容易获得成功。控制断裂切割速度快，不需要太高的功率，否则会引起工件表面熔化，破坏切缝边缘。其主要控制参数是激光功率和光斑尺寸大小。

(二) 激光切割的特点

1. 激光切割的优点

(1) 切割质量好。激光切割切口细窄，切缝两边平行并且与表面垂直，切割零件的尺寸精度可达±0.05 mm。切割表面光洁美观，表面粗糙度只有几十微米，甚至激光切割可以作为最后一道工序，无需机械加工，零部件可直接使用。激光切割热影响区宽度很小，切缝附近材料的性能也几乎不受影响，并且工件变形小，切缝的几何形状好，背面完全不黏附熔渣，切缝横截面形状呈现较为规则的长方形。

(2) 切割材料的种类多。通常气割只限于含铬量少的低碳钢，中碳钢及合金钢。在等离子切割中，使用非转移弧虽能切割金属和非金属，但容易损伤喷嘴。常用的是转移弧，故只能切割金属。而激光切割可切割各种高熔点材料、耐热合金和超硬合金等特种金属材料，也可切割半导体材料、非金属材料以及复合材料，还可切割皮革、木材及纤维等。

(3) 切割效率高。激光的光斑极小，切缝狭窄，比其他切割方法节省材料。由于激光的传输特性，激光切割机上一般配有多台数控工作台，整个切割过程可以全部实现数控。操作时，只需改变数控程序，就可适用不同形状零件的切割，既可进行二维切割，又可实现三维切割。用功率为 1200 W 的激光切割 2 mm 厚的低碳钢板，切割速度可达 600 cm/min；切割 5 mm 厚的聚丙烯树脂板，切割速度可达 1200 cm/min。激光切割时，切割材料不需要用装夹固定。

(4) 非接触式加工。激光切割时割炬与工件无接触，不存在工具的磨损。加工不同形状的零件，不需要更换“刀具”，只需改变激光器的输出参数。激光切割过程噪声低，振动小，无污染。

2. 激光切割的缺点

(1) 激光切割由于受激光器功率和设备体积的限制，激光切割只能切割中、小厚度的板材和管材，而且随着工件厚度的增加，切割速度明显下降。

(2) 激光切割设备价格高，一次性投资大，维修费用昂贵。

(三) 激光切割的应用

大多数激光切割机都由数控程序进行控制操作或做成切割机器人。激光切割作为一种精密的加工方法，几乎可以切割所有的材料，包括薄金属板的二维切割或三维切割。在汽车制造领域，小汽车顶窗等空间曲线的切割技术都已经获得广泛应用。在汽车领域可用功率为 500 W 的激光器切割形状复杂的车身薄板及各种曲面件。在航空航天领域，用激光切割加工的航空航天零部件有发动机火焰筒、钛合金薄壁机匣、飞机框架、钛合金蒙皮、机翼长桁、尾翼壁板、直升机主旋翼、航天飞机陶瓷隔热瓦等。激光切割成形技术在非金属材料领域也有着较为广泛的应用。如氮化硅、陶瓷、石英等；柔性材料，如布料、纸张、塑料板、橡胶等。

二、激光切割机的分类及组成

（一）激光切割机分类

激光切割设备按其光源不同可分为光纤激光切割机、CO_2 激光切割机、紫外激光切割机；按其加工材料不同，可分为金属激光切割机和非金属激光切割机；按其功率不同可分为小功率激光切割机、中功率切割机、大功率切割机；按其加工幅面不同可分为小幅面激光切割设备和大幅面激光切割设备。

目前生产中常用的是 CO_2 激光切割机和光纤激光切割机。

（1）CO_2 激光切割机。切割平稳且厚度高，如：20 mm 以内的碳钢，10 mm 以内的不锈钢，8 mm 以下的铝合金；CO_2 激光器的波长为 10.6 μm，比较简单被非金属吸收，不仅能够切割金属材料，还能够高质量地切割非金属材料，如：木材、亚克力、PP、有机玻璃等。

（2）光纤激光切割机。它能够经过光纤传输，柔性化程度空前进步，保护方便，速度较快，所以在切割 4 mm 以内薄板时有着很大的优势，可是受固体激光波长的影响，它在切开厚板时质量较差。光纤激光切割机的波长为 1.06 μm，不易被非金属吸收，故不能切割非金属材料。

（二）激光切割机组成

激光切割机主要由电源控制柜、电气操作台、水冷机、激光发生器、床身几部分组成。工作系统包括电气控制系统、驱动系统、传动系统、光学系统、循环冷却系统、气动系统、排料系统、除尘系统，润滑系统几部分组成。

（1）机床主机部分：激光切割机机床部分，实现 X、Y、Z 轴的运动的机械部分，包括切割工作平台。用于安放被切割工件，并能按照控制程序正确而精准地进行移动，通常由伺服电机驱动。

（2）激光发生器：产生激光光源的装置。对于激光切割的用途而言，除了少数场合采用 YAG 固体激光器外，绝大部分采用电-光转换效率较高并能输出较高功率的 CO_2 气体激光器。由于激光切割对光束质量要求很高，所以不是所有的激光器都能用于切割的。

（3）外光路：折射反射镜，用于将激光导向所需要的方向。为使光束通路不发生故障，所有反射镜都要保护罩加以保护，并通入洁净的正压保护气体以保护镜片不受污染。一套性能良好的透镜会将一无发散角的光束聚焦成无限小的光斑。一般用 5.0 英寸（1 in = 0.0254 m）焦距的透镜。7.5 英寸透镜仅用于大于 12 mm 厚的材料。

（4）数控系统：控制机床实现 X、Y、Z 轴的运动，同时也控制激光器的输出功率。

（5）稳压电源：连接在激光器上、数控机床与电力供应系统之间。主要起防止外电网干扰的作用。

（6）切割头：主要包括腔体、聚焦透镜座、聚焦镜、电容式传感器和辅助气体喷嘴等零件。切割头驱动装置用于按照程序驱动切割头沿 Z 轴方向运动，由伺服电机和丝杆或齿轮等传动件组成。

（7）操作台：用于控制整个切割装置的工作过程。

（8）空压机、储气罐：提供和存储压缩空气。

（9）冷水机组：用于冷却激光发生器。激光器是利用电能转换成光能的装置，如 CO_2 气体激光器的转换率一般为 20%，剩余的能量就变换成热量。冷却水把多余的热量带走以保持激光发生器的正常工作。冷水机组还对机床外光路反射镜和聚焦镜进行冷却，以保证稳定的光束传输质量，并有效防止镜片温度过高而导致变形或炸裂。

（10）空气冷却干燥机、过滤器：用于向激光发生器和光束通路供给洁净的干燥空气，以保持通路和反射镜的正常工作。

（11）抽风除尘机：抽出加工时产生的烟尘和粉尘，并进行过滤处理，使废气排放符合环境保护标准。

（12）气瓶：包括激光切割机工作介质气瓶和辅助气瓶，用于补充激光震荡的工业气体和供给切割头用辅助气体。

（13）排渣机：排除加工时产生的边角余料和废料等。

三、激光切割工艺参数及其对切割质量的影响

激光切割的主要工艺参数有激光模式、激光功率、焦点位置、喷嘴高度、喷嘴直径、辅助气体、切割速度、材料特性等。与切割相关的各工艺参数如图 3-35 所示。

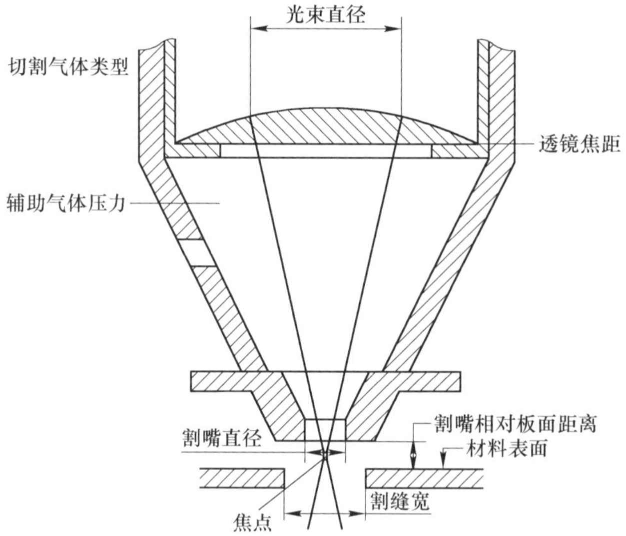

图 3-35　切割工艺参数

1. 激光模式

激光光束模式与它的聚焦能力有关，与机械刀具的刀口尖锐度有点相似。光束的模式越低，聚焦后的光斑尺寸越小，功率密度和能力密度越大，切割性能也就越好。基模即最低阶模，它几乎可把光束聚焦到理论上最小的尺寸，如直径几个微米。并形成陡尖的高能量密度。对切割来说，基模光束因聚焦成较小光斑获得高功率密度，而比高阶模光束有利。试验表明，采用基模 CO_2 激光器进行薄板切割比采用多模激光器的质量要好很多，即使基模激光功率（500 W）比多模功率（1500 W）低很多时，切缝也小很多，这主要

是基模时激光功率密度较高的缘故。用它来切割材料，可获得窄的切缝、平直的切边和小的热影响区，而且其切割区重熔层最薄，下侧黏渣程度最轻，甚至不黏渣。

2. 激光功率

激光切割机功率是影响切割质量的重要因素之一。对连续波输出的激光器来说，激光功率大小和模式好坏都会对切割质量发生重要影响。激光切割所需要的激光功率主要取决于切割材料、材料厚度和切割速度的要求。实际操作时，常常设置最大功率以获得较高的切割速度，或用以切割较厚材料。一般随着激光功率增大，所能切割材料的厚度也增加，切割速度加快，但切口宽度和热影响区会增大。在板厚相同时，切割不锈钢及铝等有色金属比切割碳钢所需激光功率要大得多。激光功率对切割的影响如图 3-36、图 3-37 所示。功率太小无法切割或切割后产生熔渍，功率过大整个切割面熔化。而功率适当时，切割面良好，无熔渍。

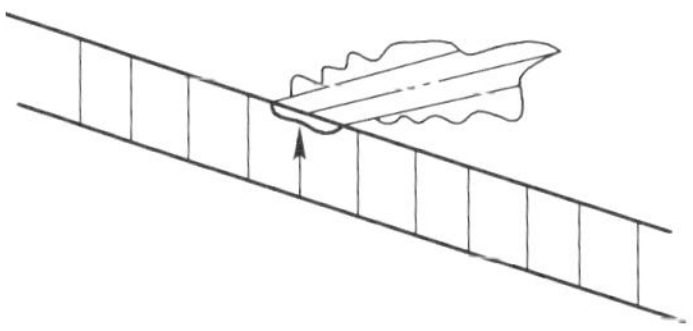

图 3-36　功率太小

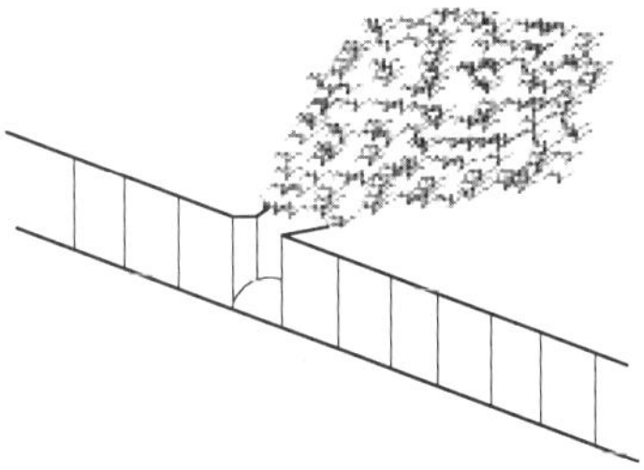

图 3-37　功率过大

虽然激光功率和激光模式两个参数对切割都有较大影响。但光束模式（光束能量在横断面上的分布）有时显得更加重要，而且当提高输出功率时，模式常随之稍有变差。操作过程中，经常会发现，在小于最大功率状况下焦点处却获得最高功率密度，并获得最佳切割质量。在激光器整个有效工作寿命期间，模式并不一致。光学元件的状况、激光工作混合气体细微的变化和流量波动，都会影响模式机构。

3. 焦点位置

由于激光功率密度对切割速度影响很大，透镜焦长的选择是个重要问题。激光束聚焦后光斑大小与透镜焦长呈正比，光束经短焦长透镜聚焦后光斑尺寸很小，焦点处功率密度很高，对材料切割很有利；但它的缺点是焦深很短，调节余量小，一般比较适用于高速切割薄型材料。由于长焦长透镜有较宽焦深，其在具有足够功率密度的情况下，比较适合切割厚工件。

在确定使用何种焦长的透镜以后，焦点与工件表面的相对位置对保证切割质量尤为重要。由于焦点处功率密度最高，大多数情况下，切割时焦点位置刚处在工件表面，或稍微在表面以下。在整个切割过程中，确保焦点与工件相对位置恒定是获得稳定的切割质量的重要条件。有时，透镜工作中因冷却不良而引起焦长变化，这就需要及时调整焦点位置。

焦点位置是一个关键参数，应正确调节焦点位置，焦点位置对切口宽度影响较大。一般选择焦点位于材料表面下方约 1/3 板厚处，切割深度最大，切口宽度最小。切割较厚钢板时，应采用焦距较长的光束，以获得垂直度良好的切割面。焦点深度大，光斑直径也增大，功率密度随之减小，使切割速度降低。要保持一定的切割速度需要增大激光功率。切割薄板宜采用焦距较小的光束，这样光斑直径小，功率密度大，切割速度快。焦点位置与切割面的关系如表 3-13 所示。

表 3-13　焦点位置与切割面的关系

焦点位置	示 意 图	特 征
零焦距 焦点在工件表面	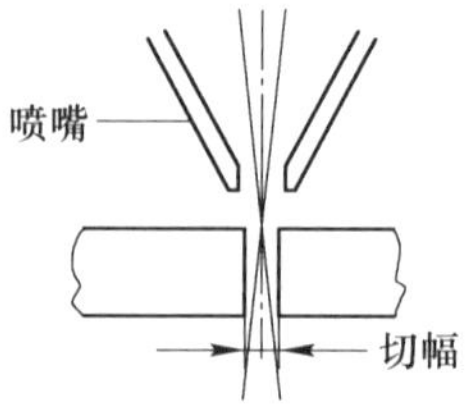	适用于 5 mm 以下薄碳钢等。 切断面： 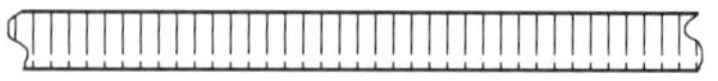 焦点在工件上表面，切割光滑，下表面不光滑
负焦距 焦点在工件表面下	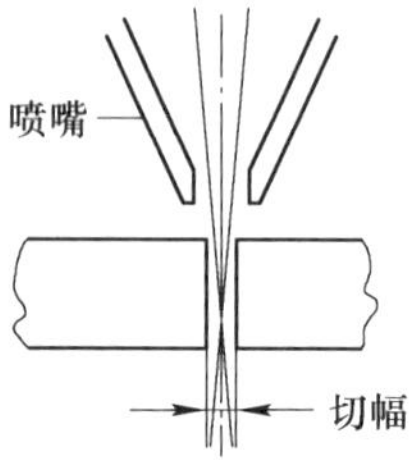	铝材、不锈钢等工件采用这种方式。 切断面： 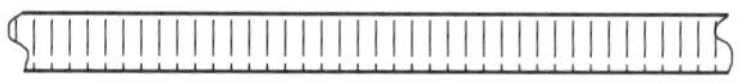 焦点在中央，因此平滑面范围较大，切幅比零焦距的切幅宽，切割气体流量较大，穿孔时间较零焦距的长
正焦距 焦点在工件表面上	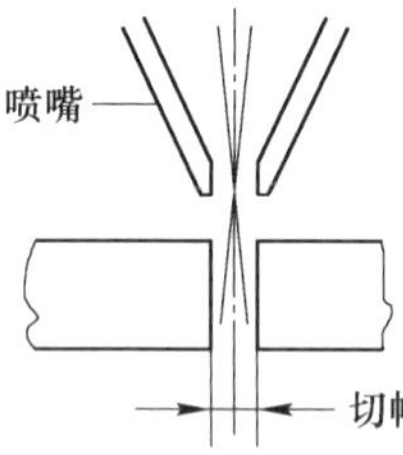	切割厚钢板时采用。 厚钢板切断时，切断用氧气的氧化作用必须从上面到底面。因厚板的原因，切幅要宽，这样的设定可得较宽的切幅。切断面和瓦斯切断类似，可以说是用氧气吹断，因此断面较粗糙

4. 喷嘴高度与喷嘴孔径

激光切割机的喷嘴可以快速地喷出气体，阻止杂物向上反弹。与此同时，还可以控制气体扩散的面积和大小，对切割质量有着至关重要的作用。喷嘴的结构形状和出光口尺寸大小，也影响激光切割质量和效率。不同的切割要求选用不同的喷嘴。常用的喷嘴形状有：平行形、锥形、附壁形、会聚形、平顶形等几种，如图 3-38 所示。激光切割一般采用同轴（气流与光轴同心）吹气方式，如气流与光轴不同轴，那么在切割时易产生大量的飞溅。切割质量除喷嘴形状影响外，喷嘴孔径、喷嘴高度等均会影响切割的效果。

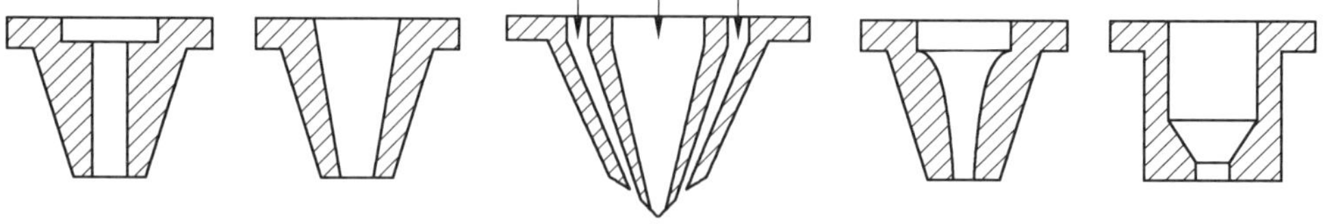

(a)　(b)　(c)　(d)　(e)

图 3-38　激光切割常用喷嘴形状

（a）平行形；（b）锥形；（c）附壁形；（d）会聚形；（e）平顶形

（1）喷嘴与切割品质的关系。喷嘴出口孔中心与激光束的同轴度是影响切割质量优劣的重要因素之一，工件越厚，影响越大。当喷嘴发生变形或有熔渍时，将直接影响同轴度。故应小心保存喷嘴，避免碰伤以免造成变形。喷嘴形状和尺寸的制造精度较高，安装时应注意方法。如果由于喷嘴的状况不良，需要改变切割的其他各项条件时，那就更换新的喷嘴。如果喷嘴与激光不同轴，将对切割质量产生如下影响：

1）对切割断面的影响。当辅助气体从喷嘴吹出时，气量不均匀，出现一边有熔渍，另一边没有的现象。切割 3 mm 以下薄板时，影响相对较小，但切割 3 mm 以上厚度时，影响非常严重，有时甚至无法切透，如图 3-39 所示。

2）对尖角的影响。工件有尖角或角度较小时，容易产生过熔现象，厚板则可能无法切割。

3）对穿孔的影响。穿孔不稳定，时间不易控制，对厚板会造成过熔，且穿透条件不易掌握。对薄板影响较小。

（2）喷嘴孔与激光束同轴度的调整。在喷嘴的出口端面涂抹印泥（一般以红色为好），将不干胶带贴在喷嘴出口端面上，如图 3-40 所示。

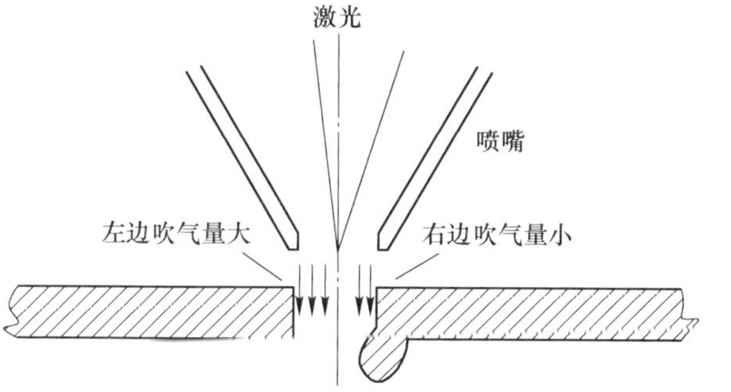

图 3-39　同轴度对切割断面的影响

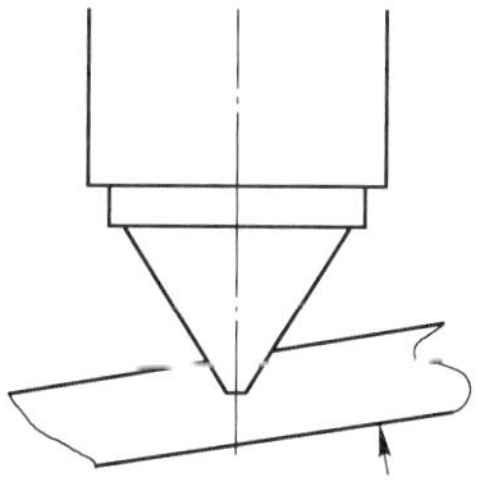

图 3-40　调整同轴步骤

然后用 10~20 W 的功率，手动打孔。取下不干胶纸，注意保持其方向，以便与喷嘴相比照。正常情况下，不干胶纸上会留下被激光烧损的一个黑点。如果喷嘴中心偏离激光束中心过大时，如图 3-41 所示，将无法看到这个黑点（激光束射到了喷嘴的壁上）。如果在条件一致的前提下，打出的中心点时大时小，如图 3-42 所示，这时检查聚焦镜是否松动。注意观察黑点偏离喷嘴中心的方向，调整喷嘴位置，如图 3-43 所示。

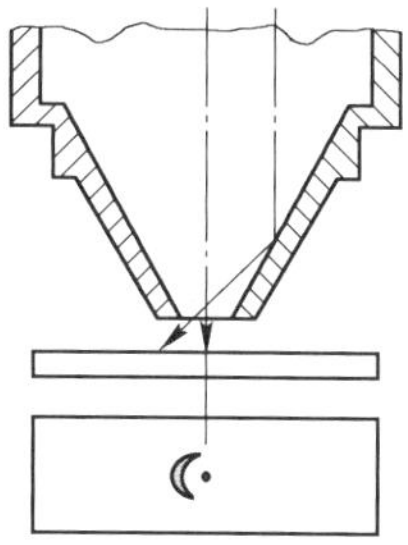

图 3-41　喷嘴偏离太大

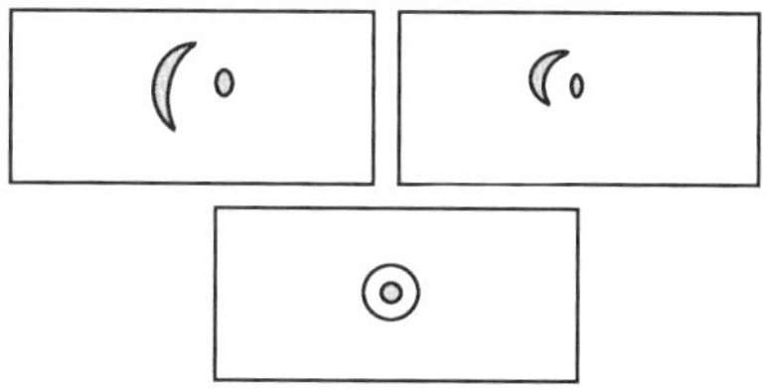

图 3-42　聚焦镜松动

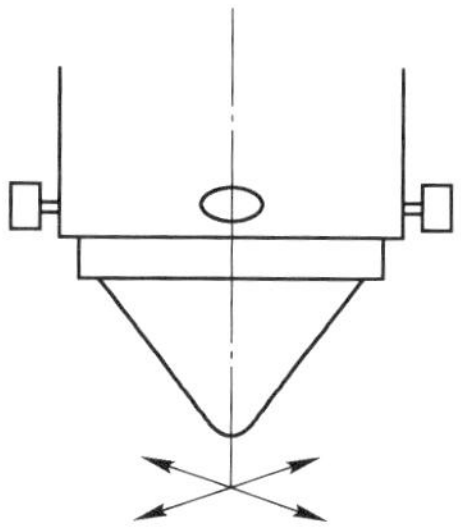

图 3-43　调整喷嘴与激光束同轴

（3）喷嘴孔径。喷嘴孔径大小对切割速度有一定的影响，喷嘴孔径大小也影响出口处压力分布。喷嘴直径增加，由于喷气流对切割区母材的强烈冷却作用使热影响区变窄，但也会导致切缝过宽，并且切割时四处飞溅的熔化物，可能穿过喷嘴孔，污染镜片。孔径越大，概率越高，对聚焦镜保护就越差，镜片寿命也就越差。表 3-14 和表 3-15 分别列出了喷嘴孔径对气体流速和熔融物去除能力的影响及两者之间的差异。

表 3-14　喷嘴孔径对气体流速和熔融物去除能力的影响

喷嘴孔径	气体流速（量）	熔融物去除能力
小	快	大
大	慢	小

表 3-15　孔径为 ϕ1 mm 和孔径为 ϕ1.5 mm 的差异

喷嘴直径/mm	薄板（3mm 以下）	厚板（3 mm 以上）
ϕ1.0	切割面较细	气体扩散面积小，不太稳定，基本可用
ϕ1.5	切割面会较粗，转角地方易有熔渍	气体扩散面积大，气体流速较慢，切割时较稳定

（4）喷嘴高度的调整。喷嘴高度即喷嘴出口与工件表面之间的距离，如图 3-44 所示。喷嘴与工件间距直接影响喷嘴气流与工件切缝的耦合。喷嘴口太靠近工件表面，对透镜会产生强烈的返回压力，减弱了对溅散切割产物质点的驱散能力，对切割质量有不利影响，且容易导致喷嘴碰撞到工件表面。但距离太远又会造成不必要的动能损失，降低了辅助气体的浓度和压力，造成切割质量下降。一般喷口与工件间距控制在 1~2 mm 为宜，现代激光切割系统的割炬都配有电感或电容式传感器反馈装置，以自动调节两者距离在预先设定的高度范围内。但打孔时高度要比切割高度略高，高度设定在 3.5~4 mm，这样可有效防止打孔时所产生的飞溅物污染聚焦镜。

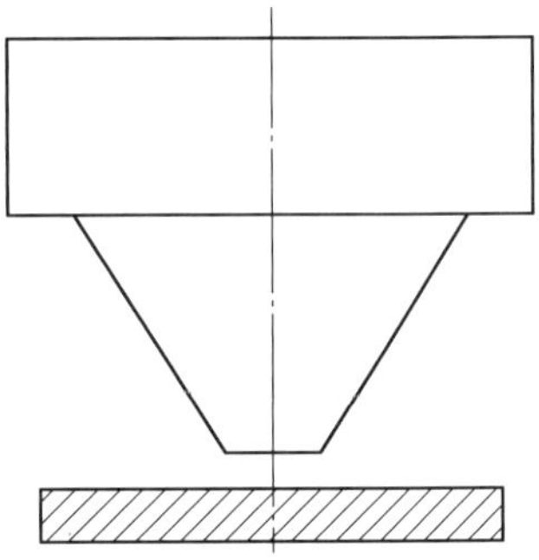

图 3-44　喷嘴高度

5. 切割速度

激光切割速度是影响切割质量的最重要因素之一。激光功率的大小会影响激光的切割速度，在激光功率一定的条件下，有最佳的切割速度范围，速度过高或过慢都会对材料表面平整度造成影响。对给定的激光功率密度和材料，切割速度与激光功率密度呈正比，即增加功率密度可提高切割速度。这里所指的功率密度不但与激光输出功率有关，而且与光束质量模式有关。切割速度与被切割材料的密度（比重）和厚度呈反比。当其他参数保持不变，提高切割速度的因素有：提高功率（在一定范围内，如 500~2000 W）；改善光束模式（如从高阶模到低阶模直至 TEM00）；减小聚焦光斑尺寸（如采用短焦距透镜聚焦）；切割低起始蒸发能的材料（如塑料、有机玻璃等）；切割低密度材料（如白松木等）；切割薄型材料。

（1）切割速度对切缝质量的影响。实践表明，切割速度过快时，激光束和材料互相接触的时间较短，所以在工件表面的有效光斑的面积会变小，切口宽度也会变小，而且在光束照射点靠近切口前沿的时候，激光束的速度太快了导致切口前沿熔化的速度跟不上，可能无法切透，火花飞溅，那么切口表面的粗糙度就相应变大，切割断面呈斜条纹路，且下半部产生熔渍，如图 3-45 所示。

切割速度过慢，材料和激光互相作用的时间增长，有效光斑的面积也变大了，切缝也随之变大了，此时会出现熔化速度正常，但是切割速度跟不上的问题，导致过熔反应的发生，切断面较粗糙。造成切口不整齐、切口过宽、尖角部位整个熔化，材料热影响区增大。

正常的切割速度，切割面呈现较平稳线条，且下半部分无熔渍产生，如图 3-46 所示。

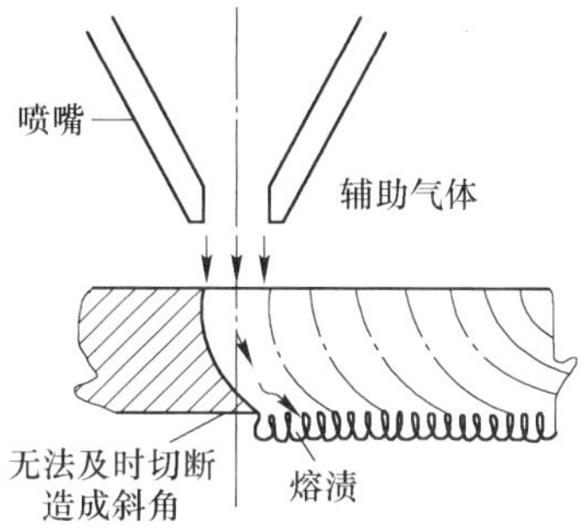

图 3-45　切割速度过快

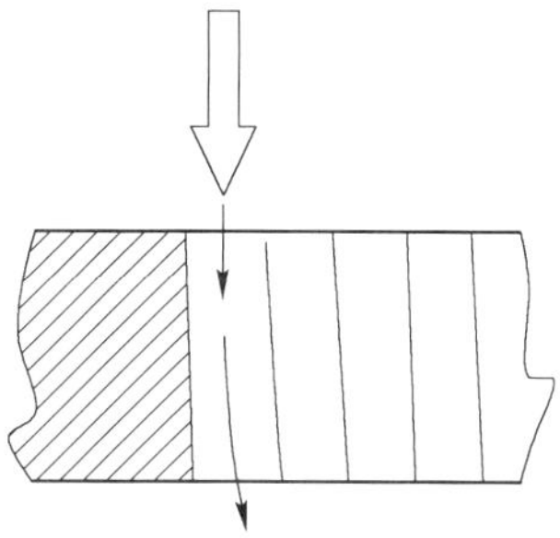

图 3-46　切割速度正常

（2）判断切割进给速度快慢的方法。从切割火花可判断进给速度的快慢：一般切割火花是由上往下扩散的，火花若倾斜时，则进给速度太快；若火花呈现不扩散且少，凝聚在一起，则说明进给速度太慢，如图 3-47 所示。

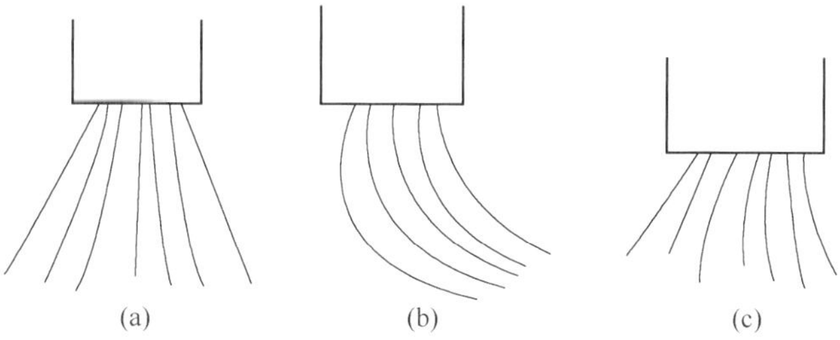

图 3-47　切割速度的判定方法

（a）速度正常；（b）速度过快；（c）速度过慢

6. 切割辅助气体

激光切割时会产生很大的热量，如此高的热量集中到一起，就会使切割处的材料燃烧，发生氧化反应，而且还容易使被加工件产生变形。所以，需要加入一些辅助气体，常用的一般有氧气、空气、氮气。

辅助气体与激光光束同轴喷出，保护透镜免受污染并吹走切割区底部熔渣，对非金属和部分金属材料，使用压缩空气或惰性气体，清除熔化和蒸发材料，同时抑制切割区过度燃烧。

切割低碳钢多采用氧气作切割气体，以利用铁-氧燃烧反应热促进切割过程，而且切割速度快，切口质量好，可以获得无挂渣的切口。其压力增大，动能增加，排渣能力增强；切割气压的大小根据材料、板厚、切割速度和切割表面质量因素确定。

（1）选择切割辅助气体的种类和压力时，应从以下几方面考虑：

1）一般使用氧气切割普通碳钢，低压打孔，高压切割。

2）一般使用空气切割非金属，低压和高压的压力可调为一样，打孔时间设为 0。

3）一般使用氮气切割不锈钢等，低压氧气打孔。

4）气体纯度越高，切割质量越好。切割低碳钢板纯度至少 99.6%以上，切割 12 mm 以上碳钢板，建议氧气纯度达到 99.9%以上。切割不锈钢板氮气纯度应达到 99.6%以上。氮气纯度越高，切割断面质量越好。如果切割用气体纯度达不到要求，不但影响切割的质量，而且会造成镜片的污染。

（2）辅助气体对切割质量的影响。气体有助于散热及助燃，吹掉熔渍，改善切割面品质。当气体压力不足或气体压力过大就会出现以下两种情况：

1）气体压力不足时，切割面产生熔渍，切割速度无法增快，影响效率，如图 3-48 所示。

2）气体压力过高时，切割面较粗，切缝较宽，造成切断部分熔化，无法形成良好切割质量，如图 3-49 所示。

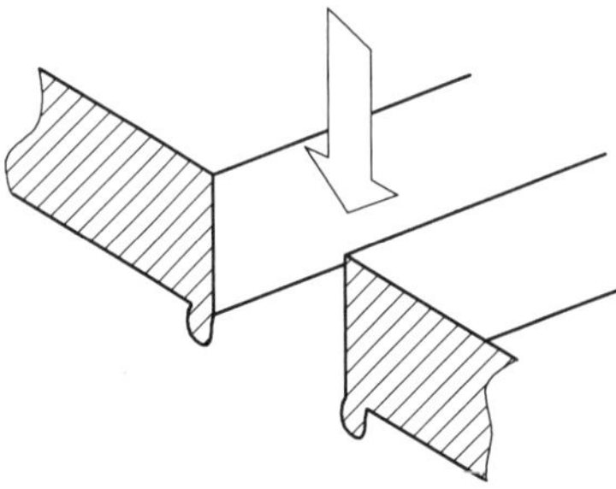

图 3-48　压力不足对切割质量影响

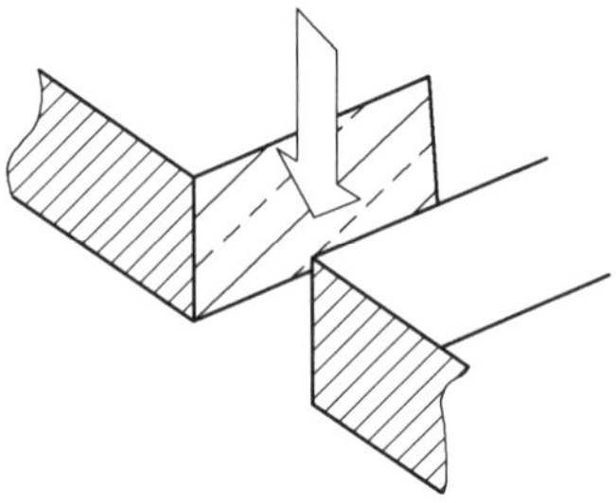

图 3-49　压力过大对切割质量影响

（3）辅助气体对穿孔的影响。当气体压力过低时，激光不易穿透切割板材，打孔时间增长，造成生产率低。当气体压力太高时，造成穿透点熔化，形成较大的熔化点，从而影响切割的质量。

激光打孔时，一般对薄板件打孔采用较高的气体压力，而对厚板件的打孔则采用特定的打孔方式，消除低气压对镜片的保护不利因素。

激光切割机在切割普通碳钢时，材料厚度越厚，切割气体的压力相对降低。而在切割不锈钢时，切割气体压力相对来说随着材料的厚度而增加。

总之，激光切割时切割气体及压力的选择，必须在切割时根据实际情况去调整，在具体应用中需根据具体情况而选用不同的切割参数。

7. 工件特性对切割质量的影响

（1）材料表面反射率。对于 CO_2 激光器发射出的 10.6 μm 远红外光束来说，非金属材料对它的吸收较好，即具有高的吸收率，而金属材料则对 10.6 μm 光束的吸收较差，特别是具有高反射率的金、银、铜和铝金属等，对这类材料一般不适宜用 CO_2 激光束，特别是连续波光束来切割。对铝、铜金属而言，要形成足够的起始功率，一般需要 3 kW 以上，以获得穿透效果所需要的初始小孔。

黑色金属钢铁类材料及镍、钛等对 10.6 μm 的 CO_2 光束有一定吸收率，特别是当材料表面加热到一定温度或形成氧化膜以后，其吸收率还会大幅度提高，从而获得较好的切割效果。

对于不透明材料，切割效果与材料表面状态、温度及波长有关。

材料对光束的吸收率大小在加热起始阶段具有重要作用，但一旦工件内部有小孔形成，小孔的黑体效应使材料对光束的吸收率接近100%。

（2）材料表面状态。材料的表面状态直接影响对光束的吸收，尤其是表面粗糙度和表面氧化层会造成表面吸收率的明显变化。在实际激光切割过程中，有时可利用材料表面状态对光束吸收率的影响来改善材料的切割性能。

综上所述，虽然影响激光切割的因素较为复杂，但激光功率及模式结构、焦点位置、切割速度、辅助气体压力是四个最重要的变量。在切割过程中，如发现切割质量明显变差，首先就要检查以上讨论的因素并及时加以调控。

四、激光切割的危害及操作规程

（一）激光对人体的伤害及防护

激光具有很高的功率密度和能量，其亮度比太阳光、电弧光要高数十倍。此外，激光设备中存在数千伏至数万伏的高压电，因此，激光切割时必须注意安全与防护，以免各种伤害人身的事故发生。

（1）对眼睛的伤害。眼睛如果受到激光的直接照射，由于激光的强烈加热作用，会造成视网膜损伤，严重时可能立即使人致盲。即使功率密度只有几毫瓦的He-Ne激光，由于眼睛的光学聚焦作用，也会导致眼底组织受到损伤。激光的反射光对眼睛具有同样的危险性，尤其在切割反射率很高的材料时，强烈的激光反射光对眼睛的伤害力与直接照射相当。另外，激光的漫反射光会使眼睛受到慢性伤害，引起视力下降。因此现场操作人员和工作人员必须戴对激光不透明的防护眼镜，其滤光镜要根据不同的激光器（因光的波长不同）选用。CO_2激光的波长为10.6 μm，它透不过普通玻璃，可戴有侧面防护的普通眼镜或太阳镜。

（2）对皮肤的伤害。皮肤如果受到激光的直接照射，特别是受聚焦后光束的照射，会使皮肤灼伤，并且这种灼伤很难愈合。另外，受紫外光、红外光的长时间漫反射作用，则会导致人体皮肤的老化、炎症甚至皮肤癌等严重后果。操作人员应穿白色工作服，以减少激光漫反射的影响。

（3）电击。激光设备中的高压电及大电容储能设备如果操作不当或者出现故障，有可能使人体遭受致命的电击。严禁非维修人员拆装和维修设备。

（4）有害气体。激光切割某些材料时，这些材料因受加热而蒸发，产生各种有毒的金属烟尘、在切割面附近形成的等离子体产生的臭氧等都对人体有一定的损害。激光切割加工场所应配备有效的通风或排风设备。

（5）预防火灾、避免烧伤烫伤。某些可燃的非金属材料和金属材料（如镁和镁合金），在切割过程中受激光直接照射的时间稍长就会发生燃烧现象，可能引起火灾。在切割加工可燃材料时，易燃的切割渣要及时清除，应避免烧伤、烫伤，同时切割场所附近应配备必要的灭火器材。如镁合金及其切割渣着火时，要用铸铁粉或砂子灭火，不可用水、泡沫、二氧化碳或四氯化碳等物质进行灭火。

（二）激光切割设备的安全防护

为避免发生各种伤害，首先要对激光切割设备采取必要的防护措施，这些措施主要包括以下方面：

（1）激光切割设备要可靠接地，维修门应安装有连锁设备，内部的电容器组要有放电措施。

（2）在激光切割设备上应设有明显的危险警告标志和信号，如“激光危险”“高压危险”等字样。

（3）激光的光路系统应尽可能全部封闭，如使激光在金属管中传递，以防止对人体的直接照射造成伤害。

（4）激光的光路系统如不可能全封闭，则光路应设在较高的位置，使光束在传递过程中从高处通过，避开人的头部。

（5）激光切割设备的工作台应采用玻璃等防护设备，以防止激光的反射。

（6）进行激光切割的场地也应设有明显的安全标志，并设置栅栏、隔墙、屏风等，防止与工作无关的人员误入危险区。

（三）激光切割安全操作规程

（1）操作人员必须熟悉激光的特性和操作安全知识，才能从事激光切割工作。

（2）遵守一般切割机安全操作规程。严格按照激光器启动程序启动激光器，调光、试机。

（3）操作者须经过培训，熟悉切割软件，设备结构、性能，掌握操作系统有关知识。

（4）按规定穿戴好劳动防护用品，在激光束附近必须佩戴符合规定的防护眼镜。

（5）在未弄清某一材料是否能用激光照射或切割前，不要对其加工，以免产生烟雾和蒸气等潜在危险。

（6）设备开动时操作人员不得擅自离开岗位，如确需离开时应停机或切断电源开关。

（7）要将灭火器放在随手可及的地方；不加工时要关掉激光器或光闸；不要在未加防护的激光束附近放置纸张、布或其他易燃物。可能受到激光照射或强反射的位置不要堆放易燃物品。

（8）在加工过程中发现异常时，应立即停机，及时排除故障或上报主管人员。

（9）保持激光器、激光头、床身及周围场地整洁、有序、无油污，工件、板材、废料按规定堆放。

（10）使用气瓶时，应避免压坏焊接电线，以免漏电事故发生。气瓶的使用、运输应遵守气瓶监察规程。禁止气瓶在阳光下暴晒或靠近热源。开启瓶阀时，操作者必须站在瓶嘴侧面。

（11）开机后应手动低速 X、Y、Z 轴方向开动机床，检查确认有无异常情况。

（12）对新的工件程序输入后，应先试运行，并检查其运行情况。

（13）工作时，注意观察机床运行情况，以免切割机走出有效行程范围或两台发生碰撞造成事故。

习　题

一、填空题

1. 氧-乙炔火焰根据氧气体积与乙炔体积的混合比值的大小，可得到性质不同的三种火焰：________、________、________等。

2. 当氧气与乙炔的混合比值为________时，得到的火焰称为中性焰。中性焰是由________、________和________等三部分组成的。
3. 通常将空气中制取的氧气压入氧气瓶内，瓶内的额定氧气压力为________ MPa。瓶体表面漆成________色，并用黑漆写上“氧”字样。
4. 常用的减压器主要有________和________两类。
5. 碳弧气刨系统由电源、________、________、________和压缩空气源等组成。
6. 碳弧气刨枪有________和________两种类型。
7. 碳弧气刨时，碳棒的伸出长度一般为________。
8. 等离子弧主要通过________、________、________作用获得的。
9. 电源的负极接钨极，正极接工件，直接燃烧在钨极与工件之间的等离子弧是________。
10. 等离子弧切割电源一般采用________外特性电源。
11. 激光切割的主要工艺参数有________、________、________、________、________、________、________、________等。

二、选择题

1. 气割过程中，金属在氧气中的燃点应（　　）熔点。
   A. 高于　B. 低于　C. 等于　D. 没有影响
2. 中性火焰中温度最高的部位是（　　）。
   A. 外焰　B. 内焰　C. 焰心　D. 氧化焰
3. 氧气压力表和乙炔压力表（　　）调换使用。
   A. 可以　B. 不能　C. 无所谓　D. 视情况而定
4. 氧气与乙炔的混合比值为1~1.2时，其火焰为（　　）。
   A. 碳化焰　B. 中性焰　C. 氧化焰　D. 混合焰
5. 碳弧气刨时防止产生“夹碳”的操作方法是（　　）。
   A. 先引弧，再送气　B. 先送气，再引弧　C. 快速刨削　D. 慢速刨削
6. 碳弧气刨用的碳棒表面应该镀的金属是（　　）。
   A. 铜　B. 铝　C. 铬　D. 镍
7. 碳弧气刨操作中为了保证刨槽光滑和电弧稳定，弧长应始终保持在（　　）mm范围。
   A. 1~2　B. 2~3　C. 3~4　D. 4~5
8. 等离子弧切割电源空载电压要求为（　　）。
   A. 60~80 V　B. 80~100 V　C. 100~150 V　D. 150~400 V
9. 中厚板以上的金属材料等离子弧切割时均采用（　　）等离子弧。
   A. 直接型　B. 转移型　C. 非转移型　D. 联合型
10. 等离子弧切割时工作气体应用最广的是（　　）。
   A. 氩气　B. 氦气　C. 氮气　D. 氢气
11. 激光切割常用喷嘴形状不包括（　　）。
   A. 平行形　B. 喇叭口形　C. 平顶形　D. 锥形

三、判断题（正确的画“√”，错误的画“×”）

1. 氧气瓶是储存和运输氧气的低压容器，最常用的是40 L，此外还有33 L和44 L。氧气瓶经过3年使用期后，应进行水压试验。（　　）
2. 乙炔能大量溶解于丙酮溶液中，利用乙炔这个特性，将它装入乙炔瓶内（瓶内装有多孔性填料）安全储存和运输。（　　）
3. 减压器的作用主要是起到减压作用，而没有稳压作用。（　　）
4. 我国广泛使用的是射吸式焊炬，这种焊炬适用于0.001~0.1 MPa的低压和中压乙炔。（　　）

5. 手工氧气切割时，为确保焊缝质量，选用的氧气压力越大越好。 （　　）
6. 碳弧气刨就是利用压缩空气吹走液体金属来完成刨削的过程。 （　　）
7. 碳弧气刨时，应该选择功率较大的焊机。 （　　）
8. 碳棒的截面形状有圆形、矩形和椭圆形三种。 （　　）
9. 等离子弧的特点是温度高、能量密度大、电弧挺度好，具有很强的机械冲刷力。 （　　）
10. 等离子弧比普通电弧的导电截面小。 （　　）
11. 激光切割时，操作人员应穿黑色工作服，以免弄脏衣服。 （　　）

四、问答题

1. 简述金属的气割性。
2. 回火产生的原因有哪些？
3. 简述碳弧气刨工艺参数的选择。
4. 等离子弧三种类型是什么，各应用在哪些方面？
5. 等离子弧焊设备的组成？
6. 激光切割有哪些特点？

项目四　焊条电弧焊

焊条电弧焊是用手工操纵焊条进行焊接的电弧焊方法。焊接时，焊件为一个电极，焊条为另一个电极。手工电弧焊尽管效率较低、劳动强度较大，但由于使用的设备简单，操作方便灵活，适合在各种条件下焊接，特别适合于形状复杂结构的焊接，所以被广泛应用于各行各业的焊接作业中。

本项目重点讲述焊条电弧焊的原理、特点及应用范围，焊条电弧焊设备及工具，影响焊条电弧焊焊接工艺参数的因素等相关知识。训练学生正确安装调试、操作使用和维护保养焊条电弧焊设备；根据实际生产条件和具体的焊接结构及其技术要求，正确选择焊条电弧焊工艺参数和执行工艺措施的能力。指导学生进行板状试件平敷焊、平角焊及V型坡口平焊板对接等基本操作技能训练，培养学生热爱专业、苦练技能的精神。

任务一　焊条电弧焊的原理、特点及应用

一、焊条电弧焊的基本原理

焊条电弧焊是用手工操纵焊条进行焊接的电弧焊方法。它利用焊条与工件之间燃烧的电弧热熔化焊条端部和工件的局部形成熔池，熔化的焊条金属不断地过渡到熔池中与之混合，随着电弧向前移动，熔池尾部的液态金属逐步冷却结晶而形成焊缝。焊接过程中，焊芯是焊接电弧的一个电极，并作为填充金属，熔化后成为焊缝的组成部分；焊条药皮经电弧高温分解和熔化而生成气体和熔渣，对焊条端部、金属熔滴、熔池及其附近区域金属起保护作用，并发生冶金反应。某些药皮通过加入金属粉末为焊缝提供附加的填充金属。

二、焊条电弧焊的特点

焊条电弧焊与其他熔焊方法相比具有以下特点：

（1）焊条电弧焊设备简单，成本较低，操作灵活方便，适应性强，可达性好。焊接操作时不需要复杂的辅助设备，只需要配备简单的辅助工具，方便携带。不受场地和焊接位置的限制，只要焊条能达到的地方一般都能施焊，这些都是被广泛应用的重要原因。

（2）可焊金属材料广，除难熔或极易氧化的金属外，几乎能焊所有的金属。

（3）对接头装配要求较低。焊接过程中，电弧由焊工手工控制，可通过及时调整电弧位置和运条速度等，修正焊接工艺参数，降低了焊接接头装配质量的要求。

（4）生产率低，劳动条件差。与其他弧焊方法相比，焊接电流小，且每焊完一根焊条必须更换焊条，焊后还需清渣，故熔敷速度慢，生产率低，劳动强度大。且弧光强，烟尘大，所以劳动条件差。

（5）焊缝质量对人的依赖性强。由于是用手工操纵焊条进行焊接，因此与焊工操作

技能、工作态度及现场发挥等都有关，焊接质量在很大程度上取决于焊工的操作水平。

三、适用范围

（1）可焊工件厚度范围：焊条电弧焊不宜焊接 1 mm 以下的薄板；采用开坡口多层焊时，厚度虽不受限制，但效率低，填充金属量大，其经济性下降，因此常用于焊接 3～40 mm 厚的工件。

（2）可焊金属范围：最适合焊的金属有碳钢、低合金钢、不锈钢、耐热钢、铜、铝及其合金等。

（3）最合适的产品结构和生产性质：结构复杂、形状不规则、具有各种空间位置的焊缝，最适合用焊条电弧焊；单件或小批量的焊件及安装或维修工作宜用焊条电弧焊。

任务二　焊条电弧焊设备及工具

焊条电弧焊的焊接设备主要有弧焊电源、焊钳、地线夹和焊接电缆。此外，还有面罩、敲渣锤、钢丝刷和焊条保温筒等，后者统称辅助设备或工具。

一、对焊条电弧焊设备的要求

焊条电弧焊用的弧焊电源是额定电流在 500 A 以下的具有下降外特性的弧焊电源，可以是交流电源，也可以是直流电源。焊接过程中，电弧是焊接电源的负载，焊机是焊接电弧的电源，焊接电弧与电源组成了用电系统。焊条电弧焊焊接时，要获得优良的焊接接头，首先要使电弧稳定地燃烧。决定电弧稳定燃烧的因素诸多，例如焊接设备、焊条成分、焊接规范及操作工艺等，其中主要的因素是焊接设备。焊接电弧在引弧和燃烧时所需要的能量，是靠电弧电压和焊接电流来保证的。为确保能顺利引弧和稳定地燃烧，对焊接设电源有较高的要求，具体选用焊条电弧焊电源时须考虑如下因素。

（1）具有适当的空载电压。在电弧焊电源接通电网而焊接回路为开路时，弧焊电源输出端的电压称为空载电压，常用 U_0 表示。焊条电弧焊电源空载电压的确定应遵循以下原则：

1）保证引弧容易及电弧燃烧稳定。电源空载电压越高，引弧越容易，电弧稳定性也越好。

2）要有良好的经济性。空载电压越高，所需铁、铜材料越多，焊机的体积和重量越大，成本增加，同时也会增加能量耗损，降低弧焊电源的效率。

3）保证人身安全。为保证焊工安全，对空载电压必须加以限制。

因此，在保证引弧容易及电弧燃烧稳定的前提下，为了经济性和安全性，应尽量采用较低的空载电压。对空载电压作了如下规定：交流弧焊电源 $U_0 = 55 \sim 70$ V；直流弧焊电源 $U_0 = 45 \sim 85$ V。

（2）具有陡降的外特性。在稳定的工作状态下，弧焊电源输出电压和输出电流之间的关系称为弧焊电源的外特性。焊条电弧焊焊接时，电弧工作在电弧静特性曲线的水平段，要使电源外特性曲线与电弧静特性曲线相交，要求焊接电源具有下降外特性。焊条电弧焊焊接时，焊工很难保持弧长恒定，弧长的变化是经常发生的。对于相同的弧长变化，为保证焊接电流变化最小，保持焊缝成形均匀一致，要求弧焊电源应具有陡降的外特性，如图 4-1 所示。

陡降外特性虽然克服了弧长波动引起的焊接电流的变化，但其短路电流过小，不利于引弧。为了提高引弧性能和电弧熔透能力，最理想的电源外特性是恒流带外拖的，如图 4-2 所示。当电弧电压低于拐点电压值时，外特性曲线向外倾斜，焊接电流变大，短路电流也相应增大，有利于引燃电弧。

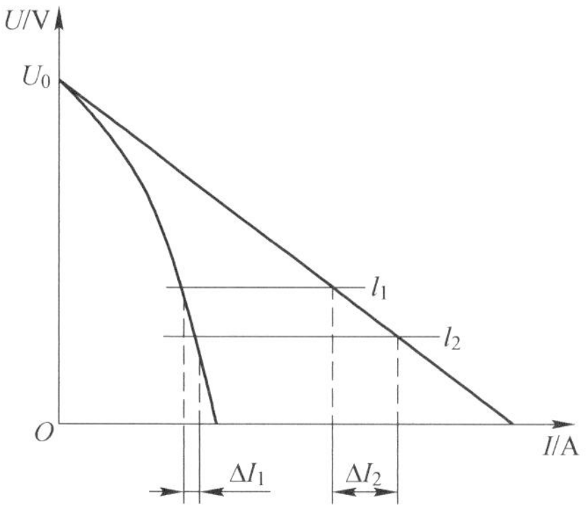

图 4-1　下降外特性曲线对焊接电流的影响

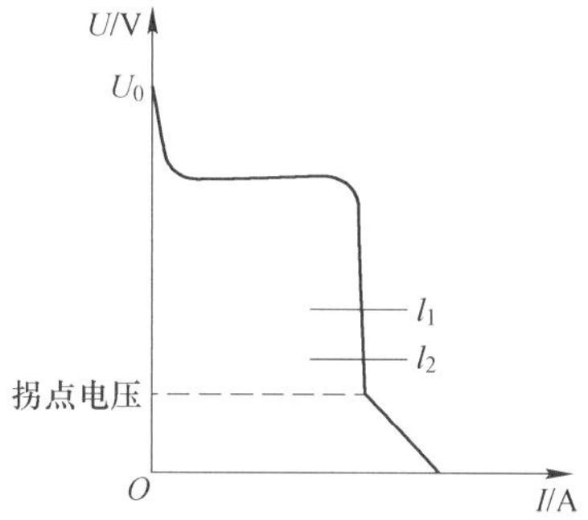

图 4-2　焊条电弧焊电源理想的外特性

（3）具有良好的调节特性。在焊接过程中，为适应不同结构、材质、焊接接头的形式，焊件厚度、焊接位置和焊条直径的需要，弧焊电源必须能按要求提供适当的焊接工艺参数，主要是焊接电流要能在一定范围内均匀、连续、方便灵活地进行调节，以便保证焊接接头的质量。

（4）具有良好的动特性。弧焊电源的动特性是指电弧负载状态发生瞬态变化时，弧焊电源输出电压和输出电流与时间的关系，它反映了弧焊电源对电弧负载瞬态变化的快速反应能力。动特性合适时，引弧容易，电弧稳定，飞溅小，焊缝成形良好。因此，要求弧焊电源具有良好的动特性，以适应焊接电流和电弧电压的瞬态变化，弧焊电源的动特性是衡量弧焊电源质量的一个重要指标。

二、常用焊条电弧焊设备及工具

（一）焊条电弧焊设备分类

焊条电弧焊设备一般按焊接电源结构分类，主要有以下四类：

（1）交流弧焊机。交流弧焊机是一种特殊的降压变压器。为保证电弧引燃并稳定燃烧，常用的弧焊变压器必须具有较大的漏感，而普通变压器的漏感很小。根据增大漏感的方式和结构特点，弧焊变压器有动铁心式（BX1-500）、动绕组式（BX3-300）和抽头式（BX6-120）等类型。如图 4-3 所示，交流弧焊机具有结构简单、易造易修、成本低、电磁偏吹小、噪声小、效率高等优点。但是电弧稳定性较差，使用焊条有局限性。

（2）晶闸管整流弧焊机。晶闸管整流弧焊机是由电子线路控制的、技术先进的弧焊机之一。具有多特性调节方便、动特性好、网络波动补偿、焊接参数稳定等特点。电源的外特性、焊接参数的调节，可以通过改变晶闸管的导通角来实现，晶闸管式弧焊整流器如图 4-4 所示。

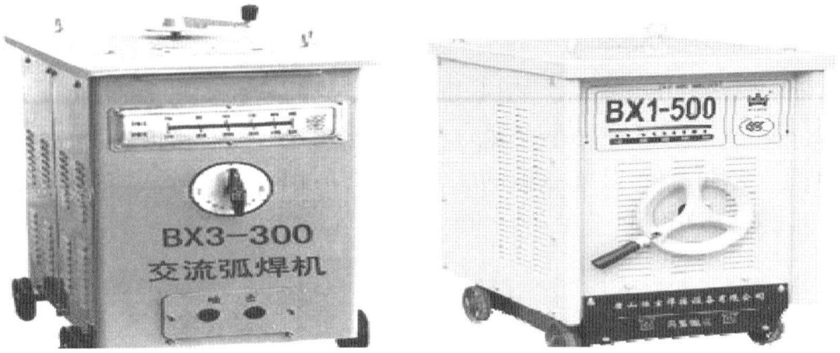

图 4-3　交流弧焊机

（3）逆变式整流弧焊机。逆变式整流弧焊机全部采用电子控制，为焊接提供最好的电弧指向性、电弧稳定性和动静特性。具有反应速度更快、控制精度更高、焊接参数更稳定、耗材少、节能和制造成本更低的特点，是最有发展前景的直流弧焊电源，逆变式整流弧焊机如图 4-5 所示。

图 4-4　晶闸管式弧焊整流器

图 4-5　逆变式整流弧焊机

（4）交直流两用弧焊机。交直流两用弧焊机兼容交直流特点，焊机动特性良好，性能柔和，电弧稳定，熔池平静，飞溅小，焊缝成形好，噪声低，结构简单、操作和维修方便。交流弧焊使用时，可焊接低碳钢、低合金钢等构件，还可弥补直流电弧角缝焊时引起的磁偏吹缺陷。作直流弧焊使用时，比交流焊接有着明显的稳定性，可用于高碳钢、合金钢、不锈钢、铜及铸铁等有较高技术要求的材料焊接。图 4-6 是常见的交直流两用弧焊机。

图 4-6　交直流两用弧焊机

另外为满足野外施工的要求，还有机械驱动式弧焊机。常用的一般有汽油动力和柴油动力两款，电流有直流和交流，两者各有其优点。通常发电机和电焊机是连体的，非常适合野外施工。图 4-7 是常见的机械驱动式弧焊机。

图 4-7　机械驱动式弧焊机

(二) 焊机型号的编制

在实际生产中，操作人员常会根据焊件的材质或者焊条的不同选择相应的焊接设备，而了解焊接型号的编制方法以及数字和字母所代表的意义，有助于选择合适的焊接设备进行操作。

根据 GB/T 10249—2010 电焊机型号编制方法，弧焊电源型号一般由拼音字母及阿拉伯数字组成，如表 4-1 所示。

表 4-1　焊机型号的编制方法

代表字母	大类名称	代表字母	小类名称	代表字母	附注特征	数字序号	代表含义
A	弧焊 发电机	X/P/D	X—下降特性 P—平特性 D—多特性	L/D/ Q/C/T/ H/M/E	L—高空载电压 D—单纯弧焊发电机 Q—汽油机驱动 C—柴油机驱动 T—拖拉机驱动 H—汽车驱动 M—脉冲 E—交、直流	1	动铁芯式
						2	串联电抗式
B	弧焊 变压器	X/P				3	动圈式
						4	晶体管式
Z	弧焊 整流器	X/P/D				5	晶闸管式
						6	变换抽头式
						7	逆变式

注：对于弧焊发电机，数字“1”代表交流发电机整流，数字“2”代表交流。

(三) 焊条电弧焊工具

1. 电焊钳

(1) 电焊钳的作用。电焊钳是手工电弧焊用于夹持焊条和传导电流进行焊接的工具，又称焊把。焊钳有 300 A、500 A、800 A 等几种规格，如图 4-8 所示。

(2) 对电焊钳的要求。电焊钳必须有良好的绝缘性与隔热能力和强度，手柄要有良好的绝缘层。焊钳的导电部分应采用紫铜材料制成，要有足够的夹紧力且操作方便。焊钳与电焊电缆的连接应简便牢靠，接触良好。在任何角度上都能迅速而牢固地夹持和松开不同直径的焊条，焊钳应都能夹紧焊条，并保证更换焊条安全方便。电焊钳应保证操作灵便，焊钳质量一般不得超过 600 g。禁止将过热的焊钳浸在水中冷却后立即继续使用。

(3) 电焊钳的选用。电弧焊电源配套的电焊钳规格是按照电源的额定焊接电流大小

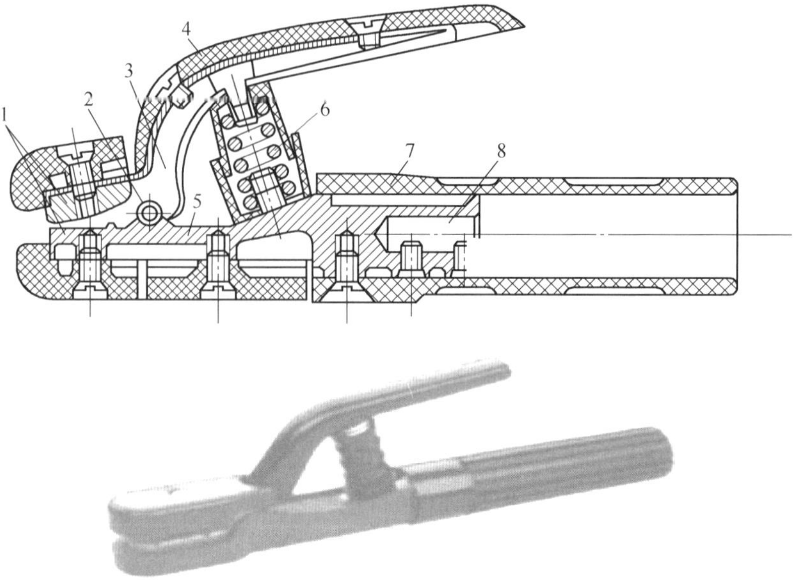

图 4-8　电焊钳的构造及实物图

1—钳口；2—固定销；3—弯臂；4—弯臂罩壳；5—直柄；6—弹簧；7—手柄；8—电缆固定处

选定。需要更换焊钳时，也应根据焊接电流及焊条直径大小选择适用的电焊钳。电焊钳与电缆的连接必须紧密牢固，保证导电良好、操作方便。使用中要防止电焊钳和焊件或焊接工作台发生短路。焊接工作中注意焊条尾端剩余长度不宜过短，防止电弧烧坏电焊钳，使用电焊钳要避免受重力撞击损坏焊钳。

2. 焊接电缆

（1）焊接电缆的选用原则。焊接电缆是电焊机和电焊钳及焊条之间传输焊接电流的导线。专用焊接电缆利用多股紫铜细丝制成导线，外包橡胶绝缘。电缆应轻便柔软，能任意弯曲或扭转。电缆导电截面分多个等级。焊接电缆的截面大小及长度的选择应根据承载的焊接电流来确定。电弧焊机根据额定焊接电流选择焊接电缆。焊机技术标准规定焊接电缆的长度如表 4-2 所示。如果有特殊需要加长焊接电缆，则应采用较大导电截面积的电缆，以免电流损失过大；反之，缩短电缆长度，则可用较小截面积以增加电缆的柔软性。

表 4-2　焊接电缆截面与最大焊接电流和电缆长度的关系

导线截面面积/mm^2 \ 电缆长度/m \ 最大焊接电流/A	15	30	45
200	30	50	60
300	50	60	80
400	50	80	100
600	60	100	—

（2）焊接电缆使用过程中的注意事项。焊接电缆和电焊钳、电缆接头等连接必须紧密可靠。要防止烫坏、划破电缆外包绝缘。如果有损伤必须及时处理，保证绝缘效果不降低，焊接电缆使用时不可盘绕成圈状，以防产生感抗影响焊接电流，停止焊接时应将电缆收起放好。焊机的电缆线应使用整根导线，中间不应有连接接头。当工作需要接长导线时，应使用接头连接器牢固连接，连接处应保持绝缘良好，而且接头不要超过两个。焊接电缆线要横穿马路或通道时，必须采取保护套等保护措施，严禁搭在气瓶或盛放其他易燃易爆物品的容器上。禁止利用厂房的金属结构、轨道、管道、暖气设施或其他搭接金属物体作焊接导线电缆。禁止焊接电缆与油脂等易燃物料接触。

3. 地线夹

焊接地线夹一般用铜压铸而成，或者在钳口处镶嵌两铜块。要求地线夹具有良好的导电性和足够的夹紧力，使用过程中不宜产生电火花。允许使用的电流范围要大。一般有 C 形夹和钳形夹两种，如图 4-9 所示。

图 4-9　焊接地线夹

4. 快速接头

快速接头主要用于焊机输出端焊接电缆线与电焊机的连接，接头两端分别装于焊机输出端线和焊接电缆的一端。使用焊机时，再把快速接头两端部装配旋紧，就可以把电缆和焊机连接。多用于直流焊接机，除连接方便外，还可快速地改变电源的极性，快速接头实物如图 4-10 所示。

5. 焊条保温筒

焊条保温筒是用来盛装已烘干的焊条，且能保持一定温度以防止焊条受潮的一种筒形容器。有立式和卧式两种，内装焊条 2.5~5 kg，焊工可随身携带到现场。焊条从烘干箱取出后必须放入焊条保温筒，它可使焊条免受空气中水分影响，对于防止焊缝产生气孔和氢致裂纹、保证焊接质量具有重要作用。焊条保温筒在使用过程中应使用单独的电源，一般情况下用电焊机的次级电源（电压为 60~90 V），需加热时把电源插头一端插入保温筒插座内，另一端用鳄鱼夹夹住焊机次级电源。保温筒严禁与其他设备混用电源，以免烧坏保温筒。在施焊过程中严禁焊工手中持有多余的焊条，每次只能取 1~3 根，做到随用随取。取完焊条后要及时将保温筒盖好，以保证焊条的干燥。焊条保温筒实物如图 4-11 所示。

6. 焊条烘干箱

电焊条由于在制造、运输、贮存过程中渗入了水分，在使用前必须进行烘干以去除药皮中的水分；否则，药皮中的水分在焊接过程时分解出来的氢将残留在焊缝周围的金属中，致使焊缝产生冷裂缝，发生焊接质量事故。因此焊条在使用前一般需要进行烘干处理。所用的烘干设备就是焊条烘干箱，如图 4-12 所示。焊条烘干箱主要分 ZYH/ZYHC 两个系列，ZYHC 系列由烘干箱、贮藏箱、温度自动控制系统、温度检测元件等部分组成；对于 ZYH 系列，除了未设贮藏箱外，其他部分与 ZYHC 系列产品完全相同。不同的型号规格，可装焊条容量不同。

图 4-10　快速接头

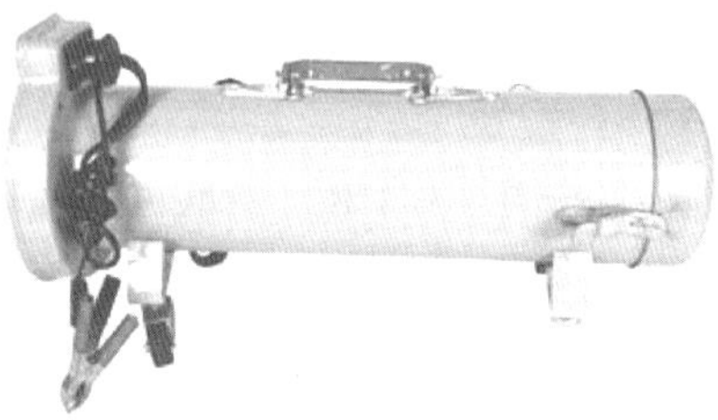

图 4-11　焊条保温筒

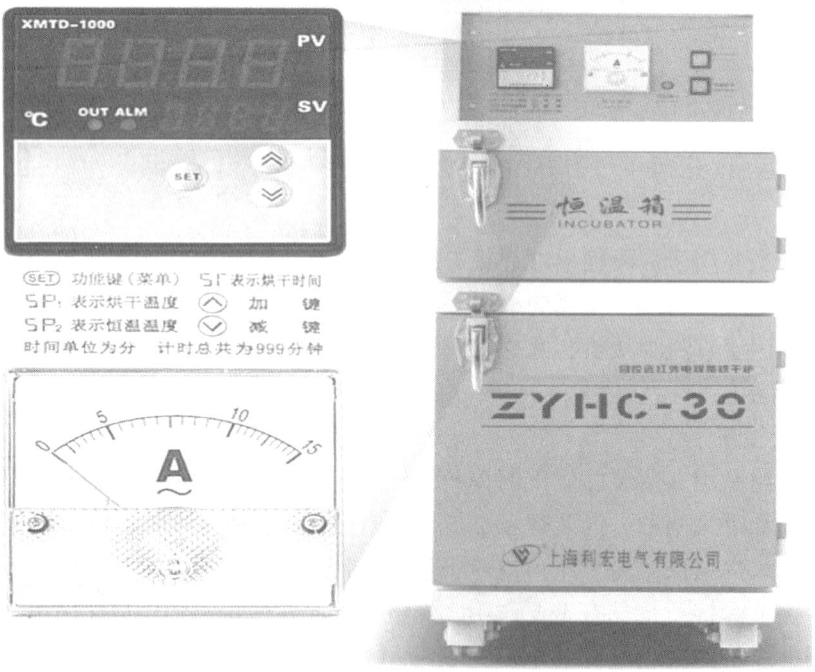

图 4-12　自控远红外焊条烘干箱

7. 清理工具

清理工具主要有清渣锤、钢丝刷、手锤、錾子等，如图 4-13 所示。用于清理焊缝层间及表面熔渣、飞溅物等。清渣锤是清除焊缝焊渣的工具，焊工应随身携带。清渣锤有尖锥形和扁铲形两种，常用的是尖锥形。清渣时焊工应戴平光镜；钢丝刷是用来清除焊件表面铁锈、油污及飞溅的金属丝刷子。焊接过程中，錾子和手锤一般配合用于清理熔渣、飞溅物，錾削接头处的斜坡等。手锤还可单独用于焊接试件的变形矫正。

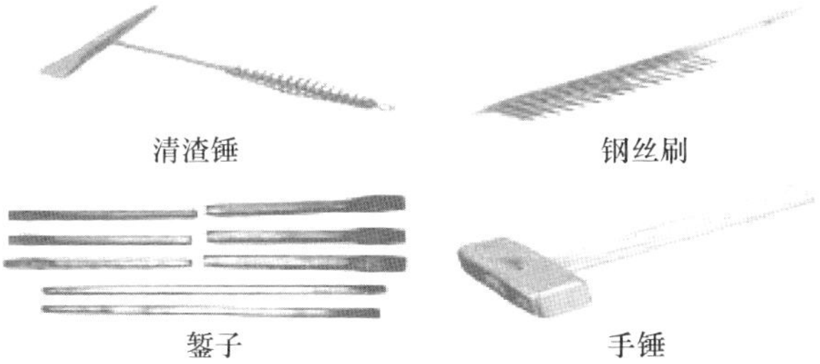

图 4-13　常用清理工具

8. 打磨工具

（1）角向磨光机。角向磨光机有电动和气动两种，电动角向磨光机转速平稳、力量大、噪声小、使用方便；气动角向磨光机质量轻、安全性高，但对气源要求高。一般手持电动式角向磨光机用得较多。

角向磨光机是利用高速旋转的磨片、切片、橡胶砂轮、钢丝轮等对金属构件进行磨削、切削、除锈、磨光加工的工具，如图 4-14 所示。可用来切割、研磨及刷磨金属与石材，作业时不可使用水。焊接操作中，角向磨光机用于焊接前的坡口钝边磨削、焊件表面的除锈、焊接接头的磨削、多层焊时层间缺陷的磨削及一些焊缝表面缺陷等的磨削工作。

使用角向磨光机时不能戴手套，必须戴护目眼镜。并且注意不要用力过猛，以防角磨片破碎飞出伤人。打磨时，角磨片与工件表面的夹角约为 30°。并且要注意飞溅物飞出的方向，不能对着他人和自己。注意防止角磨片割伤电源线，造成触电事故。

经常检查电源线连接是否牢固，插头是否松动，开关动作是否灵活可靠。检查电刷是否磨损过短，要及时更换电刷，以防因电刷接触不良而形成火花过大或烧毁电枢。注意检查工具的进、出风口，不可堵塞，并及时清除工具各部位的油污与灰尘。角磨机使用一段时间后应及时为旋转部位添加润滑脂。

（2）管道直磨机。管道直磨机主要用来打磨小直径管道内侧坡口的电动工具，如图 4-15 所示。使用、维护和保养与角向磨光机类似。

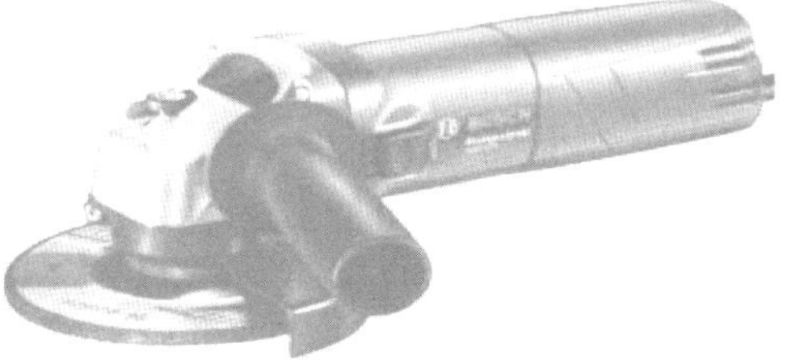

图 4-14　角向磨光机

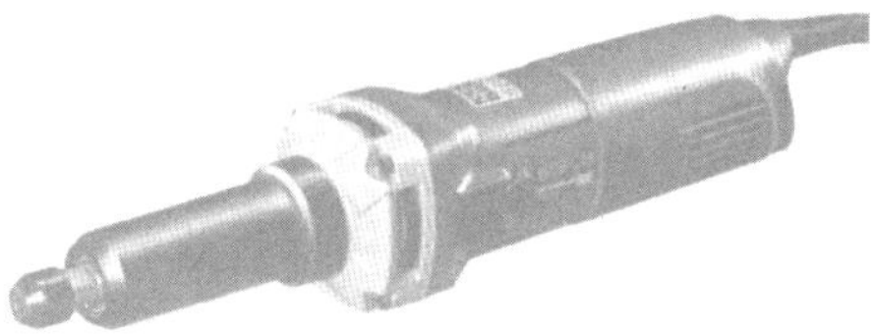

图 4-15　管道直磨机

9. 焊缝检测工具

焊缝外观检测工具主要有焊缝检验尺、游标卡尺、钢板尺、放大镜等。这里只介绍焊缝检验尺的构造和使用要求。

焊缝检验尺采用不锈钢材料制造，主要由主尺、高度尺、咬边深度尺和多用尺四个零件组成，如图 4-16 所示。焊缝检验尺主要用以测量角焊缝焊脚高度，角焊缝厚度、咬边深度、坡口角度、装配间隙、错边、焊缝余高、焊缝宽度等尺寸。适用于锅炉、桥梁、造船、压力容器和油田管道的检测。也适用于测量焊接质量要求较高的零部件。

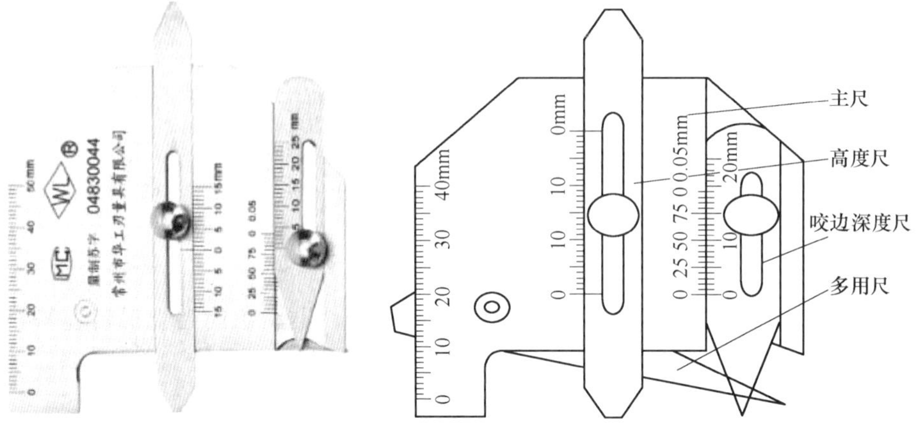

图 4-16　HJC40 型焊缝检验尺

焊缝检验尺使用过程中，避免重力撞击，使用后要放入专用盛放盒里，不能与其他工具堆放在一起，以免变形或造成划伤，导致刻线模糊进而影响精度。

任务三　焊条电弧焊的安全防护

焊接环境中的职业性有害因素有很多种类，电弧发出的热和光，会产生金属蒸气、粉尘和有毒有害气体，弧光会危害人的眼睛和皮肤。焊接场地的不安全因素也会导致事故频频发生。因此正确准备个人劳保用品，并对场地、设备、工具、夹具等进行安全检查非常重要。本任务主要是了解手工焊条电弧焊作业中产生的触电，电弧辐射，有毒、有害气体和烟尘，烧伤烫伤，火灾爆炸，噪声，高空坠落构成电弧焊七大职业危害。针对这些危害采取必要的防护措施，避免发生人身伤害事故。

一、焊条电弧焊的职业危害

由于手工电弧焊机利用的能量是电能，同时电弧在燃烧过程中产生高温和强烈的弧光，焊条在高温下熔化产生大量的有害气体和烟尘，所有这些都可能造成手工电弧焊操作过程中产生不安全因素。所以在焊接作业中一定要注意个人防护，主要是对头部、面部、眼睛、耳朵、呼吸道、手部、身躯等方面的人身防护。

（一）触电事故

因焊接大多在露天条件下作业，焊机、焊把线及电源线多处在高温、潮湿（建筑工地）和粉尘环境中，且焊机常常超负荷运行，易使电源线、电器线路绝缘老化，绝缘性能降低，极易导致漏电。在焊接过程中，因操作人员要经常更换焊条和调节焊接电流，操作时要直接接触电极，而焊接电源输入端电压通常是 380 V/220 V，当电气安全保护装置存在故障、劳动保护用品不合格、操作者违章作业时，就可能引起触电事故，如果在金属容器内、管道内或潮湿的环境中焊接，触电的危险性更大。

在焊接作业过程中，除了高温电弧伤人之外，还容易产生焊机触电伤人事故。长期以来，人们比较重视预防电焊机输入电源即焊机一次电压触电事故，这方面的防范措施较多且具体有效。如焊机的接地保护或接零，输入电源的隔离防护，电焊设备及线路的绝缘要求等。然而，对电焊机输出端的二次电压，其防范要求不是很具体。一般规定交流电焊机的二次电压不得超过 85 V，直流电焊机不得超过 90 V，往往容易被操作人员所忽视。虽然电压不是很高，但也已经远远超过规定安全电压 36 V，仍有一定的危险性。据不完全统计，焊接触电伤亡事故 90%以上都是由电焊机的二次电压引起的。

对于比较干燥而触电危险较大的环境，一般规定安全电压为 36 V。凡危险及特别危险环境里的局部照明灯、手提灯、携带的电动工具，均应采用 36 V 安全电压。

对于潮湿而又触电危险性较大的环境，一般规定为 12 V。凡工作地点狭窄、周围有大面积接地导体或金属结构（如容器、管道），以及工作场所潮湿时，触电危险性较大，则应采用 12 V 的安全电压。

对于在水下或其他由于触电会导致严重二次事故的环境，国际电工标准会议规定为 2.5 V 以下，这种环境的安全电压可采用 2 V。

（二）电弧辐射

电焊弧光的光谱中，包含了红外线、紫外线和强烈的可见光三个部分。电弧辐射主要产生强烈的可见光及大量的红外线和紫外线，而不会产生对人体危害较大的 X 射线。

（1）可见光危害：焊接电弧的可见光线的光度，比人眼能正常承受的光线光度可大一万倍。强烈的可见光线短时间照射会使眼睛发花，一时看不清东西，通常称“晃眼”。此时感觉眼睛疼痛，视觉模糊，有中心暗点，一段时间后才能恢复。如长期反复作用，将逐渐使视力减退。

（2）红外线危害：焊接电弧中红外线对眼睛的损伤是一个慢性过程。眼睛晶状体长期吸收过量的红外线后，将使其弹性变差，调节困难，使视力减退，甚至引起白内障。严重者还会出现晶状体混浊，视力损伤，甚至失明。焊工工作一天后，如感觉双眼发热，大多是由吸收了过量红外线所致。

（3）紫外线危害：焊接电弧中的紫外线能强烈地刺激和损害眼睛、皮肤。只要受到短时间的辐射，也可以引起眼睛发炎形成电光性眼炎（俗称打眼）。发病程度要看受紫外线照射的程度如何，一般数小时后即出现症状。轻者经使用相关消炎药物有效治疗一天左右便可恢复，重者 2~3 天才能恢复。打眼后首先是眼睛疼痛，有揉进沙子的感觉，流泪、畏光、怕风。接下来眼睛发炎，结膜受到感染，出现红肿，常常是半夜里眼睛突然剧痛，不能入睡。皮肤受到紫外线照射，先是奇痒、发红、疼痛，然后起泡、发黑、脱皮。

针对电弧辐射对人体的伤害，操作人员可以通过佩戴焊接面罩和穿戴个人防护用品来减少弧光对人体的辐射作用。

1. 焊接面罩

面罩是为防止焊接时飞溅、弧光及其他辐射对焊工面部及颈部损伤的一种防护用品，对面罩的要求是质轻、坚韧、绝缘性和耐热性好。焊接面罩有手持式和头盔式两种，如图 4-17 所示。手持式面罩正面安装有护目滤光片，即护目镜，起减弱弧光强度，过滤红外线和紫外线以保护焊工眼睛的作用。护目玻璃由浅至深有多个色号，色号越大颜色越深，一般常用 7~12 号。防护白玻璃罩在护目玻璃两侧，以防止飞溅的金属损坏护目玻璃。焊工应根据焊接方法、焊接电流大小、年龄与视力情况选用。

太阳能光控焊接面罩一般都做成头盔式，起弧前可以清楚地看见焊接工件，起弧瞬间自动变暗。光控焊接面罩是一种应用了光探测技术与液晶技术的新型焊接面罩。其原理为，内部的光电传感电路在检测到焊接时产生的光线（主要是红外线或是紫外线），经过放大，触发液晶的控制电路，并根据预设的光透过率在面罩的液晶（透射式 TN 液晶）施加相应的驱动信号。液晶作为光阀将改变其透光度。将滤去焊接产生对人眼有害的红外以及紫外线。同时将强光减弱到人眼可以承受的弱光。与传统的电焊面罩相比，光控焊接面罩不仅保护了操作人员的健康，更可以保证焊工清晰地观察焊接的全过程，是传统焊接面罩的理想替代品。

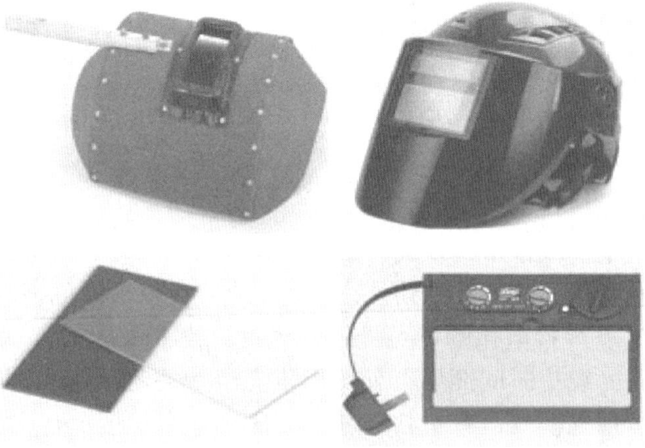

图 4-17　手持式面罩和头盔式太阳能光控面罩

2. 个人防护用品

个人防护是指在焊接过程中为防止自身危险而采取的防护措施。个人防护用品根据各种危害因素的特点设计，针对性强、种类多，如防护眼镜、耳塞、帽子、工作服、防护手套、皮工作服、安全防护鞋、安全帽、防尘面具等，如图 4-18 所示。在一些特定的场所，如在水下、高空、储罐中或船舱中进行焊接工作时，由于受到场所的限制，整体防护难以实现，这时个人防护成为主要的防护措施。

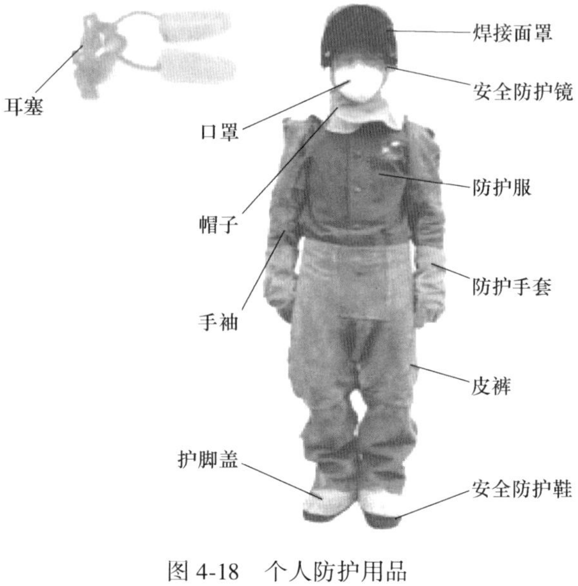

图 4-18　个人防护用品

（三）有毒、有害气体和烟尘

由于焊接过程中产生的电弧温度达到 4000 ~ 6000 ℃，甚至更高，焊芯、药皮和金属焊件熔融后会发生汽化、蒸发和凝结现象，会产生大量的锰、铬氧化物蒸气及有害烟尘。焊工长期吸入这种混合性烟尘会形成焊工尘肺。焊工尘肺发病比较缓慢，发病工龄一般在10年以上，最短发病工龄为4年。主要症状表现为气短、咳嗽、胸闷和胸疼，也有的表现出全身无力、食欲不振、体重减轻及神经衰弱等。目前还没有特效药物用于治疗焊工尘肺。

另外，电弧的高温和强烈的辐射作用，还会使周围空气中产生臭氧、氮氧化物、氟化氢等有毒气体。臭氧浓度超过允许值时，往往引起咳嗽、胸闷、食欲不振、疲劳无力、头晕、全身疼痛等。氮氧化物属于刺激性的气体，主要是对肺有刺激作用，能引起剧烈咳嗽、呼吸困难、全身软弱等。氟化氢气体是焊条药皮中萤石在电弧的高温作用下形成的，可引起眼、鼻和呼吸道黏膜的刺激症状，严重时可发生支气管炎、肺炎等。长时间在通风条件不良的情况下从事焊接作业，这些有毒的气体和烟尘被人体吸入，对人的身体健康有很大的影响。而且焊接操作人员经常要进入金属容器、设备、管道、储罐等封闭或半封闭的场所施焊，更增加了受伤害的可能性。如果是焊接储运或生产过有毒有害介质及惰性气体等的容器，一旦工作管理不善，防护措施不到位，极易造成作业人员中毒或缺氧窒息。

（四）烧伤、烫伤

焊接过程中的焊接电弧、飞溅的金属熔滴、红热的焊条头、灼热的药皮熔渣和红热的焊件是造成烧伤、烫伤事故的热源，热源接触身体各部分都会造成灼伤。焊接操作人员如果没有穿戴好电焊专用的防护工作服、手套和工鞋，就有可能被电弧烧伤，被金属熔渣、飞溅物以及还处于红热状态的金属焊件烫伤。

（五）火灾与爆炸

焊接作业时高温电弧会使金属熔化、飞溅，如果周围有易燃易爆物，焊接热源会引起周围易燃物质燃烧或爆炸事故的发生。焊接电源的二次回路通过易燃物质，由于自身发热或接触不良产生火花，可能引起燃烧。焊接作业人员在焊接化工生产设备、油罐和油料容器等或在空气流通较差的密闭空间焊接时，都存在较大的火灾、爆炸危险性。发生这类事故，不仅损坏厂房、设备，而且极易造成人身伤亡。

（六）噪声

在焊接过程中，操作人员不可避免地会接触到碳弧气刨、等离子弧切割等空气动力噪声，以及清理焊缝熔渣或机械矫正焊接变形的敲击产生的噪声。操作人员在无防护情况下，强烈的噪声可以引起听觉障碍、噪声性外伤、耳鸣等症状。长期接触噪声，还会引起中枢神经系统和循环系统失调，出现厌倦烦躁、血压升高、心跳过快等症状，甚至引起噪声性耳聋。

（七）高空坠落

因施工需要，焊接操作人员要经常登高作业。一般规定：“凡在坠落高度基准面2 m以上（含2 m）有可能坠落的高处进行作业，都称为高空作业”。在高空作业时，如果防高空坠落措施没有做好，脚手架搭设不规范，没有经过验收就使用；上下交叉作业没有采取防物体打击隔离措施；焊工个人安全防护意识不强，登高作业时不戴安全帽、不系安全带；一旦遇到行走不慎、意外物体打击作用等原因，都有可能造成高空坠落事故的发生。

二、焊条电弧焊的安全防护

（一）防触电的安全措施

防触电总的原则是采取绝缘、屏蔽、隔绝、漏电保护和个人防护等安全措施，避免人体触及带电体。具体方法有：

(1) 使用的焊接设备及电源电缆必须是合格品，其电气绝缘性能与所使用的电压等级、周围环境及运行条件要相适应。焊机应安排专人进行日常维护和保养，防止日晒雨淋，以免焊机电气绝缘性能降低。焊接工作前，应先检查焊机、设备和工具是否安全，如焊机外壳的接地、焊机各接线点的接触是否良好，焊钳、焊接电缆的绝缘有无损坏等。

(2) 当焊机发生故障要检修、移动工作地点、改变接头或更换保险装置时，操作前都必须先切断电源。电源切断后，应在电闸上贴挂“有人工作，严禁合闸”字样的指示牌，防止有人误操作造成触电事故。

(3) 电焊机的接线、安装、检查和修理等工作需由电工进行，焊工不得擅自拆装。在给焊机安装电源时不要忘记同时安装漏电保护器，以确保人一旦触电会自动断电。在潮湿环境或金属容器、设备、构件上焊接时，必须选用额定动作电流不大于 15 mA，额定动作时间小于 0.1 s 的漏电保护器。

(4) 电焊机的一次、二次接线端应有防护罩，且一次接线端需用绝缘带包裹严密；二次接线端必须使用线卡子压接牢固或使用快速接头连接。对焊机壳体和二次绕组引出线的端头应采取良好的保护接地或接零措施。当电源为三相三线制或单相制系统时，应安装保护接地线，其电阻值不超过 4 Ω。当电源为三相四线制中性点接地系统时，应安装保护零线。

(5) 加强作业人员用电安全知识及自我防护意识教育。更换焊条时，焊工应戴上绝缘手套。对于空载电压和工作电压较高的焊接操作，以及在潮湿场地操作时，还应在工作台附近地面铺上橡胶垫子或干燥的木板，且必须穿绝缘鞋、戴专用绝缘手套。特别是在夏天，由于身体出汗后衣服潮湿，不要靠在焊件、工作台上。焊接过程中不要将过长的导线搭在身上或缠在腰间。严禁在雨雪天气露天施焊。

(6) 电焊机输出端焊把线、地线需接长使用时，应保证搭接面积，接点处用绝缘胶带包裹好，接点不宜超过两处。禁止利用金属结构、管道、轨道和其他金属连接作导线用。在金属容器或特别潮湿的场所焊接，行灯电源必须使用 12 V 以下安全电压。

(7) 在容积狭小的舱室（如油槽、气柜、管道和锅炉等）、金属结构以及其他狭小工作场所焊接时，必须采取专门的防护措施，必要时须有两人轮换工作，或加一名监护人员，随时注意焊工的安全动态，遇危险时立即切断电源，进行抢救。

(二) 防电弧辐射的安全措施

焊接操作人员及周围作业人员应穿戴好劳保用品，佩戴有专业滤色玻璃的面罩或眼镜。面罩上的滤色玻璃即电焊护目镜片，应该根据不同的焊接方法、焊接电流、母材种类及厚薄等条件的差异选择不同的号数。护目镜片的号数，是按护目镜片颜色深浅程度而定的，由浅到深排列。目前一般分 7、8、9、10、11、12 号几种，浅色为小号，深色为大号。禁止不戴焊接面罩、不戴有色眼镜直接观察电弧光。焊接工作服最好选用面上有一种阻燃布的白色工作服，不仅可以防止弧光辐射还可防止飞溅物落到身上烫伤自己。尽可能减少皮肤外露，夏天禁止穿短裤和短褂从事焊接作业，有条件的可对外露的皮肤涂抹紫外线防护膏。

施焊场地应用围屏或挡板与周围隔离。为保护焊接场地其他人员的眼睛，一般在小件焊接的固定场所，主要的防护措施是设置围屏和挡板。围屏或挡板的材料最好使用耐火材料，如石棉板、玻璃纤维布、铁板等，并涂以深色，其高度约为 1.8 m，屏底距地面留 250~300 mm 的距离，以供空气流通。

当周围有其他人员时，焊接操作人员有责任和义务提醒他们注意避开，以免弧光伤眼。周围工作人员应佩戴一般防护眼镜。

注意眼睛的适当休息。焊接时间较长，使用的焊接规范较大时，应注意中间休息。如果已经出现电光性眼炎症状，应及时治疗。电光性眼炎一般可采用凉物覆盖法、凉水浸敷法等方法进行治疗。经过应急处理后，除了休息外，还要注意减少光的刺激，并尽量减少眼球转动和摩擦。严重者要去医院就医。

施焊场地必须有自然采光或达到要求的局部照明设施，避免焊接操作人员长时间在昏暗的环境中作业。

（三）防有毒、有害气体及烟尘的安全措施

合理设计焊接工艺，尽量采用单面焊双面成型工艺，减少在金属容器里焊接的作业量。

如在空间狭小或密闭的容器里焊接作业，必须采取强制通风措施，降低作业空间有害气体及烟尘的浓度。焊接现场无法采取通风措施时，应采用送风呼吸器，尽量增加工间休息时间，并进行轮流操作。

尽可能采用自动焊、半自动焊代替手工焊，减少焊接人员接触有害气体及烟尘的机会。

采用低尘、低毒焊条，减少作业空间中有害烟尘含量。

焊接操作人员及周围其他人员应佩戴防尘口罩和防毒面具，以过滤或隔离烟尘和有毒气体，避免烟尘吸入体内。

如果长时间在固定的环境中焊接，应采取全面通风和局部通风相结合的措施，增设排烟除尘设备，以保障从业人员的身体健康。

（四）防火灾爆炸的安全措施

正式焊接前检查作业下方及周围 10 m 内是否有易燃易爆物品，作业面是否有诸如油漆类防腐物质。如果有应事先做好妥善处理。

在临近运行的生产装置区、油罐区内焊接作业，必须砌筑防火墙。如有高空焊接作业，还应使用石棉板或铁板予以隔离，防止火星飞溅。

如在生产、储运过易燃易爆介质的容器、设备或管道上施焊，焊接前必须检查与其连通的设备、管道是否关闭或用盲板封堵隔断。并按规定对其进行吹扫、清洗、置换、取样化验，经分析合格后方可施焊。

焊接作业时须配置灭火器材，应有专人监护。作业完毕，要留有充分的时间检查是否有引起火灾的隐患，确认安全后方可离开。

（五）防烧伤烫伤的安全措施

焊接时必须正确穿戴好焊工专用防护工作服、绝缘手套和绝缘鞋，上衣不要塞入裤内，裤脚要散开，不要塞在靴子里，工作服要把口袋盖盖好，手套不要有破损。使用大电流焊接时，焊钳应配有防止飞溅的防护罩。

刚焊接完的部位应及时用石棉板等进行覆盖，防止脚、身体直接触及造成烫伤。高空焊接时更换的焊条头应集中堆放，不要乱扔，以免烫伤下方作业人员。

清理熔渣时应戴防护镜，并使渣屑飞出方向避开操作者本人及周围人员，最好不要急于清理尚未冷却的焊件。

高空进行仰焊或横焊时，由于火星飞溅严重，应采取隔离防护措施。为防止焊接熔滴和飞溅物烫伤别人，施焊前要及时通知周围人员躲避。作业者本人脖子上要扎毛巾，头上戴披肩帽，有条件的要穿皮工作服，没有条件时，也要戴长袖焊工手套。

(六) 防噪声的安全措施

(1) 吸声降噪：其做法通常是在室内墙面或顶棚面安装吸声材料。

(2) 消声降噪：用消声器降低各种空气动力设备的进出口或沿管道传递的噪声。

(3) 隔声降噪：把产生噪声的机器设备封闭在一个小的空间，使它与周围环境隔开，以减少噪声对环境的影响，这种做法叫作隔声。隔声降噪是焊接生产常用的噪声控制技术。

(4) 个人隔声防护：采用小型消声器，设置在噪声出口处，对降低噪声有较好的效果。操作者佩戴隔声耳罩、隔声耳塞或防噪声头盔，可起到较好的防护效果。工作面周围可以临时设置消声材料，也有一定效果。

(七) 防高空坠落的安全措施

焊工必须做到定期体检，患有职业禁忌证和年老体弱、疲劳过度、视力不佳以及高血压、心脏病、癫痫病等病史或饮酒后的人员不宜从事高空工作。

焊工登高作业时必须正确系挂安全带，戴好安全帽，正确使用防坠落用品与登高器具、设备。焊接前应对登高作业点及周围环境进行检查，查看立足点是否稳定、牢靠，以及脚手架等安全防护设施是否符合安全要求，必要时应在作业下方及周围拉设安全网。

涉及上下交叉作业时，上下不得在同一垂直方向同时操作。下层作业的位置，必须处于以上层高度确定的可能坠落范围半径之外。不符合此条件时，中间必须设置安全防护层(隔离层)。

作业人员应从规定的通道上下，不得在非规定的通道进行攀登，也不得任意利用吊车臂架等施工设备进行攀登。

任务四　焊条电弧焊设备安装、保养和常见故障的消除

焊接设备在使用过程中除了现场处理一些常见故障外，还要做到日常维护保养、定期维护保养、定期精度检查；设备的日常维护保养是设备维护的基础工作，必须做到制度化和规范化。对设备的定期维护保养工作是一种有计划的预防性检查，检查的手段除人的感官以外，还要有一定的检查工具和仪器，设备还应进行精度检查，以确定设备实际精度的优劣程度。对焊接设备定期保养和检查，可以减少焊接故障的发生，虽然需要花费一些时间和精力，但这样能够保证焊接设备可以正常运行，提高生产效率。

一、焊条电弧焊设备的安装、保养

(一) 设备的安装环境

电焊机的工作环境应与焊机技术说明书上的规定相符。特殊环境条件下，如在气温过

低或过高、湿度过大、气压过低以及在腐蚀性或爆炸性等特殊环境中作业，应使用适合特殊环境条件性能的电焊机，或采取必要的防护措施。焊机应放在无阳光直射、防雨、湿度小、灰尘少的室内，周围空气温度范围为-10~40 ℃。若焊机受雨淋或水浸入焊机内部，会引起故障，请一定检修内部并擦干水滴。

（1）必须将电焊机平稳地安放在通风良好、干燥的地方，不准靠近高热及易燃易爆危险的环境。安装焊机的地面倾斜度不超过15°。

（2）焊接工位不应有风，如有风应使用挡风板等遮挡。

（3）室外使用的电焊机必须有防雨雪的防护设施。

（二）设备的安装

（1）检查焊机内部是否有金属或其他异物进入，如有异物进入，一定要第一时间取出，避免焊机运行过程中发生事故。

（2）焊机输入电源为三相380 V/50 Hz的交流电（或220 V），波形应为标准的正弦波，三相电压的不平衡度不大于5%。

（3）焊接设备应有专用的配电柜，每台电焊机必须装有独立的专用电源开关，其容量应符合要求。当焊机超负荷时，应能自动切断电源。禁止多台焊机共用一个电源开关。

（4）电源控制装置应装在电焊机附近人手便于操作的地方，周围留有安全通道。

（5）焊机的一次电源线，长度一般不宜超过2~3 m，当有临时任务需要较长的电源线时，应沿墙或立柱用瓷瓶隔离布设，其高度必须距地面2.5 m以上，不允许将电源线拖在地面上。

（6）电焊机外露的带电部分应设有完好的防护（隔离）装置，电焊机裸露接线柱必须设有防护罩。

（7）使用插头插座连接的焊机，插销孔的接线端应用绝缘板隔离，并装在绝缘板平面内。

（三）设备的维护保养

（1）接入电源网路的电焊机不允许超负荷使用。焊机运行时的温升，不应超过标准规定的温升限值。

（2）防止电焊机受到碰撞或剧烈振动（特别是整流式焊机）。要特别注意对整流式弧焊机硅整流器的保护和冷却。

（3）禁止在焊机上放置任何物件和工具，启动电焊机前。焊钳与焊件不能短路。

（4）采用连接片改变焊接电流的焊机，调节焊接电流前应先切断电源。

（5）电焊机必须经常保持清洁。清扫尘埃时必须断电进行。焊接现场有腐蚀性、导电性气体或粉尘时，必须对电焊机进行隔离防护。

（6）电焊机受潮，应当用人工方法进行干燥。受潮严重的，必须进行检修。

（7）每半年应进行一次电焊机维修保养。当发生故障时，应立即切断焊机电源，及时进行检修。

（8）经常检查和保持焊机电缆与电焊机的接线柱接触良好，保持螺帽紧固。

（9）工作完毕或临时离开工作场地时，必须及时切断焊机电源。

二、焊接设备常见故障的消除（以某品牌 ZX7-400 为例）

（一）缺相维修

在维修过程中，维修人员经常会遇到缺相的故障。缺相故障主要有以下两种情况：

（1）如果电源变压器所接的两相缺相，焊机不工作，无显示，工作指示灯不亮。这种情况需要检查电网电压、配电柜开关、闸刀、保险丝、焊机空气开关等。

（2）如果缺一相，焊机显示正常，空载工作正常，但是焊接过程中电流会不稳定、断弧，不能正常焊接（排除主控板、电位器等其他因素）。

对于缺相现象，通常检查的是空气开关连接输入电缆处电压是否缺相，这种检查是不完全的。焊机上的空气开关和三相整流模块也有可能是造成焊机内部缺相的原因。

正确的方法是：如果经检查，焊机空气开关（或输入接线盒）连接输入电缆处电压不缺相，应该再检查三相整流模块整流输出直流电压在工作时（即带负载）是否是直流 500 V 左右。正常输入交流 380 V 的情况下（不缺相），此电压应该为直流 510 V 左右；在输入交流 340~420 V 电压的情况下，此电压应该为直流 460~567 V 左右（带负载工作、不缺相）。如果焊机上的空气开关和三相整流模块造成焊机内部缺相，在焊机带负载工作时，三相整流模块整流输出直流电压会低于 450 V，甚至低于 400 V。

（二）现场使用不当造成的维修

（1）风机堵转：使用现场有异物（如钢筋等）进入，使风机堵转。这种情况一般会导致网罩和扇叶变形。

（2）控制电缆的航空插头接触不好或没有插到位。

（3）控制电缆断线被工件等物体砸断，有时电缆内部断线后，从外观看不出来，甚至有似断非断的情况出现（电缆盘起来后是正常的，拉开后是断的）。这时会出现控制不灵、不能调节等故障。

（4）焊接电缆破损以及正负极接错，会造成短路、漏电流、漏高频等故障。

（5）使用电流超过额定负载持续率的规定，使焊机热保护频繁。

数字化焊机常见故障、产生原因及解决办法如表 4-3 所示。

表 4-3　数字化焊机常见故障、产生原因及解决办法

序号	故障现象	产生故障原因	解决办法
1	预置焊接参数值（电流、电压或送丝速度）不可调节	（1）旋转编码器坏； （2）控制面板与主控板之间的连线断或接触不良； （3）主控板损坏； （4）供电不正常	（1）更换； （2）检查维修； （3）更换； （4）检查外部供电电压
2	功能不可调节	（1）轻触开关坏； （2）控制面板与主控板之间的连线断或接触不良； （3）主控板损坏； （4）供电不正常	（1）更换； （2）检查维修； （3）更换； （4）检查外部供电电压

续表 4-3

序号	故障现象	产生故障原因	解决办法
3	显示不正常（显示较大或较小数值）或不显示	（1）供电不正常（测量交流 9 V）； （2）显示板坏； （3）主控板坏； （4）控制面板与主控板之间的连线断或接触不良	（1）检查外部供电电压； （2）更换； （3）更换； （4）检查维修
4	风机不转	（1）程序设计：开机后风扇不运转，焊接时风扇开始运转；停止焊接 15 min 后风扇会自动停止运转； （2）供电不正常，缺相； （3）固态继电器损坏； （4）主控板故障； （5）风机或启动电容坏	（1）引弧后检查是否正常； （2）检查供电，检查是否缺相； （3）更换； （4）维修或更换； （5）维修或更换
5	保护灯亮	（1）负载持续率高，温度继电器动作； （2）温度继电器连线断或主控板插头接触不良； （3）温度继电器坏； （4）主控板坏； （5）风机不转，散热不好	（1）在一个工作周期内减少工作时间； （2）检查维修，拔掉后重新插入； （3）更换； （4）更换； （5）查找风机不转的原因，若风机损坏，需更换

任务五　焊接工艺及参数的选择

一、焊接接头形式、坡口及焊缝

（一）焊接接头的基本形式

焊条电弧焊的焊接接头有对接、搭接、角接和 T 形接等几种基本形式，如图 4-19 所示。

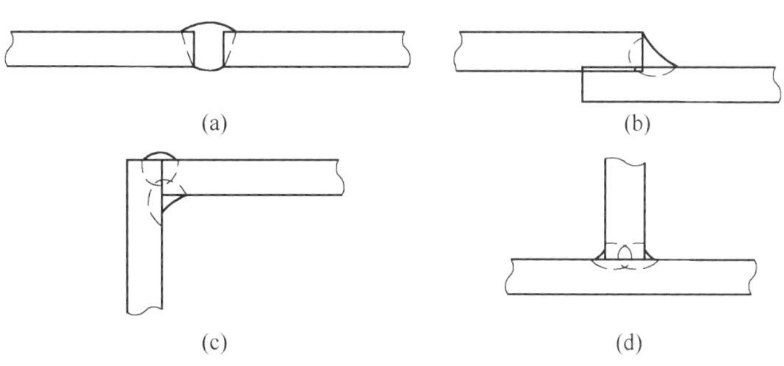

图 4-19　焊接接头的基本形式

（a）对接；（b）搭接；（c）角接；（d）T 形接

设计或选用接头形式，主要是根据产品结构特点和焊接工艺要求，并综合考虑承载条件、焊接可达性、焊接应力与变形以及经济成本等因素。

（二）坡口的基本形式

坡口是根据设计或工艺需要，在焊件的待焊部位加工成一定几何形状并经装配后构成的沟槽。开坡口的目的是保证电弧能深入焊缝根部使其焊透，便于清渣并获得良好的焊缝；开坡口还能起到调节熔合比的作用。坡口形式取决于接头形式、焊件厚度以及对接头质量的要求。国标 GB/T 985.1—2008 对焊条电弧焊常用几种接头的坡口形式作了详细规定。

根据板厚不同，对接接头坡口形式有 I 形、Y 形、X 形、带钝边 U 形等，如图 4-20 所示。

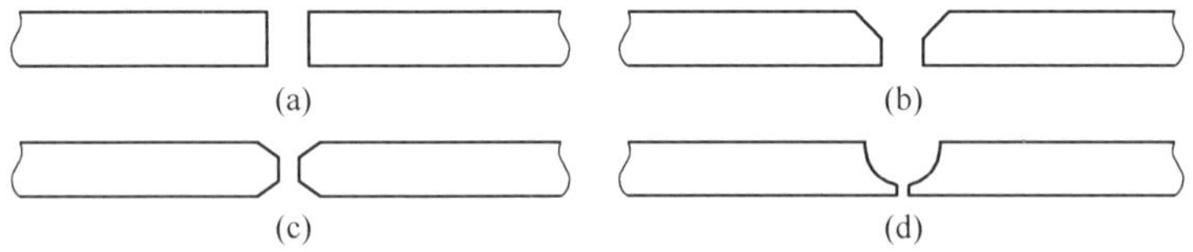

图 4-20　对接接头坡口的基本形式

（a）I 形；（b）Y 形；（c）X 形；（d）带钝边 U 形

根据焊件厚度、结构形式及承载情况不同，角接接头和 T 形接头的坡口形式可分为 I 形、带钝边的单边 V 形、K 形坡口等，如图 4-21 所示。

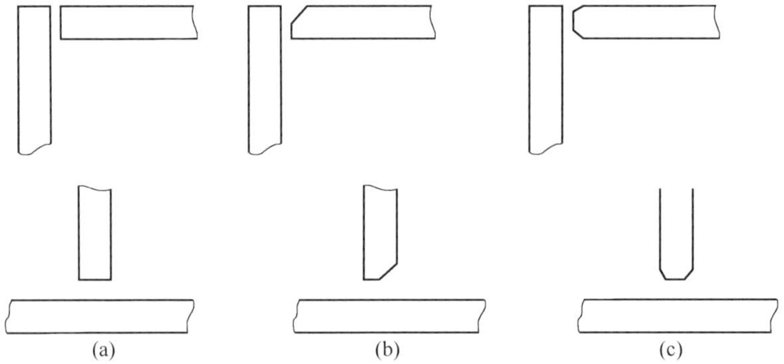

图 4-21　角接和 T 形接头的坡口

（a）I 形；（b）带钝边的单边 V 形；（c）K 形

坡口制备包括坡口的加工和坡口两侧的清理工作，根据焊件结构形式、板厚和材料的不同，坡口制备的方法也不同。坡口加工方法有剪切、刨削、车削、热切割、碳弧气刨等。

（三）焊缝

熔焊时，焊缝所处的空间位置称焊接位置。按焊接位置焊缝可分为平焊缝、立焊缝、横焊缝、仰焊缝四种。按接头结合方式可分为对接焊缝、角焊缝及塞焊缝三种。按焊缝断续情况可分为连续焊缝和断续焊缝两种。

为了在焊接结构设计图纸中标注出焊缝形式、焊缝和坡口的尺寸及其他焊接要求，

GB/T 324—2008 规定了焊缝符号表示法（详见标准）。

二、焊接工艺参数及选择

焊条电弧焊的焊接工艺参数包括：焊条直径、焊接电流、电弧电压、焊接速度、电源种类和极性、焊接层数、热输入等。

（一）电源种类和极性

焊条电弧焊既可使用交流电源也可用直流电源，用直流电焊接的最大特点是电弧稳定、柔顺、飞溅少，容易获得优质焊缝。因此，使用低氢钠型焊条进行薄板焊接，立焊、仰焊及全位置焊接时宜采用直流弧焊电源；在薄板焊接和使用碱性焊条时，要求用直流反接。但使用直流电源有极性要求，还会出现磁偏吹现象。交流弧焊电源电弧稳定性差，在小电流焊接时对焊工操作技术要求高，其优点是：电源成本低；电弧磁偏吹不明显。

（二）焊条直径

焊条直径是指焊芯直径。焊条直径大小对焊接质量和生产率影响很大，在保证焊接质量前提下，尽可能选用大直径焊条。一般是根据焊件厚度、接头形式、焊接位置、焊道层次和允许的线能量等因素选择焊条直径。最主要是根据焊件厚度选择，一般情况下焊条直径与焊件厚度的关系如表 4-4 所示。

表 4-4　焊条直径与焊件厚度的关系　（mm）

焊件厚度	≤4	4~12	>12
焊条直径	2.0~3.2	3.2~4	≥4

对开坡口需多层焊的接头，第一层应选用小直径焊条，以后各层可用大直径焊条以加大熔深和提高熔敷率。平焊时选用较大直径焊条，在横焊、立焊和仰焊等位置焊接时，由于重力作用，熔池易流淌，应选用小直径焊条，因为熔池小，便于控制。T 形接头、搭接接头可选用较大直径焊条，但焊条直径不应大于角焊缝的尺寸。某些金属材料要求严格控制焊接线能量时，只能选用小直径的焊条。

（三）焊接电流

焊接电流是焊条电弧焊的主要工艺参数，它直接影响焊接质量和生产率。在保证焊接质量的前提下，尽量用较大的焊接电流以提高焊接生产率。但焊接电流过大，会使焊条后部发红，药皮失效或崩落，保护效果变差，造成气孔和飞溅，出现焊缝咬边，烧穿等缺陷，还使接头热影响区晶粒粗大，接头的韧性下降；焊接电流过小，则电弧不稳，易造成未焊透、未熔合、气孔和夹渣等缺陷。

焊接电流大小应根据焊条类型、焊条直径、焊件厚度、接头形式、焊接位置、焊接层数、母材性质和施焊环境等因素选择。其中最主要的是焊条直径和焊接位置。一定直径的焊条都对应一个合适的焊接电流范围，如表 4-5 所示。

表 4-5　焊接电流和焊条直径的关系

焊条直径/mm	ϕ1.6	ϕ2	ϕ2.5	ϕ3.2	ϕ4	ϕ5	ϕ6
焊接电流/A	25~40	40~65	50~80	100~130	160~210	200~270	260~300

在相同焊条直径条件下，平焊时焊接电流可大些，立焊、横焊和仰焊时，焊接电流应

小些；T 形接头和搭接接头或施焊环境温度低时，因散热快，焊接电流必须大些；使用碱性焊条比使用酸性焊条焊接电流应小 10%左右；使用不锈焊条时，焊接电流应比碳钢焊条小 20%左右。打底层焊道电流应小一些，填充及盖面层焊接电流可大一些。

（四）电弧长度（电弧电压）

焊条电弧焊中电弧电压不是焊接工艺的重要参数，一般不需确定。但是电弧电压是由电弧长度决定的，电弧长则电弧电压高，反之则低。

在焊接过程中，电弧长短直接影响着焊缝的质量和成形。如果电弧太长，电弧飘摆，燃烧不稳定、飞溅增加、熔深减少、熔宽加大，熔敷速度下降，而且外部空气易侵入，造成气孔和焊缝金属被氧或氮污染，焊缝质量下降。正常的弧长应小于或等于焊条直径，即所谓短弧焊。碱性低氢型焊条，应用短弧焊以减少气孔等缺陷。超过焊条直径的弧长为长弧焊，在使用酸性焊条时，为了预热待焊部位、降低熔池的温度或加大熔宽，可采用长弧焊。

（五）焊接层数

厚板焊接常采用多层焊或多层多道焊。层数增多对提高焊缝的塑性和韧性有利，因为后焊道对前焊道有回火作用，使热影响区显微组织变细，尤其对易淬火钢效果明显。但随着层数增多，效率下降。层数过少，每层焊缝厚度过大，接头易过热引起晶粒粗化。一般每层厚度应不大于 4~5 mm。

焊接层数主要根据焊件厚度、焊条直径、坡口形式和装配间隙等来确定。可用下式估算：

$$n = \delta / d$$

式中，n 为焊接层数；δ 为焊件厚度；d 为焊条直径。

（六）焊接速度

焊接速度是焊条沿焊接方向移动的速度。速度过慢，热影响区变宽，晶粒变粗，变形增大，板薄时，甚至会烧穿；速度过快，易造成未焊透、未熔合、焊缝成形不良等缺陷。因此焊接速度的选择应适当，既保证焊透又不烧穿焊件。为提高焊接生产率，在保证质量的前提下，应尽量选择大的焊接速度。

任务六　焊条电弧焊的基本操作

一、焊条电弧焊准备工作

准备工作包括：劳动保护、设备的检查、工件组对和定位焊、焊条的准备等。

（一）劳动保护

（1）穿戴好工作服、焊接防护手套、焊接防护鞋。

（2）正确选择焊接防护面罩及护目镜片。

（3）检查焊接场地周围是否存在易造成火灾、爆炸、触电等事故的安全隐患。

（二）设备的检查

（1）检查焊机的绕组绝缘情况是否安全可靠，电网电压与焊机铭牌是否相符。

（2）检查焊机接地是否可靠，是否出现噪声和振动；检查焊接电缆与焊机、焊接电缆与焊钳接头连接是否牢固；检查焊钳夹持焊条是否牢固；检查焊接电缆是否破损。

(3) 检查焊接电流调节系统是否灵活。

(三) 工件组对和定位焊

在正式施焊前将焊件按照图样所规定的形状、尺寸装配在一起的工序，称为工件组对。在工件组对前，应按要求对坡口及其两侧一定范围内的母材进行清理。组对时应尽量减少错边，保证装配间隙符合工艺要求，必要时可使用适当的焊接夹具。

定位焊是在焊前为了固定焊件的相对位置而进行的焊接操作，定位焊形成的短小而断续的焊缝称为定位焊缝。通常定位焊缝在焊接过程中不去除，而成为正式焊缝的一部分保留在焊缝中，其质量好坏将直接影响正式焊缝的质量。

在焊接定位焊缝时，必须注意以下几点：

(1) 所用的焊条及对焊工的要求，应与焊正式焊缝完全一样；

(2) 定位焊缝易产生未焊透缺陷，故焊接电流应比正式焊接时大10%~15%；

(3) 当发现定位焊缝有缺陷时，应将其除掉并重新焊接；

(4) 若工艺规定焊前需预热、焊后需缓冷，则焊定位焊缝前也要预热，焊后也要缓冷；

(5) 定位焊缝必须熔合良好，焊道不能太高，起头和收尾处应圆滑过渡，并防止定位焊缝两端出现焊不透的现象；

(6) 不能在焊缝交叉处和方向急剧变化处进行定位焊，定位焊焊接时应离开上述位置50 mm 左右；

(7) 为防止开裂，应尽量避免强行组装后进行定位焊。

(四) 焊条的准备

根据产品设计和焊接工艺要求，选用适当牌号和规格的焊条。焊条偏心度不能超标、焊芯不要锈蚀、药皮不应有裂纹及脱落现象。

焊接重要焊接结构时焊条一定要烘干。焊前对焊条烘干的目的是去除受潮焊条中的水分，减少熔池和焊缝中的氢，以防止产生气孔和冷裂纹。不同类型药皮的焊条，其烘干工艺不同。酸性焊条烘干温度为 75~150 ℃，保温 1~2 h；碱性焊条烘干温度为 350~400 ℃，保温 2 h。烘干焊条应使用专用远红外焊条烘干箱，烘干时，禁止将焊条直接放进高温炉内，或从高温炉内突然取出冷却，以防止骤冷骤热而使药皮脱落。烘干焊条时应缓慢加热、保温、缓慢冷却。经烘干的碱性焊条最好放在温度控制在 80~100 ℃的保温箱或保温桶中存放，随用随取。

二、焊条电弧焊基本操作

焊接电弧引燃及焊接过程运条的三个基本动作是焊接初学者必须掌握的基本技能之一，只有熟练这些规范动作才能为以后的训练打下一个坚实的基础。而三个基本动作是相辅相成的，不能机械地分开，一定要多加练习，才能做到得心应手。

熟练焊工应根据焊接接头形式、焊缝位置、焊件厚度、焊条直径和焊接电流等情况，以及在焊接过程中根据熔池形状和大小的变化，不断变更和协调这三个动作，把熔池控制在所需的形状和尺寸范围之内。

（一）引弧

电弧焊引燃焊接电弧的过程叫作引弧。焊条电弧焊常用划擦法或直击法两种方式引弧。

（1）划擦法。如图 4-22 所示，类似于划火柴的动作，是将焊条一端在焊件表面划擦一下，电弧引燃后立即提起，使弧长保持 2~4 mm 的高度并移至焊缝的起点，再沿焊接方向进行正常焊接。引弧点应选在离焊缝起点前约 10 mm 左右的待焊部位上。

（2）直击法。如图 4-23 所示，使焊条垂直于焊件上的起弧点，焊条端部与起弧点轻轻碰击并立即提起而引燃电弧的方法。碰击力不宜过猛，否则易造成药皮成块脱落，导致电弧不稳，影响焊接质量。

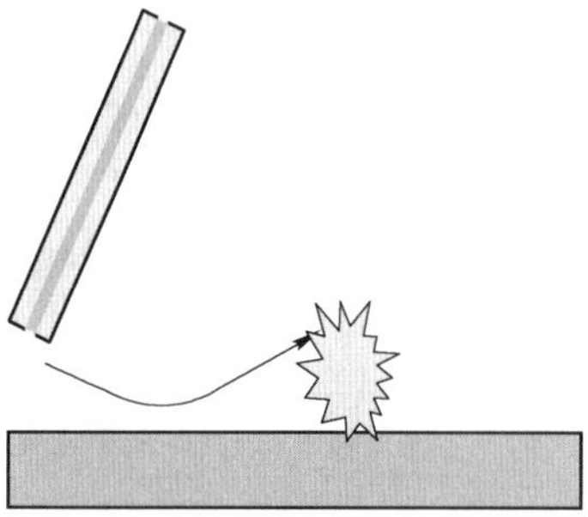

图 4-22　划擦法

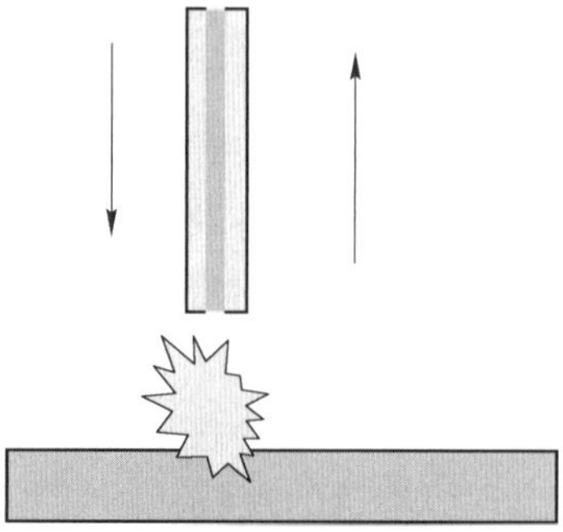

图 4-23　直击法

两种方法相比，划擦法比较容易掌握，但容易烧伤焊件表面，使用碱性焊条焊接时，为防止引弧处出现气孔，宜用划擦法引弧。直击法较难掌握，容易发生电弧熄灭或造成短路现象，如果操作时焊条上拉太快或提得太高，将不能引燃电弧或电弧燃烧一瞬间就熄灭。相反，动作太慢则可能使焊条与焊件粘在一起，造成短路。引弧时，如果发生焊条和焊件粘在一起的情况，只要将焊条左右摇动几下，就可脱离焊件，如果这时还不能脱离焊件，应立即将焊钳放松，使焊接回路断开，待焊条稍冷后再取下。如果焊条粘住焊件的时间过长，则过大的短路电流可能使电焊机烧坏。在狭小工作面上或焊件表面不允许有划痕时，应采用直击法引弧。

（二）运条

焊接时，焊条相对于焊缝所做的各种运动的总称叫作运条。通过正确运条可以控制焊接熔池的形状和尺寸，从而获得良好的熔合和焊缝成形。运条包括三个基本动作：沿焊缝轴线方向的前进动作、横向摆动动作和焊条的向下送进动作，如图 4-24 所示。

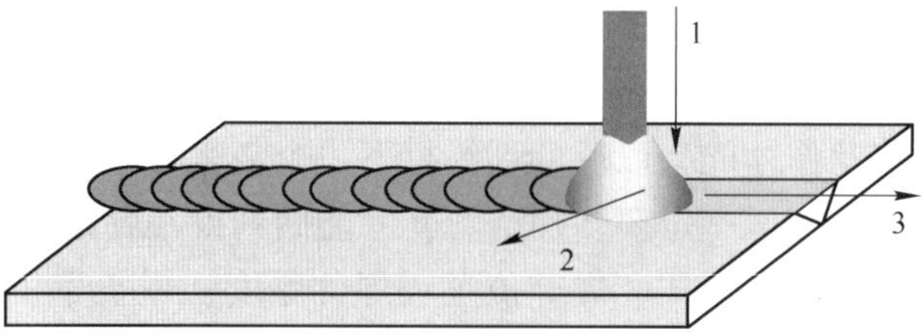

图 4-24　运条的基本动作

1—向下运动；2—横向摆动；3—向前运动

（1）向前运动：是使焊条端沿焊缝轴线方向向前移动的动作，它的快慢代表着焊接速度，并影响焊接热输入和焊缝金属的横截面积。

（2）横向摆动：是使焊条端在垂直前进方向上做横向摆动，摆动的方式、幅度和快慢直接影响焊缝的宽度和熔深以及坡口两侧的熔合情况。

（3）向下运动：是使焊条沿自身轴线向熔池不断送进而保持电弧长度的动作。因此，焊条送进速度应等于焊芯的熔化速度，弧长才稳定。

常用的运条方法如下：

（1）直线运条。如图 4-25 所示，焊条沿焊接方向做直线形运动，不做横向摆动。适用范围：3~5 mm 厚度，I 形坡口对接平焊，多层焊的第一层焊道，多层多道焊。

图 4-25　直线运条

（2）直线往复运条。如图 4-26 所示，焊条末端沿焊缝纵向做前后往复摆动，没有横向摆动，焊接速度快、焊缝窄、散热快。适用范围：适于薄板和接头间隙较大的多层焊的第一层焊道。

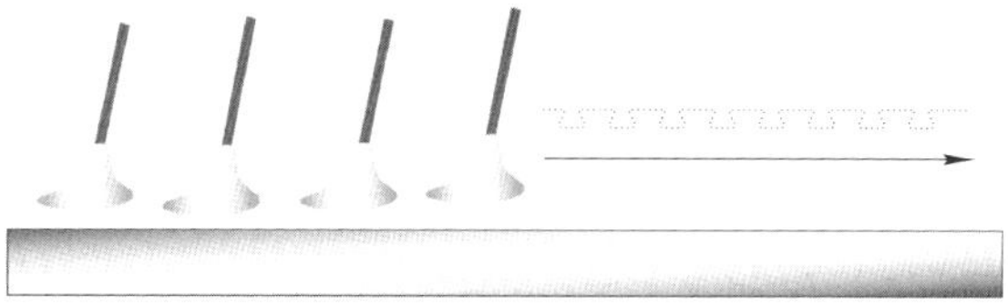

图 4-26　直线往复运条

（3）锯齿形运条。如图 4-27 所示，焊条沿焊缝方向锯齿形向前移动，焊缝两侧适当停顿，以保证两侧熔合良好。适用范围：对接接头的平焊、立焊、仰焊，角接接头的立焊。

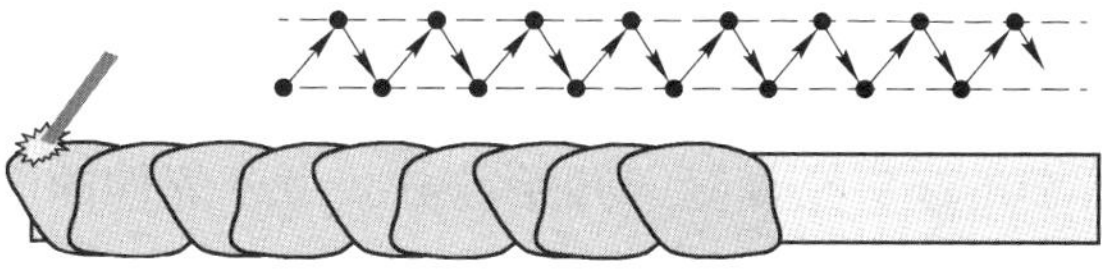

图 4-27　锯齿形运条

（4）月牙形运条。如图 4-28 所示，焊条末端沿焊缝方向做月牙形摆动，母材熔化良好，有较长的保温时间，气体容易析出，熔渣易上浮。适用范围：对接接头的平焊、立焊、仰焊，角接接头的立焊。

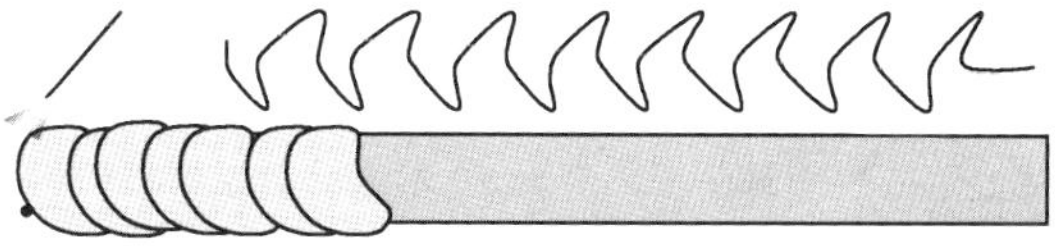

图 4-28　月牙形运条

（5）三角形运条。如图 4-29 所示，焊条沿焊缝方向连续做正三角形或斜三角形摆动，用焊条的摆动来控制熔化金属，焊缝成形好。适用范围：正三角形适用于对接接头、角接接头的立焊；斜三角形适用于对接接头 V 形坡口横焊、角接接头的仰焊。

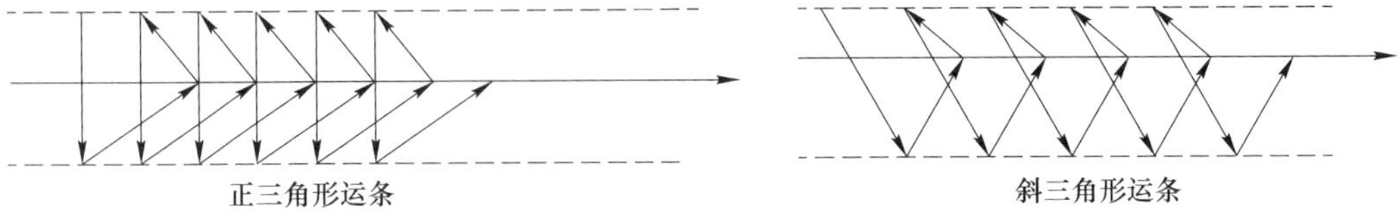

图 4-29　三角形运条

（6）圆圈形运条。如图 4-30 所示，焊条沿焊缝方向作斜圆圈形、正圆圈形摆动。适用范围：斜圆圈对接接头的横焊，角接接头的平焊、仰焊；正圆圈形对接接头厚板平焊。

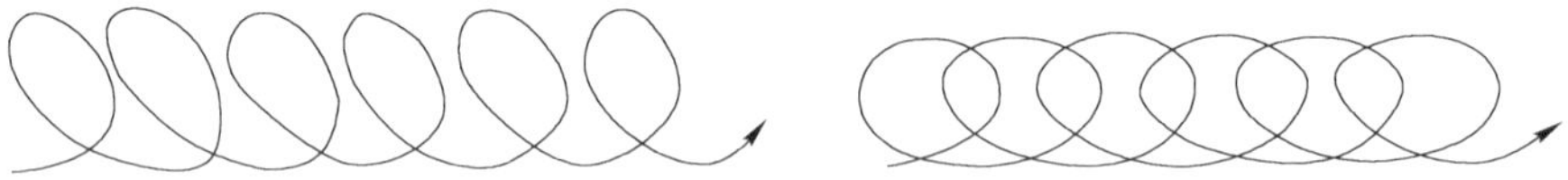

图 4-30　圆圈形运条

（7）八字形运条。如图 4-31 所示，焊条末端沿焊缝方向作八字形摆动。适用范围：对接接头厚板的平焊以及平面堆焊。

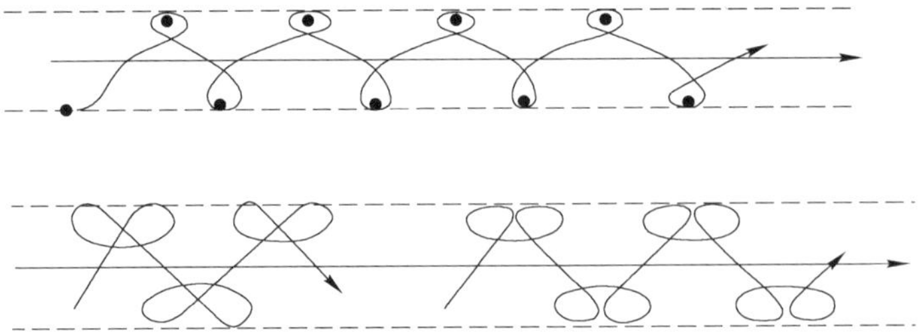

图 4-31　八字形运条

（三）接头

1. 焊缝的起头

如图 4-32 所示，焊缝的起头是焊缝的开始部分，由于焊件的温度很低，引弧后又不能迅速地使焊件温度升高，这部分焊缝余高略高，熔深较浅，甚至会出现熔合不良和其他焊接缺陷。因此应在焊缝起始端前 10~20 mm 处引燃电弧，稍微拉长电弧向后移动，预热焊件，到起始端端部压低电弧，待焊件形成熔池后向前运条，再进行正常的焊接。

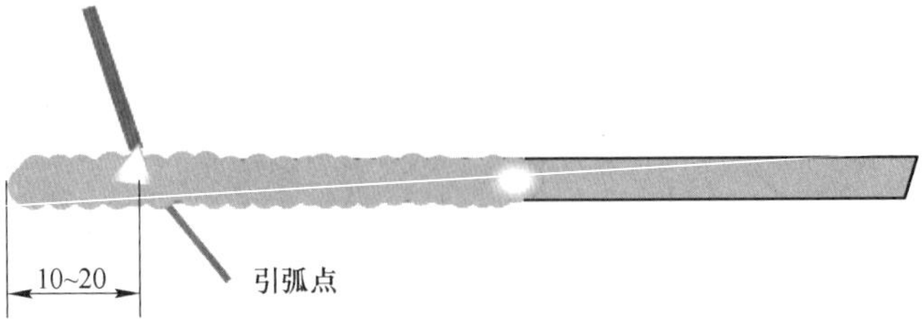

图 4-32　焊缝的起头

2. 接头方法

后焊焊缝与先焊焊缝的连接处称为焊缝的接头。焊条电弧焊焊接时，受到焊条长度的限制，焊接过程中焊缝接头是不可避免的。焊缝接头应保证接头处应力均匀，防止产生过高、脱节、宽窄不一致等缺陷。焊缝的接头方法主要有中间接头、相背接头、相向接头和分段退焊接头方法。

（1）中间接头（头尾相接），如图 4-33 所示。

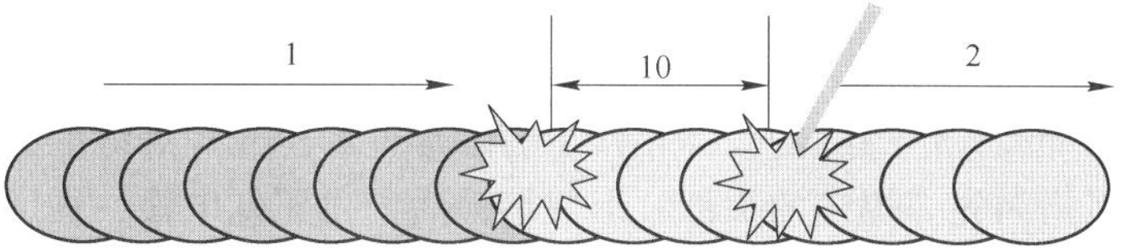

图 4-33　中间接头

后焊的焊缝从先焊的焊缝尾部开始焊接。在弧坑前 10 mm 引弧，电弧长度稍长些，然后回移到弧坑处，压低电弧稍作摆动，再向前焊接。适用于单层焊及多层焊的表面接头。而打底焊接采用中间焊缝接头法时，应在弧坑后引弧，电弧移至弧坑处，压低电弧正常施焊。

（2）相背接头（头头相接），如图 4-34 所示。

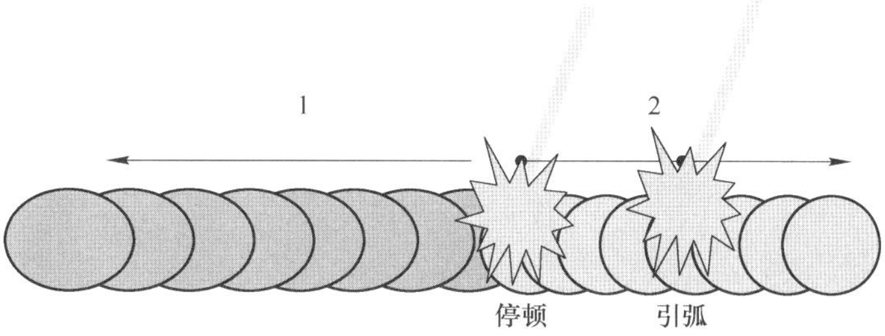

图 4-34　相背接头

焊缝的两个起头相接。先焊焊缝的起头略低些，后焊的焊缝必须在前条焊缝始端前引弧，然后拉长电弧引向前条焊缝的始端，待覆盖前焊缝的端头并焊平后，再向焊接方向移动电弧。

（3）相向接头（尾尾相接），如图 4-35 所示。

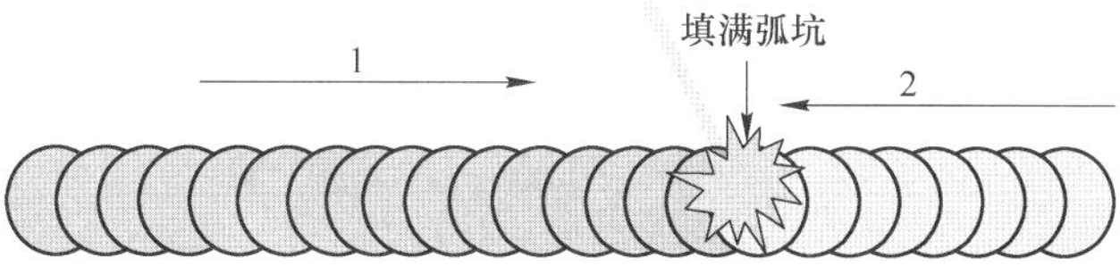

图 4-35　相向接头

两条焊缝的尾部相接。当后焊的焊缝焊到先焊的焊缝的收弧处时，填满弧坑后再略向前焊一段，然后灭弧。

（4）分段退焊法（尾头相接），如图 4-36 所示。

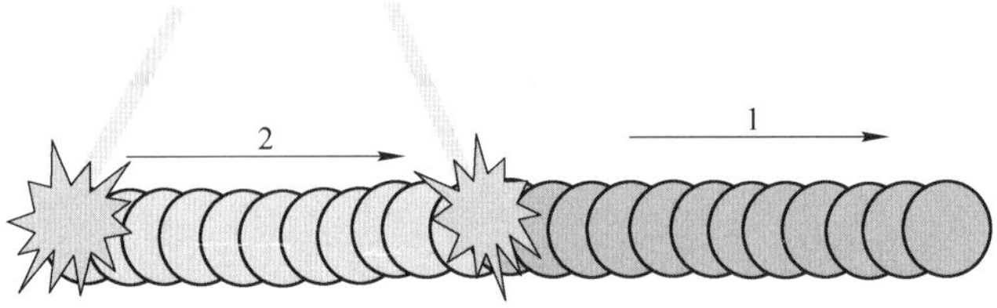

图 4-36　分段退焊法

后焊焊缝的尾部和先焊焊缝的头部相接。后焊焊缝焊至先焊焊缝的头部时，改变焊条角度，并拉长电弧指向先焊焊缝的头部，形成熔池后，再压低电弧，往回移动，返回到原来的熔池处收弧。

3. 接头连接形式

（1）冷接头。一般适用于打底焊接头，如图 4-37 所示。冷接头时，将焊缝连接处打磨出斜坡形成过渡带，然后从斜坡的后方 10 mm 左右处引燃电弧，稍微拉长一些迅速移至斜坡顶端接头处，稍作摆动向前施焊，待形成熔池后再继续向前焊接。

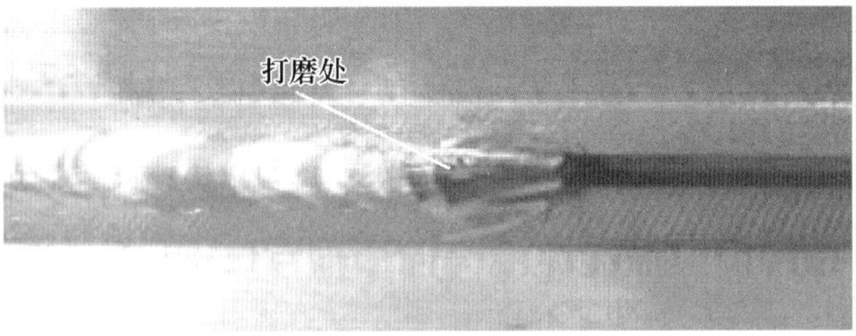

图 4-37　冷接头

（2）热接头。如图 4-38 所示，热接头是在熔渣尚未完全凝固的状态下，将焊条从弧坑前 10 mm 左右位置引燃电弧后移至熔渣处填满弧坑，或者迅速地将弧坑处的熔渣敲掉，露出熔池，在熔池还处于高热状态时从弧坑前 10 mm 左右引燃电弧移至弧坑处填满弧坑再进行正常的焊接。这种接头方法适用于大电流焊接，要求更换焊条和引弧的动作要迅速准确。

图 4-38　热接头

（四）收尾

焊缝结束时如果立即拉断电弧，会形成弧坑或缩孔，如图 4-39 所示。弧坑不仅减少了焊缝的截面积而削弱强度，还会引起应力集中，而且弧坑处含氢量较高，易产生弧坑裂纹。因此，每条焊缝焊至结尾处都要把弧坑填满，以保证焊接质量和焊缝外观。收尾的方法一般有三种。

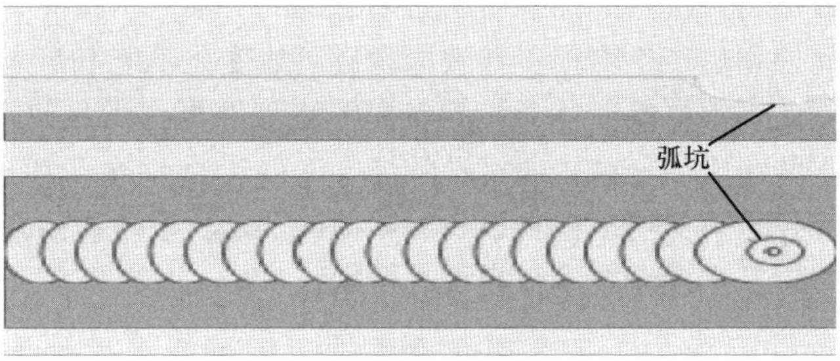

图 4-39　焊接弧坑

（1）反复断弧收尾法。反复断弧收尾法是焊条焊至焊缝终点时，在弧坑处数次反复进行间断灭弧、引弧动作，燃弧时间依次缩短，直至填满弧坑。如图 4-40 所示，此法适用于酸性焊条大电流焊接和薄板的收尾。

（2）划圈收尾法。焊条焊至焊缝终点时，在弧坑处做圆圈运动，逐圈缩小，直到填满弧坑再拉断电弧，如图 4-41 所示，适用于中厚板收尾；薄板不宜采用此法，否则容易烧穿。

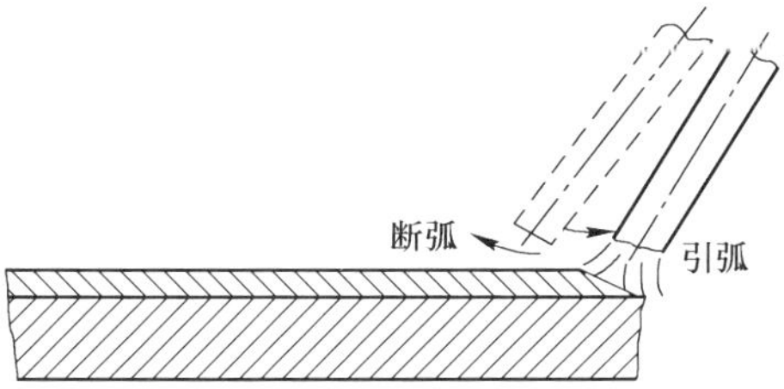

图 4-40　反复断弧收尾法

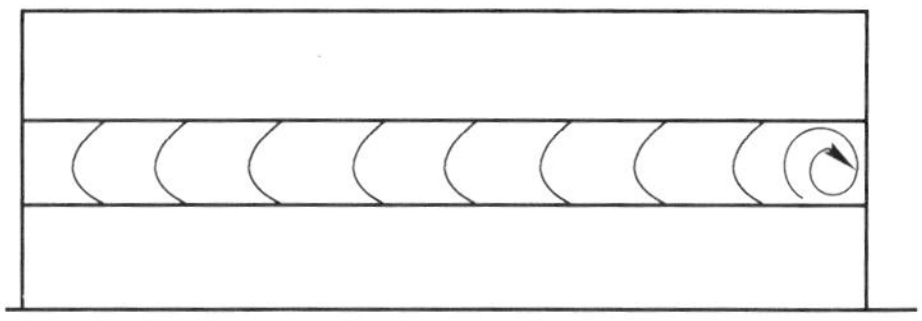

图 4-41　划圈收尾法

（3）回焊收尾法（后移收尾法）。焊条移至焊道收尾处即停止，但不熄弧，在收弧处稍作停顿，然后改变焊条角度至反方向，如图 4-42 所示。焊条由位置 1 转到位置 2，填满弧坑后再转到位置 3，然后慢慢拉断电弧，此法适用于碱性焊条。

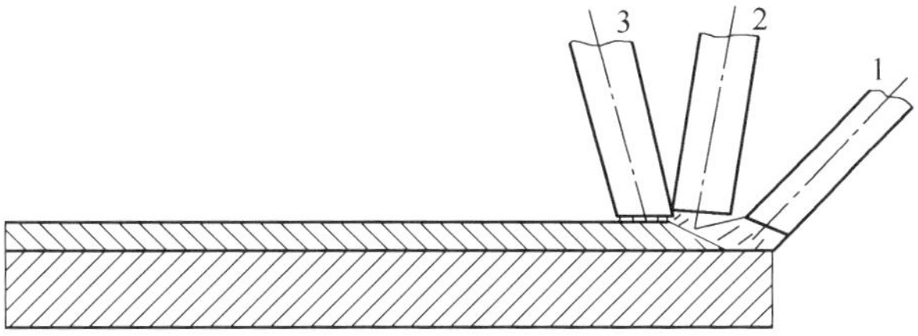

图 4-42　回焊收尾法

三、平敷焊操作训练

平敷焊是焊件处于水平位置时，在焊件上堆敷焊道的一种操作方法。通过在水平放置的钢板上练习平敷焊的基本操作，掌握焊接的基本操作姿势、熟悉引弧方法、焊接时焊条的下压与前行的协调配合；掌握好焊道的引弧、运条、接头、收尾，学会观察被焊处的熔池状态、温度、形状等焊接动态过程。在选定焊接工艺参数和操作方法的基础上，利用电弧电压、焊接速度，达到控制熔池温度、熔池形状来完成焊接焊缝。

平敷焊是初学者进行焊接技能训练时所必须掌握的一项基本技能。在日常工业生产中经常遇到工件长时间使用后产生磨损，导致形状或尺寸变化不能满足工作要求的情况。这时候堆焊或者补焊就是在不更换新零部件的前提下使工件再次满足使用要求的较好方法。而堆焊或补焊最基本的组成部分就是通过平敷焊方法得到的一条条焊道，如图 4-43 所示。因此，掌握好平敷焊技术不但可以修复设备的零部件，延长设备使用寿命，节约成本，而且对于操作者熟练掌握基本操作技术也有很大帮助。

图 4-43 平敷焊修复实例

(一) 焊前准备

(1) 试件材质：Q235 钢板，规格为 300 mm×150 mm×10 mm ；

(2) 焊条：型号为 E4303，直径 $\phi=3.2$ mm；

(3) 焊接设备：直流或交直流两用焊机；

(4) 焊接面罩、劳保防护用品、清理工具等。

(二) 焊接操作

1. 焊件清理

用角向磨光机清理焊件表面的水、锈、油污等，打磨出金属光泽。

平敷焊基本操作姿势：蹲姿、坐姿、站姿，如图 4-44 所示。

焊接过程中大部分操作者采用的是蹲姿。蹲姿是两脚与肩同宽，两脚尖向外，约成 70°~85°夹角，脚尖距离约为 300 mm 左右，持焊把的胳膊半伸开，最好是悬空操作。

(a) (b) (c)

图 4-44 焊接基本操作姿势

(a) 蹲姿；(b) 坐姿；(c) 站姿

焊条的夹持与焊钳的握法，如图 4-45 所示。

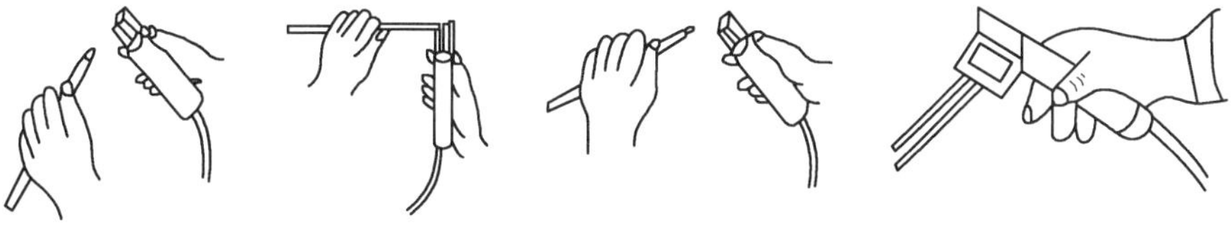

图 4-45　焊条的夹持及焊钳的握法

焊条的夹持与焊件的空间位置有关，根据不同的空间位置（平焊、横焊、立焊、仰焊），焊条夹持的角度有 90°、135°、180°等。焊条夹持的角度是否正确，不但影响到操作者观察熔池的视线，还可避免熔池或熔渣滴落烫伤自己。

2. 确定焊接工艺参数

焊接工艺参数如表 4-6 所示。

表 4-6　焊条电弧焊平敷焊工艺参数

焊接层次	焊接电流/A	焊条直径/mm
一层	120~130	3. 2

3. 焊接操作技术

对于初学者来说能否调好合适电流非常关键。因为不同厂家和不同型号的设备焊接参数有很大的差异，即使同一厂家同一型号的设备焊接参数也会略有差异，所以操作者必须掌握调试电流的方法。

（1）看飞溅。电流过大时，电弧吹力大，可看到较大颗粒的铁水向熔池外飞溅，焊接时爆裂声大；电流过小时，电弧吹力小，熔渣和熔池不易分清。当焊接电流合适时，焊接引弧容易，电弧稳定，熔渣比较稀且漂浮在表面，并向熔池后面集中；熔池较亮且较平稳地向前移动；焊接飞溅较少，能听到很均匀柔和的“嘶嘶”声。

（2）看焊缝成形。电流过大时，熔深大，焊缝余高低，两侧易产生咬边；电流过小时，焊缝窄而高，熔深浅，且两侧与母材金属熔合不好；电流适中时焊缝两侧与母材金属熔合得很好，呈圆滑过渡，鱼鳞纹均匀漂亮。

（3）看焊条熔化状况。电流过大时，当焊条熔化了大半截时，其余部分均已发红；电流过小时，电弧燃烧不稳定，焊条易粘在焊件上。

（4）分清熔池与熔渣。合适的焊接电流就是能保证分清熔池和熔渣，要获得高质量焊缝，操作者必须能够分清熔池和熔渣。

1）从操作上：选择一个适合自己的面罩；将电弧迅速拉长，照亮熔池，同时吹开熔渣，看清熔池后再迅速压低电弧进行正常焊接。这个过程非常短，只需 1 s 左右。

2）从颜色上：熔渣呈暗黄色，熔池呈亮白色。

3）从形态上：熔渣在熔池表面，且在高温和电弧吹力作用下不断沸腾冒泡，而熔池并不沸腾。

4. 注意事项

（1）焊接时要注意对熔池的观察，熔池的亮度反映熔池的温度，熔池的大小反映焊缝的宽窄；注意对熔渣和熔化金属的分辨。

(2) 焊道的起头、运条、连接和收尾的方法要正确。

(3) 正确使用焊接设备，调节焊接电流。

(4) 焊后焊件表面无电弧划伤痕迹。

(5) 训练时注意安全，焊后工件及焊条头应妥善保管或放好，以免烫伤。

(6) 为了延长弧焊电源的使用寿命，调节电流时应在空载状态下进行，调节极性时应在焊接电源未闭合状态下进行。

(7) 操作时必须穿戴好工作服、脚盖和手套等防护用品。

(8) 必须戴防护遮光面罩，以防电弧灼伤眼睛。

四、板 T 形接头焊接操作

焊接结构中广泛采用 T 形接头、搭接接头和角接接头等接头形式，这些接头形成的焊缝称为角焊缝，因角接接头、搭接接头，T 形接头角焊操作方法相似，因此本任务只介绍 T 形接头平角焊操作。

增大角焊缝焊脚可增加接头的承载能力，一般焊脚随焊件厚度的增大而增大，焊脚大小决定于焊接层数和焊道数量，角焊缝的焊接方式有单层焊、多层焊和多层多道焊三种，如图 4-46 所示。采用哪一种焊接方式取决于所要求的焊脚大小，一般当焊脚尺寸在 6 mm 及以下时，采用单层焊；焊脚尺寸为 6~10 mm 时采用多层焊或多层多道焊，焊脚尺寸大于 10 mm，采用多层多道焊。

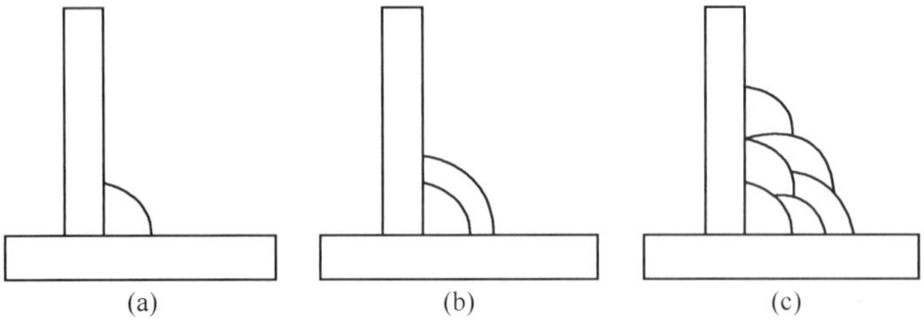

图 4-46　角焊缝的焊接方式

(a) 单层焊；(b) 多层焊；(c) 多层多道焊

由不等厚度板组装的角焊缝在焊接时，要相应调整焊条角度，电弧应偏向厚板，使厚板受热增加，通过调节焊条角度，使厚、薄两板受热均匀，以保证两板接头良好的熔合。平角焊焊条角度如图 4-47 所示。

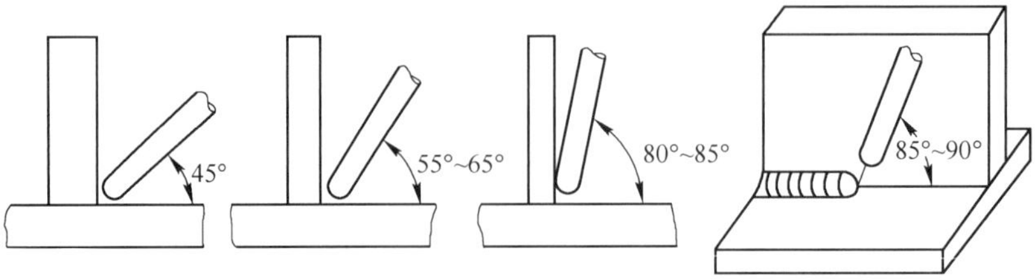

图 4-47　平角焊时的焊条角度

（一）焊前准备

（1）试件材质：Q235 钢板，规格 300 mm×50 mm×12 mm、300 mm×100 mm×12 mm 的钢板各一块；

（2）焊条：型号 E4303，直径 ϕ=3.2 mm 和 ϕ=4.0 mm；

（3）焊接设备：直流或交直流两用焊机；

（4）焊接面罩、劳保防护用品、清理工具等。

（二）焊接操作

1. 焊件的清理及装配

用角向磨光机清理待焊部位接口处的水、锈、油污，直至露出金属光泽。装配时将焊件装配成 90°的 T 形接头，不留间隙，采用正式焊缝用的焊条进行定位焊，定位焊的位置应该在焊件两端的前后对称处，定位焊缝长度为 8～10 mm，装配完毕应校正焊件，保持立板的垂直度。

2. 确定焊接工艺参数

焊接工艺参数如表 4-7 所示。

表 4-7　T 形平角焊工艺参数

焊接层次	焊脚尺寸/mm	焊条直径/mm	焊接电流/A	焊条角度
单层单道	K≤6	3.2	110　130	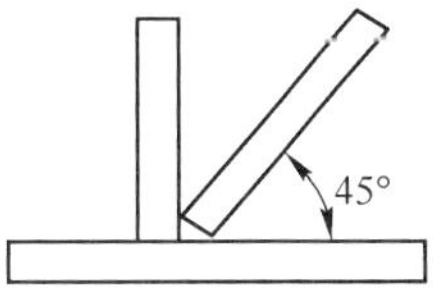
		4.0	160～180	
两层两道	6≤K≤10	3.2	110～130	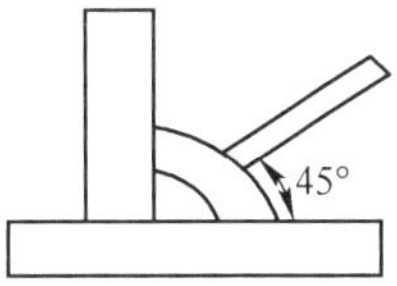
		4.0	160～180	
两层三道		3.2	110～130	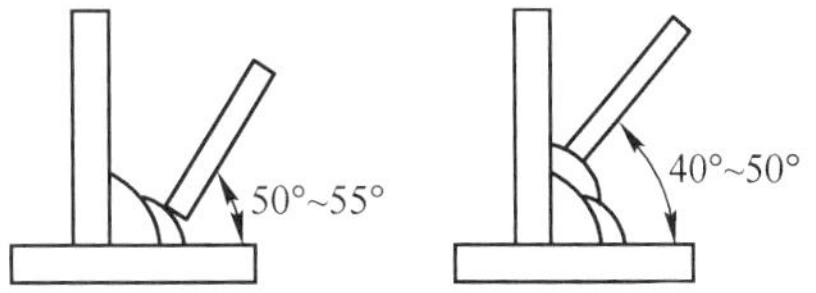
		4.0	160～180	
三层六道	K>10	3.2	110～130	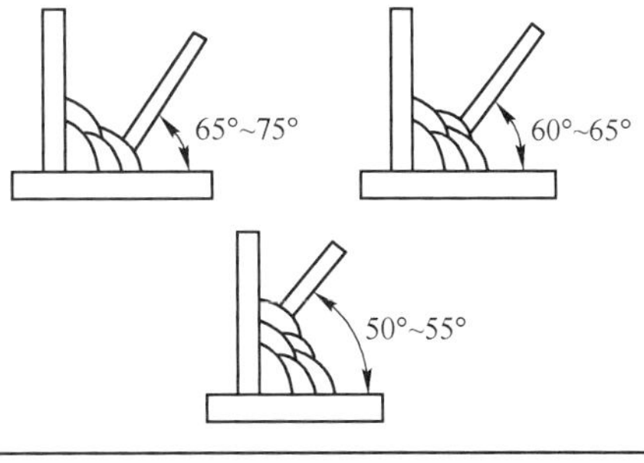
		4.0	160～180	

3. 焊接操作技术

（1）单层焊。当焊脚尺寸小于 6 mm 时，通常采用单层焊，焊条直径的选择由焊角大小来确定，如果焊脚尺寸较大，焊条就相应选择直径大一些的。

操作时采用直线运条法，短弧焊接，焊接速度要均匀，焊条与平板的夹角为 45°，与焊接方向的夹角为 65°~80°。运条过程中，要始终注视熔池的流动状况。一方面要保持熔池在接口处不偏上或偏下，使立板与平板的焊道充分熔合。另一方面保持熔渣对熔化金属的保护作用，既不超前也不拖后（熔渣超前容易造成夹渣，熔渣拖后焊缝表面波纹粗糙）。运条时，通过焊接速度的调整和焊条适当摆动，保证焊件所要求的焊脚尺寸。

单层焊还有一种简单易行的操作方法，即只要将焊条端头的套筒边缘靠在接口的夹角处，并轻轻地施压，随着焊条的熔化，电弧便会自然而然地向前移动，这种操作便于掌握，而且成形焊缝也较美观。

（2）多层焊。焊接之前由焊脚尺寸来确定焊接层数，进而选择各层相应的焊条直径，焊接电流和运条方法等。多层焊包括两层两道焊、三层三道焊。下面以两层两道焊为例介绍多层焊。

焊接第一层时，一般选择直径小一些的焊条，焊接电流稍大，以达到一定的熔深，采用直线形运条法，收尾时填满弧坑。

焊接第二层前，先清除第一层焊道的熔渣，焊接时采用直径为 4.0 mm 的焊条，以便加大焊道熔宽。焊接电流比使用小直径焊条所用的电流大一些，采用斜圆圈形运条法，运条须有规律，注意焊道两侧的停顿节奏，否则容易产生咬边、夹渣、边缘熔合不良等缺陷。斜圆圈形运条法如图 4-48 所示。

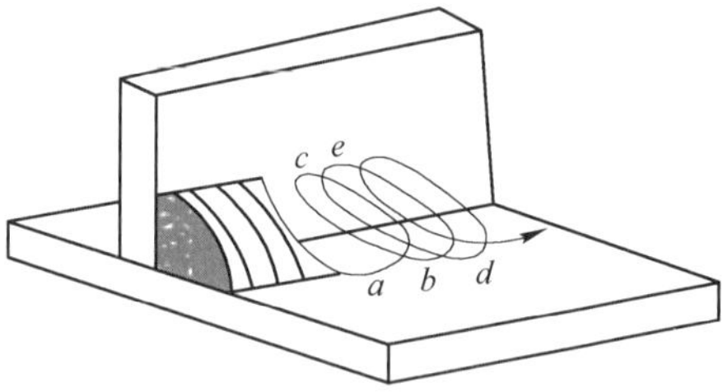

图 4-48　斜圆圈形运条法

运条由 $a \to b$ 时速度要慢，以保证根部焊透和水平焊件的熔深，且焊条做微微的往复前移动作，以防熔渣超前。由 $b \to c$ 时稍快，以防止金属下淌。在 c 稍作停留，以保证垂直焊件熔深，并添加适量的熔滴，避免咬边。$a \to b \to c$ 为第一个熔池，$c \to d \to e$ 为第二个熔池。重复前面的操作，保持各熔池之间形成 1/2~2/3 的重叠，以利于焊道的成形，防止夹渣。按上述规律，用短弧反复运条，且注意收尾时填满弧坑，就能获得良好的焊接质量。

（3）多层多道焊。平角焊当焊角尺寸较大时，因焊脚较宽、坡度较大，熔化金属容易下淌，影响焊缝成形，所以一般采用多层多道焊。生产中当焊脚尺寸大于 6 mm 时即可采用多层多道焊，多层多道焊根据要求的焊脚大小可选择两层三道焊、三层六道焊、四层十道焊等。

1）两层三道焊。两层三道焊的焊接顺序如图 4-49 所示。焊接第一层（第一道）时，其操作方法与单层焊相同，焊后清除干净熔渣。焊第二条焊道时，应覆盖第一条焊道的 2/3 以上，并且保证这条焊道的下边缘是所要求的焊脚尺寸线。这时的焊条与水平板的角度为 45°~55°（如图 4-49 中的 2）。以使水平板与焊道熔合良好。焊条与焊接方向的角度仍为 70°~80°，采用直线形运条。这条焊道保持平直，而且宽窄一致是获得良好成形的基础。第三条焊道是成形的关键，焊接时应覆盖第二条焊道的1/3～1/2，焊条的落点在立板与第二条焊道的夹角处，焊条与水平板的角度为40°～45°（如图4-49中的3），仍用直线形运条。若希望焊道薄一些，可以采用直线往复运条，通过这条焊道的焊接可将夹角处焊平整。最终整条焊缝应该宽窄一致、平整圆滑、无咬边、夹渣和焊脚下偏等缺陷。

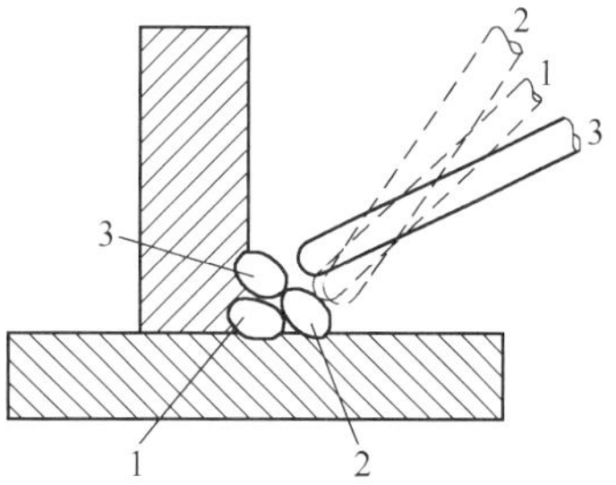

图 4-49　两层三道焊

2）三层六道焊。焊脚尺寸要求为10～14 mm时可焊三层六道，焊脚尺寸大于14 mm时，可焊四层十道，焊道布置如图4-50所示。焊脚尺寸越大，焊接层数、道数就越多，三层六道焊焊接要点有以下六点：

① 焊接焊道1时应要求焊脚尺寸较大，应尽量选用大直径焊条，以提高工作效率，采用直线形运条，收尾时注意填满弧坑，焊完将熔渣清除干净。

② 焊接焊道2时，对焊道1的覆盖面不小于2/3，焊条中心应对准焊道1的下沿，焊条与水平焊件的角度稍大些，应在50°～60°之间，以使熔化金属与水平焊件很好地熔合，采用直线形运条法。

③ 焊完焊道2，不敲渣，直接焊接焊道3，以保证焊道成形良好，焊接焊道3时，应覆盖焊道2的1/3～1/2，焊条与平焊件的角度为40°～50°，电弧应对准焊道1的上沿，操作中焊条角度太大，易产生焊脚下偏现象。运条时焊条可稍作摆动，使熔池上沿与立板平滑过渡。熔池下沿与焊道均匀过渡，焊接中如发现焊道2覆盖焊道1大于2/3时，在焊接焊道3时，可采用直线往复形运条，运条速度稍快，以免焊道3过高，如果焊道2覆盖太少时，焊道3可采用斜圆圈形运条方法，运条时在垂直焊件上要稍作停留，以防止咬边，这样就能弥补由于焊道2覆盖过少而产生的焊脚下偏现象。

④ 焊接焊道4前，应清除焊道2和焊道3的焊渣，焊接焊道4时，焊缝应压住焊道3的1/3左右，压得太少易产生缺陷。

⑤ 焊接焊道5时，焊道应覆盖焊道4的1/2以上，且基本覆盖住焊道3，且应注意焊道5的焊条所处的位置及角度。

⑥ 焊接焊道6时，应注意保证焊道与立板平滑过渡，同时防止咬边，与焊道5过渡应均匀，不能出现沟槽。

用四层十道或五层十五道焊接时，操作仍按上述方法进行。但这样的平角焊只适用于承受较小静载荷的焊件。对于承受较大载荷或动载荷的焊件，应开坡口，以保证根部焊透，其焊接方法与多层多道焊相同。

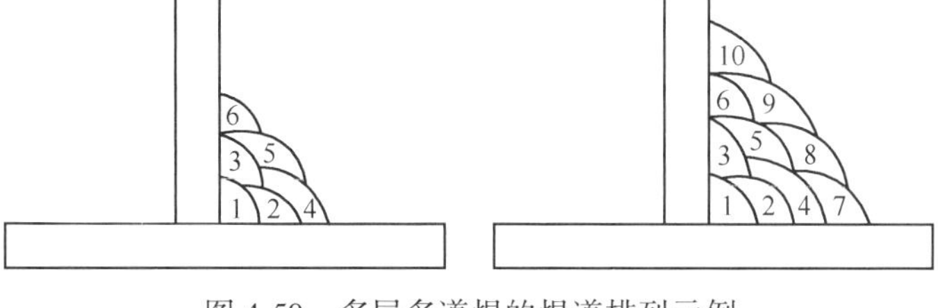

图 4-50　多层多道焊的焊道排列示例

五、板对接平焊单面焊双面成形操作训练

无法进行双面施焊而又要求焊透的焊接接头，须采用单面焊双面成形的操作技术，此种技术只适于具有单面 V 或 U 形坡口多层焊或多层多道焊的焊件上，要求焊后正反面均具有良好的内在和外观质量，它是焊条电弧焊中难度较大的一种操作技术。

保证第一层打底焊道焊透且背面成形良好是操作的关键，而填充及盖面层焊接与普通的多层焊或多层多道焊焊法相同。为保证焊透，焊接过程中在打底焊道熔池前沿，必须形成一个略大于接头根部间隙的孔洞，即熔孔。熔孔应左右对称，形状和尺寸应均匀一致，熔孔大小对焊缝背面成形影响很大。若不出现熔孔或熔孔过小，会产生根部未熔合或未焊透，背面成形不良等缺陷；熔孔过大，则背面焊缝余高过高或产生焊瘤，要控制熔孔大小，必须严格控制根部间隙、焊接电流、焊条角度、运条的方法和焊接速度。

（一）焊前准备

（1）试件材质：Q235 钢板，试件规格及尺寸如图 4-51 所示。

（2）焊条：型号 E5015，直径 $\phi=3.2$ mm 和 $\phi=4.0$ mm。

（3）焊接设备：直流或交直流两用焊机，直流反接法。

（4）焊接面罩、劳保防护用品、清理工具等。

（5）焊条烘干：碱性焊条使用前必须烘干，焊条烘干温度为 350~400 ℃，并保温 1~2 h，低氢型焊条在常温下超过 4 h 应重新烘干，重复烘干次数不超过三次。焊条烘干时，禁止将焊条突然放进高温炉内，或从高温炉中突然取出，防止焊条因骤热或骤冷而产生药皮开裂现象。焊条不应成垛或成捆地放入焊条烘干箱，应铺放成层状，每层堆放不能太厚（一般不超过 4 层），避免焊条烘干时受热不均和潮气不易排除。烘好的焊条放在保温桶内随用随取。

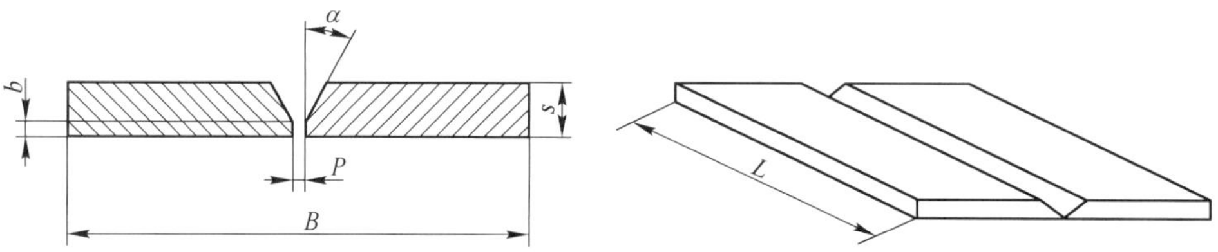

图 4-51　板与板对接平焊试件规格及尺寸

（$s=12$ mm；$B=250$ mm；$L=300$ mm；$\alpha=32°\pm1°$）

（二）焊接操作

1. 焊件的清理及装配

将加工好的试件坡口进行修磨，确保坡口面及坡口正反两侧 20 mm 处无水、锈、油污等杂质，露出金属光泽。然后锉削钝边，其尺寸为 0.5~1.0 mm；并保证两个试件组对后比较平齐，以便在装配时间隙比较均匀。将两块钢板装配成 V 形坡口的对接接头，装配间隙一般要求始焊端为 3.0~3.5 mm，终焊端为 4.0~4.5 mm 。将留好间隙的试件在坡口内进行定位焊，定位焊要求焊缝长度为 10~15 mm，厚度为 3~5 mm。反变形的角度为 3°~4°，错边量不大于 1.2 mm。

2. 确定焊接工艺参数

焊接工艺参数如表 4-8 所示。

表 4-8　板对接平焊焊接工艺参数

焊接层次	焊接电流/A	焊条直径/mm
打底焊（1）	75~85（连弧焊） 100~110（断弧焊）	3.2
填充焊（2，3）	160~170	4.0
盖面焊（4）	150~160	4.0

3. 焊接操作技术

（1）打底焊。单面焊双面成形，按打底焊焊接时的操作手法不同，可分为连弧焊和断弧焊两种。

1）断弧焊操作要点：在焊件左端定位焊缝的始焊处引弧，稍作停顿预热，横向摆动向右施焊，到达根部间隙处，下压焊条后做短暂停顿，将坡口根部熔化并击穿，当听到电弧击穿坡口发出“噗噗”声后，表示熔孔形成，迅速提起焊条，熄灭电弧。当第一个熔池的颜色由亮变暗时，立即从坡口一侧引燃电弧向坡口另一侧运条，在另一侧稍作停顿后，迅速向斜后方提起焊条熄灭电弧。焊接过程中注意观察熔孔的大小，不应有明显熔孔出现，熔孔大小如图 4-52 所示。熔孔大小可通过改变焊接速度，电弧高低，摆动频率，运条间距和焊条角度来调整。断弧焊打底的质量主要取决于熔孔的大小和间距，熔孔应大于根部间隙1~2 mm，要求每个熔滴都要准确地送到欲焊位置，施焊时保证每次后一个熔池压住前一熔池的 2/3。燃熄弧频率应控制在 45~55 次/min。用同样方法周而复始地向前焊接。断弧法采用的坡口钝边、间隙及焊接电流都比连弧焊稍大些，以便于熔透。

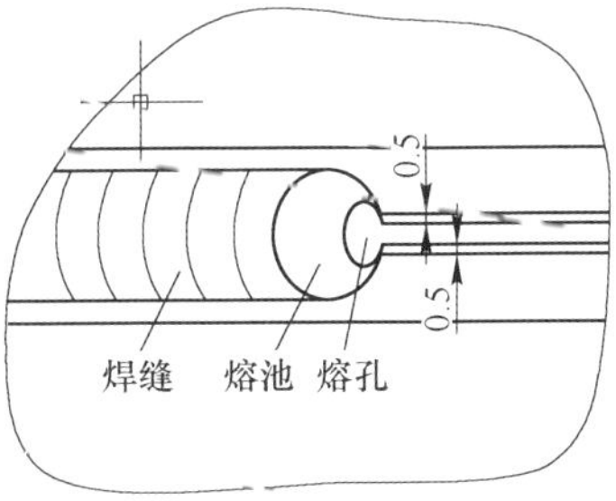

图 4-52　平焊的熔孔大小

2）连弧焊操作要点：始焊时，在定位焊点上引燃电弧稍作预热，再将电弧移到定位焊缝与坡口根部相接处，压低电弧，当根部熔化，并听到“噗噗”声后表示熔孔形成，迅速将焊条恢复正常弧长，做横向锯齿形摆动向前施焊，电弧在坡口两侧停顿时间稍长些，在保证焊透和不夹渣的前提下，中间运条速度要快，短弧连续施焊，保持熔池形状和熔孔大小均匀一致。焊条与焊件之间的角度如图 4-53 所示。连弧焊法应采用较小的坡口

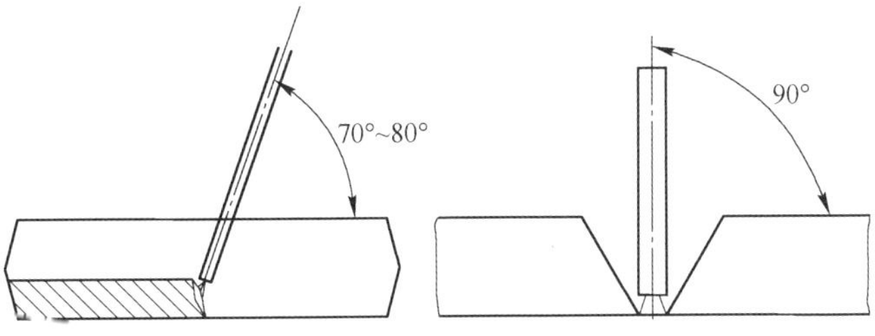

图 4-53　平焊打底焊的焊条角度

钝边、间隙、较小的焊接电流，严格采用短弧运条，速度要均匀，并将电弧的2/3覆盖在熔池上，以保护熔池金属，电弧的1/3保持在熔池前部，用来熔化坡口根部形成熔孔，保证焊透和反面成形。

3）打底焊焊道接头。接头前要进行收弧操作，收弧时，焊条回焊10 ~15 mm，把背面的缩孔带到正面，使接头处呈斜坡状。焊道接头可采用热接法或冷接法。采用热接法时，更换焊条的速度要快，更换好焊条后从熔孔后面的斜坡处引燃电弧，焊至熔孔处压低电弧停顿2~3 s后再按正常方法施焊。采用冷接法时，将弧坑处打磨成缓坡，注意不能破坏钝边，接头时从斜坡顶端引弧焊至底部，再按正常方法焊接。

（2）填充焊。填充施焊前，先清除前道焊缝的熔渣、飞溅物等，并将焊缝接头的过高部分打磨平整。填充层焊接时的焊条角度如图4-54所示。填充层与打底焊相比，焊条摆动幅度大些，在坡口两侧停留时间稍长，应保证焊道平整并略下凹，第二道填充层焊缝厚度应低于母材表面0.5~1.5 mm，且不能破坏坡口两侧的棱边。

填充焊接头方法如图4-55所示，在弧坑前10 mm处引弧，回焊至弧坑处，沿弧坑形状将弧坑填满，之后再正常施焊，焊至结尾处要填满弧坑。

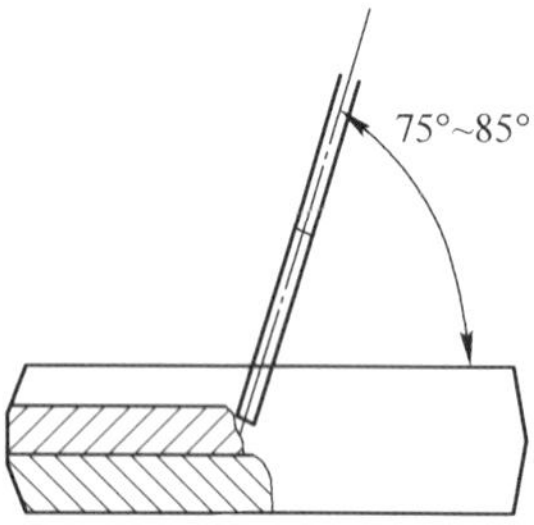

图4-54　填充层焊时的焊条

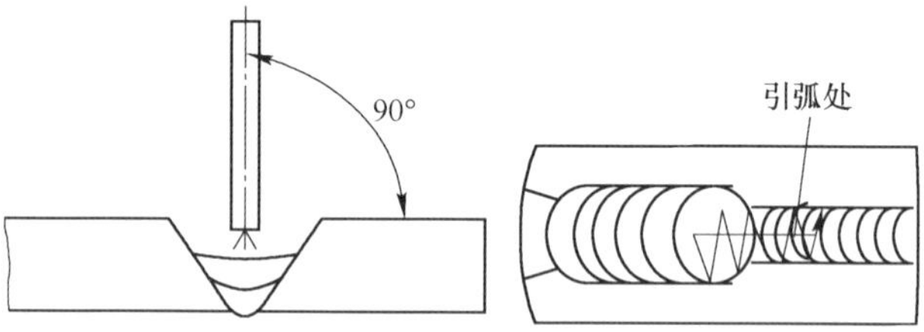

图4-55　填充层焊接接头

（3）盖面焊。盖面层施焊时，焊条角度，运条方式和接头方法与填充层相同。焊条摆动幅度和运条速度要均匀一致，熔化坡口两侧棱边0.5~2.5 mm，并保证平直，避免咬边等缺陷的产生。

（4）焊后检测：

1）外观检查：采用宏观（目视或者5倍放大镜等）方法进行检查；

2）试件两端20 mm内的缺陷不计；

3）焊缝的余高和宽度可用焊缝检验尺测量最大值和最小值，不取平均值；

4）背面焊缝宽度可不测定；

5）检查基本要求：焊缝表面应当是焊后原始状态，焊缝表面没有加工修磨或者返修焊。

习　题

一、填空题

1. 焊条电弧焊引燃电弧的方法有________引弧法和________引弧法两种。
2. 焊条电弧焊常用的基本接头形式有________、________、________和________四种。

3. 焊条电弧焊焊完后收弧的方法有________、________和________三种。
4. 电焊弧光的光谱中，包含了________、________和________三个部分。
5. 焊条电弧焊的工艺参数主要包括________、________、________、________、________等。

二、选择题

1. 焊条电弧焊焊接时不属于产生咬边的原因是（　　）。
A. 电流过大　B. 焊条角度不当　C. 焊速过低　D. 电弧电压过高
2. 焊钳的钳口材料要求有高的导电性和一定的力学性能，因此用（　　）制造。
A. 铝合金　B. 青铜　C. 黄铜　D. 紫铜
3. 焊条电弧焊克服电弧磁偏吹的方法不包括（　　）。
A. 改变地线位置　B. 压低电弧　C. 改变焊条角度　D. 增加焊接电流
4. 焊接接头根部未完全熔透的现象称为（　　）。
A. 未熔合　B. 未焊透　C. 咬边　D. 塌陷
5. 受力状况好，应力集中较小的接头是（　　）。
A. 对接接头　B. 角接接头　C. 搭接接头　D. T 形接头
6. 焊接接头根部预留间隙的目的是（　　）。
A. 防止烧穿　B. 保证焊透　C. 减少应力　D. 提高效率
7. 在坡口中留钝边的目的是（　　）。
A. 防止烧穿　B. 保证焊透　C. 减少应力　D. 提高效率
8. 下面焊条电弧焊的焊接接头基本形式不包括（　　）。
A. 对接　B. 搭接　C. T 形接　D. 缝接

三、判断题（正确的画“√”，错误的画“×”）

1. 焊缝的余高越高焊缝的强度也越高。（　　）
2. 板材由平焊改为立焊时，如焊接电流不变，焊接速度应适当减慢。（　　）
3. 在满足引弧容易和电弧稳定的前提下，应尽可能采用较低的空载电压。（　　）
4. 焊条电弧焊直流反接时，焊件接正极焊钳接负极。（　　）
5. 在相同条件下，碱性焊条使用的焊接电流一般比酸性焊条小 10%左右，否则焊缝中易产生气孔。（　　）
6. 焊接面罩用护目镜片分 6 个型号，号数越大颜色越深。（　　）

四、简答题

1. 焊条电弧焊有哪些特点？
2. 对焊条电弧焊设备有哪些要求？
3. 如何正确选择焊条电弧焊的工艺参数？

项目五　埋　弧　焊

埋弧焊是电弧在焊剂层下燃烧进行焊接的方法，这种方法是利用焊丝和焊件之间燃烧的电弧产生热量，使焊丝、焊件和焊剂熔化而形成焊缝的。因其焊接质量稳定、焊接生产率高、无弧光及少烟尘等优点，使其成为造船、锅炉、压力容器、管段制造、箱型梁柱等大型钢结构制作中的主要焊接方法。埋弧焊主要用于水平位置及倾斜角度不大的焊缝的焊接，不管是对接、角接和搭接接头都可以。通过与一定的工艺装备相配合，目前环形横焊缝也可以采用埋弧焊焊接。适合埋弧焊的材料主要是碳素结构钢，低合金结构钢、不锈钢、耐热钢及某些有色金属。

近年来，虽然先后出现了许多种高效、优质的新焊接方法，但埋弧焊的应用领域仍比较广泛。从各种熔焊方法的熔敷金属重量所占份额的角度来看，埋弧焊约占 10%左右。如图 5-1 所示的风电塔筒，主要由法兰和筒体及内附件等部分组成，一般采用 12~50 mm 厚的低碳钢板焊拼而成，主要以埋弧焊为主。

图 5-1　风电塔筒埋弧自动焊

本项目重点讲述埋弧焊的原理及特点、埋弧焊的自动调节原理、埋弧焊设备、埋弧焊的焊接材料及冶金过程、埋弧焊工艺等相关知识。训练学生正确安装调试、操作使用和维护保养埋弧焊设备；根据实际生产条件和具体的焊接结构及其技术要求，正确选择埋弧焊工艺参数、选用焊接材料和制定工艺措施的能力。指导学生进行板状试件对接基本操作技能训练，并达到中级工水平。

任务一　埋弧焊的原理、特点及应用范围

一、埋弧焊的焊接过程及原理

埋弧焊是电弧在焊剂层下燃烧进行焊接的方法，这种方法是利用焊丝和焊件之间燃烧的电弧产生热量，使焊丝、焊件和焊剂熔化而形成焊缝的。由于焊接时电弧被埋在焊剂层

下燃烧，电弧光不外露，因此被称为埋弧焊。

埋弧焊接装置及焊接过程如图 5-2 所示。焊剂 1 由焊剂漏斗 5 经软管流出，均匀地撒在焊接区前方焊件 2 表面上；焊丝 6 经送丝机构 7 由电动机带动压紧轮，通过导电嘴 8 不断地送向焊接区；接通焊接电源 7，则电流经导电嘴、焊丝与焊件构成焊接回路。按下控制盘上的启动按钮，焊接电弧引燃。焊剂漏斗、送丝机构、导电嘴等通常安装在一个焊接小车上。焊丝向下送进速度和机头行走速度以及焊接工艺参数等也都通过控制盘进行自动控制与调节。

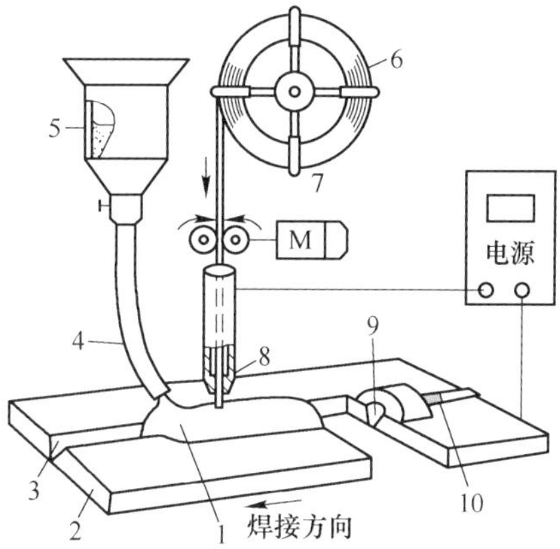

图 5-2　埋弧焊接装置及焊接过程

1—焊剂；2—焊件；3—坡口；4—软管；5—焊剂漏斗；6—焊丝；7—送丝机构；8—导电嘴；9—焊缝；10—熔渣壳

埋弧焊的基本原理及焊缝形成过程如图 5-3 所示。焊接电弧在焊丝与工件之间燃烧，电弧热将焊丝端部及电弧附近的母材和焊剂熔化。熔化的金属形成熔池，熔融的焊剂成为熔渣。熔池受熔渣和焊剂蒸气的保护，不与空气接触。随着电弧向前移动，熔池前部的金属不断被熔化形成新的熔池，而电弧力将熔池中熔化金属推向熔池后方，在随后的冷却过程中，这部分液体金属冷却凝固形成焊缝，而熔渣由于密度小总是浮在熔池表面，最后凝固成渣壳，覆盖于焊缝表面。在焊接过程中，熔渣除了对熔池和焊缝金属起机械保护作用外，还与熔化金属发生冶金反应（如脱氧、去杂质、渗合金等），从而影响焊缝金属的化学成分。

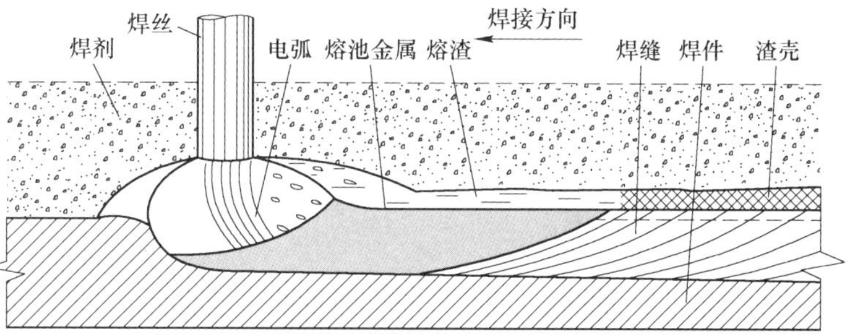

图 5-3　埋弧焊的基本原理及焊缝形成过程

由于熔渣的凝固温度低于液态金属的结晶温度，熔渣总是后凝固，这就使混入熔池中的熔渣、溶解在液态金属中的气体和冶金反应产生的气体能够不断地逸出，使焊缝不易产生夹渣和气孔等缺陷。

二、埋弧焊的特点

（一）埋弧焊的优点

（1）焊接生产率高。埋弧焊焊接时，一方面由于焊丝从导电嘴伸出长度短，又不受药皮受热分解脱落的限制，可使用较大的焊接电流，使电弧功率、熔透能力和焊丝熔化速度大大提高。一般不开坡口单面焊，一次熔深可达 20 mm。另一方面由于焊剂和熔渣的隔热作用，电弧热散失少、飞溅少，故电弧热效率高，使焊接速度大大提高。厚度 8～10 mm 的钢板对接，单丝埋弧焊速度可达 30～50 m/h，最高可达 60～150 m/h，而焊条电弧焊一般不超过 6～8 m/h。

（2）焊缝质量高。埋弧焊焊接时，焊剂和熔渣能有效地防止空气侵入熔池，保护效果好，可使焊缝金属的含氮量、含氧量大大降低；由于焊剂和熔渣的存在，降低了熔池金属的冷却速度，使冶金反应充分，减少了焊缝中产生气孔、夹渣、裂纹等缺陷的可能性；从而可以提高接头的力学性能；焊接工艺参数可以通过自动调节保持稳定，所以焊缝表面光洁平直，焊缝金属的化学成分和力学性能均匀而稳定；对焊工技术水平要求不高。

（3）焊接成本低。由于焊接电流较大，较厚的焊件不开坡口也能熔透，从而焊缝所需填充金属量显著减少，也节省了开坡口和填充坡口所需的费用和时间，熔渣的保护作用避免了金属元素的烧损和飞溅损失，又没有焊条头的损耗，节约了填充金属。另外，由于埋弧焊电弧热量集中、热效率高，故能节省能源消耗。

（4）劳动条件好。由于焊接过程的机械化和自动化，焊工劳动强度大大降低；没有弧光辐射，焊接时放出的烟尘和有害气体少，改善了焊工的劳动条件。

（二）埋弧焊的缺点

（1）难以在空间位置施焊。埋弧焊是靠颗粒状焊剂堆积覆盖而形成对焊接区的保护，主要适用于平焊或倾斜角度不大的位置焊接。其他位置埋弧焊因装置较复杂应用较少。

（2）不适于焊接薄板和短焊缝。埋弧焊适应性和灵活性较差，焊短焊缝效率较低；由于电流较小时（100 A 以下）焊接电弧不稳定，所以不适于厚度小于 1 mm 以下薄板的焊接。

（3）对焊件装配质量要求高。由于电弧在焊剂层下燃烧，操作人员不能直接观察电弧与接缝的相对位置，焊接时易焊偏而影响焊接质量；焊接过程自动化程度较高，对装配间隙大小、焊件平整度、错边量要求都较严格。

（4）焊接辅助装置较多。如焊剂的输送和回收装置，焊接衬垫、引弧板和引出板，焊丝的去污锈和缠绕装置等。焊接时还需与焊接工装配合使用才能进行。

三、埋弧焊的分类及应用范围

（一）分类

按焊丝的数目分为单丝埋弧焊和多丝埋弧焊。前者在生产中应用最普遍；后者则采用双丝、三丝和更多焊丝，目的是提高生产率和改善焊缝成形。一般是每一根焊丝由一个电源来供电。有些是沿同一焊道多根焊丝以纵向前后排列，一次完成一条焊缝。有些是横向平行排列，同时一次完成多条焊缝的焊接，如电站锅炉生产中的水冷壁（膜式壁）焊缝的焊接。

按送丝方式分为等速送丝和变速送丝埋弧焊两大类，前者焊丝送进速度恒定，适用于细焊丝、高电流密度焊接的场合，它要求配备缓降的、平的或稍为上升的外特性的弧焊电源；后者焊丝送进速度随弧压变化而变化，适用于粗焊丝低电流密度焊接。它要求配备具有陡降的或恒流外特性的弧焊电源。

按电极形状分为丝极埋弧焊和带极埋弧焊，后者为卷状的金属带，作为电极的填充材料，它主要用于耐磨、耐蚀合金表面堆焊。

（二）应用范围

（1）适合焊接的材料范围。随着焊接技术的发展，适合用埋弧焊焊接的材料已从碳素结构钢发展到低合金结构钢、不锈钢、耐热钢以及某些有色金属（如镍、铜及其合金）。埋弧焊还可在金属基体表面堆焊耐磨或耐腐蚀的合金层。铸铁因不能承受高的热应力，不能用埋弧焊焊接；铝、镁及其合金因还没有适合的焊剂，目前还不能用埋弧焊焊接；铅、锌等低熔点金属材料不能用埋弧焊焊接。

（2）适合的焊缝类型和厚度范围。平位或倾斜角度不大的焊件，不论是对接、角接或搭接接头，都可以用埋弧焊焊接。

埋弧焊适合焊接的厚度范围非常大，除了1 mm以下的焊件由于易烧穿而不使用埋弧焊外，其他厚度的焊件都适合用埋弧焊焊接。目前，埋弧焊焊接的最大厚度已达到670 mm。

（3）应用行业领域。埋弧焊在造船、锅炉及压力容器、原子能设备、石油化工设备及贮罐、桥梁、起重机械、管道、冶金机械、海洋工程等金属结构的制造中，都得到了广泛的应用。

任务二　埋弧焊的自动调节原理

一、埋弧焊的自动调节

（一）必要性

埋弧焊焊接时要求焊机能自动地按预先选定的焊接工艺参数，如焊接电流、电弧电压、焊接速度等进行焊接，并在整个焊接过程中保持参数稳定，从而获得稳定可靠的焊缝质量。但焊接过程中受某些外界因素干扰，不可避免地使焊接工艺参数偏离预定值。外界干扰主要来自弧长波动和网压波动两个方面。弧长波动是由焊件不平整、装配不良或遇到定位焊点以及送丝速度不均匀等原因引起的，它将使电弧静特性发生移动，从而影响焊接工艺参数，如图5-4所示。网压波动是因焊机供电网路中负载突变，如附近其他电焊机等大容量用电设备突然启动或停止造成的网压突变等，它将使焊接电源的外特性发生变化。网压波动与焊接工艺参数波动的关系如图5-5所示。

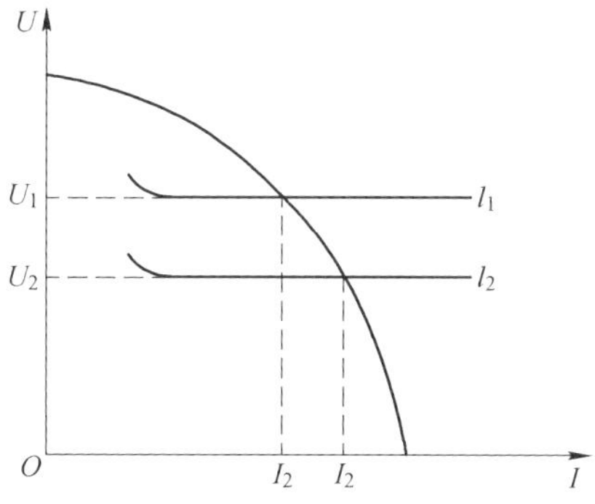

图5-4　弧长波动与焊接参数的关系

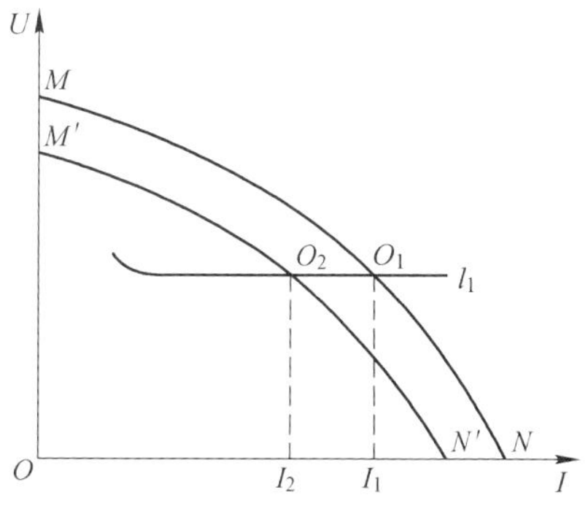

图5-5　网压波动与焊接参数的关系

当埋弧焊过程受到上述干扰时，操作者往往来不及或不可能采取调整措施。因此，埋弧焊机必须具有自动调节的能力，以消除或减弱外界干扰的影响，保证焊接质量的稳定。

（二）埋弧焊自动调节的目标和方法

在上述干扰因素中，电弧长度发生变化对焊接电流和电弧电压稳定性的影响最为严重。

故埋弧焊焊接过程的自动调节是以消除电弧长度变化的干扰作为自动调节的主要目标。

在焊条电弧焊焊接时，焊工通过用眼睛观测电弧，不断调整焊条的送进量，以保持理想的电弧长度和熔池状态，这就是一种人工调节作用，如图5-6所示。它是依靠焊工的肉眼和其他感觉器官对电弧和熔池的观察、大脑的分析比较，来判断弧长和熔池状况是否合适，然后指挥手臂调整运条动作，完成焊接操作的。自动送进焊丝和移动电弧的埋弧焊也必须有相应的自动调节系统。否则，遇到外界干扰时就不能保证电弧过程的稳定性。

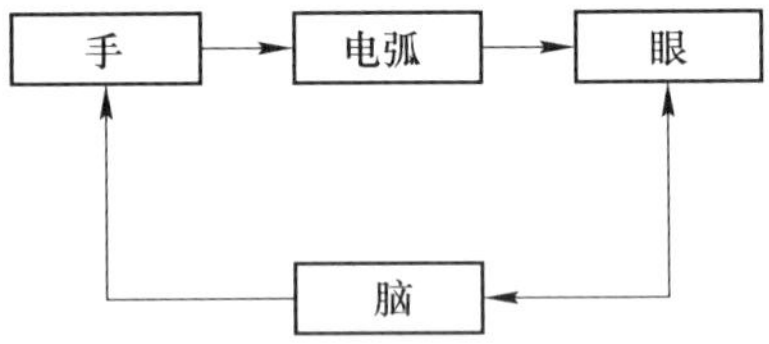

图5-6　焊条电弧焊人工调节系统

在埋弧焊焊接时，电弧长度是由焊丝的送进速度和焊丝的熔化速度共同决定的。如果焊丝的送进速度等于熔化速度，电弧长度就保持不变，否则，电弧长度就要发生变化。例如，焊丝的送进速度大于熔化速度，电弧逐渐缩短，直至焊丝插入熔池而熄弧；而送进速度小于熔化速度时，电弧逐渐拉长，直至熄弧。当外界干扰使电弧长度发生变化时，可通过两种方法使电弧自动恢复到原来的长度。一种是改变焊丝熔化速度的方法，称为电弧自身调节系统；另一种是改变焊丝送进速度的方法，称为电弧电压反馈自动调节系统。

埋弧焊机的送丝方式的不同，实现自动调节的原理不同：等速送丝式埋弧焊机采用电弧自身调节系统；变速送丝式埋弧焊机采用电弧电压反馈自动调节系统。

二、熔化极电弧的自身调节系统

这种系统在焊接时，焊丝以预定的速度等速送进。它的调节作用是利用焊丝的熔化速度与焊接电流和电弧电压之间的固有关系这一规律而自动进行的。熔化极电弧的自身调节系统的静特性曲线如图5-7所示（图中 v_{f1}、v_{f2}、v_{f3} 为三种送丝速度，所对应的静特性曲线分别为 c_1、c_2、c_3）。它实际上就是焊接过程中电弧的稳定工作曲线，或称为等熔化速度曲线。电弧在这一曲线上任何一点工作时，焊丝熔化速度是不变的，并恒等于焊丝的送进速度，焊接过程稳定进行。电弧在此曲线以外的点上工作时，焊丝的熔化速度与送进速度不等。在曲线右边的点，电弧电流大于维持稳定燃烧的电流，因此焊丝的熔化速度大于焊丝送进速度；若电弧在曲线左边的点工作，情况相反，焊接过程很不稳定。

下面分别讨论弧长波动和网路电压波动两种情况下，电弧自身调节系统的工作情况。

（一）弧长波动

这种系统使电弧完全恢复至波动前的长度，使焊接参数稳定的调节过程如图5-8所示。在弧长变化之前，电弧稳定工作点为 O_0 点。O_0 点是电弧静特性曲线 l_0、电源外特性曲线 MN 和电弧自身调节系统静特性曲线 C 三者的交点。电弧在该点工作时焊丝的熔化速度等于送进速度，焊接过程稳定。

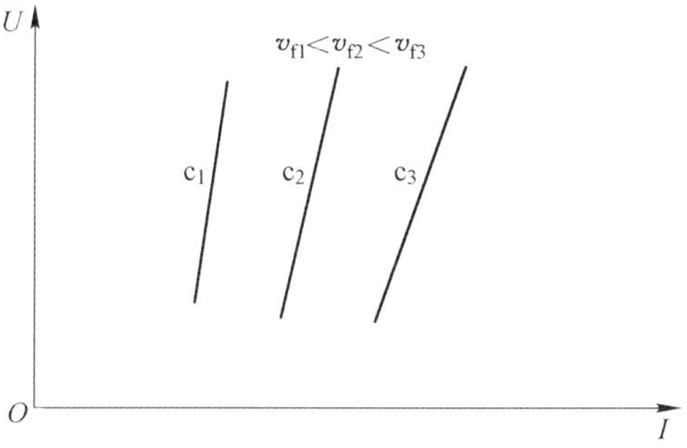

图 5-7　电弧自身调节系统的静特性曲线

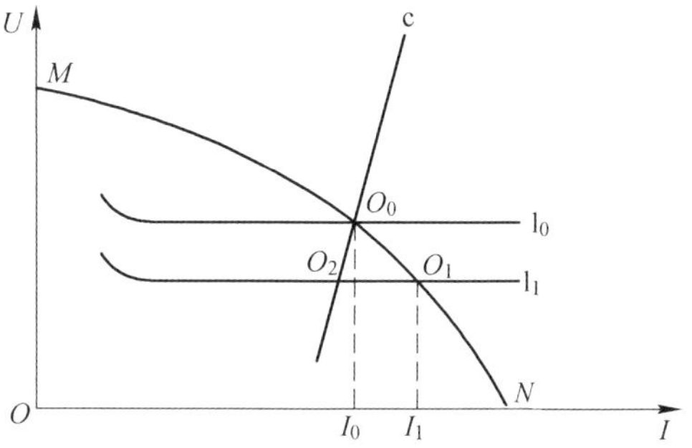

图 5-8　弧长波动时电弧自身调节系统的调节作用

如果外界干扰使弧长缩短，电弧静特性曲线变为 l_1，并与电源外特性曲线交于 O_1点，电弧暂时移至此点工作。此时 O_1点不在 C 曲线上而在其右侧，其电流 I_1大于维持稳定燃烧所需要的电流 I_0，因而焊丝的熔化速度大于焊丝的送进速度，这将使弧长逐渐增加，直到恢复至 l_0。弧长拉长时的调节过程与此类似，最后都将使电弧工作点回到 O_0点。焊接过程重又恢复稳定。可见，这种系统的调节作用是基于等速送丝时弧长变化导致焊接电流变化，进而导致焊丝熔化速度变化使弧长得以恢复的，是熔化极等速送丝电弧系统所固有的调节作用，故称为电弧自身调节作用。它适用于等速送丝式埋弧焊机。

（二）网路电压波动

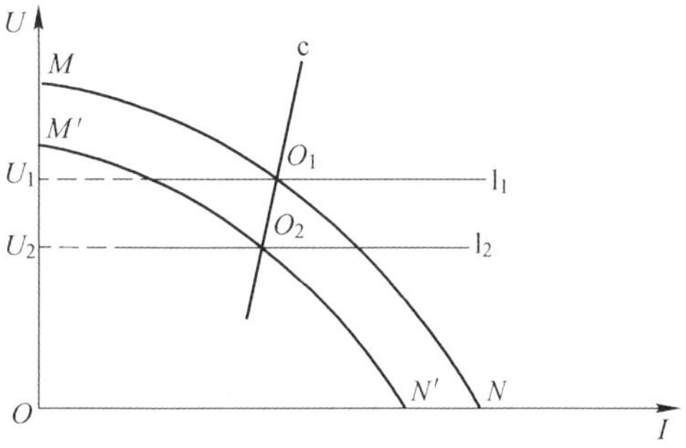

图 5-9　网路电压波动时对电弧自身调节系统的影响

网路电压波动将使焊接电源的外特性曲线发生移动，从而对电弧自身调节系统造成影响，如图 5-9 所示。当焊丝送进速度一定时，电弧自身调节系统静特性曲线 c、电弧静特性曲线 l_1与电源外特性曲线 MN 交于 O_1点，此点为电弧稳定工作点。如果网路电压降低，将使焊接电源的外特性曲线由 MN 变到 $M'N'$，电弧工作点移至 O_2点。显然，O_2点的焊接参数满足焊丝熔化速度等于送丝速度的稳定条件，因而也是稳定工作点。此时电弧长度缩短，电弧静特性曲线变为 l_2。这种情况下，除非网路电压恢复至原先的值，否则，电弧将在 O_2点稳定工作，而不能恢复到 O_1点。因此，电弧自身调节系统的调节能力不能消除网路电压波动对焊接参数的影响。其后果是产生未焊透或烧穿现象。

采用电弧自身调节系统的埋弧焊机宜配用缓降或平外特性的焊接电源。一方面是因为缓降或平外特性的电源在弧长发生波动时引起的焊接电流变化大，导致焊丝熔化速度变化快，因而可提高电弧自身调节系统的调节速度；另一方面是缓降或平外特性电源在电网电压波动时，引起的弧长变化小，所以可减小网路电压波动对焊接参数（特别是对电弧电压）的影响，如图 5-10 所示。此外，焊丝直径越细或电流密度越大，电弧自身调节作用就越灵敏。

（三）电流、电压参数调节特征

等速送丝埋弧焊一般是配用缓降外特性电源，而电弧自身调节系统静特性又是一条接近平行于垂直轴的直线。因此，主要是通过调节送丝速度来调节焊接电流，随着送丝速度加大，焊接电流随之增加，而电弧电压有所下降；电弧电压的调节主要是通过调节电源外特性来实现，外特性上移则电弧电压增加而焊接电流略有增加，如图 5-11 所示。影线区域为电流和电压的调节范围。通过改变送丝速度即调整了焊接电流；通过改变电源外特性即调整了电弧电压。

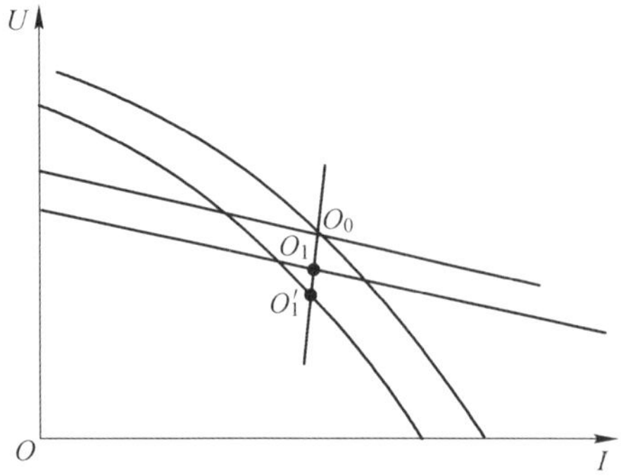

图 5-10　电源外特性对网路电压波动时焊接参数的影响

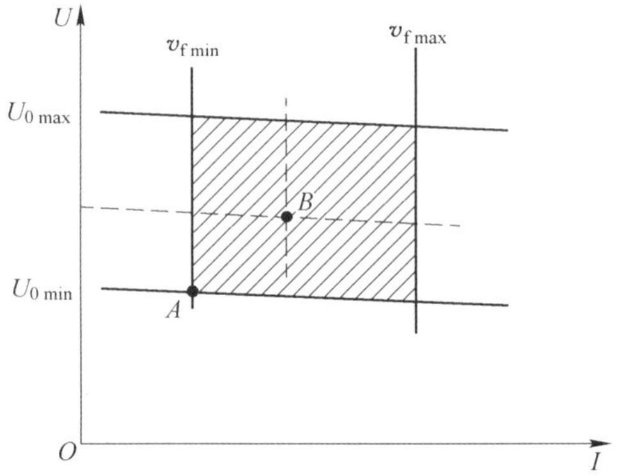

图 5-11　电弧自身调节系统电流和电压的调节方法

通过电弧自身调节系统的调节，直径为 2.0 mm 的焊丝，焊接电流为 300 A，焊接电压为 30 V 时的电压电流波形如图 5-12 所示。

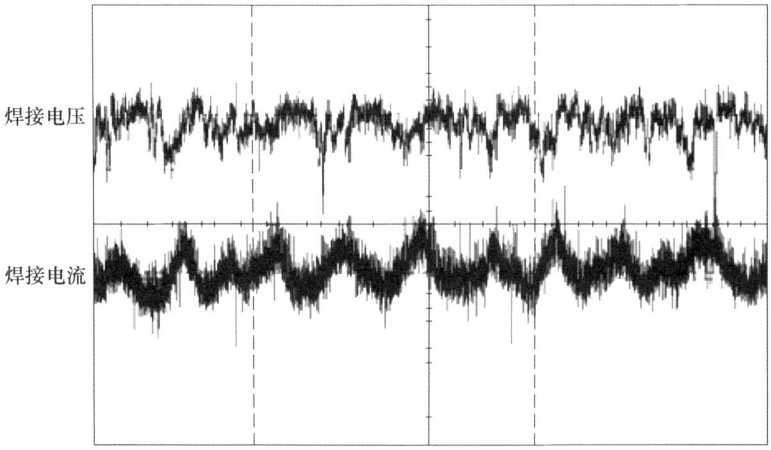

图 5-12　等速送丝电压电流波形图
（时标 50 ms/格）

三、电弧电压反馈自动调节系统

这种调节系统是利用电弧电压反馈来控制送丝速度的。当外界因素使弧长变化时，通过强迫改变送丝速度来恢复弧长，也称为均匀调节系统。如图 5-13 所示为这种调节系统的静特性曲线。与电弧自身调节系统一样，电弧电压反馈调节系统静特性曲线上的每一点都是稳定工作点，即电弧在曲线上任一点对应的焊接参数燃烧时，焊丝的熔化速度都等于焊丝的送进速度，焊接过程稳定进行，当电弧在A线下方燃烧时，焊丝的熔化速度大于其送丝速度；在A线上方燃烧时，焊丝的熔化速度小于其送进速度。曲线与纵坐标的截距，决定于给定电压值 U_g。焊接过程中，系统不断地检测电弧电压，并与给定电压进行比较。当电弧电压高于维持静特性曲线所需值而使电弧工作点位于曲线上方时，系统便会按比例加大送丝速度；反之，系统便会自动减慢送丝速度。只有当电弧电压与给定电压使电弧工作点位于静特性曲线之上时，电弧电压反馈调节系统才不起作用，此时焊接电弧处于稳定工作状态。

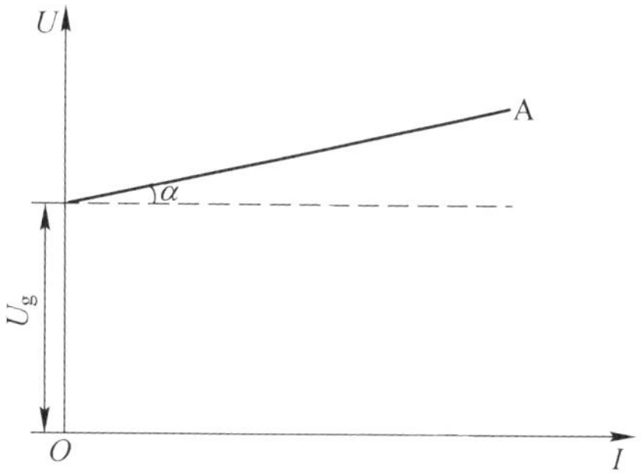

图 5-13 电弧电压反馈调节系统静特性曲线

下面分别讨论弧长波动和网路电压波动两种干扰时电弧电压反馈调节系统的工作情况。

(一) 弧长波动

这种系统在弧长波动时的调节过程如图5-14所示。图中 O_0 点是弧长波动前的稳定工作点，它由电弧静特性曲线 l_0、电源外特性曲线 *MN* 和电弧电压反馈调节系统静特性曲线A三条曲线的交点决定。电弧在 O_0 点工作时，焊丝的熔化速度等于其送丝速度，焊接过程稳定。当外界干扰使弧长突然变短，则电弧静特性降至 l_1，电弧电压也由 U_0 降到 U_1，电弧的工作点由原来的 O_0 变到了 O_1。此时由于电弧电压突然下降，O_1 在电弧电压反馈调节系统静特性曲线A的下方，将使送丝速度减慢，电弧逐渐变长，使弧长恢复到原值，从而实现了电弧电压的自动调节。在弧长变短的过程中，电弧静特性曲线还与电源外特性曲线相交于 O_1 点，即此时焊接电流有所增大，将使焊丝熔化速度加快，也就是说电弧的自身调节也对弧长的恢复起了辅助作用，从而加快了调节过程。可见，这种系统的调节作用是在弧长变化后主要通过电弧电压的变化而改变焊丝的送丝速度，从而使弧长得以恢复的，因而应用于变速送丝式埋弧焊机。

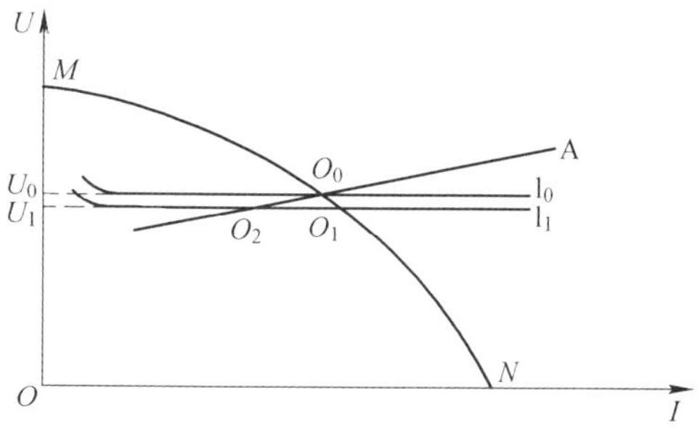

图 5-14 弧长波动时电弧电压反馈调节系统的调节过程

这种调节系统需要利用电弧电压反馈调节器进行调节。目前埋弧焊机常用的电弧电压反馈调节器主要有以下两种：

(1) 发电机-电动机电弧电压反馈自动调节器。这种调节器的调节系统电路原理如图5-15所示。供给送丝电动机M转子电压的发电机G有两个励磁线圈 L_1 和 L_2。L_1 由电位器RP取得一给定控制电压 U_g，产生磁通 Φ_1；L_2 电弧电压的反馈信号提供励磁电压 U_a，产生磁通 Φ_2。Φ_1 与 Φ_2 方向相反。当 Φ_1 单独作用时，发电机输出的电动势使电动机M向退丝方向转动；当 Φ_2 单独作用时，发电机输出的电动势使电动机M向送丝方向转动。Φ_1 与

Φ_2合成磁通的方向和大小将决定发电机 G 输出电动势的方向和大小，并随之决定电动机 M 的转向与转速，即决定焊丝的送丝方向和速度。正常焊接时，电弧电压稳定，且 $\Phi_1 > \Phi_2$，电动机 M 将以一个稳定的转速来送进焊丝。当弧长发生变化而改变了电弧电压时，L_2的励磁电压（即反馈电弧电压）发生变化，使发电机 G 输出电动势变化，导致电动机 M 的转速变化，因而改变了送丝速度，也就调节了弧长，使电弧电压恢复到稳定值，完成调节过程。送丝速度 v_f与反馈电弧电压 U_a、给定电压 U_g之间的关系可用下式表示：

$$v_f = K(U_a - U_g)$$

式中，K 为电弧电压反馈自动调节器的放大倍数，cm · s/V，表示当电弧电压改变 1 V 时 v_f的改变量。

K 的大小除取决于调节器的机电结构参数外，还取决于电弧电压反馈量的大小。图 5-15 中电阻 R 和其并联的开关 SA，就是为改变 K 值以满足不同直径焊丝的需要而设的。

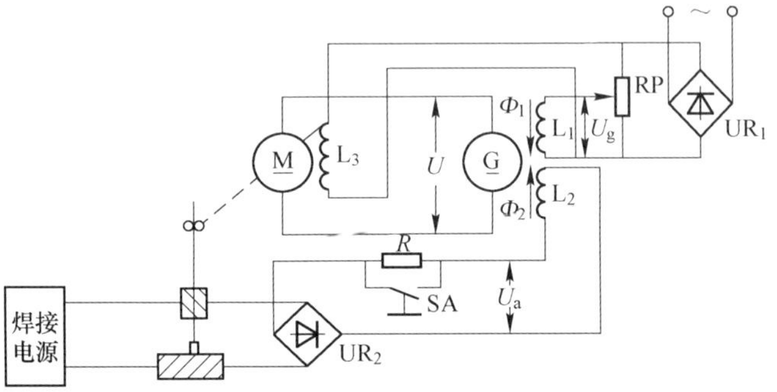

图 5-15　发电机-电动机电弧电压反馈自动调节器电路原理图

这种调节系统的最大优点是可以利用同一电路实现电动机 M 的无触点正反转控制，因而可实现理想的反抽引弧控制。这种结构的电弧电压反馈自动调节器，仍是目前变速送丝式埋弧焊机的主要应用形式。

（2）晶闸管电弧电压反馈自动调节器。这种调节器的调节系统电路原理如图 5-16 所示。电动机 M 由硅整流电源 UR_1供电，利用晶闸管 VH 控制 M 的电枢电压，只要在晶闸管触发电路中加入电弧电压反馈信号就可实现电弧电压反馈自动调节。电弧电压反馈控制信号 U_a从电位器 RP_3中取出，与从电位器 RP_1 中取出的给定控制信号 U_g 反极性串联后加

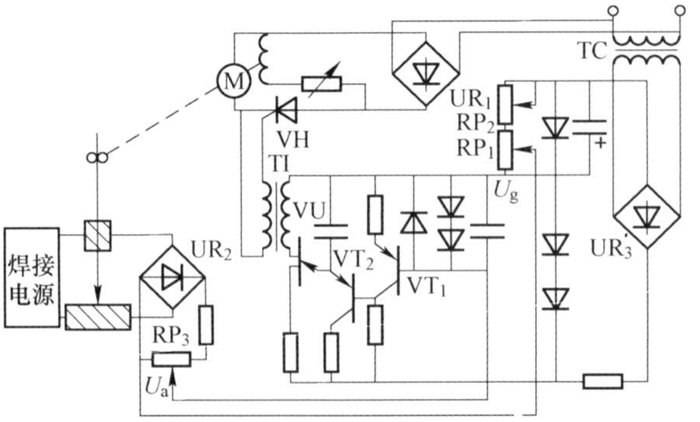

图 5-16　晶闸管电弧电压反馈自动调节器电路原理图

在由 VT_1、VT_2、VU 等组成的单结晶体管触发电路上，再由脉冲变压器 TI 输出与电源电压有一定相位关系的触发脉冲信号，触发串联在电动机 M 电枢回路中的晶闸管 VH，即可使 M 得电送丝。当弧长变化引起 U_g 改变时，VH 的触发脉冲相位发生变化，使 M 的送丝速度改变而实现弧长的自动调节。由于 M 的电枢电压和转速与 U_a-U_g 呈正比，则同样有：

$$v_f = K(U_a - U_g)$$

这种调节系统的缺点是，电动机正反转需要通过另外的继电器触点进行控制，因而对回抽引弧的可靠性及使用寿命有一定的影响，但其结构简单，使用轻便，制造成本较低，有望得到改进后进一步扩大应用。

（二）网路电压波动

网路电压波动后焊接电源外特性也随之产生相应的变化。图 5-17 为网路电压降低时电弧电压反馈调节系统的工作情况。随着网路电压下降，焊接电源外特性曲线从 MN 变为 $M'N'$。在网路电压变化的瞬间，弧长尚未变动，仍为 l_0，但电源的外特性曲线变为 $M'N'$ 后的电弧工作点随之移到 O_1 点，由于 O_1 点在 A 曲线的上方，因而它不是稳定工作点，即电弧在 O_1 点处工作时，焊丝的送进速度大于其熔化速度，因而电弧工作点沿曲线 $M'N'$ 移动，最终到达与 A 曲线的交点 O_2，O_2 点也是三条曲线的交点，为新的稳定工作点。此点处与 O_0 点相比较，除电弧电压相应降低外，焊接电流有较大波动，除非网路电压恢复为原来的值，否则这种调节系统不能使电弧恢复到原来的稳定状态（O_0 点）。其后果是产生未焊透或烧穿现象。

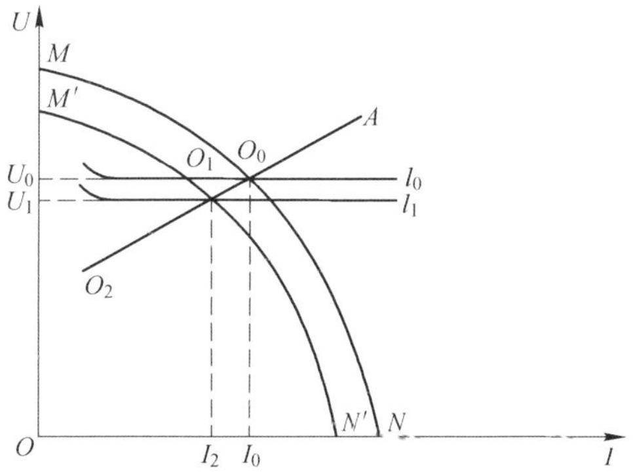

图 5-17　网路电压波动时电弧电压反馈自动调节系统的影响

电弧电压反馈自动调节系统在网压波动时，引起焊接电流波动的大小与电源外特性曲线形状有关。若为陡降外特性曲线时，则电流波动小；反之，缓降外特性曲线时，电流波动大，如图 5-18 所示。为了防止焊接电流波动过大，采用这种调节系统的埋弧焊机，宜配用具有陡降（恒流）外特性的弧焊电源。同时为了易于引弧和电弧燃烧稳定，电源应有较高的空载电压。

（三）电流、电压参数调节特征

上已述及，变速送丝式埋弧焊通常采用陡降外特性的弧焊电源，电弧电压自动调节静特性是一条接近水平的直线。因此，焊接电流的调节是通过调节弧焊电源外特性来实现，而电弧电压是通过调节给定电压 U_g 来实现，如图 5-19 所示。影线区域即工艺参数调节范围。

粗丝埋弧焊的电弧自调节能力较弱，必须采用调节送丝速度，来保证熔化速度和送丝速度的相等，维持弧长的稳定。当电弧电压增高时，送丝速度加快；当电弧电压减小时，送丝速度减慢，使得弧长稳定。

变速送丝埋弧焊电源一般选用下降特性电源，当焊接电压降低时，焊接电流变化较小，则认为是熔化速度基本不变。直径为 4.0 mm 的焊丝，焊接电流为 600 A，焊接电压为 32 V 时的电压电流波形如图 5-20 所示。

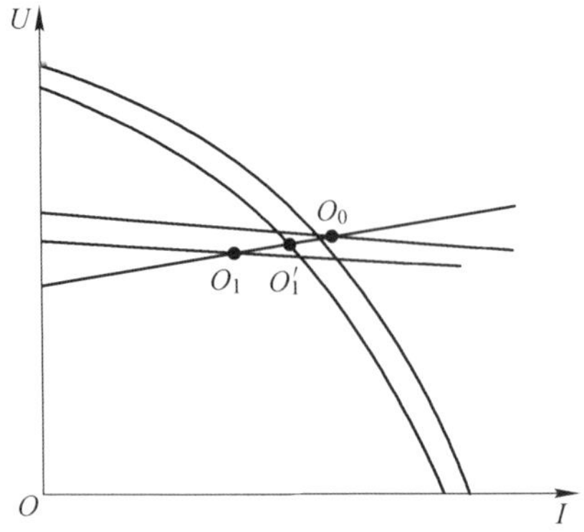

图 5-18　网路电压波动时电源外特性对电弧电压反馈自动调节系统焊接参数的影响

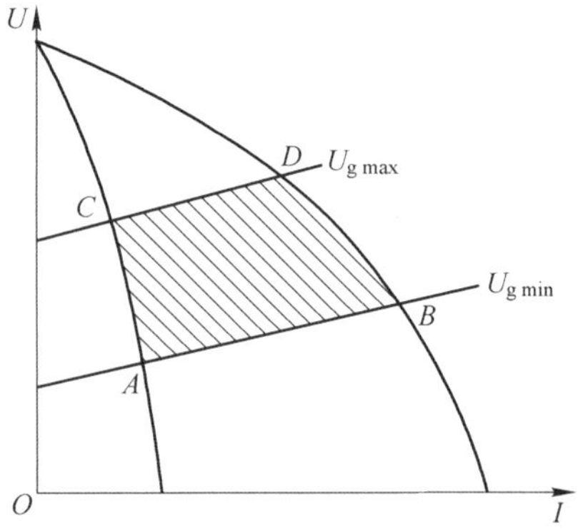

图 5-19　电弧电压反馈自动调节系统电流、电压调节方法

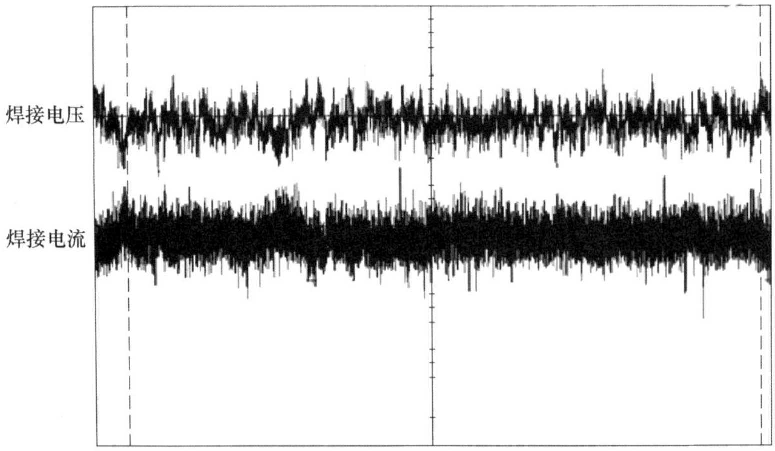

图 5-20　变速送丝电压电流波形图
（时标 100 ms/格）

四、两种调节系统的比较

熔化极电弧的自身调节系统和电弧电压反馈自动调节系统的特点比较如表 5-1 所示。由表 5-1 可以看出，这两种调节系统对焊接设备的要求、焊接参数的调节方法适用场合是不相同的，选用时应予以注意。

表 5-1　两种调节系统的特点比较

比较内容	调节方法	
	电弧自身调节作用	电弧电压反馈自动调节作用
控制电路及机构	简单	复杂
采用的送丝方式	等速送丝	变速送丝
采用的电源外特性	平特性或缓降外特性	陡降或垂降特性
电弧电压调节方法	改变电源外特性	改变送丝系统的给定电压

续表 5-1

比较内容	调　节　方　法	
	电弧自身调节作用	电弧电压反馈自动调节作用
焊接电流调节方法	改变送丝速度	改变电源外特性
控制弧长恒定的效果	好	好
网路电压波动的影响	产生静态电弧电压误差	产生静态焊接电流误差
适用的焊丝直径/mm	0.8~3.0	3.0~6.0

任务三　埋弧焊设备

一、埋弧焊机的功能和分类

（一）埋弧焊机的主要功能

（1）建立焊接电弧，并向电弧供给电能。

（2）连续地送进焊丝，并自动保持确定的弧长和焊接工艺参数不变，使电弧稳定燃烧。

（3）使电弧沿接缝移动，并保持确定的行走速度，并在电弧前方不断地向焊接区铺撒焊剂。

（4）控制焊机的引弧、焊接和熄弧停机的操作过程。

（二）埋弧焊机的分类

由于埋弧焊是采用自动焊，因而行走机构是多种多样，其驱动电机有直流电机、交流电机、步进电机和交流伺服电机等，调速方式有直流调压调速、交流变频器调速，步进电机和交流伺服电机采用专用的驱动器进行调速。常见的有焊车式、悬挂式、车床式、悬臂式和门架式等。

（1）小车式。小车式如图 5-21 所示，由机头、焊丝盘、机架、漏斗组成，机头可进行上下左右以及角度调整，保证焊枪和焊缝的对中，小车一般沿轨道行走，常用于焊接平板，也可用来对内外环缝的焊接。

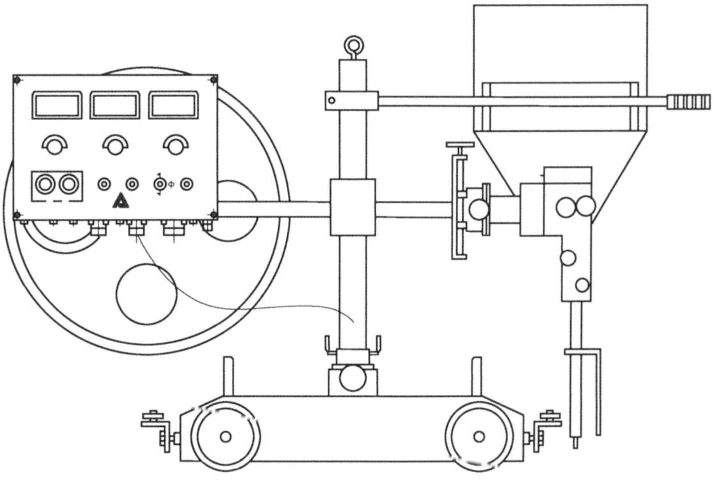

图 5-21　小车式结构

（2）十字架式。十字架式可以使机头在 X、Z 轴上做直线运动，也可以沿 Z 旋转，主要用于焊接管子的内外直缝、环缝焊接，也可用于钢结构的焊接，如图 5-22 所示。

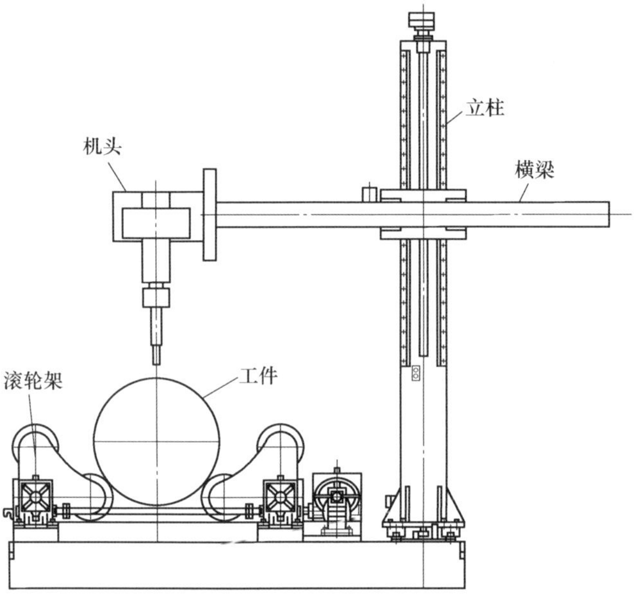

图 5-22　十字架式埋弧焊

（3）龙门式。在钢结构行业大量使用，将机头、电源等放在龙门架上，进行平面对接或船形焊缝的焊接，往往配合焊剂自动回收系统，可多台焊机同时焊接，如图 5-23 所示。

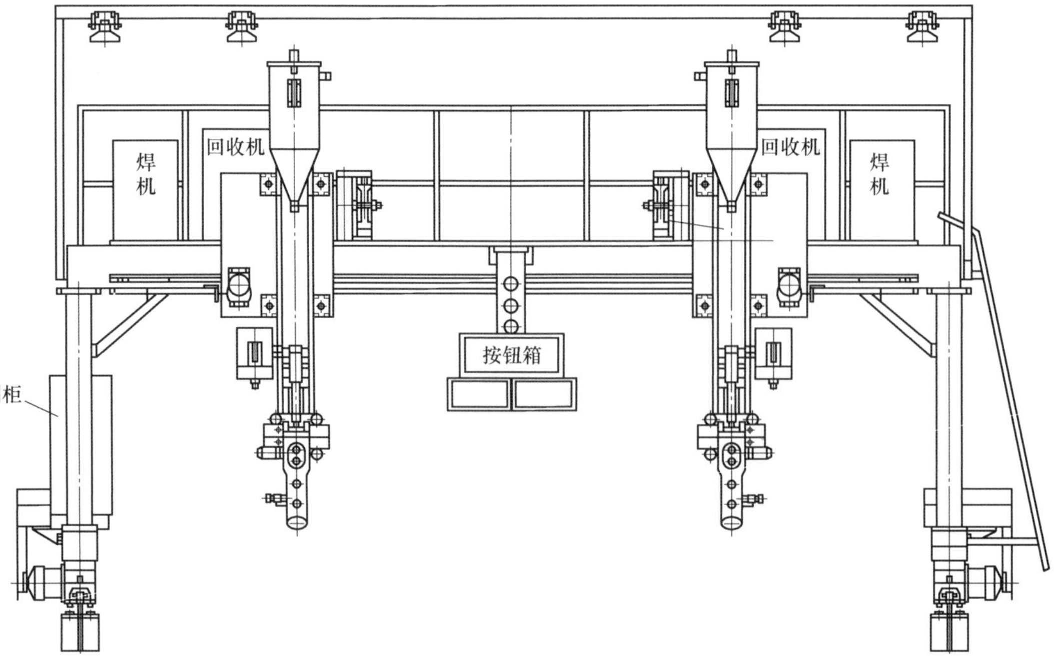

图 5-23　龙门式埋弧焊

二、埋弧焊机的结构特点

埋弧焊机主要由送丝机构、行走机构、机头调整机构、焊接电源和控制系统等部分组成。

（1）送丝机构。送丝机构包括送丝电动机及传动系统、送丝滚轮和矫直滚轮等。它应能可靠地送进焊丝并具有较宽的调速范围，以保证电弧稳定。

（2）焊车行走机构。焊车行走机构包括行走电动机及传动系统、行走轮及离合器等。行走轮一般采用橡胶绝缘轮，以免焊接电流经过车轮而短路。离合器合上时由电动机拖动，脱离时焊车可用手推动。

（3）焊接电源。埋弧焊机可配用交流或直流弧焊电源。采用直流电源焊接，能更好地控制焊道形状、熔深和焊接速度，也更容易引燃电弧。通常直流电源适用于小电流、快速引弧、短焊缝、高速焊接以及所采用焊剂的稳弧性较差和对焊接参数稳定性有较高要求的场合。采用直流电源时，不同的极性将产生不同的工艺效果。正接时焊丝的熔敷效率高；反接时焊缝熔深大。采用交流电源时，焊丝熔敷效率及焊缝熔深介于直流正接与反接之间，而且电弧的磁偏吹小。因而交流电源多用于大电流埋弧焊和采用直流时磁偏吹严重的场合。

埋弧焊电源的额定电流在630~2000 A之间（一般为1000 A），负载持续率为100%。常用的交流电源为同体式弧焊变压器；直流电源为硅弧焊整流器和晶闸管弧焊整流器，但由于功率因数低，目前已经逐步被稳定高效的逆变式埋弧焊机替代。

（4）控制系统。常用的埋弧焊机控制系统包括送丝拖动控制、行走拖动控制、引弧和熄弧的自动控制等。大型专用焊机还包括横臂升降和伸缩、立柱旋转、焊剂回收等控制系统。一般埋弧焊机常用一个控制箱来安装主要控制电器元件，但也有一部分元件安装在焊接小车的控制盒和电源箱内。在采用晶闸管等电子控制电路的新型埋弧焊机中已不单设控制箱，控制系统的电器元件安装在焊接小车上的控制盒和电源箱内。

除上述主要组成部分外，埋弧焊机还有导电嘴、送丝滚轮、焊丝盘、焊剂漏斗及焊剂回收器、电缆滑动支撑架、导向滚轮等易损件和辅助装置。

三、逆变式埋弧焊机

（一）直流逆变式埋弧焊电源的硬件结构

目前国内大功率直流逆变式埋弧焊电源的主回路，一般采用两个全桥逆变单元并联的结构，如图5-24所示。电流型PWM控制方式，同时送两路电流型PWM控制器，由于峰值电流反馈的作用，两路逆变器的电流相平衡，保证两个逆变器均流，即两个逆变器输出功率的平衡。

焊机的主回路结构如图5-25所示，三相交流电分别经过三相工频整流器后滤波变为直流，开关频率20 kHz的全桥逆变器将直流变为交流，通过高频变压器后降压，经快速二极管整流输出，为埋弧焊电弧负载提供稳定的能量。

与晶闸管式电源相比，逆变式埋弧焊电源使电源特性获得很大提升。

（1）功率损耗大大降低，焊机的效率可达到90%以上，比晶闸管焊机节能30%以上。

（2）逆变式埋弧焊电源的功率因数可达0.85以上，有效降低对电网容量的要求。

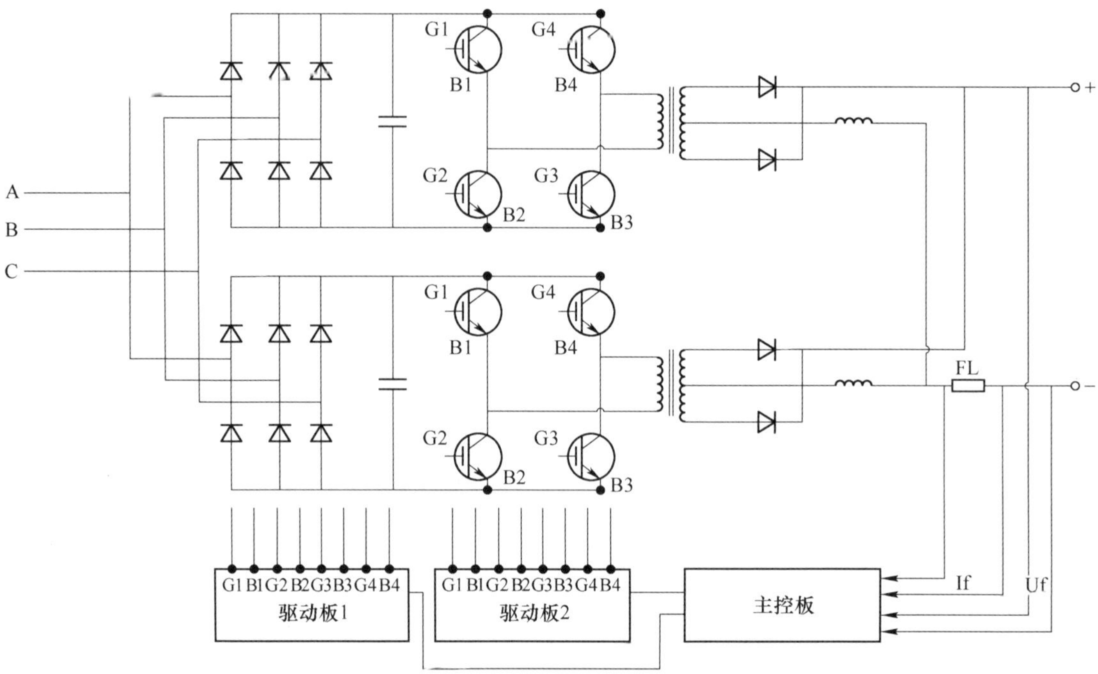

图 5-24　逆变埋弧焊电源结构

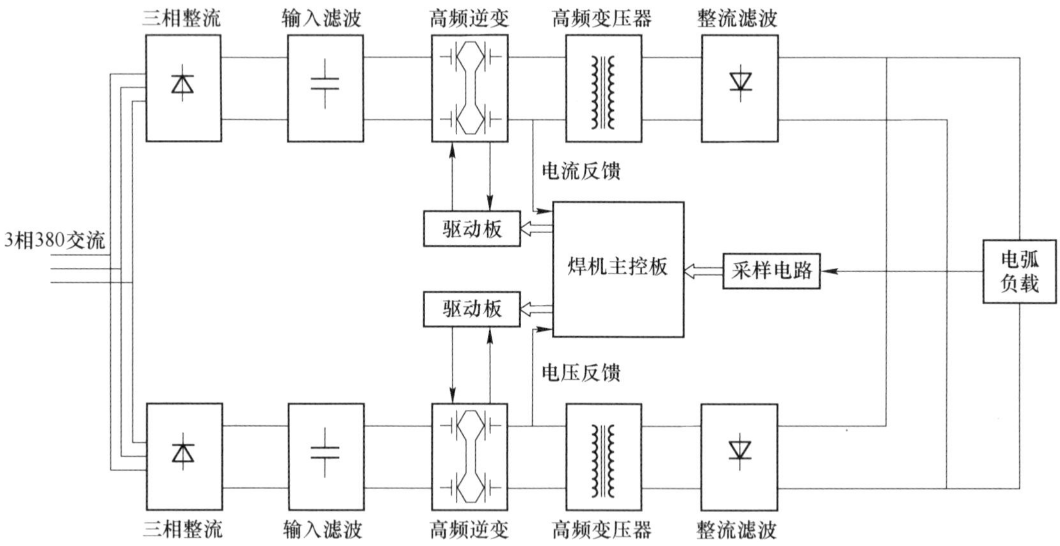

图 5-25　电流型 PWM 控制器控制框图

(3) 逆变器频率的提高，使输出电流的纹波较小，响应速度更快，因此动特性更好。

(4) 逆变器频率的提高，同时降低了主回路元件的体积，仅有晶闸管焊机的 1/3 左右。

(二) 直流逆变式埋弧焊电源的功能介绍

直流逆变式埋弧焊机的功能设置和参数调整，基本上由埋弧焊机控制面板和焊接小车控制面板两部分组成。下面以国内某知名品牌的产品为例，如图 5-26 所示，介绍直流逆变式埋弧焊机的功能设置和操作办法。

（1）焊接电流数显表：指示焊机电流预置值和焊接电流实际值。

（2）电弧电压推力电流/电弧力数显表：焊接时指示焊机的焊接电压值；手弧焊状态空载时指示焊机的空载电压值；埋弧焊状态空载时指示焊机的电压预置值。

（3）电压、推力、电弧力指示灯：指示电压/推力电流/电弧力数显表显示内容是焊接电压、推力电流还是电弧力。

（4）遥控/近控转换：“”（遥控）状态时，通过埋弧焊小车控制箱调节焊接电流的大小；“”（近控）状态时，在焊机控制面板上调节焊接电流的大小。

（5）过载保护器：当送丝或行走小车电机的电枢电流、送丝电机励磁电流过大时，过载保护器动作，焊机停止工作；排除故障后按下过载保护器，焊机方可继续工作。

（6）手弧/埋弧转换：置“”（手弧焊）状态时，方可进行手弧焊接或碳弧气刨；置“”（埋弧焊）状态时，方可进行埋弧焊接。

（7）焊丝选择：根据使用的焊丝规格进行选择。当特性转换置“”（降特性）状态时，进行粗丝选择，可选焊丝直径为 3 mm、4 mm、5 mm、6 mm；当特性转换置“”（平特性）状态时，进行细丝选择，可选焊丝直径为 1.6 mm、2 mm、2.4 mm、3 mm。单丝焊接时，所选中焊丝直径指示灯长亮。

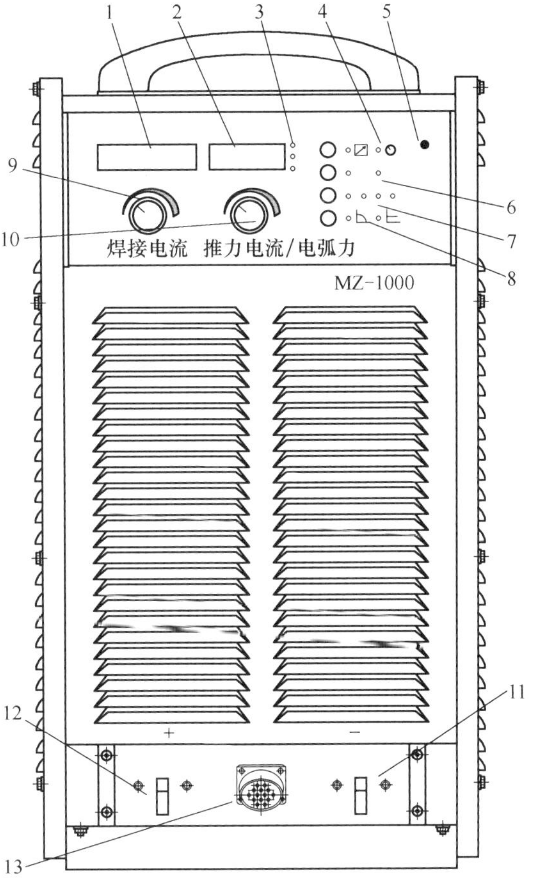

图 5-26　MZ-1000 焊机前面板

1—焊接电流数量表；2—电弧电压/推力电流/电弧力数量表；3—指示灯；4—遥控/近控转换；5—过载保护器；6—手弧/埋弧转换；7—焊丝选择；8—降/平特性转换；9—焊接电流调节旋钮；10—推力/电弧力调节旋钮；11，12—输出电缆接线柱；13—控制电缆接线口

（8）降/平特性转换：置“”（降特性）状态，则进行埋弧焊接时，电源输出特性为降特性；置“”（平特性）状态，则进行埋弧焊接时，电源输出特性为平特性。

（9）焊接电流调节旋钮：近控时调节焊接电流的大小，调节范围为 60~1000 A。

（10）推力/电弧力调节旋钮：手弧焊状态调节推力电流大小，调节范围 0~200 A；埋弧焊平特性状态调节电弧力大小，调节范围 0~20 挡，可改变焊接稳定性、熔深。

（三）直流逆变式埋弧焊电源控制箱的功能介绍

直流逆变式埋弧焊电源控制箱面板示意图，如图 5-27 所示。

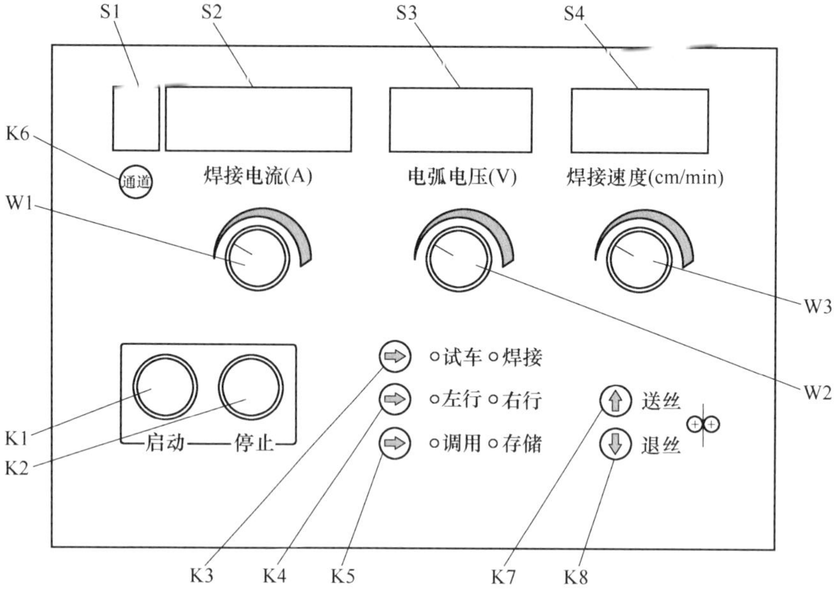

图 5-27　直流逆变式埋弧焊电源控制箱面板示意图

（1）数显窗口（S1）：显示存储或调用的焊接规范通道号；数显窗口（S2）：显示预置和实际的焊接电流（A）；出现故障时显示故障码；数显窗口（S3）：显示预置和实际的焊接电压（V）；数显窗口（S4）：显示预置和实际的焊接速度（cm/min）。

（2）电流调节旋钮（W1）：调节预置和实际的焊接电流大小；电压调节旋钮（W2）：调节预置和实际的焊接电压大小；焊接速度调节旋钮（W3）：调节预置和实际的焊接速度大小。

（3）启动按钮（K1）：通电后按此按钮焊机开始工作，且启动指示灯亮；停止按钮（K2）：焊机工作情况下按此按钮，焊机停止工作，停止指示灯亮。

（4）方式选择按键（K3）：焊车手动/自动手柄，置于“自动”位置时，按 K3 选为“试车”状态，焊车应该按预置速度行走。按 K3 选为“焊接”状态后，按启动按钮即可进行正常焊接。行走方向按键（K4）：控制焊车在试车和焊接时的行走方向。

（5）通道选择按键（K6）：选择要调用或存储焊接规范通道号。

（6）送/退丝按键（K7/K8）：控制焊丝的下送与上退。顶丝保护功能说明：按 K8 时，如果焊丝和工件接触，则出现顶丝保护（焊丝不能继续向下送），此时若需要焊丝继续向下送，按住 K8 按键 3 s 以上。

（四）直流逆变式埋弧焊电源的数字化控制技术

目前数字化埋弧焊机采用 MCU 数字化控制，原理图如图 5-28 所示。控制芯片的主要工作如下：

（1）控制逻辑，引弧控制时序、焊接过程控制时序和收弧控制时序。

（2）焊接电源和控制箱的数字通信，如启动、停止信号、电流和电压的显示信号、抽丝和送丝信号。

（3）根据内置的数据库信息，对焊接过程中的送丝速度进行运算调整。

（4）可自诊断故障，包括对控制电缆断路、过热、过流等故障的诊断。

（5）通过数字群控通信接口，结合无线网络技术，实现与企业办公网络的无缝连接。

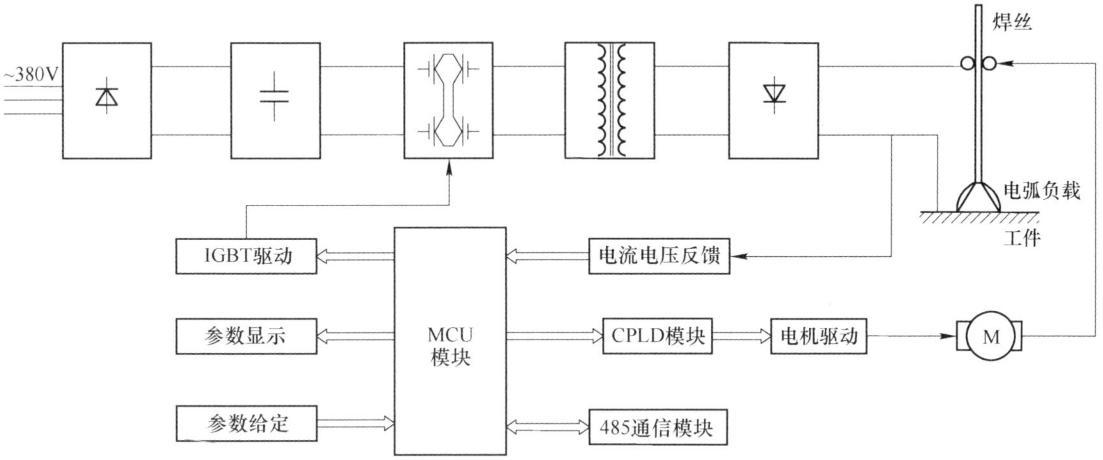

图 5-28　数字化控制埋弧焊机原理图

四、埋弧焊机的使用维护及常见故障的排除

（一）埋弧焊机的安装与调试

1. 安装

埋弧焊机安装时，要仔细研读使用说明书，严格按照说明书中的要求进行安装接线，如图 5-29 所示。注意外接电网电压应与设备要求的电压一致。外接电缆要有足够的容量和良好的绝缘。连接部分的螺母要拧紧，尤其是地线连接的可靠性很重要，否则可能危及人身安全。通电前，应认真检查接线的正确性；通电后，应仔细检查设备的运行情况，如有无发热、有无声音异常等，并应注意运动部件的转向和测量仪表指示的方向是否正确无误等。若发现异常，应立即停机处理。

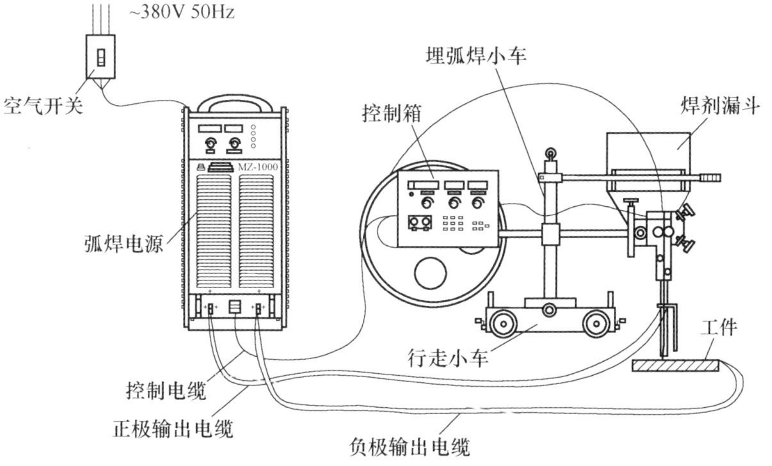

图 5-29　埋弧焊机连接图

2. 调试

调试应在确保安装接线准确无误后才能进行。埋弧焊机的调试主要是对新设备安装后的各种性能指标的调整测试，包括对电源、控制系统、小车三大组成部分的性能、参数的测试和焊接试验。

（1）电源性能参数的测试。焊机按使用说明书组装后，接通电源、调节电源输出电压和电流，观察变化是否均匀，调节范围与技术参数比较是否一致，以便了解设备的情况。

（2）控制系统的调试。测试送丝速度，即比较测试数值与技术参数的一致性，与工艺要求是否符合；测试引弧操作是否有效、可靠；测试小车行走速度、调整范围和调节的均匀性；电源的调节特性试验，可设置人为障碍，改变焊接条件（弧长变化），观察焊机的自身调节特性或电弧电压反馈自动调节特性；检查各控制按钮动作是否灵活有效。

（3）小车性能的检测。小车的行走是否平稳、均匀，可在运行中观察测试；检查机头各个方向的运动是否与技术参数一致，能否符合使用要求；观察驱动电动机和减速系统运行状态，有无异常声音和现象；焊丝的送进、校直、夹持导电等部件的功能测试，可根据焊丝送出的状态进行判断；在运行中观察焊剂的铺撒和回收情况。

（4）试焊。按设定的参数进行试焊，检查焊缝表面成形和焊缝质量。

以上各项如与技术参数不一致，或发生故障，且无法排除应立即与厂家联系。

（二）使用与维护

为保证焊接过程顺利进行，提高生产效率和焊接质量，延长焊机寿命，应正确使用焊机并对焊机进行经常性的保养维护，使其处于良好的工作状态。

只有熟悉焊机的结构、工作原理和使用方法，才能正确使用和及时排除各种故障，有效地发挥设备的正常功能。在使用过程中应对设备经常进行清理，严防异物落入电源或焊接小车的运动部件内，并应及时检查连接件是否因运动时的振动而松动。运动部件响声异常、电路引线不正常发热往往就是由连接件松动而引起的。若设备在露天工作，还要特别注意因下雨受潮而破坏焊机的绝缘等问题。但是任何设备工作一段时间后，发生某些故障总是难免的，因此对焊接设备必须进行经常性的检查和维护。

（三）故障的诊断及排除

MZ-1000 型埋弧焊机常见故障及处理方法见表 5-2。

表 5-2　MZ-1000 型埋弧焊机常见故障及处理方法

序号	现　象	原　因	措　施
1	焊机不工作，焊接时风扇不转	电源缺相	检查电源
		机内保险管（3A）断	检查风机、电源变压器、固态继电器和主控板是否完好
		风机、电源变压器、固态继电器或主控板损坏断线	查线
		机内空气开关跳闸	由专业人员检查维修
		下列器件可能损坏：IGBT 模块、三相整流模块、输出二极管模块、其他器件	IGBT 损坏时，驱动板输出部分各元件一般也可能损坏，需检查更换

续表 5-2

序号	现　象	原　　因	措　施
2	焊接电流不稳	（1）缺相或网路电源波动太大； （2）电流传感器损坏； （3）主控板损坏； （4）焊接参数不正确； （5）压紧滚轮压得不紧； （6）焊丝输送滚轮磨损过大； （7）导电嘴与焊丝接触不良； （8）焊丝未清理； （9）焊丝盘内焊丝太乱； （10）焊丝输送机构有故障	（1）检查电源； （2）检查更换
3	焊接电流不可调	（1）机内断线； （2）主控板损坏； （3）控制电缆损坏	检查更换
4	电流数显表显示 E001	热保护	空载（不需关机）运行几分钟后再工作
5	电流数显表显示 E002	输出二极管短路	检查更换
6	电流数显表显示 E003	通信故障	检查控制电缆有无断线和短路故障
7	按下调整焊丝上下位置的按钮，焊丝不动作或动作不对	控制箱供电有故障	检查并修复
		按钮开关接触不良	检查并修复
		感应电动机转动方向不对	改换输入三相线接线
		发电机或电动机电刷接触不良	检查并修复
8	按下启动按钮，线路工作正常，但不引弧	焊接电源未接通	接通焊接电源
		送丝机不动作	检查并修复
		焊丝与焊件接触不良	清理焊件及焊丝末端凝固物
9	焊接过程中焊剂停止输送或输送不均匀	焊剂漏斗开关处被结块的焊剂堵塞	清理焊剂漏斗
		导电嘴未置于焊剂漏斗中间	检查并调整
10	电流数显表显示 E008	埋弧焊转手弧焊时的短路	去除正负极之间的短路

注：除故障 4 和 10 外，其他故障排除后都要重启电源才能继续工作。

任务四　埋弧焊的焊接材料与冶金过程

一、埋弧焊的焊接材料及选用

埋弧焊所用的焊接材料包括焊剂和焊丝两大类。焊接不同材质的焊件所使用的焊剂、焊丝及其匹配方式不同。

（一）焊剂

（1）焊剂的作用及对其要求。焊剂的作用与焊条药皮相似，主要有三大作用：

1）保护作用。埋弧焊过程中，电弧热使部分焊剂熔化产生熔渣和大量气体，有效地隔绝空气，保护焊丝末端、熔滴、熔池和高温区金属，防止焊缝金属氧化、氮化及合金元素的烧损和蒸发，并使电弧过程稳定。

2）冶金作用。焊剂还可起脱氧和渗合金的作用，与焊丝恰当配合使焊缝金属获得所需要的化学成分和力学性能。

3）改善焊接工艺性能。在埋弧焊过程中，使电弧能稳定地连续燃烧，获得成形美观的焊缝。

为保证埋弧自动焊焊缝质量，对焊剂的基本要求是：具有良好的稳弧性，保证电弧的稳定燃烧；硫、磷含量要低，对锈、油及其他杂质的敏感性要小，以防止焊缝中产生裂纹和气孔等缺陷；焊剂还要有合适的熔点，熔渣要有适当的黏度，且具有良好的脱渣性，以保障焊缝成形良好；焊剂在焊接过程中析出的有害气体应尽可能少；具有恰当粒度和足够的颗粒结合强度，吸潮性要小，以利于焊剂重复使用。

（2）焊剂的分类及牌号。按制造方法分熔炼焊剂和烧结焊剂两大类。熔炼焊剂是将按配比混合的原材料经火焰或电弧加热熔炼后，经过水冷粒化、烘干、筛选而制成的。熔炼焊剂的优点是成分均匀、颗粒强度高、吸水性小、易储存；缺点是焊剂中无法加入脱氧剂和铁合金，因为熔炼过程烧损非常严重。烧结焊剂又称非熔炼焊剂，其制作过程为配料干混、加水玻璃湿混、过筛、成形，经 400 ℃以下低温烧结或 400~1000 ℃高温烧结。低温烧结焊剂也称黏结焊剂。由于未经熔化，烧结焊剂中可以加入足量铁合金来改善焊缝组织和性能，脱渣性能较好，但有易吸潮等缺点。

（二）焊丝

（1）埋弧焊焊丝的作用。一是作为填充金属，成为焊缝金属的组成部分；二是作为电弧的电极参与导电，产生电弧；三是向焊缝过渡合金元素，参与冶金反应，使焊缝金属获得所需要的化学成分和力学性能。

（2）埋弧焊焊丝的分类。根据焊丝的成分和用途可分为钢焊丝（包括碳素结构钢焊丝和合金结构钢焊丝）和不锈钢焊丝两大类，其钢种、牌号及成分见国标 GB/T 14957—1994《熔化焊用钢丝》和 GB/T 4241—2006《焊接用不锈钢盘条》。随着埋弧焊所焊金属种类的增多，焊丝的品种也在增加，如高合金钢焊丝、各种有色金属焊丝和堆焊用的特殊合金焊丝等。

（3）埋弧焊焊丝的选用。在用埋弧焊焊接碳素结构钢和某些低合金结构钢选用焊丝时，最主要是考虑焊丝中锰和硅的含量。应考虑焊丝向熔敷金属中过渡的锰和硅对熔敷金属力学性能的影响。常选用的焊丝牌号有 H08、H08A、H08Mn、H08MnA、H10Mn2A、H15Mn 等，焊丝中 $w(C)$ 不超过 0.12%，否则会降低焊缝的塑性和韧性，并增加焊缝金属产生热裂纹的倾向。焊接合金钢及不锈钢等合金含量较高的材料时，应选用与母材成分相同或相近的焊丝，或性能上可满足材料要求的焊丝。

为适应焊接不同厚度材料的要求，同一牌号焊丝可加工成不同直径，埋弧焊常用焊丝直径为 1.6~6 mm。

不同牌号焊丝应注意分类保管，防止混用、错用。使用前注意清除铁锈及油污。焊丝一般成卷供应，使用时要盘卷到焊丝盘上，在盘卷和清理过程中，要防止焊丝产生局部小弯曲或在焊丝盘中相互套叠。否则，会影响焊接时正常送进焊丝，破坏焊接过程的稳定，严重时会使焊接过程中断。有些焊丝表面镀有一薄层铜，可防止焊丝生锈并使导电良好，存放时应尽量保持镀铜层完好。

（三）焊丝和焊剂的选配

为获得高质量埋弧焊接头，又尽可能降低成本，正确选配焊丝和焊剂是十分重要的。

低碳钢和强度等级较低的合金钢采用埋弧焊时，焊丝和焊剂的选配原则通常以满足力学性能要求为主，使焊缝与母材等强，同时要满足其他力学性能指标。可选用高锰高硅型焊剂，配用 H08MnA 焊丝，或选用低锰、无锰型焊剂，配用 H08MnA、H10Mn2 焊丝，也可选用硅锰型烧结焊剂，配用 H08A 焊丝。

低合金高强度钢埋弧焊选配焊丝与焊剂时，除满足等强要求外，还要特别注意焊缝的塑性和韧性。可选用中锰中硅或低锰中硅型焊剂，配用适当强度的低合金高强度钢焊丝。也可选用硅锰型烧结焊剂，配用 H08A 焊丝。

耐热钢、低温钢、耐蚀钢采用埋弧焊时，选配焊丝与焊剂首先应保证焊缝具有与母材相同或相近的耐热、低温、耐蚀性能。应选用无锰或低锰、中硅或低硅型熔炼焊剂，或者选用高碱度烧结焊剂配用相近钢种的合金钢焊丝。

铁素体、奥氏体等高合金钢采用埋弧焊时，选配焊丝与焊剂首先要保证焊缝与母材有相近的化学成分，同时满足力学性能和抗裂性能等方面的要求。一般选用高强度烧结焊剂或无锰中硅中氟、无锰低硅高氟焊剂，配用适当的焊丝。有些焊剂特别适合于环缝、高速焊、堆焊等特殊场合。用埋弧焊焊不同钢种时，焊丝与焊剂的配合如表 5-3 所示。

表 5-3　埋弧焊焊不同钢种时焊丝与焊剂选配推荐表

钢　种	焊丝牌号	焊剂牌号
Q235A、B、C、D 级	H08A、H08MnA	HJ431
15、20、25、20g	H08MnA、H10Mn2	HJ431、HJ330
Q295（09Mn2、09MnV、09MnNb）	H08A、H08MnA	HJ431
Q345（16Mn、14MnNb）	H08MnA、H10Mn2、H08MnSi 厚板深坡口 H10Mn2	HJ431 HJ350
Q390（15MnV） Q390（15MnTi、16MnNb）	H08MnA、H10Mn2、H08MnSi 厚板深坡口 H08MnMoA	HJ431 HJ350、HJ250
Q420（15MnVN） Q420（14MnVTiRE）	H08MnMoA H08MnVTiA	HJ431 HJ350
Q420（15MnVN） 14MnMoNi	H08Mn2MoA H08Mn2MoVA	HJ250 HJ350
30CrMnSiA	H20CrMoA H18CrMoA	HJ431 HJ260
30CrMnSiNi2A	H18CrMoA	HJ260
35CrMoA	H20CrMoA	HJ260

续表 5-3

钢　　种	焊丝牌号	焊剂牌号
12CrMo	H12CrMo	HJ260、HJ250
15CrMo	H15CrMo	
12Cr2Mo1	H08CrMoA	
0Cr18Ni9Ti 1Cr18Ni9Ti	H0Cr21Ni10 H0Cr20Ni10Ti	HJ151 HJ151、SJ608
00Cr18Ni10N	H0Cr20Ni10Ti	HJ260
00Cr17Ni13Mo2N 00Cr17Ni14Mo2	H00Cr19Ni12 Mo3	HJ260 HJ151、SJ608
0Cr18Ni12Mo3Ti	H0Cr20Ni14 Mo3	HJ260、HJ151、SJ601
0Cr13 1Cr13	H0Cr14	HJ260
2Cr13	H1Cr13	HJ260

二、埋弧焊的冶金过程

（一）埋弧焊冶金过程的一般特点

埋弧焊冶金过程是指液态金属、液态熔渣和电弧气氛之间的相互作用，主要包括氧化、还原反应，脱硫、脱磷反应以及去除气体等过程。此过程具有以下特点：

（1）空气不易侵入电弧区。埋弧焊是靠电弧热作用熔化焊剂形成的熔渣气体空腔来保护电弧及熔池区，防止空气的侵入，因此保护效果极好，与焊条电弧焊相比，焊缝中含氮量极低。因此，埋弧焊焊缝金属具有较高的塑性和韧性。

（2）冶金反应充分。焊接电流和熔池尺寸较大，且焊接熔池和焊缝金属被较厚的熔渣层覆盖，使熔池金属凝固速度减慢，熔池金属处于液态的时间比焊条电弧焊高几倍，液态金属与熔渣之间相互作用即冶金反应充分，气孔、夹渣容易析出。

（3）焊缝金属的合金成分易于控制。埋弧焊可以通过焊剂或焊丝对焊缝金属进行渗合金，也可通过冶金反应使硅、锰向焊缝金属过渡，使得焊缝金属的合金成分易于控制。

（4）焊缝金属纯度较高且化学成分稳定均匀。高温熔渣具有较强的脱硫、脱磷作用和去除气体的作用，所以焊缝金属的硫、磷、氢、氧含量都较低，提高了焊缝金属的纯度；焊接参数比手弧焊稳定，单位时间内所熔化金属与焊剂之比也较为稳定，因而焊缝金属的化学成分相对比较稳定均匀。

（二）低碳钢埋弧焊的主要冶金反应

埋弧焊的熔渣除了对电弧和熔池有机械隔离保护作用外，还产生冶金反应。主要是置换反应——形成锰、硅还原渗入熔池，碳被烧损，以及 S、P、H_2 等有害杂质向熔池的过渡。

（1）锰、硅的还原反应。锰、硅是低碳钢埋弧焊焊接时焊缝金属中最主要的合金成分。提高锰含量有助于降低热裂倾向和改善焊缝金属的力学性能；硅能镇静熔池，提高焊缝的致密度。高锰高硅“HJ430”“HJ431”与 H08、H08A，或 H08Mn、H08MnA 焊丝配用焊接低碳钢时，$MnO\text{-}SiO_2$型渣系的熔渣与熔融液态金属将产生下列还原反应：

$$2[Fe] + (SiO_2) = 2(FeO) + [Si]$$

$$[Fe] + (MnO) = (FeO) + [Mn]$$

式中，[ ] 表示在液态金属中含量；( ) 表示在熔渣中的含量。

其结果将造成 Si、Mn 向熔池中过渡。在焊丝端部的熔滴、过渡的熔滴及熔池液态金属三个区域温度最高，上式反应总是向右进行的，使 Si、Mn 向液态金属渗入过渡，弧柱区过渡最多，焊丝端为次，再次为熔池前部。而在熔池后部，以上反应向左进行，使一部分 Mn、Si 重返熔渣，但因温度低，反应速率减慢，故最终焊缝金属的 Mn、Si 含量都增加了。

高锰高硅低氟焊剂焊接低碳钢时，通常过渡量 $\Delta w(Si) = 0.1\% \sim 0.3\%$，$\Delta w(Mn) = 0.1\% \sim 0.4\%$。

（2）碳的烧损。碳只能从焊丝及母材中进入焊接熔池，熔炼焊剂是不含碳成分的。

在焊丝熔滴过渡过程及在熔池内，都会发生碳的氧化烧损，即

$$C + O = CO$$

提高液态金属中的含硅量能抑制碳的烧损，采用含硅或含硅、锰量都较高的焊剂可减少碳的烧损。

焊丝中含碳量增加，则碳的烧损量会增大。碳的氧化烧损给熔池带来搅动，使熔池中的气体容易析出。氧化生成的 CO 也是生成气孔的因素之一，但埋弧焊缝出现的气孔主要是氢造成的，所以适当提高焊丝中含碳量对降低氢气孔是有利的。碳的含量对金属力学性能影响很大，所以烧损后必须补充其他强化焊缝金属的元素，因此要求焊缝中 Si、Mn 含量要高些。

（3）脱氢反应。为了防止埋弧焊缝中出现氢气孔，首先要杜绝氢的来源，所以焊丝和焊缝坡口的除锈、油及其他污染物是不可忽视的重要途径，并按要求烘干焊剂；其次是通过适当冶金反应使氢结合成不溶于熔池的化合物 HF，为此在焊剂中加入 CaF_2。电弧高温下氢与氧也可生成稳定化合物 OH，它不溶于熔池，有利于消除氢气孔。

（4）硫、磷的限制。为防止从熔渣向液态金属过渡 S、P，并引起焊缝热裂或冷脆，焊剂中 S 的含量不大于 0.060%，P 的含量不大于 0.080%。

任务五　埋弧焊焊接工艺及焊接缺陷

一、埋弧焊焊接接头设计

埋弧焊接头应根据结构特点（主要是焊件厚度）、材质特点和埋弧焊工艺特点综合进行设计。每一种接头的焊缝坡口的基本形式和尺寸现已标准化，不同厚度的焊接接头坡口形式应按国标 GB/T 985.2—2008《埋弧焊的推荐坡口》进行选用。

若结构只能单面焊，则开 V 形或 U 形坡口；若可两面施焊，可开双 V 形（或 X 形）或双 U 形坡口。在同样厚度下 V 形坡口较 U 形坡口消耗较多的填充金属，板越厚，消耗越多。但 U 形坡口加工费较高。一般情况下板厚为 12～30 mm 时，开单面 V 形坡口，

30~50 mm 可开双面 V 形（即 X 形）坡口，20~50 mm 时可开 U 形坡口，50 mm 以上可开双面 U 形坡口。

二、焊接工艺参数的选择

影响焊缝形状及尺寸的工艺参数包括：焊接参数、工艺因素和结构因素等三方面。

（一）焊接参数

埋弧焊的焊接参数主要是焊接电流、电弧电压和焊接速度等。

（1）焊接电流。焊接电流对焊缝形状及尺寸的影响如图 2-28（a）所示。熔深 H 几乎与焊接电流呈正比，其余条件相同时，减小焊丝直径，可使熔深增加而熔宽减小。为了获得合理的焊缝成形。通常在提高焊接电流的同时，相应地也提高电弧电压。

（2）电弧电压。在其他条件不变的情况下，电弧电压对焊缝形状及尺寸的影响如图 2-28（b）所示。电弧电压与电弧长度成正比关系。埋弧焊接过程中为了电弧燃烧稳定总要求保持一定的电弧长度，若弧长比稳定的弧长偏短，意味着电弧电压相对于焊接电流偏低，这时焊缝变窄而余高增加；若弧长过长，即电弧电压偏高，这时电弧出现不稳定，熔宽增加，余高变小，甚至出现咬边。在实际生产中焊接电流增加时，电弧电压也相应增加，或熔深增加的同时，熔宽也相应增加。

（3）焊接速度。在其他条件不变的情况下，焊接速度对焊缝形状及尺寸的影响如图 2-28（c）所示。提高焊接速度则单位长度焊缝上输入热量减少，加入的填充金属量也减少，于是熔深减小、余高降低和焊道变窄。过快的焊接速度减弱了填充金属与母材之间的熔合并加剧咬边、电弧偏吹、气孔和焊道形状不规则的倾向。较慢的焊接速度使气体有足够时间从正在凝固的熔化金属中逸出，从而减少气孔倾向。但过低的焊速又会形成的凹形焊道，引起焊道波纹粗糙和夹渣，实际生产中为了提高生产率，在提高焊接速度的同时必须加大电弧的功率（即同时加大焊接电流和电弧电压），才能保证稳定的熔深和熔宽。

（二）工艺因素

工艺因素主要指焊丝倾角、焊件倾斜和焊剂层的宽度与厚度等对焊缝成形的影响。

（1）焊丝倾角。通常认为焊丝垂直水平面的焊接为正常状态，若焊丝在前进方向上偏离垂线，如产生前倾或后倾，其焊缝形状是不同的。后倾焊熔深减小，熔宽增加，余高减少；前倾恰相反。

（2）焊件倾斜。指焊件倾斜后焊缝轴线不在水平线上，出现了俗称的上坡焊或下坡焊。上坡焊随着倾角 β 的增加，由于重力引起熔池向后流动，母材的边缘熔化并流向中间，熔深和熔宽减小，余高增大。当倾角 $\beta=6°\sim12°$，则余高过大，两侧出现咬边，成形明显恶化。所以应避免上坡焊，或限制倾角 $\beta<6°$。下坡焊效果与上坡焊相反，若 β 过大，焊缝中间表面下凹，熔深减小，熔宽加大，就会出现未焊透、未熔合和焊瘤等缺陷。在焊接圆筒状工件的内、外环径时，一般都采用下坡焊，以减少烧穿的可能性，并改善焊缝成形。厚度 1~3 mm 薄板高速焊接，当 $\beta=15°\sim18°$时下坡焊效果好。随着板厚增加，下坡焊斜角相应减少，以加大熔深。侧面倾斜也对焊缝形状造成影响，一般侧向倾角 $\beta\leqslant3°$。

（3）焊剂层厚度。在正常焊接条件下，被熔化焊剂的重量约与被熔化焊丝的重量相等。焊剂层太薄时，则电弧露出，保护不良，焊缝熔深浅，易生成气孔和裂纹等缺陷。过厚则熔深大于正常值，且出现峰形焊道。在同样条件下用烧结焊剂焊的熔深浅，熔宽大，其熔深仅为熔炼焊剂的70%~90%。

（4）焊剂粒度。焊剂粒度增大时，熔深和余高略减，而熔宽略增，即焊缝成形系数φ和余高系数增大，而熔合比γ稍减。

（5）焊丝直径。在其他工艺参数不变的情况下，减小焊丝直径，意味着焊接电流密度增加，电弧窄，因而焊缝熔深增加，宽深比减小。

（6）极性。直流正极性（焊件接正极）焊缝的熔深和熔宽比直流反接的小，而交流电介于两者之间。

综合上述各焊接工艺参数对焊缝成形的影响，如表5-4所示。

表5-4　埋弧焊焊接工艺参数对焊缝成形的影响

焊缝特征	下列各项值增大时焊缝特征的变化										
	焊接电流（≤1500 A）	焊丝直径	电弧电压/V		焊接速度/m·h^{-1}		焊丝后倾角度	焊件倾斜角		间隙和坡口	焊剂粒度
			22~34	35~60	10~40	40~100		下坡焊	上坡焊		
熔深	剧增	减	稍增	稍减	稍增	减	剧减	减	稍增	几乎不变	稍减
熔宽	稍增	增	增	剧增（正接例外）	减		增	增	稍减	几乎不变	稍增
余高	剧增	减	减		稍增		减	减	增	减	稍减
焊缝成形系数	剧减	增	增	剧增（正接例外）	减	稍减	剧减	增	减	几乎不变	增
余高系数	剧减	增	增	剧增（正接例外）	减		剧增	增	减	增	增
母材熔合比	剧增	减	稍增	几乎不变	剧增	增	减	减	稍增	减	稍减

（三）结构因素

主要指接头形式、坡口形状、装配间隙和工件厚度等对焊缝形状和尺寸的影响。

增大坡口深度或宽度，或增大装配间隙时，则相当于焊缝位置下沉，其熔深略增，熔宽略减，余高和熔合比则明显减小。因此，可以通过改变坡口的形状、尺寸和装配间隙来调整焊缝金属成分和控制焊缝余高。

工件厚度t和散热条件对焊缝形状也有影响，当熔深$H \leqslant (0.7 \sim 0.8)t$时，则板厚与工件散热条件对熔深影响很小，但散热条件对熔宽和余高有明显影响。用同样的工艺参数在冷态厚板上施焊时，得到的焊缝比在中等厚度板上施焊时的熔宽较小而余高较大。当熔深接近板厚时，底部散热条件及板厚的变化对熔深的影响比较明显，焊缝根部出现热饱和现象而使熔深增大。

三、埋弧焊的常见缺陷及防止方法

埋弧焊常见缺陷有焊缝成形不良、咬边、未熔合、未焊透、气孔、裂纹和夹渣等，它们产生的原因、防止与消除方法如表5-5所示。

表 5-5　埋弧焊常见缺陷的产生原因及其消除方法

<table>
<tr><th colspan="2">缺陷名称</th><th>产 生 原 因</th><th>消 除 方 法</th></tr>
<tr><td rowspan="13">焊缝表面成形不良</td><td rowspan="3">宽度不均匀</td><td>焊接速度不均匀</td><td>找出原因排除故障</td></tr>
<tr><td>焊丝给送速度不均匀</td><td>找出原因排除故障</td></tr>
<tr><td>焊丝导电不良</td><td>更换导电嘴衬套（导电块）</td></tr>
<tr><td rowspan="3">堆积高度过大</td><td>电流太大而电压过低</td><td>调节焊接参数</td></tr>
<tr><td>上坡焊时倾角过大</td><td>调整上坡焊倾角</td></tr>
<tr><td>环缝焊接位置不当（相对于焊件直径和焊接速度）</td><td>相对于一定的焊件直径和焊接速度，确定适当的焊接位置</td></tr>
<tr><td rowspan="6">焊缝金属满溢</td><td>焊接速度过慢</td><td>调节焊速</td></tr>
<tr><td>电压过大</td><td>调节电压</td></tr>
<tr><td>下坡焊时倾角过大</td><td>调整下坡焊倾角</td></tr>
<tr><td>环缝焊接位置不当</td><td>相对于一定的焊件直径和焊接速度，确定适当的焊接位置</td></tr>
<tr><td>焊接时前部焊剂过少</td><td>调整焊剂覆盖状况</td></tr>
<tr><td>焊丝向前弯曲</td><td>调节焊丝矫直部分</td></tr>
<tr><td>焊缝中间凸起两边凹陷</td><td>焊剂圈过低并有黏渣，焊接时熔渣被黏渣托压</td><td>提高焊剂圈，使焊剂覆盖高度达 30~40 mm</td></tr>
<tr><td colspan="2" rowspan="2">咬边</td><td>焊丝位置或角度不正确</td><td>调整焊丝</td></tr>
<tr><td>焊接参数不当</td><td>调节焊接参数</td></tr>
<tr><td colspan="2" rowspan="2">未熔合</td><td>焊丝未对准焊缝</td><td>调整焊丝</td></tr>
<tr><td>焊缝局部弯曲过大</td><td>精心操作</td></tr>
<tr><td colspan="2" rowspan="3">未焊透</td><td>焊接参数不当（电流过小或电弧电压过高）</td><td>调整焊接参数</td></tr>
<tr><td>坡口不合适</td><td>修正坡口</td></tr>
<tr><td>焊丝未对准焊缝</td><td>调整焊丝</td></tr>
<tr><td colspan="2" rowspan="6">气孔</td><td>接头未清理干净</td><td>接头必须清理干净</td></tr>
<tr><td>焊剂潮湿</td><td>焊剂按规定烘干</td></tr>
<tr><td>焊剂（尤其是焊剂垫）中混有杂质</td><td>焊剂必须过筛、吹灰，清除杂质</td></tr>
<tr><td>焊剂覆盖层厚度不当或焊剂漏斗阻塞</td><td>调节焊剂覆盖层高度，疏通焊剂漏斗</td></tr>
<tr><td>焊丝表面清理不干净</td><td>焊丝必须清理，清理后应尽快使用</td></tr>
<tr><td>电压过高</td><td>调整电压</td></tr>
<tr><td colspan="2" rowspan="2">夹渣</td><td>多层焊时，层间清渣不干净</td><td>层间彻底清渣</td></tr>
<tr><td>多层分道焊时，焊丝位置不当</td><td>每层焊后发现夹渣必须清理修复</td></tr>
</table>

续表 5-5

缺陷名称	产 生 原 因	消 除 方 法
裂纹	焊件、焊丝、焊剂等材料配合不当	合理选配焊接材料
	焊丝中含碳、硫量较高	选用合格焊丝
	焊接区冷却速度过快导致热影响区硬化	适当降低焊接速度以及焊前预热和焊后缓冷
	多层焊的第一道焊缝截面过小	焊前适当预热或减小电流，降低焊接速度
	焊缝成形系数太小	调整焊接参数和改进坡口
	角焊缝熔深太大	调整焊接参数和改变极性
	焊接顺序不合理	合理安排焊接顺序
	焊件刚度大	焊前预热及焊后缓冷
烧穿	焊接参数及工艺因数选择不当	选择适当规范

任务六　埋弧焊操作训练

一、埋弧焊准备工作

（一）劳动保护

与焊条电弧焊基本一样，只是不需要面罩和护目镜。

（二）设备的检查与调试

焊前应检查设备连接的动力线、焊接电缆接头是否松动，接地线是否连接妥当；检查焊接小车、焊接操作架、滚轮架等运行是否正常；检查各种开关、按钮是否正常；检查各仪表指示是否正常，并根据焊接工艺预调好焊接参数；最重要的是检查送丝机构是否正常，检查导电嘴的磨损情况，是否能可靠夹持焊丝使导电正常，保持焊接参数平稳。一切都检查无误后，再按焊机的操作顺序进行焊接操作。

（三）焊接材料的准备

严格清理焊丝表面的油、锈、水，以免造成焊接气孔。检查焊丝盘中的焊丝是否有序盘绕，数量是否足够焊接一道完整焊缝，否则应及时更换。

焊剂在运输及储存过程中容易吸潮，在使用前必须按规定烘干。熔炼焊剂要求在200~250 ℃烘干并保温 1~2 h；烧结焊剂要求在 300~400 ℃烘干并保温 2 h。烘干后应立即使用，回收利用的焊剂应过筛清除焊渣及杂质后才能重新使用。

（四）焊件的准备

1. 坡口加工

坡口的加工可以用机械方法和热切割方法进行。机械加工的坡口，加工后坡口处要去油污，热切割后要去熔渣。埋弧焊的坡口要求加工精度较高。

2. 焊前和层间的清理

在焊接前须将坡口和焊接部位表面的锈蚀、油污、氧化皮、水分及其他对焊接有害物质清除干净，可以采用手工清除的方法，如用钢丝刷、风动或电动的手提砂轮或钢丝轮等；也可用机械清除，如喷砂（丸）等，或用气体火焰烘烤法。在焊接下一焊道之前，必须将前一焊道的熔渣、表面缺陷、弧坑以及焊接残余物，用刷、磨、锉、凿等方法去除掉。

3. 组装和定位焊

（1）接头组装。接头组装是指组合件或分组件的装配，它直接影响焊缝的质量、强度和变形。当厚板采用埋弧焊时需严格控制组装质量，接头必须均匀地对准，并具有均匀的根部间隙，应严格控制错边和间隙的偏差。当出现局部间隙过大时，可用性能相近的焊条电弧焊修补。不允许随便塞进金属垫片或焊条头等。为防止开裂，应尽量避免强行组装后进行定位焊。

（2）定位焊。定位焊是为装配和固定焊件接头的位置而进行的焊接。通常由焊条电弧焊来完成，使用与母材性能相接近而抗裂抗气孔性能好的焊条。焊缝的位置一般在第一道埋弧焊缝的背面，板厚小于 25 mm 的定位焊缝长度为 50~70 mm，间距为 300~500 mm；板厚大于 25 mm，其焊缝长度为 70~100 mm，间距为 200~300 mm。施焊时注意防止钢板变形，高强度钢、低温钢易产生焊接裂纹，焊前要预热。焊后需清渣，有缺陷的定位焊缝在埋弧焊前必须除掉，还必须保证埋弧焊也能将定位焊缝完全熔化。

4. 引弧板与引出板

为了在焊接接头始端和末端获得正常尺寸的焊缝截面，在直缝始、末端焊前装配一块金属板，开始焊接用的板称引弧板，结束焊接用的板称引出板，如果焊件带有焊接试板，应将其与工件装配在一起施焊，焊完后再将其割掉，如图 5-30 所示。

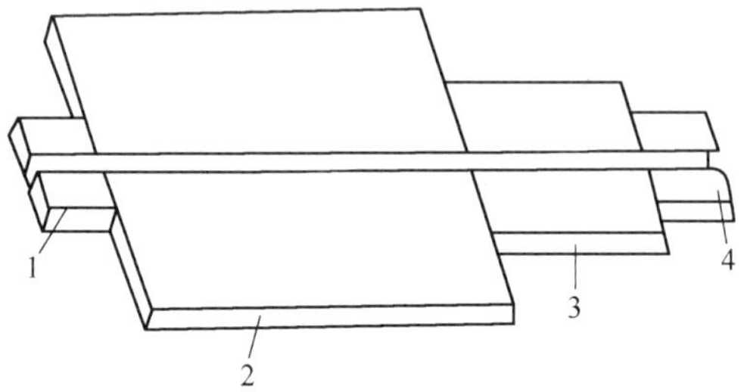

图 5-30　焊接试板、引弧板、引出板在焊件上的安装位置

1—引弧板；2—工件；3—焊接试板；4—引出板

通常始焊和终焊处最易产生焊接缺陷，如焊瘤、弧坑等，使用引弧板和引出板就是把焊缝两端向外延长，避免这些缺陷落在接头的始末端，从而保证了整条焊缝质量稳定均匀。

引弧板和引出板宜用与母材同质材料，以免影响焊缝化学成分，其坡口形状和尺寸也应与母材相同。引弧板和引出板尺寸的确定，是在长度方向上要足以保证工件的焊缝金属在接头的两端有合适的形状，宽度方向足以支托所需的焊剂。

5. 焊接衬垫与打底焊

（1）焊接衬垫。为了防止烧穿、保证接头根部焊透和焊缝背面成形，沿接头背面预置被称为一种衬托装置被称为焊接衬垫。按使用时间不同，埋弧焊接用的衬垫有永久的和可拆的，前者与接头焊成一体，焊后不拆除；后者属临时性衬垫，焊后须拆除掉。

1）永久衬垫。使用与母材相同的材料制成的板条或钢带，简称垫板。例如在安装现场，最后合拢的接缝装配间隙过大不易控制情况下，可采用这种衬垫，其目的是防止烧穿，同时也便于装配；在单面焊时焊后无法从背面拆除衬垫的情况下也可采用。垫板的厚度视母材厚度而定，一般为3~10 mm，其宽度为20~50 mm。为了固定垫板，须采用短的断续定位焊；垫板与母材板边须紧贴，否则根部易产生夹渣。不等厚板对接时可用锁边坡口，如图5-31所示，其作用与垫板相同。

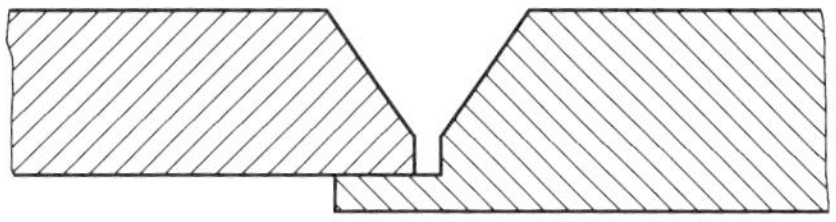
图5-31　锁边对接接头

永久衬垫成为接头的组成部分使接头应力分布复杂化，主要表现在根部存在应力集中。垫板与母材之间存在缝隙，易积垢纳污引起腐蚀，重要的结构一般不用。

2）可拆衬垫。根据用途和焊接工艺而采用各种形式的可拆衬垫，平板对接时应用最多的是焊剂垫和焊剂-铜垫，其次是移动式水冷铜衬垫和热固化焊剂垫。

① 焊剂垫。双面埋弧焊焊接正面第一道焊缝时，在其背面常使用焊剂垫以防止烧穿和泄漏。如图5-32所示是其中两种结构形式，适用于批量较大，厚度在14 mm以上的钢板对接。单件小批生产时，可使用较为简易的临时性工艺垫，如图5-33所示。进行反面焊时须把临时工艺垫去掉。

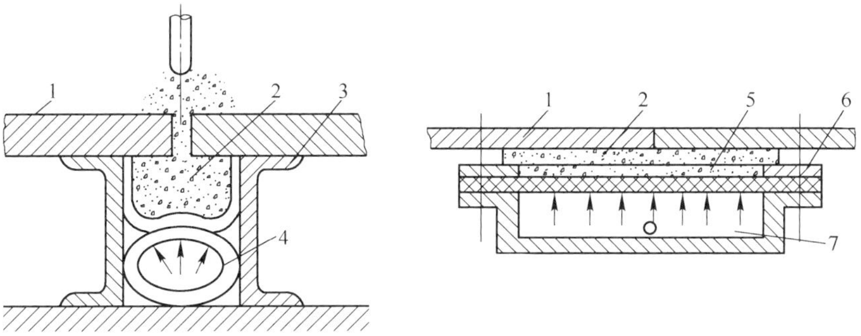

图5-32　焊剂垫结构
1—工件；2—焊剂；3—帆布；4—充气软管；5—橡胶膜；6—压板；7—气室

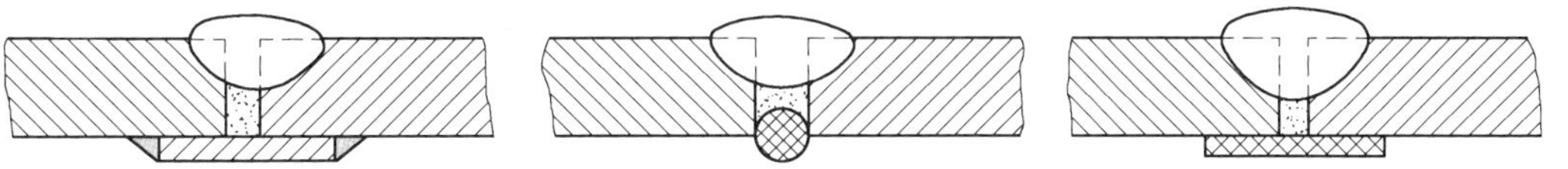

图5-33　临时工艺垫结构
（a）薄钢带垫；（b）石棉绳垫；（c）石棉板垫

单面焊用的焊剂垫必须既要防止焊接时烧穿，还要保证背面焊道强制成形。这就要求焊剂垫上托力适当且沿焊缝分布均匀。

② 焊剂-铜垫。单面焊背面成形埋弧焊工艺常使用的衬垫之一，是在铜垫表面上撒上一层约3~8 mm焊剂的装置，如图5-34所示。铜垫应带沟槽，其形状和尺寸如表5-6所

示。沟槽起强制焊缝背面成形作用，而焊剂起保护铜垫作用，其颗粒宜细些，牌号可与焊正式焊缝用的相同。这种装置对焊剂上托力均匀与否要求不高。

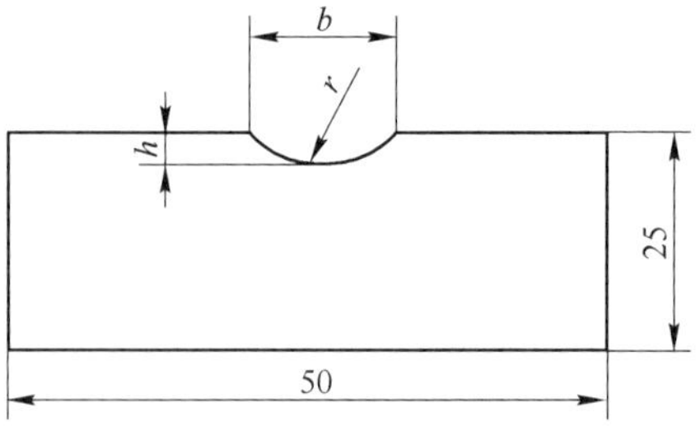

图 5-34　铜衬垫的截面形状

表 5-6　铜衬垫的截面尺寸

焊件厚度/mm	槽宽/mm	槽深/mm	槽曲率半径/mm
4~6	10	2.5	7.0
6~8	12	3.0	7.5
8~10	14	3.5	9.5
12~14	18	4.0	12

③ 水冷铜垫。铜热导率较高，直接用作衬垫有利于防止焊缝金属与衬垫熔合。铜衬垫应具有较大的体积，以散失较多热量防止熔敷第一焊道时发生熔化。在批量生产中应做成能通冷却水的铜衬垫，以排除在连续焊接时积累的热量。水冷铜衬垫上可以开成形槽以控制焊缝背面的形状和余高。不管有无水冷却，焊接时都不许电弧接触铜衬垫。长焊缝焊接可以做成移动式的水冷铜垫，如图 5-35 所示。它是一个短的水冷铜滑块，其长度以焊接熔池底部能凝固不焊漏为宜，把它装在焊件接缝的背面，位于电弧下方，靠焊接小车上的拉紧弹簧，通过焊件的装配间隙（一般为 3~6 mm）将其强制紧贴在焊缝背面。随同电弧一起移动，强制焊缝背面成形。这种装置适用于焊接板厚为 6~20 mm 的平对接接头。其优点是一次焊成双面成形，使生产效率提高；缺点是铜衬垫磨损较大、填充金属消耗多。

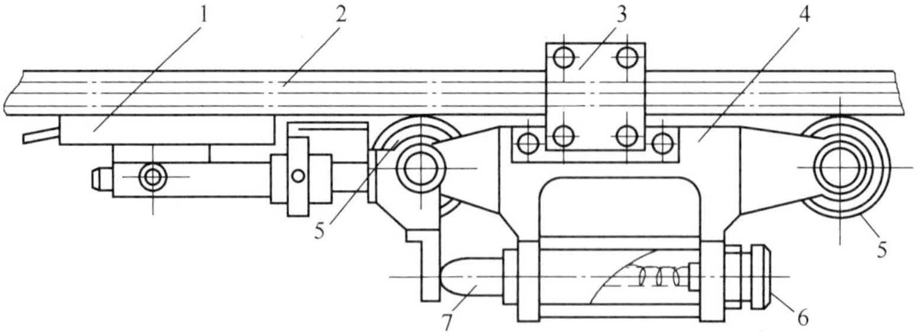

图 5-35　移动式水冷铜垫

1—铜滑块；2—工件；3—拉片；4—拉紧滚轮架；5—滚轮；6—夹紧调节装置；7—顶杆

④ 热固化焊剂衬垫。热固化焊剂衬垫实际上就是在一般焊剂中加入一定比例的热固化物质做成具有一定刚性但可挠曲的板条。适用于具有曲面的板对接焊，使用时把它紧贴

在接缝的底面，焊接时一般不熔化，故对熔池起着承托作用并有助于焊缝成形。图 5-36（a）所示是这种衬垫的构造，每一条衬垫长度约 600 mm，图 5-36（b）所示是衬垫的承托装置示意图，靠磁铁夹具进行固定。

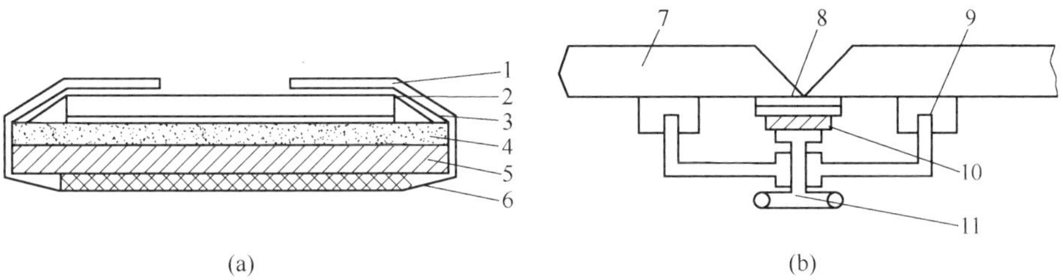

图 5-36　热固化焊剂垫构造和装配示意图

1—双面粘贴带；2—热收缩薄膜；3—玻璃纤维布；4—热固化焊剂；5—石棉布；6—弹性垫；7—焊件；8—焊剂垫；9—磁铁；10—托板；11—调节螺钉

（2）打底焊道。焊接有坡口的对接接头时，在接头根部焊接的第一条焊道，称打底焊道。使用打底焊道的主要目的是保证埋弧焊能焊透而又不至于烧穿。其作用与焊接衬垫基本相同。通常是在难以接近、接头熔透或装配不良、焊件翻转困难而又不便使用其他衬垫时使用。焊接方法可以是焊条电弧焊、等离子弧焊或 TIG 焊等。使用的焊条或填充焊丝必须使其焊缝金属具有类似于埋弧焊焊缝金属的化学成分和性能。焊完打底焊道之后，须打磨或刨削接头根部，以保证在无缺陷的清洁金属上熔敷第一道正面埋弧焊缝。

如果打底焊道的质量符合要求，则可保留作为整个接头的一部分。焊接质量要求高时，应将打底焊道除掉，然后再焊上永久性的埋弧焊缝。

二、埋弧焊操作技术

熔深大是自动理弧焊接的基本特点，若不开坡口不留间隙对接单面焊，一次能熔透 14 mm 以下的焊件，若留 5~6 mm 间隙就可熔透 20 mm 以下的焊件。因此，可按焊件厚度和对焊透的要求决定是采用单面焊还是双面焊，是开坡口焊还是不开坡口焊。

（一）对接焊缝单面焊（工艺）

当焊件翻转有困难或背面不可达而无法进行施焊的情况下须作单面焊。无须焊透的焊接工艺最为简单，可通过调节焊接工艺参数、坡口形状与尺寸以及装配间隙大小来控制所需的熔深，是否使用焊接衬垫则由装配间隙大小来决定。要求焊透的单面焊必须使用焊接衬垫，使用焊接衬垫的方式与方法前面已讲述过。应根据焊件的重要性和背面可达程度而选用。表 5-7、表 5-8 给出了常用工艺方法的焊接工艺参数（供参考）。

表 5-7　焊剂垫上单面焊双面成形的埋弧焊工艺参数

钢板厚度 /mm	装配间隙 /mm	焊丝直径 /mm	焊接电流 /A	电弧电压 /V	焊接速度 /m·h^{-1}	焊剂垫压力 /MPa
2	0~1.0	1.6	120	24~28	43.5	0.08
3	0~1.5	2	275~300	28~30	44	0.08
		3	400~425	25~28	70	

续表 5-7

钢板厚度 /mm	装配间隙 /mm	焊丝直径 /mm	焊接电流 /A	电弧电压 /V	焊接速度 /m · h^{-1}	焊剂垫压力 /MPa
4	0~1.5	2 4	375~400 525~550	28~30 28~30	40 50	0.10~0.15
5	0~2.5	2 4	425~450 575~625	32~34 28~30	35 46	0.10~0.15
6	0~3.0	2 4	475 600~650	32~34 28~32	30 40.5	0.10~0.15
7	0~3.0	4	650~700	30~34	37	0.10~0.15
8	0~3.5	4	725~775	30~36	34	0.10~0.15

表 5-8　焊剂-铜垫单面焊双面成形的埋弧焊工艺参数

钢板厚度/mm	装配间隙/mm	焊丝直径/mm	焊接电流/A	电弧电压/V	焊接速度/m · h^{-1}
3	2	3	380~420	27~29	47
4	2~3	4	450~500	29~31	40.5
5	2~3	4	520~560	31~33	37.5
6	3	4	550~600	33~35	37.5
7	3	4	640~680	35~37	34.5
8	3~4	4	680~720	35~37	32
9	3~4	4	720~780	36~38	27.5
10	4	4	780~820	38~40	27.5
12	5	4	850~900	39~41	23
14	5	4	880~920	39~41	21.5

(二) 对接焊缝双面焊

工件厚度超过 12~14 mm 的对接接头，通常采用双面埋弧焊，不开坡口可焊到厚 20 mm 左右；若预留间隙，厚度可达 50 mm。埋弧焊焊接第一面时，为防止焊缝烧穿或满溢，应采取一定措施，根据所采取的措施不同对接焊缝双面焊可分为：悬空焊、在焊剂垫上焊和临时工艺垫焊等方法。

(1) 悬空焊。一般不留间隙或间隙不大于 1 mm，第一面焊接时焊接参数不能太大，熔深应小于或等于焊件厚度的一半，反面焊接的熔深要求达到焊件厚度的 60%~70%，以保证完全焊透。

(2) 在焊剂垫上焊。焊接第一面时，采用预留间隙不开坡口的方法最经济，应尽量采用。所用的焊接工艺参数应保证第一面的熔深超过焊件厚度的 60%~70%，待翻转焊件焊反面焊缝时，采用同样的焊接工艺参数即能保证完全焊透。焊反面焊缝前是否对正面焊缝清根，根据对焊缝质量的要求而定。表 5-9 列出不开坡口预留间隙对接缝双面埋弧焊的焊接工艺参数。表 5-10 为开坡口双面埋弧焊的焊接工艺参数。

表 5-9　预留间隙双面埋弧焊的焊接工艺参数

钢板厚度/mm	装配间隙/mm	焊丝直径/mm	焊接电流/A	电弧电压/V	焊接速度/m·h^{-1}
14	3~4	5	700~750	34~36	30
16	3~4	5	700~750	34~36	27
18	4~5	5	750~800	36~40	27
20	4~5	5	850~900	36~40	27
24	4~5	5	900~950	38~42	25
28	5~6	5	900~950	38~42	20
30	6~7	5	950~1000	40~44	16
40	8~9	5	1100~1200	40~44	12
50	10~11	5	1200~1300	44~48	10

注：焊接用交流电源、焊剂用 HJ431。

表 5-10　开坡口双面埋弧焊的焊接工艺参数

<table>
<tr><th rowspan="2">焊件厚度
/mm</th><th rowspan="2">坡口形式</th><th rowspan="2">焊丝直径
/mm</th><th rowspan="2">焊接顺序</th><th colspan="3">坡口尺寸</th><th rowspan="2">焊接电流
/A</th><th rowspan="2">电弧电压
/V</th><th rowspan="2">焊接速度
/m·h^{-1}</th></tr>
<tr><th>α/(°)</th><th>b/mm</th><th>p/mm</th></tr>
<tr><td>14</td><td rowspan="4">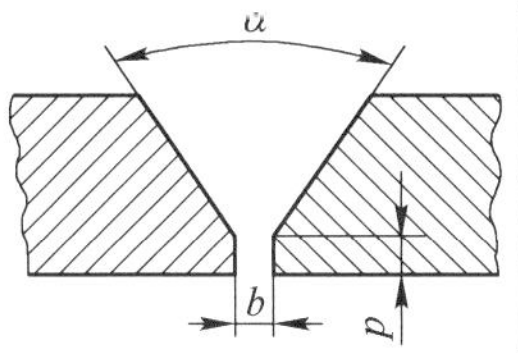</td><td>5</td><td>正
反</td><td>70</td><td>3</td><td>3</td><td>830~850
600~620</td><td>36~38
36~38</td><td>25
45</td></tr>
<tr><td>16</td><td>5</td><td>正
反</td><td>70</td><td>3</td><td>3</td><td>830~850
600~620</td><td>36~38
36~38</td><td>20
45</td></tr>
<tr><td>18</td><td>5</td><td>正
反</td><td>70</td><td>3</td><td>3</td><td>830~860
600~620</td><td>36~38
36~38</td><td>20
45</td></tr>
<tr><td>22</td><td>6
5</td><td>正
反</td><td>70</td><td>3</td><td>3</td><td>1050~1150
600~620</td><td>38~40
36~38</td><td>18
45</td></tr>
<tr><td>24</td><td rowspan="2">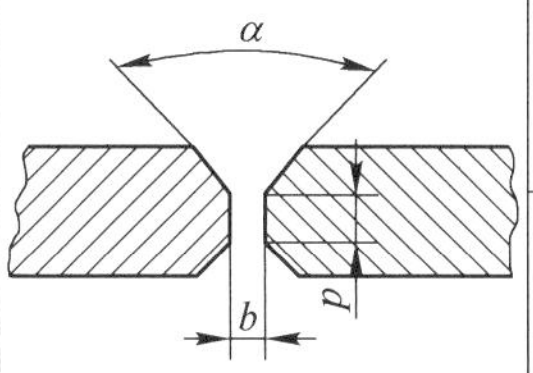</td><td>6
5</td><td>正
反</td><td>70</td><td>3</td><td>3</td><td>1100
800</td><td>38~40
36~38</td><td>24
28</td></tr>
<tr><td>30</td><td>6</td><td>正
反</td><td>70</td><td>3</td><td>3</td><td>1000
900~1000</td><td>36~40
36~38</td><td>18
20</td></tr>
</table>

（3）在临时工艺垫上焊。通常是单件或小批生产时，不开坡口预留间隙对接双面焊时使用临时性工艺垫。若正反面采用相同焊接工艺参数，为了保证焊透则要求每一面焊接时熔深达板厚的 60%~70%。反面焊之前应清除间隙内的焊剂或焊渣。

（三）角焊缝的埋弧焊接工艺

焊接角焊缝时，最理想的焊接方法是船形焊，其次是横角焊。

（1）船形焊。角焊缝处于平焊位置进行焊接，相当于开 90° V 形坡口平对焊，如图 5-37 所示，通常采用左右对称的平焊（角焊缝两边与垂线各呈 45°），适于焊脚尺寸大于 8 mm 的角焊缝的埋弧焊。一般间隙不超过 1 mm；否则必须采取衬垫以防烧穿或铁水和熔渣流失。

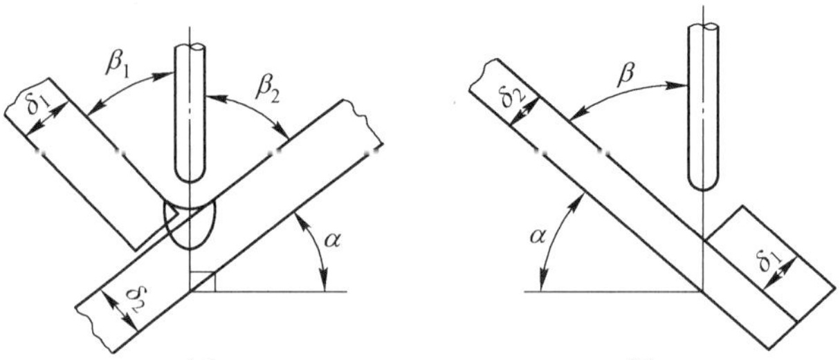

图 5-37　船形焊缝埋弧焊示意图

（a）T 形接头；（b）搭接接头

（2）横角焊。焊脚尺寸小于 8 mm 可采用横角焊，当焊件的角焊缝不可能或不便于采用船形焊时，也可采用横角焊，如图 5-38 所示。这种焊接方法即使有装配间隙也不会引起铁水或熔渣的流淌，但焊丝的位置对角焊缝成形和尺寸有很大影响。一般偏角 α 为 30°~40°，每一道横角焊缝截面积一般不超过 40 mm^2。相当于焊脚尺寸不超过 8 mm×8 mm；否则会产生金属满溢和咬边。大焊脚尺寸必须用多道焊。表 5-11 为横角焊的工艺参数。

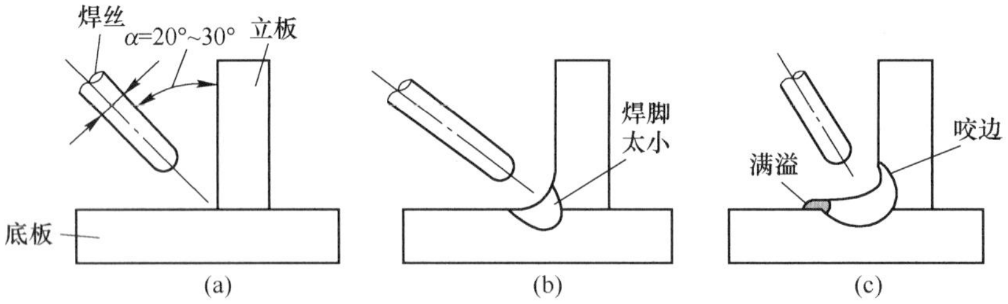

图 5-38　横角焊焊缝埋弧焊示意图

（a）示意图；（b）焊丝与立板间距过大；（c）焊丝与立板间距过小

表 5-11　横角焊的焊接工艺参数

焊脚尺寸/mm	焊丝直径/mm	焊接电流/A	电弧电压/V	焊接速度/m · h^{-1}
3	ϕ2	200~220	25~28	60
4	ϕ2	280~300	28~30	55
4	ϕ3	350	28~30	55
5	ϕ2	375~400	30~32	55
5	ϕ3	450	28~30	55
7	ϕ2	375~400	30~32	28
7	ϕ3	500	30~32	28

（四）筒体对接环缝焊

锅炉、压力容器和管道等多为圆柱形筒体，筒体之间对接的环焊缝常采用自动埋弧焊来完成，一般都要求焊透。

若双面焊，则先焊内环缝后焊外环缝。焊接内环缝时，焊接接头须在筒体内部施焊，在背（外）面采用焊剂垫，图 5-39 所示是其中一种的示意图。在焊接外环缝之前，必须对已焊内环缝清根，最常用的方法是碳弧气刨，既可清除残渣和根部缺陷，还开出沟槽，像坡口一样保证熔透和改善焊缝成形。外环缝的焊接是机头在筒体外面上方进行，无需焊接衬垫，如图 5-40 所示。为了保证内外焊缝成形良好和焊透，使焊接熔池和熔渣有足够的凝固时间，焊接时，焊丝都应根据筒体直径大小，在逆筒体转动方向偏离中形心垂线一个距离 e。偏距 e 一般为 30~80 mm。

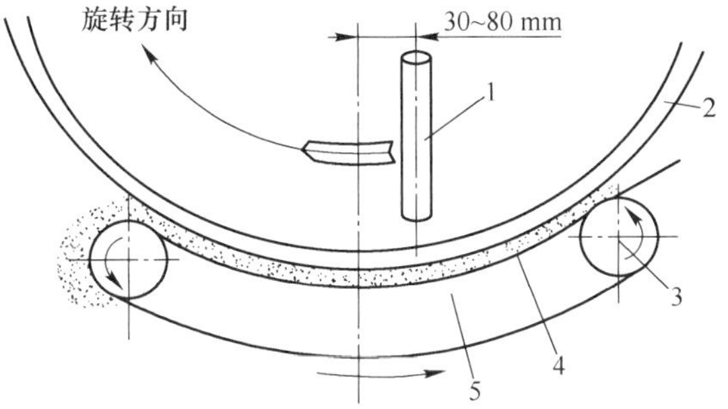

图 5-39　内环缝埋弧焊焊接示意图

1—焊丝；2—焊件；3—辊轮；4—焊剂垫；5—传动带

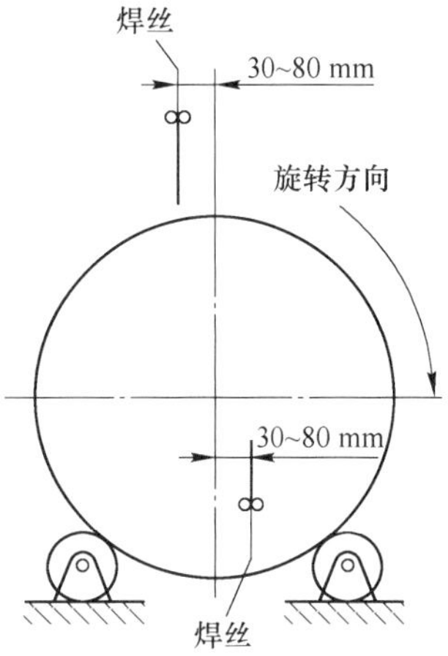

图 5-40　环缝埋弧焊焊丝偏移位置示意图

任务七　高效埋弧焊焊接方法介绍

随着生产效率提高的要求，各种高效埋弧焊焊接方法相继出现，主要有附加填充金属的埋弧焊、多丝多弧埋弧焊、带极埋弧焊、窄间隙埋弧焊等。

一、附加填充金属的埋弧焊

在保证焊接质量的前提下，提高熔敷速度就可以提高生产率。在常规埋弧焊焊接时，要提高熔敷速度，就要加大焊接电流，即加大了电弧功率。使焊接熔池变大，母材熔化量随之增加，导致焊缝化学成分发生变化，同时热影响区扩大并使接头性能恶化。

采用附加填充金属的埋弧焊，是一种既能提高熔敷速度，又不使接头性能变差的一种有效焊接方法，这种方法使用的焊接设备和焊接工艺与普通埋弧焊基本相同。其基本做法是在坡口中预先加入一定数量的填充金属再进行埋弧焊，填充金属可以是金属粉末，也可以是金属颗粒或切断的短焊丝。常规埋弧焊焊接时，只有 10%~20%的电弧能量用于填充焊丝的熔化，其余的能量用于熔化焊剂和母材以及使焊接熔池过热。因此，可以用过剩的能量用于熔化附加的填充金属，以提高焊接生产率。单丝埋弧焊焊接时，熔敷速度可提高 60%~100%；深坡口焊接时，可减少焊接层数，减小热影响区，降低焊剂消耗。由于附加填充金属埋弧焊熔敷率高、稀释率低，非常适合用于表面堆焊和厚壁焊缝坡口的填充层焊接。

附加填充金属的埋弧焊不仅可以提高生产率，还可以用来获得特定成分的焊缝金属。如在坡口中附加高铬和镍的金属粉末，配用低碳钢焊丝进行埋弧焊，可以得到不锈钢的熔敷金属。图 5-41 所示为附加填充金属埋弧焊的示意图。

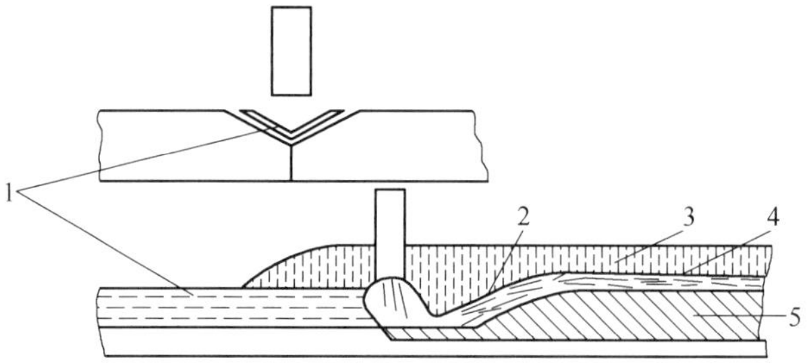

图 5-41　附加填充金属埋弧焊示意图
1—附加填充金属；2—熔池；3—焊渣；4—焊缝；5—母材

这种方法适合于平焊、角焊，一般在水平位置焊接。可用于单面焊，也可用于双面焊。双面焊时可以不开坡口而预留一定间隙（即采用 I 形坡口），也可以加工成一定的坡口形式。

二、多丝埋弧焊

（一）多丝多弧埋弧焊

随着造船、钢构、锅炉、风塔等行业发展，工件的尺寸越来越大，如 30 mm 以上厚度的钢板，焊接效率的进一步提高成为生产厂家的迫切要求。各厂家在单丝单弧的基础上，陆续开发了药芯焊丝、双丝单弧（TWIN ARC）、冷丝、添加金属粉末、干伸长加长等焊接工艺，但是同样受到电流的上限限制。为了克服上述缺点，各厂家采用多根焊丝并联办法，即多丝多弧焊接工艺（TANDEM ARC），大大拓展了电流范围，两根 4.0 焊丝可以达到 2000 A，三根 4.0 焊丝可以达到 3000 A，可明显提高焊接效率。图 5-42 依次为单丝、双丝双弧和六丝六弧等现场图片。

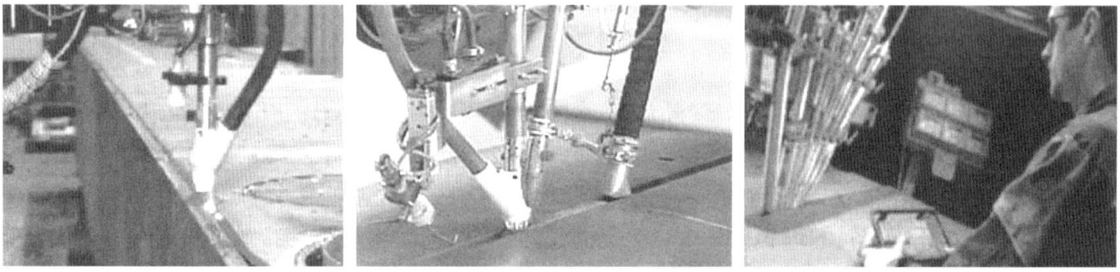

图 5-42　埋弧焊现场

多丝埋弧焊是同时使用两根或两根以上焊丝完成同一条焊缝的埋弧焊方法。它既能保证获得合理的焊缝成形和良好的焊缝质量，又能大大提高焊接生产率。采用多丝埋弧焊焊接厚板时可实现一次焊透，使总的热输入量比单丝多层焊时少。因此多丝埋弧焊与常规埋弧焊相比具有焊接速度快、耗能省、填充金属少等特点。目前我国工业生产中应用最多的是双丝和三丝埋弧焊，而国外在一些厚板焊接生产中，可同时进行 3～10 根焊丝的埋弧焊。

（二）多丝埋弧焊分类

按焊丝的数量可分为双丝埋弧焊、三丝埋弧焊和多丝埋弧焊。

按焊丝的相对排列方式以及与焊接电源的联接方式不同，可分为：纵列式、横列双丝串联式和横列双丝并联式三种形式，如图 5-43 所示。

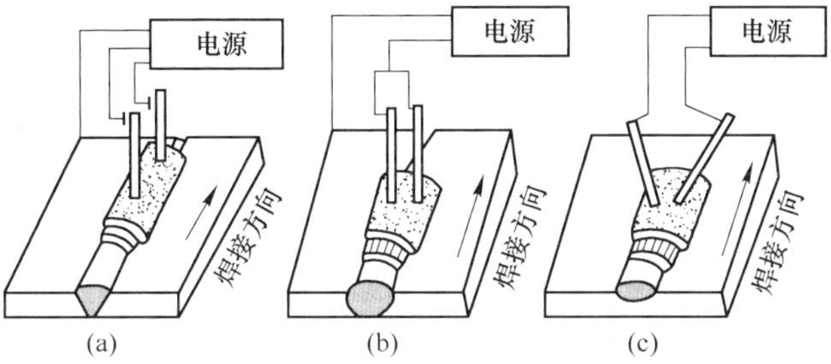

图 5-43　多丝埋弧焊示意图

（a）纵列式；（b）横列双丝并联式；（c）横列双丝串联式

（1）纵列式是焊丝沿着焊接方向一前一后排列向前移动，当两焊丝间距在 10~35 mm 时，两电弧共同形成一个大熔池，其体积大，存在时间长，冶金反应充分，有利于气体逸出，具有冷凝过程不易生成气孔等缺陷。当前后焊丝距离大于 100 mm 时，两电弧各自形成分离的熔池，如图 5-44 所示。后随电弧不是作用在基本金属上，而是作用在前导电弧已熔化而又凝固的焊道上。同时后随电弧必须冲开已被前一电弧熔化而尚未凝固的熔渣层，若前后焊丝使用不同的焊接电流和电压，就可以控制焊缝成形。通常使前导电弧获得足够大的熔深，使后随电弧获得所需的熔宽。这种方法适合水平位置平板拼接的单面焊双面成形工艺，对于厚板大熔深的焊接也十分有利。纵列式多丝埋弧焊的焊缝熔深大，而熔宽较窄，各个电弧都可独立地调节工艺参数，可以使用不同的电流种类和极性。

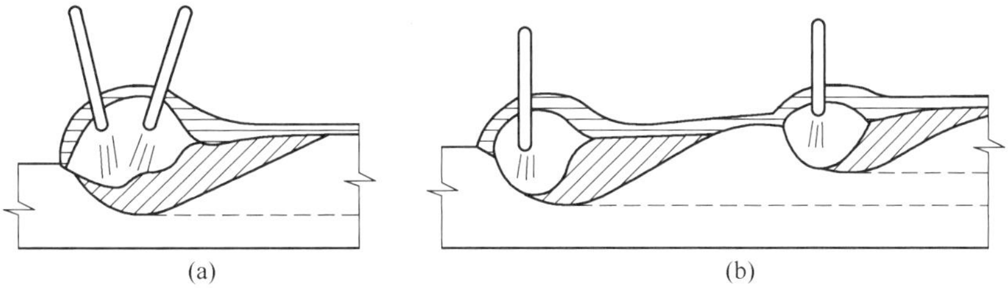

图 5-44　纵列式双丝埋弧焊示意图

（a）单熔池；（b）双熔池

一般这种多丝埋弧焊每一根焊丝都有一台焊接电源供电，每根焊丝有各自的送丝机构、电压控制机构和焊丝导电嘴。这种焊接系统，可调节的参数多，如焊丝排列方式与相对位置、电弧电压、焊接电流和电流类型、各焊丝的倾角和电弧功率等都可以根据需要进行调节，因而可以获得最理想的焊缝形状和最高的焊接速度。国产双丝埋弧焊机，多数是前导焊丝用直流电，较大的焊接电流，以获得足够大的熔深；后随焊丝用交流电，较小的电流较高的电压，以获得所需的熔宽，对于厚板大熔深的焊接十分有利。三丝埋弧焊通常也是前导焊丝用直流电，后随焊丝用交流电，即 DC—AC—AC 方式。

（2）横列双丝串联式是一根焊丝位于另一根焊丝的一侧沿着焊接方向移动，它可以焊出较宽的焊缝。串联连接的两根焊丝既可以分别由两个送丝机构送进，也可以由同一个送丝机使两焊丝同步进出，焊接电源输出的两电缆分别接到每根焊丝上。焊接时，电流从一根焊丝通过焊接熔池流到另一根焊丝。焊件与电源之间并不连接，几乎所有焊接能量都用于熔化焊丝，而很少进入工件中，母材熔化量小，使得焊缝熔合比小。因此，这种方法适合于在母材上熔敷具有很小稀释率的堆焊层。

（3）横列双丝并联式是一根焊丝位于另一根焊丝的一侧沿着焊接方向移动，它可以焊出较宽的焊缝，并联连接的双丝由各自的焊丝盘通过一个焊接机头送出，这种情况通常采用较小直径的焊丝，从一个共用导电嘴送出。两根焊丝靠得较近，形成一个长形熔池，以改善熔池的形状特征，在保持适当的焊道外形的情况下可以加快焊接速度。这种焊接工艺可以进行角焊缝的横焊和“船形”焊，以及对接焊缝的焊接，其熔敷率比一般单丝埋弧焊高40%以上，焊接薄件时其焊接速度比单丝埋弧焊快25%以上，焊接厚件时快50%~70%；由于焊接热输入小，可以减小焊接变形，对热影响区韧性要求高而对热敏感的高强钢焊接很有利。

多丝埋弧焊主要用于造船、管道、压力容器、H形钢梁等结构的生产中，既可焊薄件，又可焊厚大焊件，还可实现单面焊双面成形。

三、带极埋弧焊

带极埋弧焊是利用矩形截面的金属带取代圆形截面的焊丝作为电极的一种埋弧焊方法，其主要目的是提高焊缝金属的熔敷率和改善焊缝成形，如图5-45所示。宽的金属带适用于表面堆焊，窄的金属带多用于接缝的焊接。带极埋弧焊所用设备与丝极埋弧焊几乎相同，只需对送丝装置、导电嘴等作适当改进即可。根据焊接材料的不同，带极埋弧焊可以使用直流焊接电源，也可使用交流焊接电源。

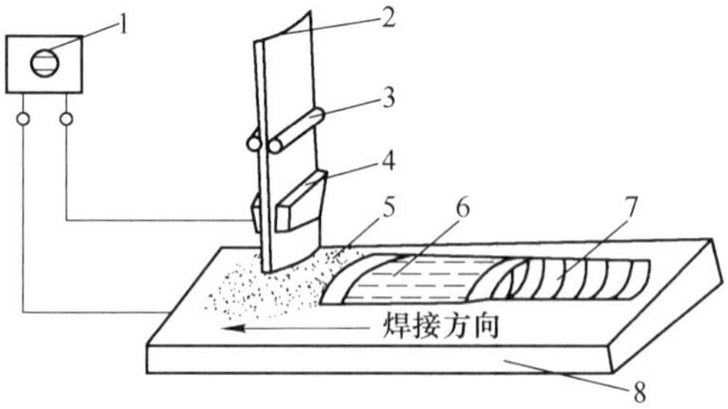

图5-45　带极埋弧焊焊接过程示意图
1—电源；2—带极；3—带极送进装置；4—导电嘴；5—焊剂；6—渣壳；7—焊道；8—焊件

带极埋弧焊的特点：

（1）与丝极埋弧焊对比，可使用更大的焊接电流。用丝极焊时，电流加大则熔深增大而熔宽变化不大，即焊缝形状系数减小，焊缝容易产生裂纹。用带极焊时，电弧在电极端面上往返快速运动，使热量分散，焊缝形状系数得以提高，焊缝抗裂纹能力强。

（2）熔深浅、稀释率低、熔敷率高。由于电弧热量分布在整个带极宽度上使其熔化，故熔敷面积大，另外由于电流较大，使带状电极熔化快，熔敷金属量大，熔敷效率高。特别适合于表面堆焊。

（3）容易控制焊道成形。焊接时，熔化的金属与电极宽度方向呈直角流动，将电极偏转一个角度，就可使焊道移位，用此法可控制焊道的形状和熔深。在坡口中多层焊时，交替和对称地改变电极偏转角，可获得均匀分布的焊缝。

带极埋弧焊用于表面堆焊时，常用来修复一些设备的表面磨损部分，也可以在低合金钢制造的化工容器、核反应堆容器等内表面上堆焊耐磨、耐蚀的不锈钢层，以代替整体不锈钢的结构，这样既可以保证耐磨、耐腐蚀的要求，又可以节省不锈钢材料，降低成本。

带极埋弧焊，常用来进行大面积堆焊，具有较高的熔敷速度，最低的熔深和稀释度，尤其是双带极埋弧焊，是表面堆焊的理想办法。带极埋弧焊堆焊的关键是有适合成分的带材、焊剂和送进机构。一般常用的带宽是 60 mm。带极埋弧焊采用轴向外加磁场或者横向交变磁场，可以有效地提高带极堆焊层的堆高和熔深均匀性。

对于大规范堆焊而言，采用平特性焊机较好，以完成稳定的堆焊过程。带极埋弧焊机头和焊缝成形如图 5-46 所示。

图 5-46　带极埋弧焊机头和焊缝成形

四、窄间隙埋弧焊

锅炉、化工容器、核反应堆、水压机、水轮机、采油平台等厚板结构焊接中，传统的埋弧焊工艺，焊接工作量大，填充金属多，而且焊接热输入量大，导致母材过热现象严重。窄间隙坡口截面积小，消耗焊接材料少，所需工时少，焊接效率高，输入热量小，焊接变形小。对于板厚超过 100 mm 的焊件，可以提高效率 40%，板厚超过 200 mm，可提高效率一倍。单丝窄间隙埋弧焊机头部分如图 5-47 所示。

图 5-47　单丝窄间隙埋弧焊机头

窄间隙埋弧焊可以采用单丝，也可以采用双丝。焊接设备中的送丝结构和焊接电源均采用标准埋弧焊设备，而机头和导电嘴必须专门设计成扁平形，焊嘴表面均应涂以绝缘层，防止焊嘴与工件接触时烧坏。为了完成整个焊接过程，焊接机头应该具有随着焊道厚度的增加而能够自动提升的功能。焊炬导电嘴应该随着焊道的切换而自动偏转。

窄间隙埋弧焊是由窄间隙气电立焊演变而成，是近年发展起来的一种高效、省时和节能的厚板焊接的方法。焊接时，采用I形或接近I形坡口单面焊，其间隙在20~30 mm之间，比普通埋弧采用U形或双U形坡口焊接同样厚度板，可节省大量填充金属和焊接时间。同时焊接热输入也减小，改善了接头韧性和减少了焊接变形，从而提高了焊接质量。但是，窄间隙埋弧焊对装配质量、焊接技能要求非常高，要有精确的焊丝位置（能自动对中）。对焊剂的脱渣性要求高，当出现缺陷时，进行焊接修补比较困难。

这种方法主要用于厚板焊接结构，如厚壁压力容器、厚壁管道、原子能反应堆外壳、涡轮机转子等的焊接，以及重型机械中的厚板结构，因焊件背面不可达，且翻转又有困难，一般要求用这种方法来单面焊接。

窄间隙埋弧焊一般为单丝焊，间隙大小取决于所焊工件的厚度。当焊件厚度为50~200 mm时，间隙为14~20 mm左右；当焊件厚度为200~350 mm时，间隙为20~30 mm。焊接时可采用“中间一道”法或“两道一层”法，如图5-48所示。“两道一层”法容易保证焊缝侧壁熔合良好，可得到质量优良的焊接接头，因此应用较多。

窄间隙埋弧焊焊接时，为使焊嘴能伸进窄而深的间隙中，需将焊嘴的主要组成部分（导电嘴、焊剂漏斗等）制成窄的扁形结构，如图5-49所示。为保证焊嘴和焊缝间隙的绝缘及焊接参数在较高温度和长时间的焊接过程中保持恒定，铜导电嘴的整个外表面须涂上耐热的绝缘陶瓷层，导电嘴内部还要有水冷却系统。为进一步提高焊接质量，目前窄间隙埋弧焊中还应用了焊接过程自动监测，焊嘴在焊接间隙内可自动跟踪、导向及自动调整焊丝伸出长度。

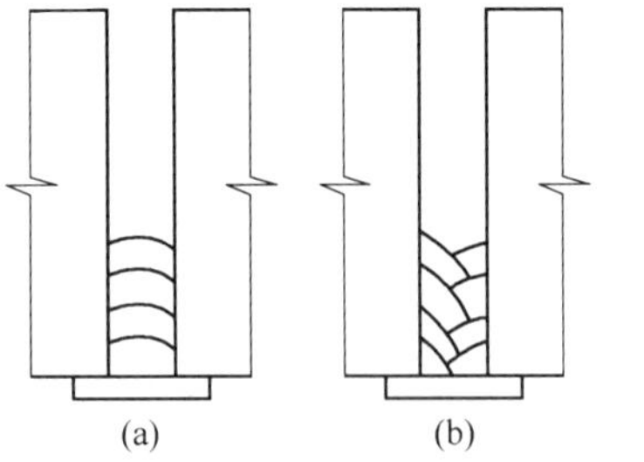

图5-48　窄间隙埋弧焊示意图
（a）“中间一道”法；（b）“两道一层”法

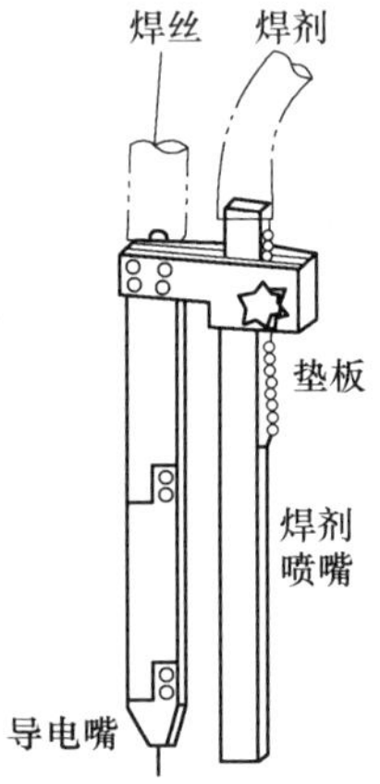

图5-49　窄间隙埋弧焊焊嘴结构示意图

采用窄间隙埋弧焊要注意解决好如下几个技术问题：

（1）在窄而深的坡口中进行多层埋弧焊，脱渣是个重要问题。一般需采用具有良好脱渣性的焊剂。

(2) 每层焊缝不论是采用单焊道或是双焊道，都要保证焊道与间隙侧壁的熔合良好。因此，要保持焊丝端部与侧壁的距离一定，以及焊丝伸出长度一定。这就要求焊机应具有横向及高度方向的跟踪系统，以保证焊丝的精确定位。

(3) 焊接筒体环缝时，为保证焊接热输入一致，随着焊接层次增加，焊件转速应能自动地降低；同时要严格控制工件的轴向窜动，例如使用具有反馈控制系统的防轴向窜动的滚轮架。

(4) 焊接中途发现缺陷，要有适当的消除和修补缺陷的手段。

习　题

一、填空题

1. 埋弧焊机的自动调节按送丝方式不同可分为________和________两种调节系统。
2. 埋弧焊机主要由________、________、________、________和________等几部分组成。
3. 埋弧焊焊剂按制造方法分为________和________两大类。
4. 电弧自身调节系统应配用具有________外特性的焊接电源，电弧电压反馈调节系统应配用________外特性的焊接电源。
5. 埋弧焊焊接工艺参数包括________、________、________、________、________、________、________等。
6. 埋弧焊焊接低碳钢时，常用的焊丝牌号为________、________、________、________等几种。
7. 熔炼焊剂的优点有________、________、________、________等，但其缺点是____________。
8. 埋弧焊常见的缺陷有焊缝成形不良、________、未焊透、气孔、裂纹、________、烧穿、焊瘤及塌陷等。

二、选择题

1. 下列不属于埋弧焊的优点的是（　　）。
   A. 焊接生产率高　B. 焊缝质量好　C. 施焊位置广　D. 劳动条件好
2. 埋弧焊电源的负载持续率是（　　）。
   A. 60%　B. 80%　C. 100%　D. 40%
3. 埋弧焊焊接时焊丝及工件表面清理不干净容易产生（　　）焊接缺陷。
   A. 裂纹　B. 夹渣　C. 气孔　D. 未熔合
4. 埋弧焊焊接时焊接电压主要影响焊缝的（　　）。
   A. 熔深　B. 余高　C. 宽度　D. 夹渣
5. 埋弧焊常用焊丝 H08MnA 中的“08”表示（　　）。
   A. 含碳量 0.8%　B. 含碳量 0.08%　C. 含碳量 0.008%　D. 含碳量 8%
6. 埋弧焊收弧的顺序是（　　）。
   A. 先停焊接小车，然后切断电源，同时停止送丝
   B. 先停止送丝，然后切断电源，再停止焊接小车
   C. 先切断电源，然后停止送丝，再停止焊接小车
   D. 先停止送丝，然后停止焊接小车，同时切断电源
7. 埋弧焊焊接时，在其他焊接参数不变的情况下，焊接电流增大，焊缝的（　　）。
   A. 熔深与熔宽都明显增大　D. 熔深减小、熔宽增加

C. 熔深增加、熔宽变化不大　　D. 熔深不变、熔宽增加

8. 埋弧焊上坡焊时，焊缝的（　　）。

A. 熔深和余高增加　　B. 熔深减小、余高增加

C. 熔深增加、余高减小　　D. 熔深增加、余高不变

9. 埋弧焊焊接内外环形焊缝时，焊丝位置应（　　）。

A. 对正筒体中心线

B. 焊内环逆转动方向偏移、焊外环顺转动方向偏移

C. 顺转动方向偏移一定距离

D. 逆转动方向偏移一定距离

10. 采用埋弧焊时熔炼焊剂一般要求烘干到（　　）。

A. 100 ~150 ℃　　B. 150~200 ℃　　C. 200~250 ℃　　D. 350~400 ℃

三、判断题（正确的画"√"，错误的画"×"）

1. 埋弧焊比较适合于焊接薄板和短焊缝。（　　）
2. 埋弧焊电弧电压反馈自动调节系统应该配用具有陡降外特性的焊接电源。（　　）
3. 埋弧焊焊接时使用任何一种焊剂都能向焊缝添加合金元素。（　　）
4. 埋弧焊在焊接工艺条件不变的情况下，焊件装配间隙与坡口增大，会使熔合比与余高增大。（　　）
5. 埋弧焊焊接时使用焊剂垫的作用是防止焊缝被烧穿。（　　）
6. 焊剂回收后，只要随时添加新焊剂并充分拌匀就可重新使用。（　　）
7. 埋弧焊必须使用直流焊接电源。（　　）
8. 埋弧焊与焊条电弧焊相比，对气孔的敏感性小。（　　）
9. 埋弧焊引弧板和收弧板的大小，必须满足焊剂的堆放和使引弧点与收弧点的弧坑落在正常焊缝之外。（　　）
10. 用埋弧焊无论焊接内环缝还是外环缝，焊丝位置都应顺焊件转动方向偏离中心线一定距离。（　　）

四、简答题

1. 埋弧焊有哪些优缺点？
2. 为什么埋弧焊允许使用比焊条电弧焊大得多的焊接电流和电流密度？
3. 什么是电弧自身调节系统？当弧长发生变化时，电弧自身调节系统如何进行调节？
4. 电弧自身调节系统为什么需要配用平或缓降外特性的电源？
5. 什么是电弧电压反馈自动调节系统？当弧长发生变化时，电弧电压反馈自动调节系统是如何进行调节的？
6. 与焊条电弧焊相比，埋弧焊冶金过程有哪些特点？
7. 低碳钢采用埋弧焊时焊丝与焊剂应如何选配？
8. 埋弧焊焊前准备应做哪些工作，其目的是什么？
9. 如何选择埋弧焊的焊接工艺参数，各参数对焊接质量有何影响？
10. 如何进行环焊缝的埋弧焊？

项目六　熔化极气体保护焊

熔化极气体保护电弧焊是指使用熔化电极，利用气体作为电弧介质并保护电弧和焊接区的电弧焊，通常简称为熔化极气体保护焊（GMAW）。因其生产效率高、焊接质量好、适用范围广、易于自动化等优点，在现代工业生产中得到了广泛的应用。

根据保护气体和焊丝的种类不同，可将熔化极气体保护焊分为 CO_2 气体保护焊（CO_2 焊）、熔化极惰性气体保护焊（MIG 焊）、熔化极活性混合气体保护焊（MAG 焊）和管状焊丝气体保护焊（FCAW），如图 6-1 所示。

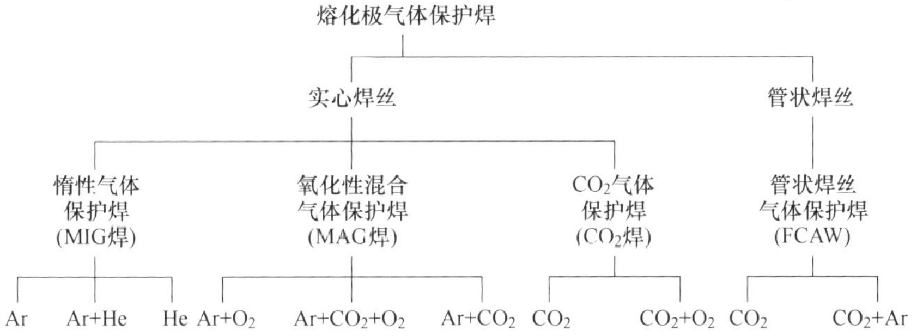

图 6-1　熔化极气体保护焊分类

任务一　CO_2 气体保护焊

CO_2 气体保护焊是利用 CO_2 作为保护气体的熔化极电弧焊方法，简称 CO_2 焊。由于 CO_2 是具有氧化性的活性气体，与惰性气体和以惰性气体为基础的活性混合气体保护电弧焊相比，在冶金反应方面表现出许多特点。

本部分重点讲述 CO_2 焊的原理、特点及应用；CO_2 焊焊接过程及冶金特点，焊接过程中常见工艺缺陷的产生原因及解决措施；CO_2 焊设备的组成；焊接工艺参数选择原则等相关知识。训练学生正确安装调试、操作使用和维护保养 CO_2 焊设备；根据实际生产条件和具体的焊接结构及其技术要求，正确选择 CO_2 焊工艺参数和制定工艺措施的能力；指导学生进行 CO_2 焊基本技能操作训练。

一、CO_2 焊的原理、特点及应用

（一）CO_2 焊的原理

CO_2 焊主要是焊丝通过送丝轮、送丝软管，将焊丝送至焊枪，焊丝与焊件接触后产生电弧，CO_2 气体通过焊枪的喷嘴输送到焊接区域，形成一个隔绝空气的保护层，使熔滴和熔池不受外界空气的影响，从而保证焊接质量。

（二）CO_2焊的特点

CO_2焊采用的是CO_2气体作为保护气体，CO_2是具有氧化性的活性气体，与其他熔化极气体保护焊相比，CO_2焊具有如下一些特点：

（1）生产效率高。由于使用大电流密度，所以熔化系数大，穿透力强。又由于没有大量熔渣，省去敲渣等辅助工时，并容易实现机械化和自动化。通常CO_2焊的生产效率比焊条电弧焊高1~4倍。

（2）焊接质量高。CO_2焊对铁锈的敏感性小，因此焊缝中不易产生气孔，而且焊缝中含氢量低，抗裂性能好。

（3）焊接变形和焊接应力小。由于CO_2焊的电弧热量集中，焊件受热面积小，同时CO_2气流具有较强的冷却作用，因此焊接变形和焊接应力小，特别适宜薄板的焊接。

（4）操作性能好。明弧焊接，可以直接观察到电弧和熔池的情况，便于掌握与调整。

（5）适用范围广。CO_2焊可进行各种位置的焊接，不仅适用焊接薄板，还可用于中、厚板的焊接。

（6）焊接成本低。CO_2气体来源广，价格低。

（7）CO_2焊的电弧气氛有很强的氧化性，不能焊接易氧化的有色金属材料。

（8）CO_2焊飞溅较大，并且焊缝表面成形较差。特别当焊接工艺参数匹配不当时，更为严重。

（9）CO_2焊一般不能采用交流电源，且不宜在有风的地方施焊。

（三）CO_2焊的应用

CO_2焊主要用于焊接低碳钢及低合金钢等钢铁材料。对于不锈钢，由于焊缝金属有增碳现象，影响抗晶间腐蚀性能，所以只能用于对焊缝性能要求不高的不锈钢工件。CO_2焊还可用于耐磨零件的堆焊、铸钢件的焊补以及电铆焊等方面。此外，CO_2焊还可以用于水下焊接。CO_2焊所能焊接的材料厚度范围较大，目前最薄的可焊到0.8 mm，最厚的已经焊到250 mm左右。目前CO_2焊已在石油化工、汽车制造、机车和车辆制造、农业机械、矿山机械等部门得到了广泛的应用。

二、CO_2焊的冶金特性

CO_2焊所用的CO_2气体是一种氧化性气体，在高温下进行分解，具有强烈的氧化作用，把合金元素氧化烧损或造成气孔和飞溅。

（一）合金元素的氧化

CO_2气体在电弧高温作用下会发生分解：

$$CO_2 = CO + O$$

CO_2、CO、和O这三种成分在电弧空间同时存在，CO气体在焊接中不溶解于金属，也不与金属发生反应。CO_2和O则能与铁和其他元素发生氧化反应。

（1）直接氧化。

$$Fe + CO_2 = FeO + CO\uparrow$$
$$Si + 2CO_2 = SiO_2 + 2CO\uparrow$$
$$Mn + CO_2 = MnO + CO\uparrow$$

与高温分解的氧原子作用：

$$Fe + O = FeO$$

$$Si + 2O = SiO_2$$

$$Mn + O = MnO$$

$$C + O = CO\uparrow$$

FeO 可熔于液体金属内成为杂质或与其他元素发生反应，SiO_2和 MnO 成为熔渣能浮出，生成的 CO 从液体金属中逸出。

（2）间接氧化。与氧结合能力比 Fe 大的合金元素把氧从 FeO 中置换出来而自身被氧化，其反应如下：

$$2FeO + Si = 2Fe + SiO_2$$

$$FeO + Mn = Fe + MnO$$

$$FeO + C = Fe + CO\uparrow$$

生成的 SiO_2和 MnO 变成熔渣浮出，其结果是液体金属中 Si 和 Mn 被烧损而减少。生成的 CO 在电弧高温下急剧膨胀，使熔滴爆破而引起金属飞溅。在熔池中的 CO 若逸不出来，便成为焊缝中的气孔。

所以直接和间接氧化的结果造成了焊缝金属力学性能降低，产生气孔和金属飞溅。

合金元素烧损、CO 气孔和飞溅是 CO_2焊中三个主要问题。它们都与 CO_2的氧化性有关，因此必须在冶金上采取脱氧措施予以解决。但金属飞溅除和 CO_2气体的氧化性有关外，还和其他因素有关。

（3）脱氧及焊缝金属合金化。由上述分析可以看出，在 CO_2焊中，溶入液态金属中的 FeO 是引起气孔、飞溅的主要因素。同时，FeO 残留在焊缝金属中将使焊缝金属的含氧量增加而降低力学性能。如果能使 FeO 脱氧，并在脱氧的同时对烧损掉的合金元素给予补充，则 CO_2气体的氧化性所带来的问题基本上可以解决。

CO_2焊所用的脱氧剂，主要有 Si、Mn、Al、Ti 等合金元素。实践表明，用 Si、Mn 联合脱氧时效果更好，可以焊出高质量的焊缝。目前国内广泛应用的 H08Mn2SiA 焊丝，就是采用 Si、Mn 联合脱氧的。

在焊接过程中，焊丝中的 Si 和 Mn，一部分直接被氧化和蒸发，一部分耗于 FeO 的脱氧，剩余的部分则剩留在焊缝中，起焊缝金属合金化作用，所以焊丝中加入的 Si 和 Mn，需要有足够的数量。但焊丝中 Si、Mn 的含量过多也不行。Si 含量过高会降低焊缝的抗热裂纹能力；Mn 含量过高会使焊缝金属的冲击韧度下降。

此外，Si 和 Mn 之间的比例还必须适当，否则不能很好地结合成硅酸盐浮出熔池，会有一部分 SiO_2或者 MnO 夹杂物残留在焊缝中，使焊缝的塑性和冲击韧度下降。

根据试验，焊接低碳钢和低合金钢用的焊丝，Si 的质量分数一般在 1%左右。经过在电弧中和熔池中烧损和脱氧后，还可在焊缝金属中剩下 0.4%～0.5%。至于 Mn，焊丝中的质量分数一般为 1%～2%。

（二）CO_2焊的气孔

采用 CO_2焊时，由于熔池表面没有熔渣覆盖，CO_2气流又有冷却作用，因而熔池凝固比较快。此外，CO_2焊所用电流密度大，焊缝窄而深，气体逸出时间长，故增加了产生气孔的可能性。可能出现的气孔有 CO 气孔、氮气孔和氢气孔。

（1）CO 气孔。在焊接熔池开始结晶或结晶过程中，熔池中的 C 与 FeO 反应生成的 CO 气体来不及逸出，而形成 CO 气孔。这类气孔通常出现在焊缝的根部或接近表面的部位，且多呈针尖状。

CO 气孔产生的主要原因是焊丝中脱氧元素不足，并且含 C 量过多。要防止产生 CO 气孔，必须选用含足够脱氧剂的焊丝，且焊丝中的含碳量要低，抑制 C 与 FeO 的氧化反应。如果母材的含碳量较高，则在工艺上应选用较大热输入的焊接参数，增加熔池停留的时间，以利于 CO 气体的逸出。

只要焊丝中有足够的脱氧元素，并限制焊丝中的含碳量，就能有效地防止 CO 气孔。

（2）氮气孔。在电弧高温下，熔池金属对 N_2 有很大的溶解度。但当熔池温度下降时，N_2 在液态金属中的溶解度便迅速减小，就会析出大量 N_2，若未能逸出熔池，便生成 N_2 气孔。N_2 气孔常出现在焊缝近表面的部位，呈蜂窝状分布，严重时还会以细小气孔的形式广泛分布在焊缝金属之中。这种细小气孔往往在金相检验中才能被发现，或者在水压试验时被扩大成渗透性缺陷而表露出来。

氮气孔产生的主要原因是保护气层遭到破坏，使大量空气侵入焊接区。造成保护气层破坏的因素有：使用的 CO_2 保护气体纯度不合要求；CO_2 气体流量过小；喷嘴被飞溅物部分堵塞；喷嘴与工件距离过大及焊接场地有侧向风等。要避免氮气孔，必须改善气层保护效果。选用纯度合格的 CO_2 气体，焊接时采用适当的气体流量参数，检验从气瓶至焊枪的气路是否有漏气或阻塞，增加室外焊接的防风措施。此外，在野外施工中最好选用含有固氮元素（如 Ti、Al）的焊丝。

（3）氢气孔。氢气孔产生的主要原因是在高温时溶入了大量氢气，在结晶过程中又不能充分排出，留在焊缝金属中成为气孔。

氢的来源是工件、焊丝表面的油污及铁锈，以及 CO_2 气体中所含的水分。油污为碳氢化合物，铁锈是含结晶水的氧化铁。它们在电弧的高温下都能分解出氢气。氢气在电弧中还会被进一步电离，然后以离子形态很容易溶入熔池。熔池结晶时，由于氢的溶解度陡然下降，析出的氢气如不能排出熔池，则在焊缝金属中形成圆球形的气孔。

要避免氢气孔，就要杜绝氢的来源。应去除工件及焊丝上的铁锈、油污及其他杂质，更重要的是要注意 CO_2 气体中的含水量，因为 CO_2 气体中的水分常常是引起氢气孔的主要原因。

（三）CO_2 焊的飞溅

1. 飞溅产生的原因

飞溅是 CO_2 焊最主要的缺点，严重时甚至会影响焊接过程的正常进行。产生飞溅的主要原因如下：

（1）由冶金反应引起。熔滴过渡时，由于熔滴中的 FeO 与 C 反应产生的 CO 气体在电弧高温下急剧膨胀，使熔滴爆破而引起金属飞溅。

（2）由电弧的斑点压力引起。因 CO_2 气体高温分解吸收大量电弧热量，对电弧的冷却作用较强，使电弧电场强度提高，电弧收缩，弧根面积减小，增大了电弧的斑点压力，熔滴在斑点压力的作用下十分不稳定，形成大颗粒飞溅。用直流正接法时，熔滴受斑点压力大，飞溅也大。

（3）由于短路过渡不正常引起。当熔滴与熔池接触时，由熔滴把焊丝与熔池连接起来，形成液体小桥。随着短路电流的增加，液体小桥金属被迅速加热，最后导致小桥汽化爆断，引起飞溅。

（4）由于焊接参数选择不当引起。主要是因为电弧电压升高，电弧变长，易引起焊丝末端熔滴长大，产生无规则的晃动，而出现飞溅。

2. 减少金属飞溅的措施

（1）合理选择焊接工艺参数。当采用不同熔滴过渡形式焊接时，要合理选择焊接工艺参数，以获得最小的飞溅。

（2）细滴过渡时在 CO_2 中加入 Ar。CO_2 气体的性质决定了电弧的斑点压力较大，这是 CO_2 焊产生飞溅的最主要原因。在 CO_2 气体中加入 Ar 后，改变了纯 CO_2 气体的物理性质。随着 Ar 比例增大，飞溅逐渐减少。

（3）合理选择焊接电源特性，并匹配合适的可调电感。短路过渡 CO_2 焊接时，当熔滴与熔池接触形成短路后，如果短路电流的增长速率过快，使液桥金属迅速地加热，造成了热量的聚集，将导致金属液桥爆裂而产生飞溅。合理选择焊接电源特性，并匹配合适的可调电感，以便当采用不同直径的焊丝时，能调得合适的短路电流增长速度，因此可使飞溅减少。

（4）采用低飞溅率焊丝。在短路过渡或细滴过渡的 CO_2 焊中，采用超低碳的合金钢焊丝，能够减少由 CO 气体引起的飞溅。选用药芯焊丝，药芯中加入脱氧剂、稳弧剂及造渣剂等，造成气-渣联合保护，电弧稳定，飞溅少，通常药芯焊丝 CO_2 焊的飞溅率约为实心焊丝的 1/3。采用活化处理焊丝，在焊丝的表面涂有极薄的活化涂料，如 CS_2CO_3 与 K_2CO_3 的混合物，这种稀土金属或碱土金属的化合物能提高焊丝金属发射电子的能力，从而改善 CO_2 电弧的特性，使飞溅大大减少。

三、CO_2焊的焊接材料

（一）CO_2 气体

1. CO_2 气体的性质

CO_2 气体是无色、无味和无毒气体，在常温下它的密度为 1.98 kg/m^3，约为空气的 1.5 倍。CO_2 气体在常温时很稳定，但在高温时发生分解，至 5000 K 时几乎能全部分解。CO_2 有固态、液态和气态三种形态。常压冷却时，CO_2 气体将直接变成固态的干冰。固态的干冰在温度升高时直接变成气态，而不经过液态的转变。但是，固态 CO_2 不适于在焊接中使用，因为空气中的水分会冷凝在干冰的表面上，使 CO_2 气体中带有大量的水分。因此，用于 CO_2 焊的是由瓶装液态 CO_2 所产生的 CO_2 气体。

用于焊接的 CO_2 气体，其纯度要求不低于 99.5%，通常 CO_2 是以液态装入钢瓶中，容量为 40 L 的标准钢瓶（气瓶外表漆铝白色并写有黑色字样）可灌入 25 kg 的液态 CO_2，25 kg 的液态 CO_2 约占钢瓶容积的 80%，其余 20%左右的空间充满汽化的 CO_2。气瓶压力表上所指的压力就是这部分饱和压力。该压力大小与环境温度有关，所以正确估算瓶内 CO_2 气体存储量应采用称钢瓶质量的方法（1 kg 的液态 CO_2 可汽化为 509 L CO_2 气体）。当瓶中气压降到接近 1×10^6 Pa（10 个大气压）时，不允许再继续使用。

2. 提高 CO_2 气体纯度的措施

当厂家生产的 CO_2 气体纯度不稳定时，为确保 CO_2 气体的纯度，可采取如下措施：

（1）将新灌气瓶倒立静置 1~2 h，以便使瓶中自由状态的水沉积到瓶口部位，然后打开阀门放水 2~3 次，每次放水间隔 30 min，放水结束后，把钢瓶恢复放正。

（2）放水处理后，将气瓶正置 2 h，打开阀门放气 2~3 min，放掉一些气瓶上部的气体，因这部分气体通常含有较多的空气和水分，同时带走瓶阀中的空气，然后再套接输气管。

（3）可在焊接供气的气路中串接高压和低压干燥器，用以干燥含水较多的 CO_2 气体，用过的干燥剂经烘干后还可重复使用。

（4）当瓶中气体压力低于 1×10^6 Pa（10 个大气压）时，CO_2 气体的含水量急剧增加，这将引起在焊缝中形成气孔。所以低于该压力时不得再继续使用。

使用瓶装液态 CO_2 时，注意设置气体预热装置，因瓶中高压气体经减压降压而体积膨胀时要吸收大量的热，使气体温度降到零度以下，会引起 CO_2 气体中的水分在减压器内结冰而堵塞气路，故在 CO_2 气体未减压之前须预热。

（二）焊丝

CO_2 焊的焊丝既要保证一定的化学成分和力学性能，又要保证具有良好的导电性和工艺性能。对焊丝的要求如下：

（1）焊丝必须含有足够的脱氧元素。

（2）焊丝的含碳量要低，要求 $w(C)<0.11\%$。

（3）要保证焊缝具有满意的力学性能和抗裂性能。

目前国内常用的焊丝直径为 0.6 mm、0.8 mm、1.0 mm、1.2 mm、1.6 mm、2.0 mm 和 2.4 mm。近些年又发展了直径为 3~4 mm 的粗焊丝。焊丝应保证有均匀外径，还应具有一定的硬度和刚度。一方面防止焊丝被送丝滚轮压扁或压出深痕，另一方面焊丝要有一定的挺直度。因此无论是何种送丝方式，都要求焊丝以冷拔状态供应，不能使用退火焊丝。

CO_2 气体保护焊用焊丝有镀铜和不镀铜两种，镀铜可防止生锈，有利于保存，并可改善焊丝的导电性及送丝的稳定性。

表 6-1 为常用 CO_2 焊焊丝牌号、化学成分及用途。选择焊丝时要考虑工件的材料性质、用途以及焊接接头强度的设计要求，根据表 6-1，选用适当牌号的焊丝。通常在焊接低碳钢或低合金钢时，可选用的焊丝较多，一般首选的是 H08Mn2SiA，也可选用其他的焊丝，如 H10MnSi，比较便宜，与前者相比其含 C 量稍高，而含 Si、Mn 量较低，故焊缝金属强度略高，但焊缝金属的塑性和冲击韧度稍差。

合金钢用的焊丝冶炼和拔制困难，故 CO_2 焊用的合金钢焊丝逐渐向药芯焊丝方向发展。

表 6-1　常用 CO_2 焊焊丝牌号、化学成分及用途

焊丝牌号	化学成分（质量分数）/%										用途
	C	Si	Mn	Cr	Mo	V	Ti	Al	S	P	
H10MnSi	<0.14	0.6~0.9	0.8~1.1	<0.20	—	—	—	—	<0.03	<0.04	焊接低碳钢和低合金钢
H08MnSi	<0.10	0.7~1.0	1.0~1.3	<0.20	—	—	—	—	<0.03	<0.04	
H08Mn2SiA	<0.10	0.65~0.95	1.8~2.1	<0.20	—	—	—	—	<0.030	<0.035	
H04MnSiAlTiA	<0.04	0.4~0.8	1.4~1.8	—	—	—	0.35~0.65	0.2~0.4	<0.025	<0.025	

续表 6-1

焊丝牌号	化学成分（质量分数）/%										用途
	C	Si	Mn	Cr	Mo	V	Ti	Al	S	P	
H10MnSiMo	<0.14	0.7~1.1	0.9~1.2	<0.20	0.15~0.25	—	—	—	<0.03	<0.04	焊接低合金高强钢
H08MnSiCrMoA	<0.10	0.6~0.9	1.5~1.9	0.8~1.1	0.5~0.7	—	—	—	<0.03	<0.03	
H08MnSiCrMoVA	<0.10	0.6~0.9	1.2~1.5	0.95~1.25	0.6~0.8	0.25~0.4	—	—	<0.03	<0.03	
H08Cr3Mn2MoA	<0.10	0.3~0.5	2.0~2.5	2.5~3.0	0.35~0.5	—	—	—	<0.03	<0.03	焊接贝氏体钢

四、CO_2焊接设备

CO_2焊所用的设备有半自动焊机和自动焊机两类。在实际生产中，半自动焊机使用较多。如图 6-2 所示，CO_2气保焊机主要由以下几部分组成：带有网路和焊接电缆的焊接电源；带有流量计和电磁阀的供气及水冷系统；带有焊丝盘和送丝机构的送丝装置；带有送丝软管的焊枪；带有接口的控制系统。

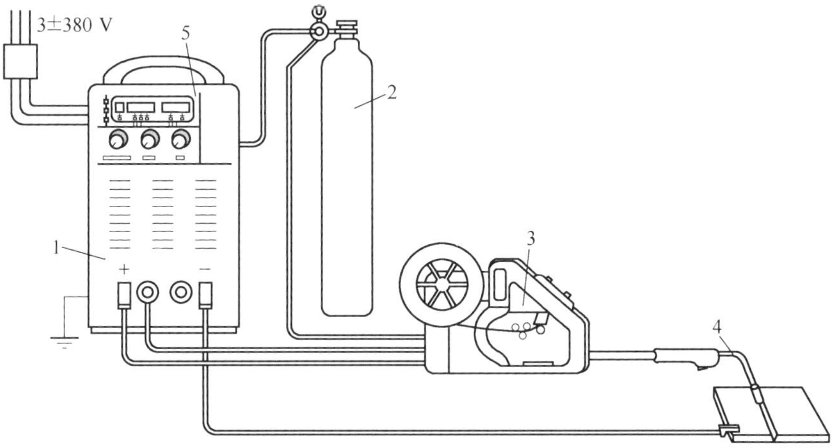

图 6-2　CO_2气保焊机的组成

1—焊接电源；2—气源；3—送丝系统；4—焊枪；5—控制系统

（一）焊接电源

焊接电源提供焊接过程所需要的能量，维持焊接电弧的稳定燃烧。常用的焊接电源有三种形式：抽头式、晶闸管整流式和逆变式或斩波式，外特性曲线是平特性曲线，电流等级为 160~630 A，常用的负载率为 35%、60%、100%，CO_2焊对电源的动特性有较高要求，抽头式、晶闸管焊接电源的动特性由串联在焊接回路电抗器来调整。由于逆变焊机控制灵活，焊机的动特性可以由控制电路构成的电子电抗器来调整，还可以通过给出不同的焊接电流波形来进一步调整焊接性能，逆变气保焊机是气保焊电源的发展方向。

1. 对电源外特性的要求

电源外特性也称电源静特性，它是焊接电源的伏安特性曲线，主要的参数是焊接电压、电流。外特性曲线形状要满足送丝速度和焊丝熔化速度的自动平衡和电弧的燃烧稳定。

细丝 CO_2焊的电弧负载的特性为上升特性，即阻性负载特性。根据电源电弧系统稳定性原理，细丝 CO_2焊电源的外特性可以采用缓升、平硬或者降外特性。

细丝 CO_2焊具有较强的自调节作用，采用等速送丝方式配合恒压特性，就可满足送丝速度和焊丝熔化速度的相等，为了增加电弧的自调节作用，要求外特性的下降斜率不大于 5×10^{-2} V/A。

采用粗丝（直径≥3 mm）CO_2焊时，电弧的负载特性接近平特性即反电势负载，焊接电源采用下降特性电源，电弧自身调节作用变弱，仅利用电弧的自调节作用不能满足熔化速度和送丝速度的平衡，要采用改变送丝速度的方法来使送丝速度跟随熔化速度的变化，通常采用弧压反馈调节方式来改变速送速度。

2. 对电源动特性的要求

采用 CO_2焊时，随着焊接参数的不同，熔滴过渡形式可分为短路过渡和潜弧下的射滴过渡与射流过渡，各种过渡形式对焊接电源的动态特性的要求是不同的。

短路过渡时，短路燃弧过程交替发生，负载始终处于强烈变化之中，短路阶段是电阻性负载，燃弧阶段是电弧性负载，从短路到燃弧时有电弧重新引燃的过程，所以要求电源具有良好的动特性。

潜弧条件下的熔滴过渡基本上是非短路过渡，对电源动特性没有特殊要求。为了降低偶然短路引起的飞溅，焊接电源的短路上升率不能太高。

小电流的短路过渡到大电流的潜弧焊之间存在一个中等电流区间，该区间以瞬时短路为主，飞溅较大。为了更好地在中电流区间进行焊接，对电源动特性提出了更高的要求。

对短路过渡有意义的电源动特性指标如下：

（1）短路电流增长速度 $\mathrm{d}i/\mathrm{d}t$。

（2）短路电流峰值 I_m。

（3）短路初期的电流值。

（4）燃弧与短路期间的能量比 Q_a/Q_s。

3. 对电源调节特性的要求

CO_2焊接电源主要参数是焊接电压和焊接电流。工件的不同厚度、材质、坡口形式和焊接位置需要不同的焊接参数，焊接电源的参数必须满足一定的调节范围。

细丝 CO_2焊采用等速送丝配合平特性电源。焊接电压是由平特性电源的外特性所决定的。调节电源的输出曲线就可调节焊接电压，而焊接电流与送丝速度呈正比，所以通过改变送丝速度来实现调节焊接电流大小。通常的焊接电压调节范围是 14~44 V，焊接电流调节范围根据焊丝直径和送丝速度不同发生变化，通常的焊丝直径是 0.8~1.6 mm，焊接电流范围为 50~630 A。

粗丝 CO_2焊采用变速送丝配合下降特性电源，焊接电源外特性调节焊接电流的大小，调整送丝速度使电弧电压保持在设定值。

4. 传统 CO_2 焊机的电路结构

传统 CO_2 焊机主要指抽头焊机和晶闸管整流焊机。抽头焊机的结构是采用三相变压器降压，三相桥式整流器整流，输出直流供焊接用，通过改变变压器绕组的抽头来改变焊接电压，改变串在焊接回路的电感来改变焊接的动特性。三相的抽头式焊接电源的电路结构如图 6-3 所示。图 6-3 中抽头是在变压器原边，有时抽头在变压器副边。

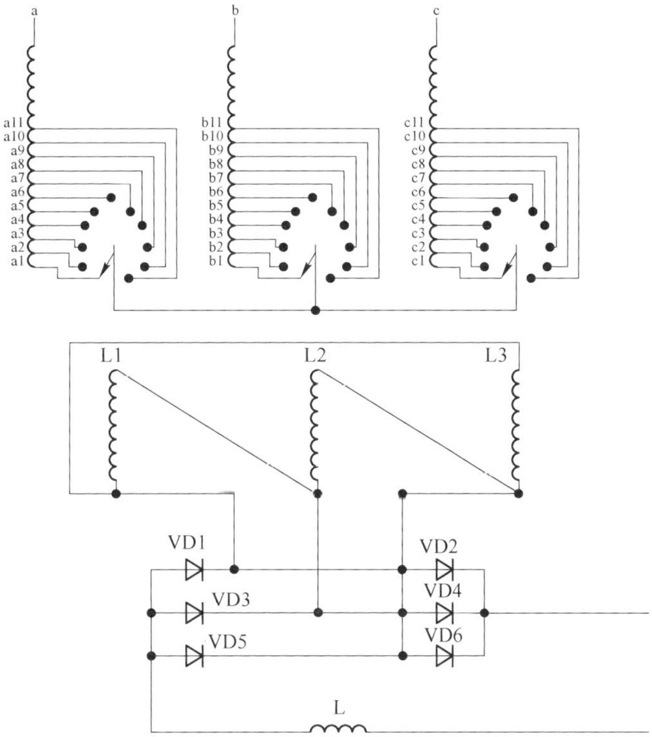

图 6-3　抽头焊机的电路结构

晶闸管整流焊机的结构同抽头焊机的电路结构有较大的不同，采用三相变压器将电网隔离降压后，变压器副边采用双反星型的结构，六只晶闸管组成两个三相全波整流器，输出直流供焊接用，焊接电压的调整是采用调整晶闸管的导通角来完成的，采用电网电压前馈控制，可以对电网的波动有一定补偿作用。

焊接电源的动特性是由串在焊接回路的电感来决定的。焊接电源的结构如图 6-4 所示。

5. 逆变焊机的电路结构

逆变 CO_2焊电源和一般逆变焊机的结构基本相同，主要的特点是功率较大，逆变 CO_2焊电源的主电路以全桥结构为主，原理图如图 6-5 所示。焊接电压的调整是通过改变逆变器的占空比来进行的，由于采用电弧电压闭环反馈，可以对焊接过程中闭环反馈环内的任何干扰进行抑制。逆变焊机由于工作频率较高，焊接电源的动特性可以通过调节逆变器的占空比，实现控制短路电流上升率和燃弧电流下降率，在焊接过程的不同状态，给出适合的焊接电流和电压波形，以控制焊接过程的稳定性、飞溅量、焊

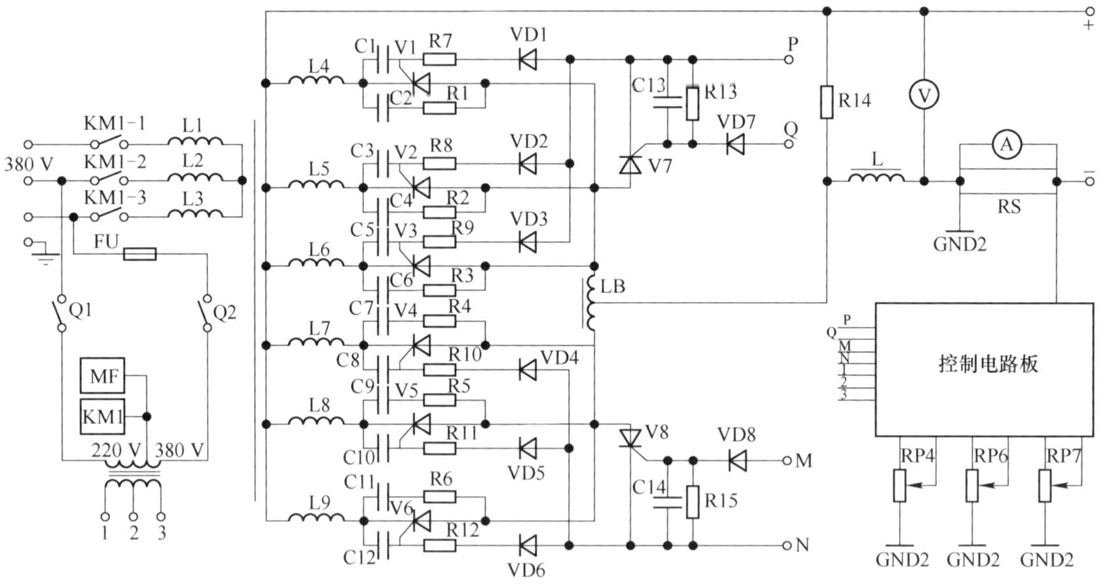

图 6-4　晶闸管焊机的电路结构

缝成形。逆变焊机输出回路中的电感主要是用来保证焊接电流的连续。逆变 CO_2 焊电源的控制框图如图 6-6 所示。

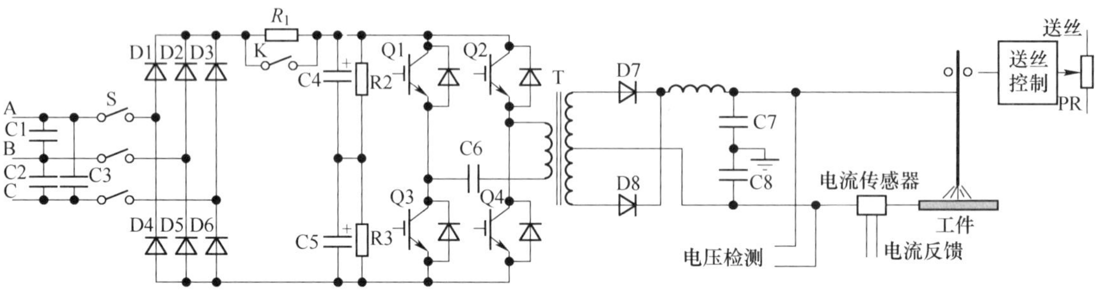

图 6-5　逆变 CO_2 焊电源主回路原理图

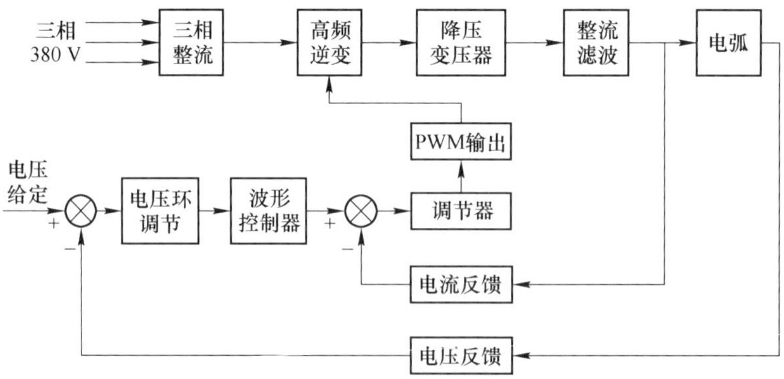

图 6-6　CO_2 焊电源控制原理框图

整个控制电路由电压环调节器、波形控制器、电流环调节器组成，外环是电压环，保证焊接电压稳定；内环是电流环，由电流环和波形控制器来保证焊接电源的动特性。熔滴与工件短路时，控制短路电流的上升率，抑制飞溅；燃弧时调节燃弧能量的下降率，控制焊缝成形。焊接电源的外特性曲线一般如图 6-7 所示。

外特性曲线分为小电流区、工作区和最大电流截止区。小电流区提供维持电流，防止小电流断弧，最大电流截止区的作用是防止电流过大而烧毁逆变管。

（二）送丝系统

送丝系统将焊丝从焊丝盘中拉出并将其送给焊枪。送丝机将焊丝等速送入电弧中，如图 6-8 所示，送丝机通常是由送丝电机、机架总成、送丝软管及焊丝盘等组成。送丝电机主要分为印刷电机和直流伺服电机，也有少量采用步进电机和交流伺服电机，送丝方式有单驱、双驱两种。V 形沟槽轮常用于实芯焊丝，带齿送丝轮与带齿压丝轮相配合，常用于药芯焊丝，送丝机的送丝速度范围为 2~21 m/min。

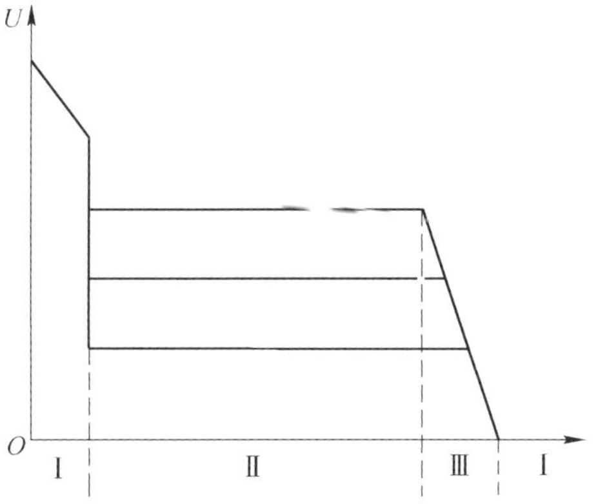

图 6-7　逆变 CO_2气保焊机的外特性曲线

Ⅰ—小电流区；Ⅱ—工作区；Ⅲ—最大电流截止区

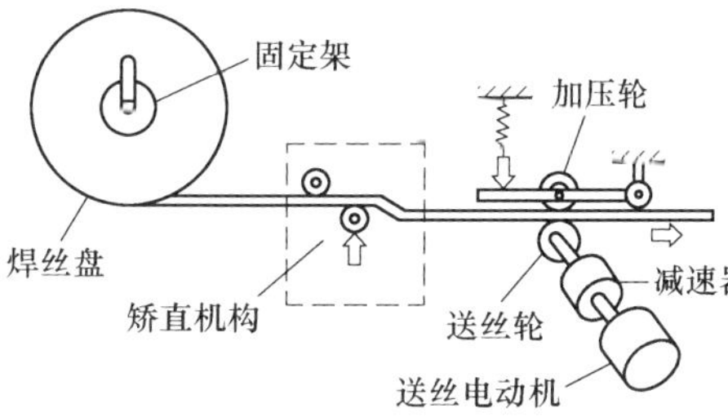

图 6-8　送丝系统的组成

熔化极气保焊机的送丝系统根据其送丝方式的不同，通常可分为四种类型，如图 6-9 所示。

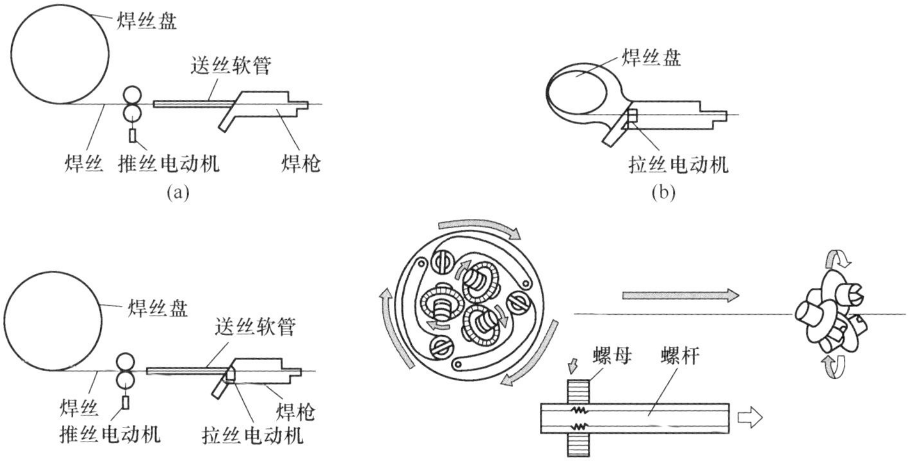

图 6-9　送丝方式示意图

（a）推丝式；（b）拉丝式；（c）推拉丝式；（d）行星式

(1) 推丝式。这种送丝方式是焊丝被送丝轮推送，经过软管而达到焊枪，这种送丝方式的焊枪结构简单、轻便，操作与维修方便，是应用最广的一种送丝方式，但焊丝进入焊枪前要经过一段较长的送丝软管，阻力较大。而且随着软管长度的加长，送丝稳定性也将变差。所以送丝软管不能太长，一般为 3~5 m，而用于铝焊丝的软管长度不超过 3 m。这种送丝方式是半自动熔化极气保护焊的主要送丝方式。

(2) 拉丝式。这种送丝方式可分为三种形式，一种是将焊丝盘和焊枪分开，两者通过送丝软管连接；另一种是将焊丝盘直接装在焊枪上。这两种方式适用于细丝半自动焊，主要用于直径小于或等于 0. 8 mm 的细焊丝，因为细焊丝刚性小，难以推丝。但前一种操作比较方便，后者由于去掉了送丝软管，增加了送丝稳定性，但焊枪重量增加。还有一种形式不但将焊丝盘与焊枪分开，而且送丝电动机也与焊枪分开，这种送丝方式可用于自动熔化极气体保护焊。

(3) 推拉丝式。这种送丝方式将上述两种方式结合起来，克服了使用推丝式焊枪操作范围小的缺点，送丝软管可加长到 15 m 左右。推丝电动机是主要的送丝动力，而拉丝机只是将焊丝拉直，以减小推丝阻力。推力和拉力必须很好地配合，焊丝送进过程中，要保持焊丝在软管中始终处于拉直状态。通常拉丝速度应稍快于推丝速度。这种送丝方式常被用于远距离半自动熔化极气体保护焊。

(4) 行星式。这种送丝方式是根据“轴向固定的旋转螺母能轴向送进螺杆”的原理设计而成的。3 个互为 120°的滚轮交叉安装在一块底座上，组成一个驱动盘。驱动盘相当于螺母，通过 3 个滚轮中间的焊丝相当于螺杆，3 个滚轮与焊丝之间有一个预先调定的螺旋角。当电动机的主轴带动驱动盘旋转时，3 个滚轮即向焊丝施加一个轴向的推力，将焊丝往前推送。送丝过程中，3 个滚轮一方面围绕焊丝公转，另一方面又绕着自己的轴自转。调节电动机的转速即可调节焊丝送进速度。这种送丝机构可一级一级串联起来而成为所谓线式送丝系统，使送丝距离更长（可达 60 m）。若采用一级传送，可传送 7~8 m。这种线式送丝方式适合于输送小直径焊丝（0. 8~1. 2 mm）和钢焊丝，以及长距离送丝。

(三) 焊枪

焊丝通过焊枪时，通过与铜导电嘴的接触而带电，铜导电嘴将电流由焊接电源输送给电弧。熔化极气体保护焊焊枪的主要作用是将保护气体输送到焊接位置、输送焊丝，并将焊接电流导通到焊丝上。熔化极气体保护焊焊枪分为半自动焊枪和自动焊枪。

半自动焊枪按焊丝送给的方式不同，可分为推丝式和拉丝式两种。

推丝式焊枪通常有两种形式：一种是鹅颈式焊枪，如图 6-10 所示；另一种是手枪式焊枪，如图 6-11 所示。这些焊枪的主要特点是结构简单，操作灵活，但焊丝经过软管产生的阻力较大，故所用的焊丝不宜过细，多用于直径 1 mm 以上焊丝的焊接。焊枪的冷却方法一般采用自冷式，而水冷式焊枪不常用。

拉丝式焊枪的结构如图 6-12 所示，一般做成手枪式，送丝均匀稳定，引入焊枪的管线少，焊接电缆较细，尤其是其中没有送丝软管，所以管线柔软，操作灵活。但因为送丝部分（包括微电机、减速器、送丝滚轮和焊丝盘等）都安装在枪体上，所以焊枪比较笨重，结构较复杂。通常适用于直径 0. 5~0. 8 mm 的细丝焊接。

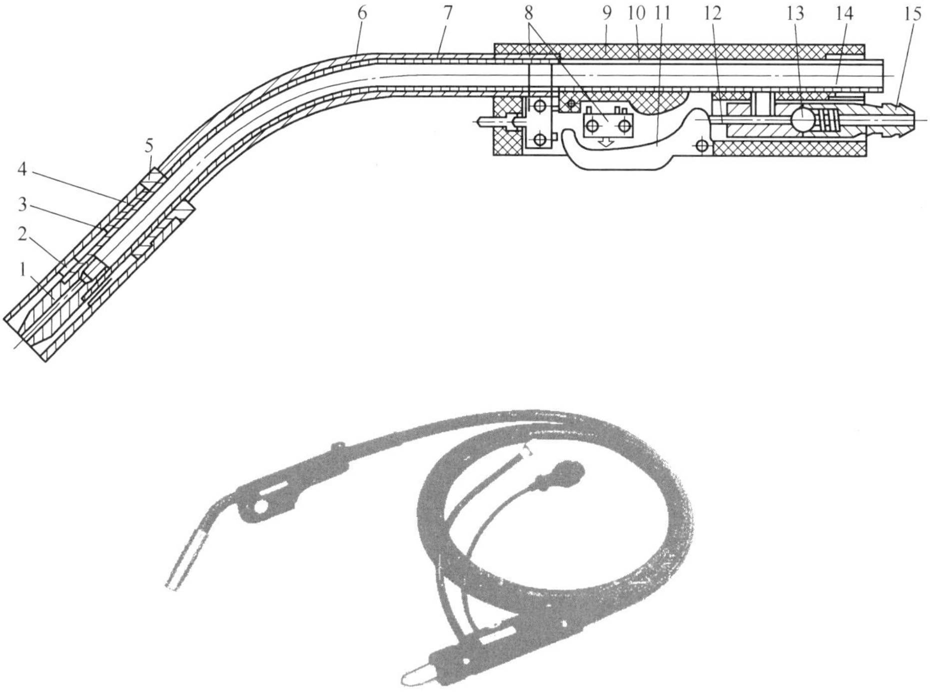

图 6-10　鹅颈式焊枪

1—导电嘴；2—分流环；3—喷嘴；4—弹簧管；5—绝缘套；6—鹅颈管；7—乳胶管；8—微动开关；9—焊把；10—枪体；11—枪机；12—气门推杆；13—气门球；14—弹簧；15—气阀嘴

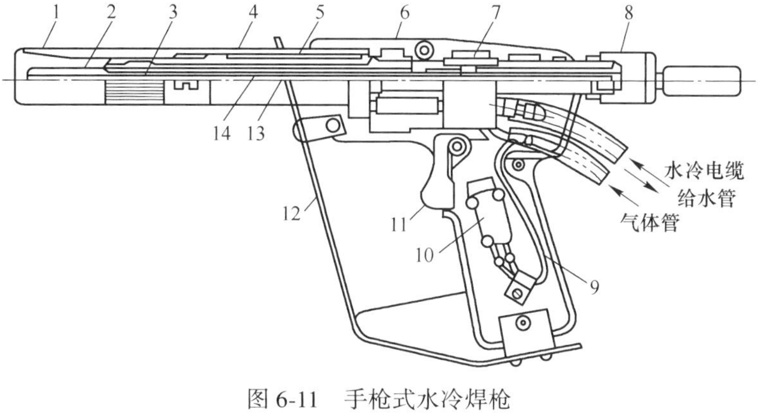

图 6-11　手枪式水冷焊枪

1—焊枪；2—焊嘴；3—喷管；4—水筒装配件；5—冷却水通路；6—焊枪架；7—焊枪主体装配件；8—螺母；9—控制电缆；10—开关控制杆；11—微型开关；12—电弧盖；13—金属丝通路；14—喷嘴内管

另外还有推拉丝式焊枪和行星轮式焊枪，如图 6-13 和图 6-14 所示。

自动焊枪的基本结构与半自动焊枪类似，如图 6-15 所示，安装在自动焊机的焊接小车或焊接操作机上，不需要手工操作，自动焊多用于大电流情况，所以枪体尺寸都比较大，以便提高气体保护和水冷效果。

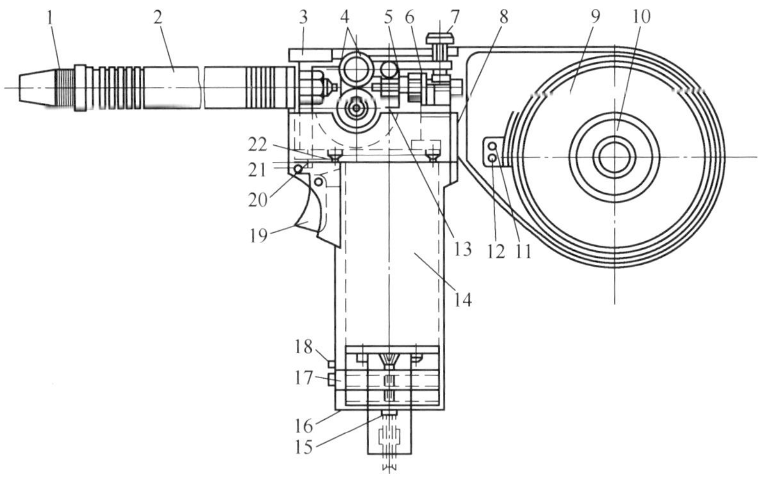

图 6-12　拉丝式焊枪

1—喷嘴；2—外套；3—绝缘外壳；4—送丝滚轮；5—螺母；6—导丝杆；7—调节螺杆；8—绝缘外壳；9—焊丝盘；10—压栓；11，15，17，21，22—螺钉；12—压片；13—减速器；14—电动机；16—底板；18—退丝按钮；19—扳机；20—触点

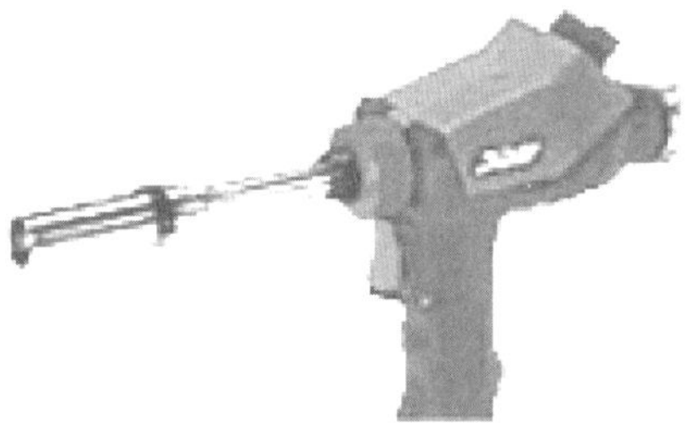

图 6-13　推拉丝式焊枪

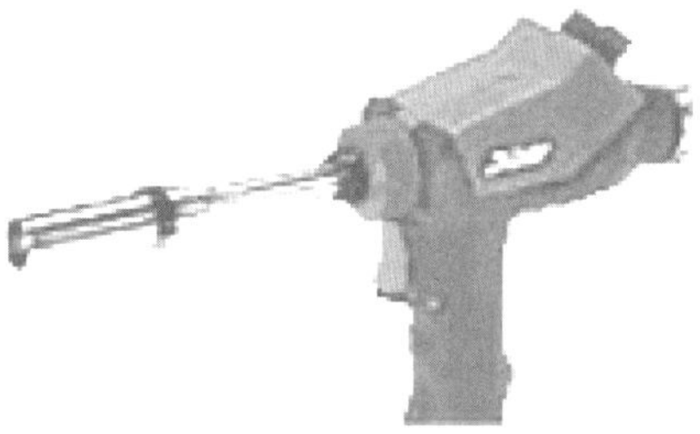

图 6-14　行星轮式焊枪

喷嘴是焊枪上的重要零件，采用纯铜或陶瓷材料制作，作用是向焊接区域输送保护气体，以防止焊丝端头、电弧和熔池与空气接触。喷嘴形状多为圆柱形，也有圆锥形，喷嘴内孔直径与电流大小有关，通常为 12～24 mm。电流较小时，喷嘴直径也小；电流较大时，喷嘴直径也大。

导电嘴应导电性良好、耐磨性好和熔点高，一般选用纯铜、铬紫铜或钨青铜材料制成。导电嘴孔径的大小对送丝速度和焊丝伸出长度有很大影响。如孔径过大或过小，会造成工艺参数不稳定而影响焊接质量。

喷嘴和导电嘴都是易损件，需要经常更换，所以应便于拆装。并且应结构简单，制造方便，成本低廉。

（四）供气与水冷系统

供气系统提供焊接时所需要的保护气体，将电弧、熔池保护起来。如采用水冷式焊枪，则还配有水冷系统。

（1）供气系统。CO_2气路由CO_2气瓶、流量计和气阀组成。如果气体纯度不够，还需要串接高压干燥器和低压干燥器，以吸收气体中的水分，防止焊缝中生成气孔。如图 6-16 所示，通常CO_2流量计由减压器、加热器和流量计构成，流量计由两种结构形式：指针式和浮球式，指针式具有结构简单特点，浮球式具有流量指示直观的特点，图 6-17 是两种流量计的图片。

（2）水冷系统。用水冷式焊枪，必须有水冷系统，一般由水箱、水泵和冷却水管及水压开关组成。冷却水可循环使用。水压开关的作用是保证当冷却水没流经焊枪时，焊接系统不能起动，以达到保护焊枪的目的。当焊接电流较大时必须采用水冷式焊枪。

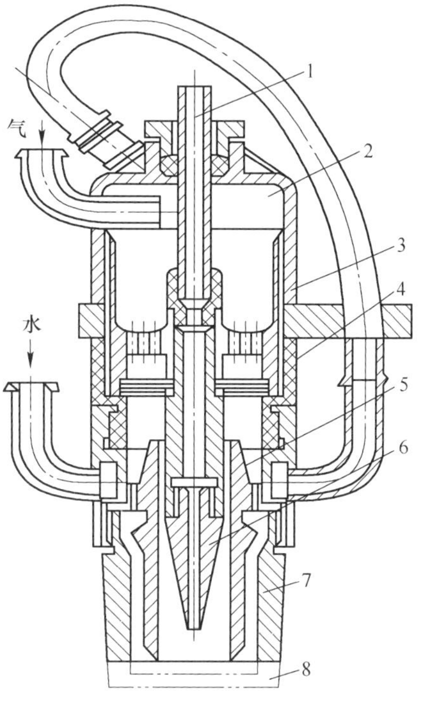

图 6-15　自动焊枪

1—铜管；2—镇静室；3—导流体；4—铜筛网；5—分流套；6—导电嘴；7—喷嘴；8—帽盖

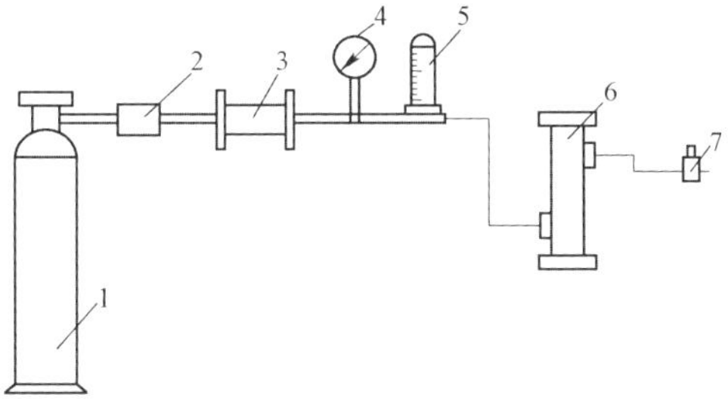

图 6-16　CO_2气路组成

1—气源；2—预热器；3—高压干燥器；4—气体减压阀；5—气体流量计；6—低压干燥器；7—气阀

(a)　(b)

图 6-17　流量计

（a）浮球式；（b）指针式

（五）控制系统

控制系统主要用于控制和调整整个焊接程序：开始和停止输送保护气体和冷却水，启动和停止焊接电源接触器，以及按要求控制送丝速度和焊接小车行走方向、速度等。

控制系统由基本控制系统和程序控制系统组成。

（1）基本控制系统的作用是在焊前或焊接过程中调节焊接工艺参数，调节焊接电流或电压、送丝速度、焊接速度和气体流量的大小。

（2）程序控制系统是对整套设备的各组成部分按照预先设计好的焊接工艺程序进行控制，以便协调地完成焊接，其主要作用如下：

1）控制焊接设备的启动和停止。

2）控制电磁气阀动作，实现提前送气和滞后停气，使焊接区受到良好保护。

3）控制水压开关动作，保证焊枪受到良好的冷却。

4）控制引弧和熄弧。

5）控制送丝和小车的（或工作台）移动（采用自动焊时）。

当焊接启动开关闭合后，整个焊接过程按照设定的程序自动进行。

五、CO_2焊机的维护与常见故障排除

（一）CO_2焊机的维护

（1）要经常注意送丝软管工作情况，以防被污垢堵塞。

（2）应经常检查导电嘴磨损情况，及时更换磨损大的导电嘴，以免影响焊丝导向及焊接电流的稳定性。

（3）施焊时要及时清除喷嘴上的金属飞溅物。

（4）要及时更换已磨损的送丝滚轮。

（5）应经常检查电气接头、气管等连接情况，及时发现问题并予以处理。

（6）定期以干燥压缩空气清洁焊机。

（7）当焊机较长时间不用时，应将焊丝自软管中退出，以免日久生锈。

（二）CO_2焊机常见故障及排除方法

CO_2焊机出现的故障，有时可用直观法发现，有时必须通过测试方法发现。故障的排除步骤一般为：从故障发生部位开始，逐级向前检查整个系统，或相互有影响的系统或部位；或可以从易出现问题、易损坏的部位着手检查，对于不易出现问题、不易损坏且易修理的部位，再进一步检查。CO_2焊机常见故障及其排除方法如表6-2所示。

表6-2　CO_2焊机常见故障及其排除方法

故　障	产生原因	排除方法
焊丝送进不均匀	焊枪开关或控制线路接触不良	检修拧紧
	送丝滚轮压力调整不当	调整送丝滚轮压力
	送丝滚轮磨损	更换新滚轮
	减速箱故障	检修
	送丝软管接头处或内层弹簧管松动或堵塞	清洗检修
	焊丝绕制不好，时松时紧或有弯曲	换一盘或重绕，调直焊丝
	焊枪导管部分接触不好，导电嘴孔径大小不合适	检修或换新

续表 6-2

故　障	产 生 原 因	排 除 方 法
焊丝在送给滚轮和导电杆进口管子处发生卷曲	导电嘴与焊丝粘住	更换导电嘴
	导电嘴内径太小，配合过紧	更换合适的导电嘴
	导电杆进口离送丝轮太近	增加两者之间的距离
	弹簧软管内径小或堵塞	清洗或更换弹簧软管
	送丝滚轮、导电杆与送丝管不在同一条直线上	调直
焊丝停止送给和送丝电动机不转动	送丝滚轮打滑	调整送丝滚轮压紧力
	焊丝与导电嘴熔合	连同焊丝拧下导电嘴，更换
	焊丝卷曲卡在焊丝进口管处	将焊丝推出，剪去一段焊丝
	电动机碳刷磨损	更换
	电动机电源变压器损坏	检修或更换
	熔断丝烧断	换新
焊接过程中发生熄弧现象和焊接参数不稳	焊接参数选择不合适	调整焊接参数
	送丝滚轮磨损	更换送丝滚轮
	送丝不均匀，导电嘴磨损严重	检修调整，更换导电嘴
	焊丝弯曲太大	调直焊丝
	焊件和焊丝不清洁，接触不良	清理焊件和焊丝
气体保护不良	气路阻塞或接头漏气	检查气路
	气瓶内气体不足，甚至没气	更换新瓶
	电磁气阀或电磁气阀电源故障	检修
	喷嘴内被飞溅物堵塞	清理喷嘴
	预热器断电造成减压阀冻结	检修预热器，接通电源
	气体流量不足	加大流量
	焊件上有油污	清理焊件表面
	工作场地风速过高	设置挡风屏障

六、CO_2焊工艺参数的选择

(一) 坡口形状

CO_2焊推荐使用的坡口形式如表 6-3 所示。细焊丝短路过渡的 CO_2焊主要焊接薄板或中厚板，一般开 I 形坡口；粗焊丝细滴过渡的 CO_2焊主要焊接中厚板及厚板，可以开较小的坡口。开坡口不仅要考虑熔透，而且要考虑焊缝成形的形状及熔合比。坡口角度过小易形成指状熔深，在焊缝中心可能产生裂缝。尤其在焊接厚板时，由于拘束应力大，这种倾向很强，必须十分注意。

表 6-3　CO_2焊推荐坡口形状

坡口形状		板厚/mm	有无垫板	坡口角度 α/(°)	根部间隙 b/mm	钝边高度 p/mm
I 形	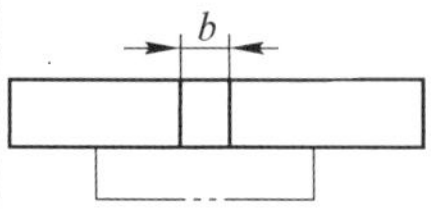	<12	无	—	0~2	—
			有	—	0~3	—
单边 V 形	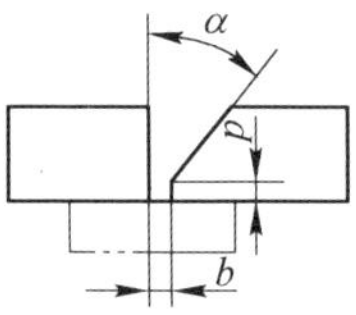	<60	无	45~60	0~2	0~5
			有	25~50	4~7	0~3
V 形	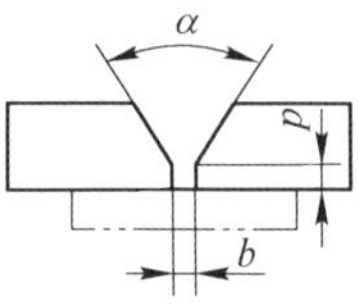	<60	无	45~60	0~2	0~5
			有	35~60	0~6	0~3
K 形	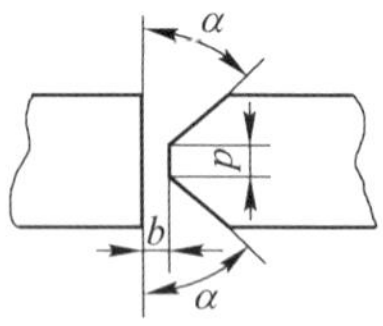	<100	无	45~60	0~2	0~5
X 形	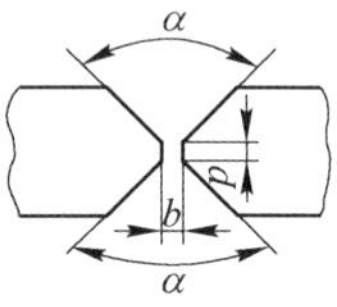	<100	无	45~60	0~2	0~5

（二）工艺参数的选择

在 CO_2焊中，为了获得稳定的焊接过程，可根据工件要求采用短路过渡和细滴过渡两种熔滴过渡形式，其中短路过渡焊接应用最为广泛。

1. 短路过渡焊接工艺参数的选择

短路过渡时，采用细焊丝、低电压和小电流。熔滴细小而过渡频率高，电弧非常稳定，飞溅小，焊缝成形美观，主要用于焊接薄板及全位置焊接。焊接薄板时，生产率高，变形小，焊接操作容易掌握，对焊工技术水平要求不高，因而短路过渡的 CO_2焊易于在生产中得到推广应用。

焊接工艺参数主要有焊丝直径、焊接电流、电弧电压、焊接速度、保护气体流量、焊丝伸出长度及电源极性等。

（1）焊丝直径。短路过渡焊接主要采用细焊丝，常用焊丝直径为 0.6~1.6 mm，随着焊丝直径的增大，飞溅颗粒和数量相应增大。直径大于 1.6 mm 的焊丝，如再采用短路过渡焊接，飞溅将相当严重，所以生产上很少应用，焊丝直径的选择如表 6-4 所示。

表 6-4　焊丝直径的选择

焊丝直径/mm	焊件厚度/mm	焊 接 位 置
0.8	1~3	各种位置
1.0	1.5~6	
1.2	2~12	
1.6	6~25	
≥1.6	中厚	平焊、平角焊

焊丝的熔化速度随焊接电流的增加而增加，在相同电流下焊丝越细，其熔化速度越快。在细焊丝焊接时，若使用过大的电流，也就是使用很大的送丝速度，将引起熔池翻腾和焊缝成形恶化。因此各种直径焊丝的最大电流要有一定的限制。

(2) 焊接电流。焊接电流是重要的工艺参数，是决定焊缝熔深的主要因素。电流大小主要决定于送丝速度。随着送丝速度的增加，焊接电流也增加，二者大致呈正比关系。焊接电流的大小还与焊丝的外伸长及焊丝直径等有关。短路过渡形式焊接时，由于使用的焊接电流较小，焊接飞溅较小，焊缝熔深较浅。

(3) 电弧电压。电弧电压的选择。与焊丝直径及焊接电流有关，它们之间存在着协调匹配的关系。细丝 CO_2焊的电弧电压与焊接电流的匹配关系如图 6-18 所示。

短路过渡时不同直径焊丝相应选用的焊接电流、电弧电压的数值范围如表 6-5 所示。

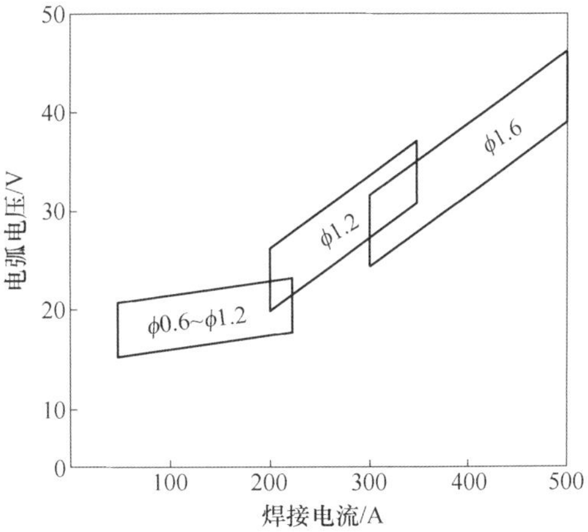

图 6-18　细丝 CO_2焊的电弧电压与焊接电流的匹配关系

表 6-5　不同直径焊丝选用的焊接电流与电弧电压

焊丝直径/mm	电弧电压/V	焊接电流/A
0.5	17~19	30~70
0.8	18~21	50~100
1.0	18~22	70~120
1.2	19~23	90~200
1.6	22~26	140~300

（4）焊接速度。焊接速度对焊缝成形、接头的力学性能及气孔等缺陷的产生都有影响。在焊接电流和电弧电压一定的情况下，焊接速度加快时，焊缝的熔深、熔宽和余高均减小。

焊速过快时，会在焊趾部出现咬边，甚至出现驼峰焊道，而且保护气体向后拖，影响保护效果。相反，速度过慢时，焊道变宽，易产生烧穿和焊缝组织变粗的缺陷。

通常半自动焊焊接时，熟练焊工的焊接速度为 30~60 cm/min。

（5）保护气体流量。气体保护焊焊接时，保护效果不好将产生气孔，甚至使焊缝成形变坏。在正常焊接情况下，保护气体流量与焊接电流有关，在 200 A 以下薄板焊接时为 10~15 L/min，在 200 A 以上的厚板焊接时为 15~25 L/min。

影响气体保护效果的主要因素是保护气体流量不足，喷嘴高度过大，喷嘴上附着大量飞溅物和强风。特别是强风的影响十分显著，在强风的作用下，保护气流被吹散，使得熔池、电弧甚至焊丝端头暴露在空气中，破坏保护效果。风速在 1.5 m/s 以下时，对保护作用无影响。当风速大于 2 m/s 时，焊缝中的气孔明显增加，所以规定施焊环境在没有采取特殊措施时风速一般不得超过 2 m/s。

（6）焊丝伸出长度。短路过渡焊接时采用的焊丝都比较细，因此焊丝伸出长度对焊丝熔化速度的影响很大。在焊接电流相同时，随着伸出长度增加，焊丝熔化速度也增加。换句话说，当送丝速度不变时，伸出长度越大，则电流越小，将使熔滴与熔池温度降低，造成热量不足，而引起未焊透。直径越细、电阻率越大的焊丝这种影响越大。

另外，伸出长度太大，电弧不稳，难以操作，同时飞溅较大，焊缝成形恶化，甚至破坏保护而产生气孔。相反，焊丝伸出长度过小，会缩短喷嘴与工件间的距离，飞溅金属容易堵塞喷嘴。同时，还妨碍观察电弧，影响焊工操作。

适宜的焊丝伸出长度与焊丝直径有关，焊丝伸出长度大约等于焊丝直径的 10 倍时最适宜，即在 10~20 mm 范围内。

（7）电源极性。CO_2焊一般都采用直流反极性。这时电弧稳定，飞溅小，焊缝成形好，并且焊缝熔深大，生产率高。而正极性时，在相同电流下，焊丝熔化速度大大提高，大约为反极性时的 1.6 倍，而熔深较浅，余高较大且飞溅很大。只有在堆焊及铸铁补焊时才采用正极性，以提高熔敷速度。

2. 细滴过渡焊接工艺参数的选择

细滴过渡 CO_2焊的电弧电压比较高，焊接电流比较大。此时电弧是持续的，不发生短路熄弧的现象。焊丝的熔化金属以细滴形式进行过渡，所以电弧穿透力强，母材熔深大。适合于进行中等厚度及大厚度工件的焊接。

（1）电弧电压与焊接电流。焊接电流可根据焊丝直径来选择。对应于不同的焊丝直径，实现细滴过渡的焊接电流下限是不同的，几种常用焊丝直径的电流下限值如表 6-6 所示。这里也存在着焊接电流与电弧电压的匹配关系。在一定焊丝直径下，选用较大的焊接电流，就要匹配较高的电弧电压。因为随着焊接电流增大，电弧对熔池金属的冲刷作用增加，势必会恶化焊缝的成形。只有相应地提高电弧电压，才能减弱这种冲刷作用。

（2）焊接速度。细滴过渡 CO_2焊的焊接速度较高。与同样直径焊丝的埋弧焊相比，焊接速度高 0.5~1 倍。常用的焊速为 40~60 m/h。

表 6-6　不同直径焊丝选用的焊接电流与电弧电压

焊丝直径/mm	电流下限/A	电弧电压/V
1.2	300	34~45
1.6	400	
2.0	500	
3.0	650	
4.0	750	

（3）保护气流量。应选用较大的气体流量来保证焊接区的保护效果。保护气流量通常比短路过渡的 CO_2焊提高 1~2 倍。常用的气流量范围为 25~50 L/min。

七、CO_2气体保护焊操作训练

（一）焊前准备

采用 CO_2焊时，为了获得最好的焊接效果，除选择好焊接设备和焊接工艺参数外，还应做好焊前准备工作。

1. 劳动保护的准备

（1）防辐射和灼伤。CO_2焊焊接时，由于电流密度大，电弧温度高，弧光辐射强，应特别注意加强安全防护，防止电光性眼炎及裸露皮肤灼伤。工作时应穿好帆布工作服，戴好焊工手套，以防止飞溅灼伤。使用表面涂有氧化锌油漆的面罩，配用 9~12 号滤光镜片，各焊接工位要设置专用遮光屏。

（2）防中毒。CO_2焊不仅产生烟雾和金属粉尘，而且还产生 CO、NO_2等有害气体，应加强焊接场地通风。

2. 坡口准备与定位焊

（1）坡口加工方法与清理。加工坡口的方法主要有机械加工、气割、等离子切割和碳弧气刨等。坡口精度对焊接质量影响很大。坡口尺寸偏差能造成未焊透和未焊透等缺陷。CO_2焊焊接时对坡口精度的要求比焊条电弧焊焊接时更高。

焊缝附近有污物时，会严重影响焊接质量。焊前应将坡口周围 10~20 mm 范围内的油污、油漆、铁锈、氧化皮及其他污物清除干净。

（2）定位焊。定位焊是为了保证坡口尺寸，防止由于焊接所引起的变形。通常 CO_2焊与焊条电弧焊相比要求更坚固的定位焊缝。定位焊缝本身易生成气孔和夹渣，它们是随后进行 CO_2焊时产生气孔和夹渣的主要原因，所以必须细致地焊接定位焊缝。

焊接薄板时定位焊缝应该细而短，长度为 3~10 mm，间距为 30~50 mm。它可以防止变形及焊道不规整。焊接中厚板时定位焊缝间距较大，达 100~150 mm，为增加定位焊的强度，应增大定位焊缝长度，一般为 15~50 mm。若为熔透焊缝时，点固处难以实现反面成形，应从反面进行点固。

（二）焊接基本操作

1. 引弧

CO_2焊一般采用接触短路法引弧。引弧前应调节好焊丝的伸出长度，引弧时应注意焊

丝和焊件不要接触太紧。如焊丝端部有粗大的球形头，应剪去。

半自动焊焊接时，喷嘴与工件间的距离不好控制。对于焊工来说，操作不当时极易出现这样的情况，也就是当焊丝以一定速度冲向工件表面时，往往把焊枪顶起，结果使焊枪远离工件，从而破坏了正常保护。所以，焊工应该注意保持焊枪到工件的距离。

半自动焊焊接时，习惯的引弧方式是焊丝端头与焊接处划擦的过程中按焊枪按钮，通常称为“划擦引弧”。这时引弧成功率较高。引弧后必须迅速调整焊枪位置、焊枪角度及导电嘴与工件间的距离。引弧处由于工件的温度较低，熔深都比较浅，特别是在短路过渡时容易引起未焊透。为防止产生这种缺陷，可以采取倒退引弧法，如图 6-19 所示。引弧后快速返回工件端头，再沿焊缝移动，在焊道重合部分进行摆动，使焊道充分熔合，完全消除缺陷。

2. 收弧

焊道收尾处往往出现凹陷，它被称为弧坑。弧坑处易产生裂纹、气孔等缺陷。为此，焊工总是设法减小弧坑尺寸。目前主要应用的方法如下：

（1）采用带有电流衰减装置的焊机时，填充弧坑电流较小，一般只为焊接电流的 50%～70%，易填满弧坑。最好以短路过渡的方式处理弧坑。这时，电弧沿弧坑的外沿移动焊枪，并逐渐缩小回转半径，直到中间停止。

（2）没有电流衰减装置时，在弧坑未完全凝固的情况下，应在其上进行几次断续焊接。这时只是交替按压与释放焊枪按钮，而焊枪在弧坑填满之前始终停留在弧坑上，电弧燃烧时间应逐渐缩短。

（3）使用工艺板，也就是把弧坑引到工艺板上，焊完之后去掉它。

3. 接头的处理

将待焊接头处打磨成斜面，在斜面顶部引燃电弧后，将电弧移至斜面底部，转一圆圈返回引弧处再继续向左或向右焊接。

4. 左焊法和右焊法

CO_2焊的操作方法按焊枪移动方向不同可分为左焊法和右焊法，如图 6-20 所示。右焊法加热集中，热量可以充分利用，熔池保护效果好，而且由于电弧的吹力作用，熔池金属推向后方能够得到外形饱满的焊缝，但焊接时不便确定焊接方向，容易焊偏，尤其是对接接头。左焊法电弧对待焊处具有预热作用，能得到较大熔深，焊缝成形得到改善。左焊法观察熔池较困难，但可清楚地观察待焊部分，不易焊偏，所以 CO_2焊一般都采用左焊法。

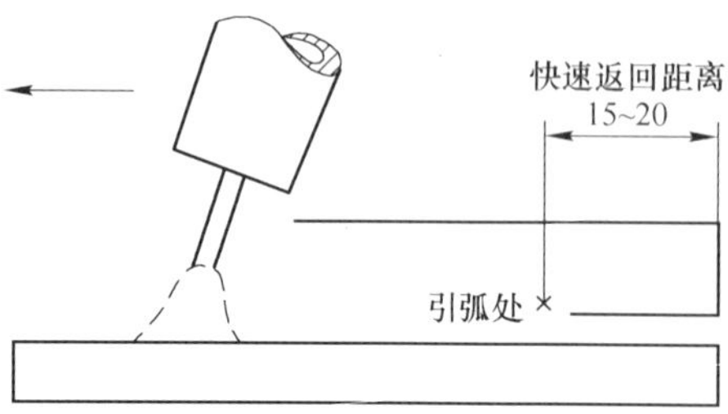

图 6-19　倒退引弧法

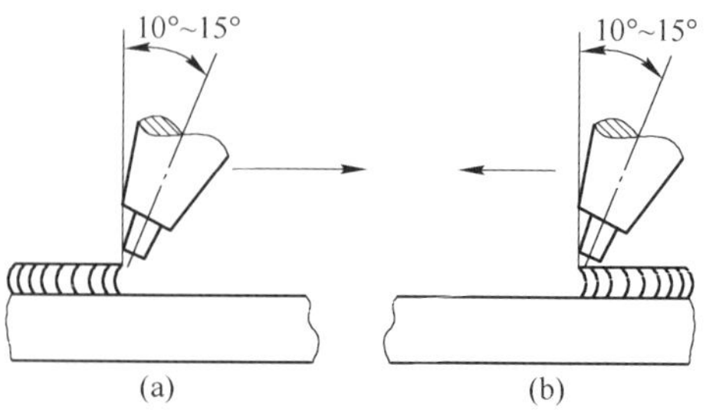

图 6-20　CO_2焊的操作方法

（a）右焊法；（b）左焊法

5. 摆动技术

根据接头形式，焊枪做适当的摆动，可以改善熔透性和焊缝成形。摆动不仅要有一定的速度、一定的停留点和停留时间，还要有一定的形状，摆动方式与焊条电弧焊焊接时基本相同。有锯齿形、月牙形（正、反）、正三角形、斜圆圈形等。

（三）板与板对接平焊单面焊双面成形技术

1. 焊前准备

（1）试件材质：Q235 钢板，试件规格及尺寸如图 6-21 所示；

（2）焊丝：型号 ER50-6，直径为 1.2mm；

（3）焊接设备：直流电源，直流反接法；

（4）焊接面罩、劳保防护用品、清理工具等。

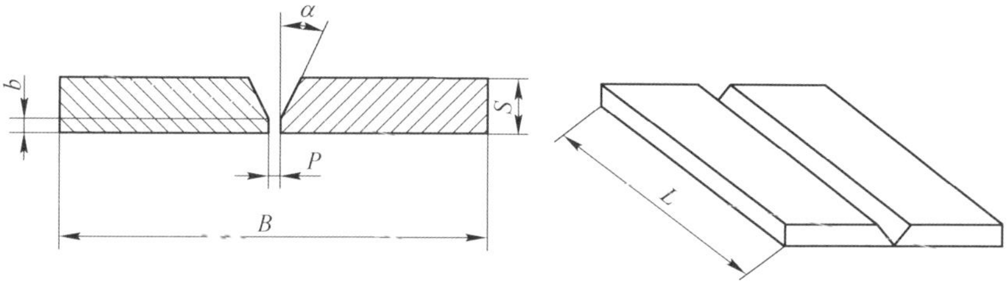

图 6-21　板与板对接平焊试件规格及尺寸
（$S=12$ mm；$B=250$ mm；$L=300$ mm；$\alpha=32°\pm1°$）

2. 焊接操作

（1）焊件的清理及装配。

1）将加工好的试件坡口进行修磨，确保在坡口面及坡口正反两侧 20 mm 处无水、锈、油污等杂质，露出金属光泽。为防止飞溅不好清理和堵塞喷嘴，可在焊件表面涂上一层飞溅防粘剂，在喷嘴涂一层喷嘴防堵剂。

2）锉削钝边 0.5~1.5 mm，并保证两个试件组对在一起后比较平齐，以便在装配时间隙比较均匀。

3）装配间隙：始焊端 3.2 mm，终焊端 4.0 mm。预留间隙时可以用焊条头卡在始焊端和终焊端来确定其大小。

4）定位焊：为防止错边，一般在试件反面的两端进行点焊定位，然后翻过来从正面加固，定位焊长度始焊端约 10 mm，终焊端长度约 15 mm，厚度约 5 mm 左右。终焊端定位一定要牢固，以防止收缩变形引起间隙过小而影响焊接。

5）预留反变形：3°~4°。

6）错边量：不大于 1.2 mm。

（2）确定焊接工艺参数。焊接工艺参数如表 6-7 所示。

表 6-7　焊接工艺参数

焊道位置	焊丝直径/mm	伸出长度/mm	焊接电流/A	焊接电压/V	气体流量/$L\cdot min^{-1}$
打底焊	1.2	10~15	90~110	18~20	10
填充焊	1.2	15~20	210~230	23~25	10~15
盖面焊	1.2	15~20	220~240	24~25	10~15

（3）焊接基本操作。检查试板装配及反变形符合要求后，将试板放在水平位置，注意间隙小的一端放在右侧。三层三道焊接。焊道分布如图 6-22 所示。

1）打底焊。

① 引弧位置。在试板右端距待焊处左侧约 15~20 mm 坡口一侧引燃电弧，快速移至试板右端起焊点，当坡口底部形成熔孔后，开始向左焊接。始终保持电弧在离坡口根部 2~3 mm处燃烧，控制喷嘴的高度，保持喷嘴的高度一致，并控制打底层焊道厚度不超过 4 mm。

② 控制熔孔的大小。熔孔的大小决定背部焊缝的宽度和余高，要求焊接过程中控制熔孔直径始终比间隙大 1~2 mm，如图 6-23 所示。若熔孔太小，则根部熔合不好。若熔孔太大，则根部焊道变宽和变高，容易引起烧穿和产生焊瘤。这就要求焊接过程中仔细观察熔孔大小，并根据间隙和熔孔直径的变化，试板温度的变化情况及时调整焊枪角度、摆幅动度和焊接速度，施焊中只有保持熔孔直径不变，才能熟练地掌握单面焊双面成形操作技术，获得宽窄与高低均匀的背面焊道。

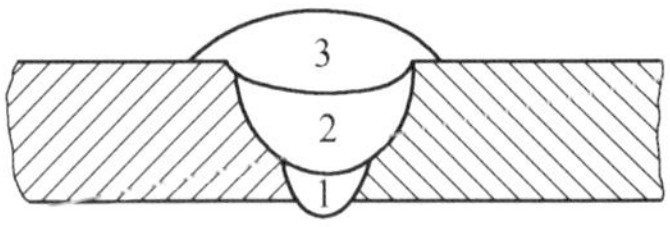

图 6-22　焊道分布

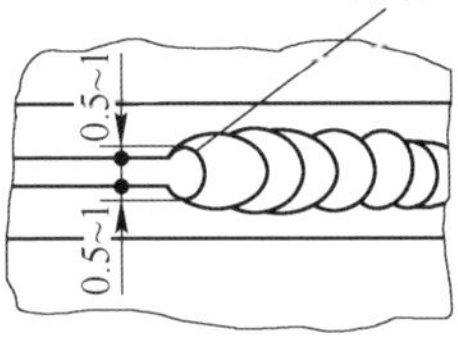

图 6-23　平焊熔孔大小

③ 焊枪角度和摆动方式。焊枪角度如图 6-24 所示，焊枪作小幅度锯齿形或月牙形横向摆动，摆动幅度约为 3 mm，在坡口两侧稍作停留，中间稍快，连续向左移动。保证两侧坡口的熔合。焊接过程中注意观察坡口面的熔合情况，依靠焊枪的摆动、电弧在坡口两侧的停留，保证坡口面熔化并与熔池边缘熔合在一起。

④ 焊道接头。CO_2 气保焊打底时应尽量避免接头，如确需接头，应把接头处打磨出斜坡状，引弧时从斜坡的顶端引燃，按正常的操作方法进行焊接即可。

2）填充焊。

① 焊接前的清理。焊前先将打底焊道的飞溅和熔渣清理干净，将凸起不平的地方磨平。

② 填充焊焊接时，焊枪的角度与摆动方式与打底焊基本相同，摆动幅度比打底焊层稍大些，控制两侧坡口的熔合，保证两侧坡口有一定的熔深，焊道平整并有一定的下凹，如图 6-25 所示。焊道的高度低于母材约 1. 5~2 mm，一定不能熔化坡口两侧的棱边，以便盖面时能够看清坡口，为盖面焊打好基础。

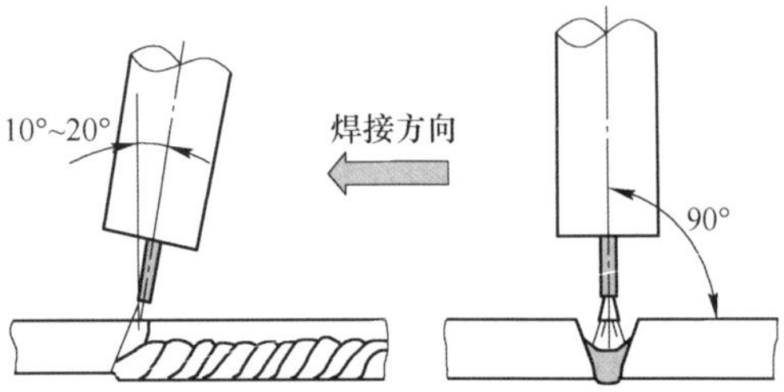

图 6-24　平焊焊枪角度

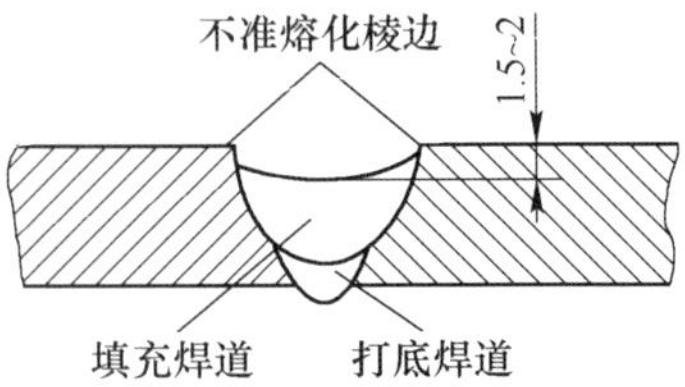

图 6-25　填充焊道

3）盖面焊。

① 焊接前的清理。焊前先将填充焊层的熔渣和飞溅物等清理干净。

② 焊接时控制焊枪的摆动幅度。焊枪的摆动幅度比填充焊焊接时更大一些，摆动时要幅度一致，速度均匀。注意观察坡口两侧的熔化情况，保证熔池的边缘超过坡口两侧的棱边 0.5~2.5mm，避免咬边。

③ 收尾时填满弧坑并待电弧熄灭，熔池凝固后方能移开焊枪，避免出现弧坑裂纹和产生气孔。

平焊一般采用左焊法，焊丝前倾角为 10°~15°。薄板和打底焊的焊接采用直线移动运丝法焊接，坡口填充层焊接时可采用横向摆动运丝法焊接。

（四）其他接头方法的操作

1. T 形接头和搭接接头的焊接

焊接 T 形接头时，易产生咬边、未焊透、焊缝下垂等缺陷，操作中应根据板厚和焊脚尺寸来控制焊枪角度。不等厚板的 T 形接头平角焊时，要使电弧偏向厚板，以使两板受热均匀。等厚板焊接时焊枪的工作角度为 40°~50°，前倾角为 10°~25°。当焊脚尺寸不大于 5 mm 时，可将焊枪对准焊缝根部，如图 6-26 中的 *A* 所示；当焊脚尺寸大于 5 mm 时，将焊枪水平偏移 1~2 mm，如图 6-26 中的 *B* 所示。

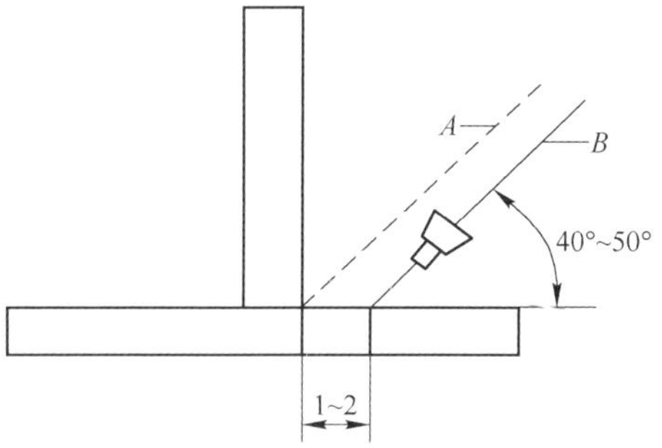

图 6-26　T 形接头平角焊时的焊丝位置

2. 立焊

CO_2焊的立焊有两种方式，即向上立焊法和向下立焊法。向上立焊由于重力作用，熔池金属易下淌，加上电弧作用，熔深大，焊道较窄，故一般应采用小电流、小电压、快速焊。用直径 1.6 mm 以上的焊丝，以滴状过渡方式焊接时，也可采用向上立焊法，但一般采用间断灭弧法。为了克服熔深大、焊道窄而高的缺点，宜用横向摆动运丝法，用于焊接厚度较大的焊件。

CO_2焊采用细丝短路过渡向下立焊时，可获得良好的效果。焊接时，CO_2气流有承托熔池金属的作用，使它不易下坠，操作方便，焊缝成形美观，但熔深较浅。向下立焊法用于薄板焊接，焊丝直径在 1.6 mm 以下时，焊接电流不大于 200 A。向下立焊时 CO_2气体流量应比平焊时稍大些。

立焊的运丝方式：直线移动运丝法用于薄板对接的向下立焊，向上立焊的开坡口对接焊的第一层和 T 形接头立焊的第一层。向上立焊的多层焊，一般在第二层以后采用横向摆动运丝法。为了获得较好的焊缝成形，向上立焊的多层焊多采用正三角形摆动运丝法，也可采用月牙形横向摆动运丝法。

3. 横焊

横焊时的工艺参数与立焊基本相同，焊接电流可比立焊时稍大些。

横焊时由于重力作用，熔池易下淌，产生咬边、焊瘤和未焊透等缺陷，因此需采用细丝短路过渡方式焊接，焊枪一般采用直线移动运丝方式。为防止熔池温度过高而产生熔池下淌，焊枪可作小幅前后往复摆动。横焊时焊枪的工作角度为 75°~85°，前倾角（向下倾斜）为 5°~15°。

任务二　熔化极惰性气体保护焊

熔化极惰性气体保护焊，是利用焊丝与工件之间燃烧的电弧作为热源，用惰性气体保护电弧、金属熔滴、熔池和焊接区的电弧焊方法，简称 MIG 焊。它主要应用于一些活性较强的金属的焊接，例如铝、铜、钛及其合金、不锈钢、耐热钢等。

本部分重点讲述 MIG 焊的原理、特点及应用，MIG 焊设备的组成，焊接工艺参数选择原则等相关知识。训练学生正确安装调试、操作使用和维护保养 MIG 焊设备；根据实际生产条件和具体的焊接结构及其技术要求，正确选择 MIG 焊工艺参数和制定工艺措施的能力。指导学生进行 MIG 焊基本技能操作训练。

一、熔化极惰性气体保护焊的原理、特点及应用

（一）熔化极惰性气体保护焊的原理

熔化极惰性气体保护焊采用可熔化的焊丝与焊件之间的电弧作为热源来熔化焊丝与母材金属，并向焊接区输送保护气体，使电弧、熔化的焊丝、熔池及附近的母材金属免受周围空气的有害作用。连续送进的焊丝金属不断熔化并过渡到熔池，与熔化的母材金属融合形成焊缝金属，从而使工件相互连接起来。其原理如图 6-27 所示。

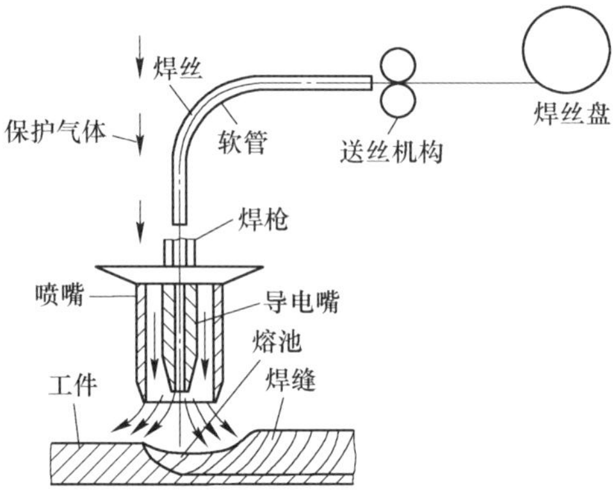

图 6-27　熔化极惰性气体保护焊示意图

（二）熔化极惰性气体保护焊的特点

熔化极惰性气体保护焊的实质是：在焊接过程中，光焊丝被连续地送进焊接区熔化变成填充金属，焊丝、熔池、电弧和母材在焊接过程中受到惰性气体保护的焊接方法。它具有如下一些特点：

（1）可以焊接绝大多数金属，冶金过程比较单纯。

（2）焊丝既作为电极，又作为焊缝的填充金属，较大地提高了生产效率。

（3）可以采用短路过渡和脉冲焊法进行全位置焊接。

（4）焊接铝、镁金属时，可以利用直流反接的阴极破碎作用去除坡口表面的氧化膜，而不必采用具有强腐蚀性的溶剂清理坡口。

（5）采用喷射过渡可以焊接不同厚度的板材。

（6）氩气价格较贵，故生产成本较高。

（7）抗风能力弱，不宜在室外焊接。

（8）对母材和焊丝上的油、锈和污垢较敏感，易产生气孔，所以对母材和焊接材料表面清理要求特别严格。

（三）熔化极惰性气体保护焊的应用

MIG 焊可分为半自动焊和自动焊两种。自动 MIG 焊适用于较规则的纵缝、环缝及水平位置的焊接；半自动 MIG 焊大多用于定位焊、短焊缝、断续焊缝以及铝容器中封头、管接头、加强圈等工件的焊接。

（1）熔化极惰性气体保护焊不仅适用于一般钢结构，也适用于压力容器和核设施等重要结构，不仅用于连接焊，也用于堆焊。

（2）熔化极惰性气体保护焊可焊接的金属厚度范围很广，最薄约 0.6 mm，最厚几乎没有限制。

（3）熔化极惰性气体保护焊适应性较强，可进行全位置焊接，平焊和横焊时焊接效率最高。

（4）熔化极惰性气体保护焊适用于大多数金属的焊接。

MIG 焊适合于焊接低碳钢、低合金钢、耐热钢、不锈钢、非铁金属及其合金。低熔点或低沸点金属材料，如铅、锡、锌等，不宜采用熔化极惰性气体保护焊。目前在中等厚度、大厚度铝及铝合金板材的焊接中，已广泛地应用了 MIG 焊。

二、MIG/MAG 焊接设备

MIG/MAG 气保焊机由焊接电源、送丝机、气路、焊枪等组成。

（一）MIG/MAG 焊设备

同 CO_2气保焊不同，MIG/MAG 除了可以焊接碳钢外，还可焊接铝、铜、不锈钢等，不同的焊接材料有不同的工艺特点，例如铝及铝镁合金焊丝较软，焊接时易产生气孔等。为保证焊接质量提高焊接效率，人们针对不同焊接材料，从焊接方法、焊接设备方面对之进行了深入的研究。随着数字化控制以及大功率器件的发展，新的焊接设备层出不穷，使焊接的效率和质量得到大幅度提高。

熔化极气保焊焊接过程的基本控制时序是：先送气，再送丝焊接，先停丝后停气，如图 6-28 所示。

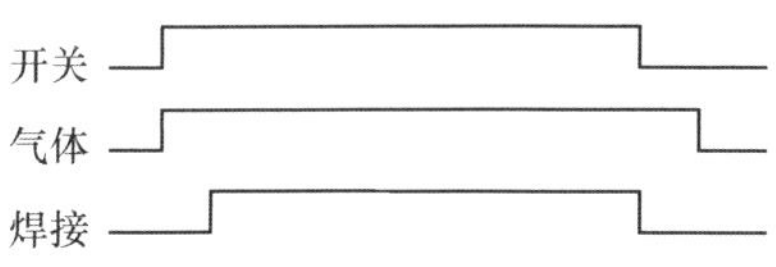

图 6-28　焊接过程的程序

针对不同的焊接要求，控制方式还有点焊、两步、四步、特殊四步等功能。

1. 焊接电源

焊接电源有两种特性：平特性和下降特性，细焊丝一般是选用恒压外特性即平特性配等速送丝的系统；粗丝时采用陡降外特性配合变速送丝系统。焊接电源一般分为抽头式、晶闸管整流式、斩波式和逆变式。由于逆变焊机可控性好，在高性能的 MIG 焊电源中，大多采用逆变式焊接电源，有些厂家也采用斩波式控制方式，例如在脉冲 MIG/MAG、双丝 MIG/MAG 等焊接电源中，主电路一般采用逆变形式，控制系统采用 DSP 数字控制系统。

常用电源的电流范围是100～1000 A，常用负载率为35%、60%、100%三种。

2. 送丝机与焊枪

相比同样电流的CO_2气保焊，由于氩气散热条件差的原因，MIG/MAG焊枪发热严重，焊枪电流在200 A以下一般采用气冷，200 A以上采用水冷，铝及铝合金的焊丝较软，为了降低送丝阻力，送丝软管采用特氟龙软管或添加石墨的软管，在长距离送铝丝时采用推拉式焊枪，推拉式焊枪一般采用水冷结构，有两个电机，一个电机安装在焊枪上主要负责拉焊丝的作用，是恒速控制，保证送丝速度不变，另一个电机安装在送丝机上，起到推焊丝的作用，为了保证两台电机的送丝速度相同，推丝电机采用恒定力矩控制，拉丝电机采用恒速控制，控制框图如图6-29所示。

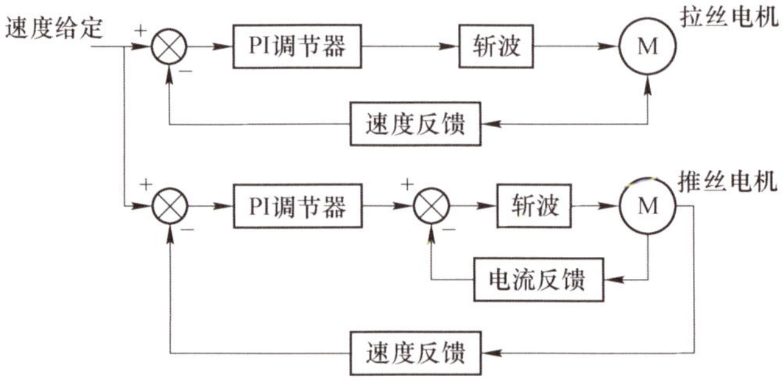

图6-29　推拉式焊枪控制框图

图6-29中拉丝电机采用速度反馈，保证送丝速度不变，推丝电机采用双环反馈系统，外环是速度环，内环是电流环，推丝机的速度略高于拉丝电机的速度，送丝电机的最大力矩限制是采用电枢电流闭环控制，为保证焊丝不打弯及送丝自动同步，将力矩限制在焊丝打弯前的力矩。推丝电机的控制也可采用简易的控制方法，在推丝电机的电枢上串联电阻，推丝电机由速度反馈改为电压反馈，使推丝电机的特性变软。

铝焊丝较软，送丝时压力不能太大，为保证送丝的平稳性，采用双驱送丝机，送丝轮和压丝轮的槽采用U形槽见图6-30，或者采用行星轮送丝机，如图6-31所示。

图6-30　U形槽双驱送丝轮

图6-31　行星轮送丝机

3. 水路和气路

水路和气路的配置与CO_2焊相同，其中混合保护气体采用两种方法获得：一种是气体厂供给的比例配合好的成品瓶装气；另一种是用户采用气体配比器来配比的。气体配比器的外形如图6-32所示。

（二）典型焊机简介

熔化极惰性气体保护焊机的类型有很多，各种型号的技术参数各不相同，应用范围及特点也不尽相同。以国内某公司生产的数字化 Pulse MIG-350 系列焊机为例进行介绍。

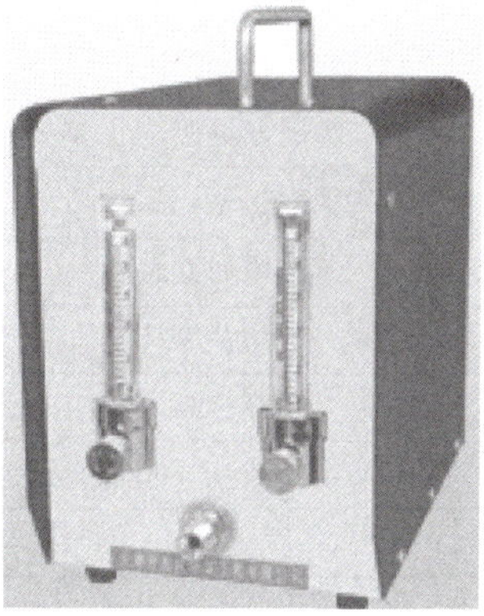

图 6-32　气体配比器

图 6-33 所示为数字化 Pulse MIG-350 焊机，此焊机应用 IGBT 软开关逆变技术，大大提高焊机可靠性，保证焊接电压在电网电压波动及电弧长度变化的情况下高度平稳，电弧自调节能力强，焊接过程稳定；同时采用数字化微处理器（DSP）对焊接过程实施精确控制，确保理想的焊接效果。其可实现碳钢及不锈钢、铝及其合金、铜及其合金等有色金属的焊接。该焊机的性能特点如下：

（1）全数字化控制系统，实现焊接过程的精确控制，弧长稳定；

（2）全数字送丝控制系统，送丝精确、平稳；

（3）系统内置焊接专家数据库，自动智能化参数组合；

（4）操作界面友好，一元化调节方式，易于掌握；

（5）焊接飞溅极小，焊缝成型美观；

（6）可存储 100 套焊接程序，节省操作时间；

（7）特殊的焊铝程序设计，解决了焊铝及其合金时起弧难熔合，收弧易形成焊接缺陷的难题；

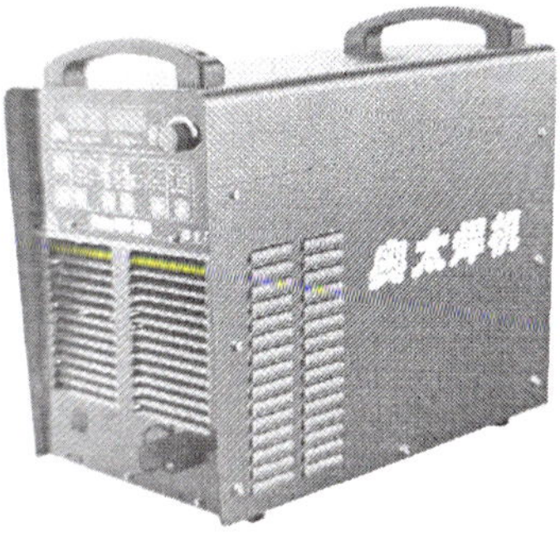

图 6-33　数字化 Pulse MIG-350 焊机

（8）针对专机等自动焊设计的多功能接口模块、特殊两步起弧、收弧可调程序功能模块，实现全功能的控制；

（9）软开关逆变技术，可提高整机可靠性，节能省电；

（10）具有增强型双脉冲功能，送丝速度与输出能量协同控制，尤其在铝合金焊接时实现完美的鱼鳞纹焊缝并提高焊缝质量；

（11）可配数字焊枪，调节更加快捷方便。

典型 Pulse MIG 系列焊机技术参数见表 6-8。

表 6-8　典型 Pulse MIG 系列焊机技术参数表

机器型号	Pulse MIG-350	Pulse MIG-500
额定输入电压/频率	三相 380 V±10%/50 Hz	
额定输入容量/kV·A	15	27
额定输入电流/A	24	42
额定输出电压/V	31.5	39
额定负载持续率/%	60	
输出空载电压/V	84	
输出电流范围/A	25～350	25～500

续表 6-8

机器型号	Pulse MIG-350	Pulse MIG-500
输出电压范围/V	10～40	10～50
送丝类型	推丝	
气体流量/L · min^{-1}	15～20	
焊枪冷却方式	水冷/气冷	
外壳防护等级	IP23	
绝缘等级	H	
外形尺寸 $L×W×H$/cm×cm×cm	60×30×55	66×32×56
质量/kg	45	50

三、MIG 焊的熔滴过渡特点

（一）MIG 焊熔滴过渡的形式

MIG 焊熔滴过渡的形式主要有短路过渡、射流过渡、脉冲射流过渡。在用 MIG 焊焊接铝及铝合金时，如果采用射流过渡的形式，因焊接电流大，电弧功率高，对熔池的冲击力太大，造成焊缝形状为“蘑菇”形，容易在焊缝根部产生气孔和裂纹等缺陷。同时，由于电弧长度较大，会降低气体的保护效果。因此，在焊接铝及铝合金时，常采用亚射流过渡。

亚射流过渡是介于短路过渡和射流过渡之间的一种特殊形式，习惯上称之为亚射流过渡。亚射流过渡采用较小的电弧电压，弧长较短，当熔滴长大并将以射流过渡形式脱离焊丝端部时，即与熔池短路接触，电弧熄灭，熔滴在电磁力及表面张力的作用下产生颈缩断开，电弧复燃完成熔滴过渡。

（二）亚射流过渡的特点

（1）短路时间很短，短路电流对熔池的冲击力很小，过程稳定，焊缝成形美观。

（2）焊接时，焊丝的熔化系数随电弧的缩短而增大，从而使亚射流过渡焊可采用等速送丝配以恒流外特性电源进行焊接，弧长由熔化系数的变化实现自身调节。

（3）亚射流过渡时电弧电压、焊接电流基本保持不变，所以焊缝熔宽和熔深比较均匀。同时，电弧下潜至熔池之中，热利用率高，加速了焊丝的熔化，对熔池的底部加热也进一步加强，从而改善了焊缝根部熔化状态，有利于提高焊缝的质量。

四、MIG 焊的焊接材料

MIG 焊的焊接材料主要包括保护气体和焊丝。

（一）保护气体

MIG 焊常用的保护气体有氩气、氦气和它们的混合气体。

（1）氩气（Ar）。氩气是一种惰性气体，在高温下不分解吸热，不与金属发生化学反应，也不溶解于金属中，密度比空气大，不易飘浮散失，而比热容和导热系数比空气小，这些性能使氩气在焊接时能起到良好的保护作用。主要用于焊接铝、镁及铝镁合金、铜等。在焊接过程中存在三种熔滴过渡形式：短路过渡、大滴过渡、喷射过渡。对于短路过渡，直径较细的铝及铝合金的焊丝较软，送丝困难，焊丝直径较粗时短路过渡电流较大，无法进行薄板焊接；大滴过渡形式时，焊接过程不易控制，实际应用一般采用喷射过渡。喷射过渡电弧稳定，细铜丝可采用短路过渡和喷射过渡。氩气保护的优点是电弧燃烧非常稳定，进行 MIG 焊时很容易获得稳定的轴向喷射过渡，飞溅极小。缺点是焊缝易成“指状”焊缝。混合气体 99%Ar+1%O_2 和 97.5%Ar+2.5% CO_2（体积分数），可用于不锈钢的焊接。

（2）氦气（He）。和氩气一样，氦气也是一种惰性气体，但氦气的电离电压很高，焊接时引弧较困难。和氩气相比，氦气的电离电压高，导热系数大，所以在相同的焊接电流和弧长条件下，氦气的电弧电压比氩气的高，使电弧具有较大的功率，对母材热输入也较大。但是，由于氦气的相对密度比空气小，要有效地保护焊接区，需要的流量应比氩气高 2~3 倍，而且，氦气比较昂贵，所以一般很少使用。

（3）氩气+氦气（Ar+He）。采用 Ar+He 混合气体具有 Ar 和 He 所有的优点，电弧功率大，温度高，熔深大。可用于焊接导热性强、厚度大的非铁金属如铝、钛、锆、镍、铜及其合金。在焊接大厚度铝及铝合金时，可改善焊缝成形、减少气孔及提高焊接生产率，He 所占的比例随着工件厚度的增加而增大。在焊接铜及其合金时，He 所占比例一般为 50%~70%。

另外，氮（N_2）与铜及铜合金不起化学作用，因而对于铜及铜合金，N_2气相当于惰性气体，因此可用于铜及其合金的焊接。N_2是双原子气体，热导率比 Ar、He 高，弧柱的电场强度亦较高，因此电弧热功率和温度可大大提高，焊铜时可降低预热温度或取消预热。N_2可单独使用，也常与 Ar 混合使用。与同样用来焊接铜的 Ar+He 混合气体比较，N_2来源广泛，价格较低，焊接成本低；但焊接时有飞溅，外观成形不如 Ar+He 保护效果好。

（二）焊丝

焊接时作为填充金属或同时用来导电的金属丝，称为焊丝。按焊丝结构不同可分为实芯焊丝和药芯焊丝，如图 6-34 所示；按被焊材料不同可分为碳钢焊丝、低合金钢焊丝、不锈钢焊丝、铸铁焊丝和有色金属焊丝等。为了防止生锈，碳钢焊丝和低合金钢焊丝表面一般都进行镀铜处理。

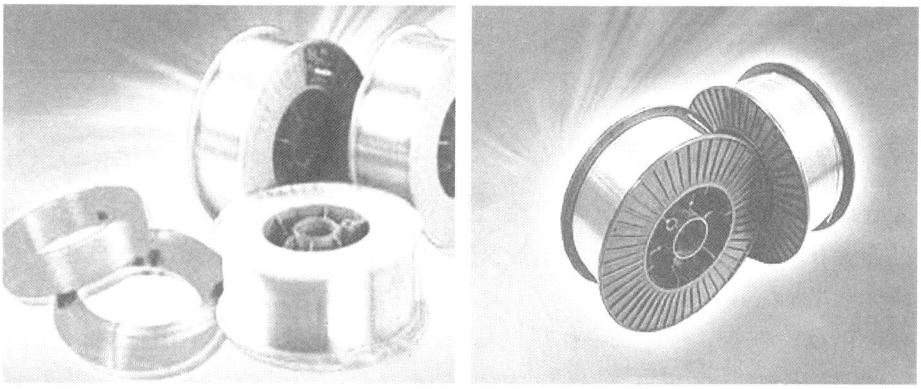

图 6-34　实芯焊丝和药芯焊丝

焊丝的选择一般应遵循以下原则：对于低碳钢、低合金高强度钢，主要按等强度的原则，选择满足力学性能的焊丝；对于不锈钢、耐热钢等，主要按焊缝金属与母材化学成分相同或相近的原则选择焊丝。

MIG 焊使用的焊丝一般分为实芯焊丝和药芯焊丝两种，直径一般在 0.8~2.5 mm 范围内。焊丝直径越小，焊丝的表面积与体积的比值越大，即焊丝加工过程中进入焊丝表面上的拔丝剂、油或其他的杂质也相对较多。这些杂质可能引起气孔、裂纹等缺陷。因此，焊丝使用前必须经过严格的清理。另外，MIG 焊的焊丝熔化速度很大，通常介于 5~10 m/min 之间，甚至更高，这样高的焊丝熔化速度当然要求采用自动控制的机械化送丝装置。所以，MIG 焊都是采用自动焊或半自动焊。

五、工艺参数的选择

MIG 焊的工艺参数主要有焊丝直径、焊接电流、电弧电压、焊接速度、喷嘴直径、焊丝伸出长度、保护气体流量大小等。

（一）焊丝直径

通常情况下，焊丝直径应根据工件的厚度及施焊位置来选择。细焊丝（直径小于或等于 1.2mm）以短路过渡为主，较粗焊丝以射流过渡为主。细焊丝主要用于焊接薄板和全位置焊接，而粗焊丝多用于厚板平焊位置。焊丝直径的选择如表 6-9 所示。

表 6-9　焊丝直径的选择

<table>
<tr><th>焊丝直径/mm</th><th>工件厚度/mm</th><th>施焊位置</th><th>熔滴过渡形式</th></tr>
<tr><td>0.8</td><td>1~3</td><td>全位置</td><td rowspan="4">短路过渡</td></tr>
<tr><td>1.0</td><td>1~6</td><td rowspan="2">全位置、单面焊双面成形</td></tr>
<tr><td rowspan="2">1.2</td><td>2~12</td></tr>
<tr><td>中等厚度、大厚度</td><td>打底</td></tr>
<tr><td rowspan="2">1.6</td><td>6~25</td><td rowspan="3">平焊、横焊或立焊</td><td rowspan="3">射流过渡</td></tr>
<tr><td>中等厚度、大厚度</td></tr>
<tr><td>2.0</td><td>中等厚度、大厚度</td></tr>
</table>

（二）焊接电流

焊接电流是最重要的焊接工艺参数，应根据工件厚度、焊接位置、焊丝直径及熔滴过渡形式来选择。焊丝直径一定时，可以通过选用不同的焊接电流范围以获得不同的熔滴过渡形式，如要获得连续喷射过渡，其电流必须超过某一临界电流值。焊丝直径增大，其临界电流值也会增加。

在焊接铝及铝合金时，为获得优质的焊接接头，MIG 焊一般采用亚射流过渡，此时电弧发出“咝咝”兼有熔滴短路时的“啪啪”声，且电弧稳定，气体保护效果好，飞溅少，熔深大，焊缝成形美观，表面鱼鳞纹细密。

低碳钢 MIG 焊的焊接电流范围如表 6-10 所示。

表 6-10　低碳钢 MIG 焊的焊接电流范围

焊丝直径/mm	焊接电流/A	熔滴过渡方式	焊丝直径/mm	焊接电流/A	熔滴过渡方式
1.0	40~150	短路过渡	1.2	80~220	脉冲射流过渡
1.2	80~180		1.6	100~270	
1.2	220~350	射流过渡	1.6	270~500	射流过渡

（三）电弧电压

电弧电压主要影响熔滴的过渡形式及焊缝成形，要想获得稳定的熔滴过渡，除了正确选用合适的焊接电流外，还必须选择合适的电弧电压与之相匹配。MIG 焊电弧电压和焊接电流之间的关系如图 6-35 所示。若超出图中所示范围，容易产生焊接缺陷。如电弧电压过高，则可能产生气孔和飞溅；电弧电压过低，则有可能短接。

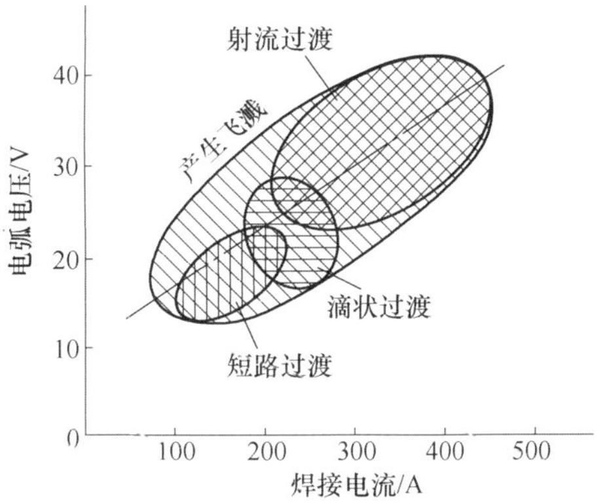

图 6-35　MIG 焊电弧电压和焊接电流之间的关系

（四）焊接速度和喷嘴直径

由于 MIG 焊对熔池的保护要求较高，焊接速度又高，如果保护不良，焊缝表面便易起皱皮。所以喷嘴直径比钨极氩弧焊的要大，为 20 mm 左右。氩气流量也大，为 30~60 L/min。自动 MIG 焊的焊接速度一般为 25~150 m/h，半自动 MIG 焊的焊接速度一般为 5~60 m/h。

喷嘴端部至工件的距离也应保持在 12~22 mm。从气体保护效果方面来看，距离越近越好，但距离过近容易使喷嘴接触到熔池表面，反而恶化焊缝成形。喷嘴高度应根据电流大小选择，如表 6-11 所示。

表 6-11　喷嘴高度推荐值

电流大小/A	< 200	200~250	350~500
喷嘴高度/mm	10~15	15~20	20~25

（五）焊丝位置

焊丝和焊缝的相对位置会影响焊缝成形，焊丝的相对位置有前倾、后倾和垂直三种，焊丝位置示意图如图 6-36 所示。当焊丝处于前倾焊法时形成的熔深大，焊道窄，余高也

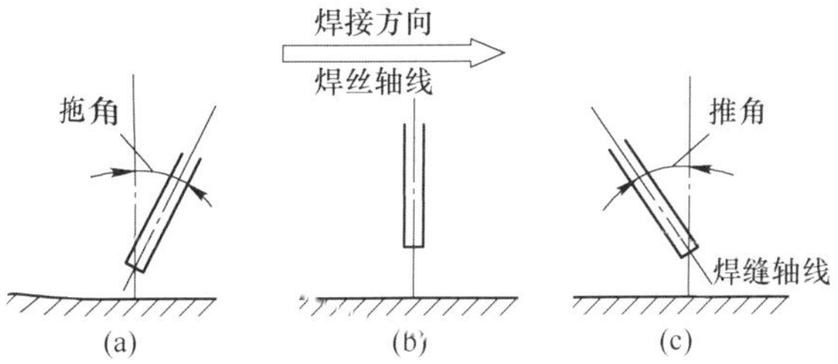

图 6-36　焊丝位置示意图

（a）前倾焊法；（b）垂直焊法；（c）后倾焊法

大；当处于后倾焊法时形成的熔深小，余高也小；垂直焊法介于两者之间。对于半自动焊MIG焊，焊接时一般采用左焊法，便于操作者观察熔池。

综上所述，在选择MIG焊的焊接工艺参数时，应先根据工件厚度、坡口形式选择焊丝直径，再由熔滴过渡形式确定焊接电流，并配以合适的电弧电压，其他参数的选择应以保证焊接过程稳定及焊缝质量为原则。各焊接工艺参数之间并不是独立的，而是需要互相配合，以获得稳定的焊接过程及良好的焊接质量为目的。

表6-12～表6-14为铝合金及不锈钢MIG焊的焊接工艺参数。

表6-12　铝合金MIG焊（喷射过渡和亚射流过渡）的焊接工艺参数

板厚/mm	坡口尺寸/mm	焊道顺序	焊接位置	焊丝直径/mm	焊接电流/A	电弧电压/V	焊接速度/cm·min^{-1}	送丝速度/cm·min^{-1}	氩气流量/L·min^{-1}	备注
6	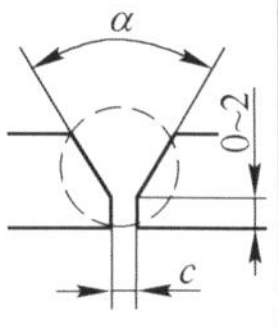 $c=0\sim2$ $\alpha=60°$	1 1 2(背)	水平 横 立 仰	1.6	200～250 170～190	24～27 (22～26) 23～26 (21～25)	40～50 60～70	590～770 (640～790) 500～560 (580～620)	20～24	使用垫板
8	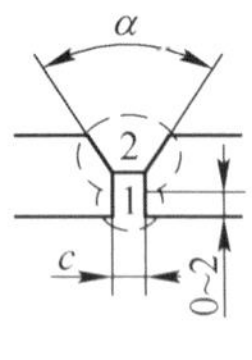 $c=0\sim2$ $\alpha=60°$	1 2 1 2 3～4	水平 横 立 仰	1.6	240～290 190～210	25～28 (23～27) 24～28 (22～23)	45～60 60～70	730～890 (750～1000) 560～630 (620～650)	20～24	使用垫板，仰焊时增加焊道数
12	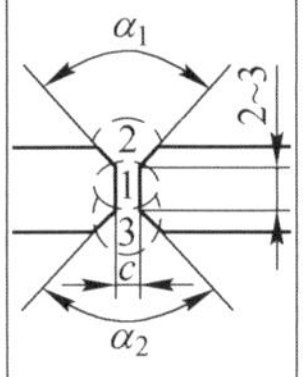 $c=1\sim3$ $\alpha_1=60°\sim90°$ $\alpha_2=60°\sim90°$	1 2 3(背) 1 2 3 1～8(背)	水平 横 立 仰	1.6或 2.4 1.6	230～300 190～230	25～28 (23～27) 24～28 (22～24)	40～70 30～45	700～930 (750～1000) 310～410 560～700 (620～750)	20～28 20～24	仰焊时增加焊道数
18	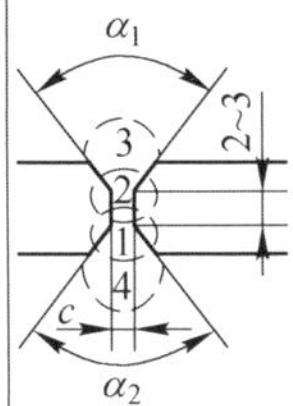 $c=1\sim3$ $\alpha_1=90°$ $\alpha_2=90°$	4道 4道 10～12道	水平 横 立 仰	2.4 1.6 1.6	310～350 220～250 230～250	26～30 25～28 (23～25) 25～28 (23～25)	30～40 15～30 40～50	430～480 660～770 (700～790) 700～770 (720～790)	24～30	焊道数可适当增加或减少，正反两面交替焊接以减少变形

续表 6-12

板厚/mm	坡口尺寸/mm	焊道顺序	焊接位置	焊丝直径/mm	焊接电流/A	电弧电压/V	焊接速度/cm · min^{-1}	送丝速度/cm · min^{-1}	氩气流量/L · min^{-1}	备注
35	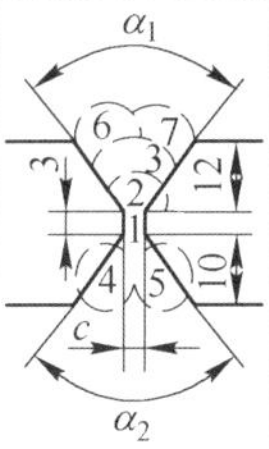 $c=2\sim3$ （7 道时） $\alpha_1=90°$ $\alpha_2=90°$	6~7 道 6 道 15 道	水平 横 立 仰	2.4 1.6 1.6	310~350 220~250 240~270	26~30 25~28 （23~25） 25~28 （23~26）	40~60 15~30 40~50	430~480 660~770 （700~790） 700~830 （760~860）	24~30	焊道数可适当增加或减少，正反两面交替焊接以减少变形

表 6-13　不锈钢 MIG 焊（短路过渡）的焊接工艺参数

板厚/mm	坡口形式	焊丝直径/m	焊接电流/A	电弧电压/V	送丝速度/m · min^{-1}	保护气体（体积分数）	气体流量/L · min^{-1}
1.6	I	0.8	85	21	4.5	90%He+7.5%Ar+2.5%CO_2	14
2.4	I	0.8	105	23	5.5	90%He+7.5%Ar+2.5%CO_2	14
3.2	I	0.8	125	24	7	90%He+7.5%Ar+2.5%CO_2	14

表 6-14　不锈钢 MIG 焊（射流过渡）的焊接工艺参数

板厚/mm	坡口形式	焊丝直径/m	焊接电流/A	电弧电压/V	送丝速度/m · min^{-1}	保护气体（体积分数）	气体流量/L · min^{-1}
3.2	I（带垫板）	1.6	225	24	3.3	98%Ar+2%O_2	14
6.4	Y（60°）	1.6	275	26	4.5	98%Ar+2%O_2	16
9.5	Y（60°）	1.6	300	28	6	98%Ar+2%O_2	16

六、MIG 焊基本操作训练

（一）焊前准备

焊前准备工作主要包括设备检查、焊件坡口的准备与组装、焊件和焊丝表面的清理以及劳动保护等。

（1）劳动保护。作业人员工作前要穿戴好合适的劳动保护用品，如口罩、防护手套、防护鞋、帆布工作服；在操作时戴好护目镜或面罩；在潮湿的地方或雨天作业时应穿上胶鞋。要注意做好防尘、防电、防烫、防火和防辐射等。

（2）设备检查。一般应先检查焊接设备外部有无明显受伤的痕迹、电焊机部件有无缺损，并了解其维修史、使用年限、观察使用场所环境和焊接工艺等，再对电焊机进行检查。先检查电焊机的种类、接线、搭地、配电容量以及使用的焊接工艺是否正确，当确定电焊机没有问题之后再检查其他设备。例如，送丝、润滑、气路、水路系统是否存在问题等，只有在确定这些系统也无问题之后，才可以进行试焊接。

（3）焊件坡口的准备与组装。

1）厚度不大于 3 mm 的碳钢、低合金钢、不锈钢、铝的对接接头，一般不开坡口。

2）厚度在 3~12 mm 的上述材料，可开 U 形、Y 形坡口。

3）厚度大于 12 mm 的上述材料，可开双 U 形或双 Y 形坡口。几种典型坡口的尺寸如图 6-37 所示。

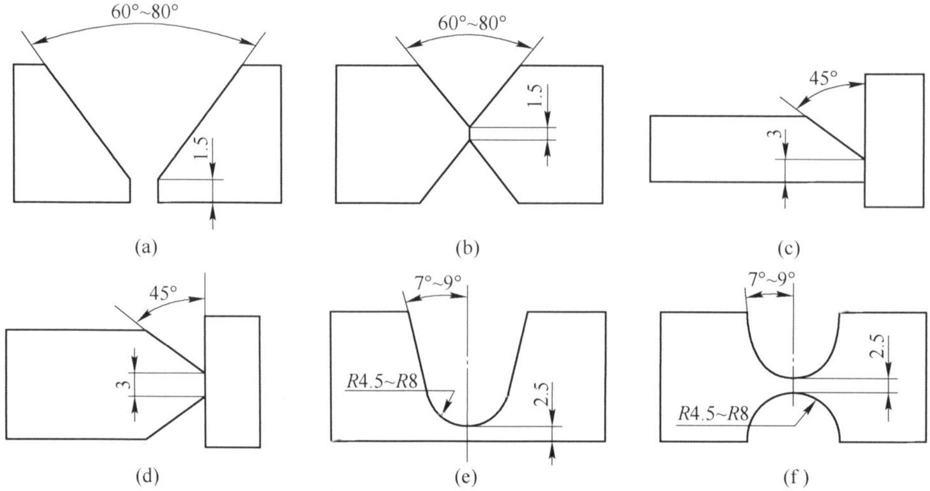

图 6-37　几种典型坡口的尺寸

（a）Y 形；（b）双面 Y 形；（c）单面 Y 形；（d）K 形；（e）U 形；（f）双面 U 形

焊件开坡口的方法与组装，与焊条电弧焊的要求一致。

（4）焊前清理。与其他熔化极气体保护焊方法相比，惰性气体没有氧化性或还原性气体的去氢或脱氧作用，所以 MIG 焊对焊件和焊丝表面的污物非常敏感，焊前清理是 MIG 焊焊前准备的重点。常用的清理方法有机械清理和化学清理两类。

1）机械清理。机械清理有打磨、刮削及喷砂等，用以清理焊件表面的氧化膜。对于不锈钢或高温合金焊件，常用砂纸打磨或用抛光法将焊件接头两侧 30~50 mm 宽度内的氧化膜清除掉。对于铝及其合金，由于材质较软，可用细钢丝轮、钢丝刷或刮刀将焊件接头两侧一定范围内的氧化膜除掉。机械清理法生产效率较低，所以在成批生产时常用化学清理法。

2）化学清理。化学清理方式随材质不同而异。例如铝及其合金表面不仅有油污，而且形成一层熔点高、电阻大的氧化膜。采用化学清理效果好，且生产率高。不同金属材料所采用的化学清理剂与清理程序是不一样的，可按焊接生产说明书的规定进行。铝及其合金的化学清理工序如表 6-15 所示。

表 6-15　铝及其合金的化学清理

工序 材料	碱　洗			冲洗	光　化			冲洗	干燥/℃
	w(NaOH)/%	温度/℃	时间/min		$w(HNO_3)$/%	温度/℃	时间/min		
纯铝	15	室温	10~15	冷净水	30	室温	2	冷净水	60~110
	4~5	60~70	1~2						
铝合金	8	50~60	5	冷净水	50	室温	2	冷净水	60~110

（二）MIG 焊基本操作

（1）引弧。熔化极气体保护电弧焊都是利用短路引弧法进行引弧，引弧时首先送进焊丝，并逐渐接近母材。一旦与母材接触，电源将提供较大的短路电流，在接触点附近的焊丝爆断，进行引弧。

（2）施焊。MIG 焊的施焊过程（包括定位、焊缝的起头、运条方法、焊缝的连接以及焊缝的收尾等）参照焊条电弧焊的规则要求进行。

任务三　熔化极活性混合气体保护焊

熔化极活性（氧化性）混合气体保护焊是在惰性气体中加入一定量的活性气体，如 O_2、CO_2等作为保护气体的一种熔化极气体保护电弧焊方法，通常简称为 MAG 焊。由于混合气体中氩气所占比例大，又常称为富氩混合气体保护焊。MAG 焊可以采用短路过渡、射流过渡和脉冲射流过渡等形式，可用于平焊、立焊、横焊、仰焊以及全位置焊，适于焊接碳钢、合金钢和不锈钢等钢铁材料。

本部分重点讲述熔化极活性混合气体保护焊的原理、特点及应用；熔化极活性混合气体保护焊设备的组成；焊接工艺参数的选择原则等相关知识。训练学生正确安装调试、操作使用和维护保养 MAG 焊设备；根据实际生产条件和具体的焊接结构及其技术要求，正确选择 MAG 焊工艺参数和制定工艺措施的能力。指导学生进行熔化极活性混合气体保护焊基本技能操作训练。

一、MAG 焊的特点

采用活性气体保护的 MAG 焊具有以下特点：

（1）提高熔滴过渡的稳定性；

（2）稳定阴极斑点，提高电弧燃烧的稳定性；

（3）改善焊缝形状及外观；

（4）增大电弧的热功率；

（5）控制焊缝的冶金质量，减少焊接缺陷；

（6）降低焊接成本。

二、常用活性混合气体及其适用范围

采用的保护气体主要有 Ar、He、CO_2、O_2的混合气体，不同焊材及焊接方法采用不同的保护气体。

（1）$Ar+O_2$。这种保护气体具有一定的氧化性，一方面能降低液体金属的表面张力，具有熔滴细匀、电弧稳定、焊缝成形规则等特点；另一方面可以在熔池表面不断地生成氧化膜，生成的氧化物可以降低电子逸出功，稳定阴极斑点，克服阴极斑点飘忽不定的缺点，增加电弧的稳定性，同时也有利于增加液体金属的流动性，细化熔滴，改善焊缝成形。

混合气体 $99\%Ar+1\%O_2$，可用于不锈钢的焊接。但焊接不锈钢时，氧的加入量不能太高，一般控制在 1%～5%（体积分数）范围内，否则合金元素氧化烧损多，引起夹渣和飞溅等问题。焊接低碳钢和低合金钢时，在 Ar 中 O_2的加入量可达 20%（体积分数）。

（2）$Ar+CO_2$。在 Ar 中加入 CO_2的体积分数不大于 15%时，其作用与 Ar 中加入 2%~5%（体积分数）的 O_2相似。若加入 CO_2的体积分数大于 25%，其工艺特征接近 CO_2焊，但飞溅相对较少，可以改善呈蘑菇状的焊缝截面形状，以减少气孔的生成。这种混合气体有电弧稳定、飞溅小、容易获得轴向射流过渡等优点，又因其具有氧化性，能稳定电弧，有较好的熔深和焊缝成形，焊接质量好，可用于射流过渡、短路过渡及脉冲过渡形式的熔化极气体保护焊。目前，广泛应用于焊接低碳钢及低合金钢，也可焊接不锈钢。在 Ar 中加入 CO_2会提高临界电流，其熔滴过渡特性随着 CO_2量的增加而恶化，飞溅也增大。通常 CO_2加入量为 5%~30%（体积分数）。

经常将 80%Ar 与 20%CO_2混合作为保护气体，用于各种钢材的焊接中，一般采用短路过渡和脉冲喷射过渡两种过渡形式，焊接过程中飞溅量降低，颗粒变细，焊缝成形美观。

（3）$Ar+CO_2+O_2$。在 Ar 中加入适量的 CO_2和 O_2焊接低碳钢、低合金钢，比采用上述两种混合气体作气体保护焊接的焊缝成形、接头质量、金属熔滴过渡和电弧稳定性好。

（4）多元气体保护焊。例如 T. I. M. E 焊，是采用大干伸长和特殊的四元保护气体——T. I. M. E 气体（0.5%O_2+8%CO_2+26.5%He+65%Ar），通过增大送丝速度和较大的干伸长来增加焊丝熔敷率，在焊接质量有明显改善的同时将焊丝熔敷率提高了 2~3 倍，采用的是旋转喷射过渡。

T. I. M. E 焊主要应用于焊接低碳钢和低合金钢，还应用于细晶结构钢，高温耐热材料、低温钢、特种钢、高屈服强度钢等材料的焊接。

在熔化极及钨极气体保护焊中，常见的焊接用保护气体及其适用范围如表 6-16 所示。

表 6-16　常见的焊接用保护气体及其适用范围

被焊材料	保护气体（体积分数）	工件厚度/mm	特　点
铝及铝合金	100%Ar	0~25	较好的熔滴过渡，电弧稳定，飞溅极小
铝及铝合金	35%Ar+65%He	25~75	热输入比纯氩大，改善 Al-Mg 合金的熔化特性，减少气孔
	25%Ar+75%He	76	热输入高，增加熔深，减少气孔，适于焊接厚板
镁	100%Ar	—	良好的清理作用
钛	100%Ar	—	良好的电弧稳定性，焊缝污染少，在焊接区域的背面要求惰性气体保护以防止空气危害
铜及铜合金	100%Ar	≤3.2	能产生稳定的射流过渡，良好的润湿性
	Ar+(50%~70%)He	—	热输入比纯氩大，可以减少预热温度
镍及镍合金	100%Ar	≤3.2	能产生稳定的射流过渡、脉冲射流过渡及短路过渡
	Ar+(15%~20%)He	—	热输入比纯氩大

续表 6-16

被焊材料	保护气体（体积分数）	工件厚度/mm	特　点
不锈钢	99%Ar+1%O_2	—	改善电弧稳定性，用于射流过渡及脉冲射流过渡，能较好地控制熔池，焊缝形状良好，焊较厚的材料时产生的咬边较小
	98%Ar+2%O_2	—	较好的电弧稳定性，可用于射流过渡及脉冲射流过渡，焊缝形状良好，焊较薄工件比加 1%（体积分数）O_2的混合气体有更高的速度
低合金高强度钢	98%Ar+2%O_2	—	最小的咬边和良好的韧性，用于射流过渡及脉冲射流过渡
低碳钢	Ar+(3%~5%)O_2	—	改善电弧稳定性，用于射流过渡及脉冲射流过渡，能较好控制熔池，焊缝形状良好，咬边较小，比纯氩焊速更高
	Ar+(10%~20%)O_2	—	电弧稳定，可用于射流过渡及脉冲射流过渡，焊缝成形好，飞溅小，可高速焊接
	80%Ar+15%CO_2+5%O_2	—	电弧稳定，可用于射流过渡及脉冲射流过渡，焊缝成形好，熔深较大
	65%Ar+26.5%He+8%CO_2+0.5%O_2	—	电弧稳定，尤其在大电流时可得到稳定的射流过渡，能实现大电流下的高熔敷率，ϕ1.2 mm 焊丝的最高送丝速度可达 50 m/min，焊缝冲击韧度高

三、MAG 焊工艺参数的选择

MAG 焊的工艺内容和工艺参数的选择原则与 MIG 焊相似。不同之处是在氩气中加入了一定量的具有脱氧去氢能力的活性气体，因而焊前清理就没有 MIG 焊要求那么严格。MAG 焊主要适用于碳钢、合金钢和不锈钢等钢铁材料的焊接，尤其在不锈钢的焊接中得到广泛的应用。焊接不锈钢时，通常采用直流反接短路过渡或喷射过渡 MAG 焊，保护气体为 Ar+O_2（O_2的体积分数为 1%~5%）。根据具体情况，需决定是否采用预热和焊后热处理、喷丸、锤击等其他工艺措施。表 6-17 和表 6-18 分别给出了短路过渡和喷射过渡 MAG 焊的工艺参数。

表 6-17　短路过渡 MAG 焊焊接工艺参数

母材厚度 /mm	焊丝直径 /mm	焊接电流 (DC)/A	电弧电压 /V	送丝速度 /$m \cdot h^{-1}$	焊接速度 /$m \cdot h^{-1}$	保护气体流量 /$L \cdot min^{-1}$
0.6	0.8	30~50	15~17	130~155	15~30	7~9
0.8	0.8	40~60	15~17	135~200	25~35	7~9

续表 6-17

母材厚度 /mm	焊丝直径 /mm	焊接电流 (DC)/A	电弧电压 /V	送丝速度 /m · h^{-1}	焊接速度 /m · h^{-1}	保护气体流量 /L · min^{-1}
0.9	0.9	55~85	15~17	105~185	50~60	7~9
1.3	0.9	70~100	16~19	150~245	50~60	7~9
1.6	0.9	80~110	17~20	180~275	45~55	9~12
2.0	0.9	100~130	18~20	245~335	35~45	9~12
3.2	0.9	120~160	19~22	320~445	30~40	9~12
3.2	1.1	180~200	20~24	320~370	40~50	9~12
4.7	0.9	140~160	19~22	320~445	20~30	9~12
4.7	1.1	180~205	20~24	320~375	25~35	9~12
6.4	0.9	140~160	19~22	365~445	15~25	9~12
6.4	1.1	180~2250	20~24	320~445	15~30	9~12

注：1. 焊接位置为平焊和横角焊。对立焊或仰焊减小电流 10%~15%；
2. 角焊缝尺寸等于母材厚度，坡口焊缝装配间隙等于板厚的 1/2；
3. 保护气体为 75%Ar+25%CO_2或 O_2（体积分数）。

表 6-18　喷射过渡 MAG 焊焊接工艺参数

母材厚度 /mm	焊缝形势	层数	焊丝直径 /mm	焊接电流 /A	电弧电压 /V	送丝速度 /m · h^{-1}	焊接速度 /m · h^{-1}	保护气体流量 /L · min^{-1}
3.2	I 坡口对缝或角缝	1	1.6	300	24	251	53	19~24
4.8	I 坡口对缝或角缝	1	1.6	350	25	351	49	19~24
6.4	角缝	1	1.6	350	25	351	49	19~24
6.4	角缝	1	2.4	400	26	152	49	19~24
6.4	V 坡口对缝	2	1.6	375	25	396	37	19~24
6.4	V 坡口对缝	1	2.4	325	24	320	49	19~24
9.5	V 坡口对缝	2	2.4	450	29	182	43	19~24
9.5	角缝	2	1.6	350	25	351	30	19~24
12.7	V 坡口对缝	3	2.4	425	27	168	46	19~24
12.7	角缝	3	1.6	350	25	351	37	19~24
19.1	双面 V 坡口对缝	4	2.4	425	27	168	37	19~24
19.1	角缝	5	1.6	350	25	351	37	19~24
24.1	角缝	6	2.4	425	27	168	40	19~24

注：1. 上列参数只用于平焊和横角焊；
2. 保护气体是 Ar+(1%~5%)O_2（体积分数）。

四、MAG 焊基本操作

MAG 焊准备工作和基本操作与 MIG 焊相似，可参照执行。

任务四　熔化极气体保护焊其他方法介绍

一、药芯焊丝气体保护焊

利用药芯焊丝作熔化极的电弧焊称为药芯焊丝电弧焊，英文缩写为FCAW。药芯焊丝气体保护焊有两种焊接形式：一种是焊接过程中使用外加气体（一般是纯CO_2或CO_2+Ar）的焊接，称药芯焊丝气体保护电弧焊，它与普通熔化极气体保护电弧焊基本相同；另一种是不用外加保护气体，只靠焊丝内部的芯料燃烧与分解所产生的气体和渣作保护的焊接，称自保护电弧焊。自保护电弧焊与焊条电弧焊相似，不同的是使用盘状的焊丝，连续不断地送到电弧中。

（一）药芯焊丝气体保护焊的特点

（1）采用气-渣联合保护，电弧稳定，飞溅少且颗粒细，容易清理；熔池表面覆有熔渣，焊缝成形美观。

（2）焊丝熔敷速度快，熔敷效率为85%~90%，生产效率为焊条电弧焊的3~5倍。

（3）焊接各种钢材的适应性强，通过调整焊剂的成分与比例，可提供所要求的焊缝金属化学成分。

（4）焊丝制造过程复杂。

（5）送丝较困难，需要特殊的送丝机构。

（6）焊丝外表容易锈蚀，其内部粉剂易吸潮。

（二）药芯焊丝

药芯焊丝的截面形状种类较多，典型的焊丝截面形状如图6-38所示，可以分成两大类：简单断面的O形和复杂断面的折叠形。折叠形中又分为T形、E形、梅花形和中间填丝形等。

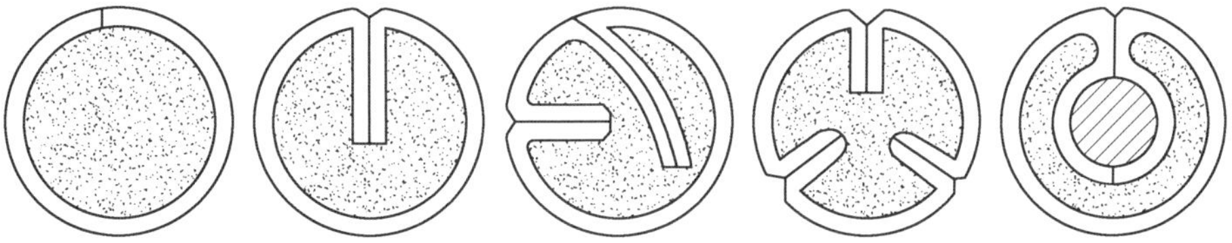

(a)　(b)　(c)　(d)　(e)

图6-38　药芯焊丝的截面形状

（a）O形；（b）T形；（c）E形；（d）梅花形；（e）中间填丝形

O形断面的焊丝通常又叫管状焊丝。管状焊丝由于芯部粉剂不导电，电弧容易沿四周的钢皮旋转，电弧稳定性较差。而折叠焊丝因钢皮在整个断面上分布比较均匀，焊丝芯部也能导电，所以电弧燃烧稳定，焊丝熔化均匀，冶金反应充分。

由于小直径折叠焊丝制造较困难，因此，一般$d \leqslant 2.4$ mm时，焊丝制成O形，$d>$ 2.4 mm时，焊丝制成折叠形。

药芯焊丝芯部粉剂的成分和焊条的药皮类似，含有稳弧剂、脱氧剂、造渣剂和铁合金等，具有造渣、保护熔池、渗合金、稳弧等作用。药芯焊丝按填充药粉的成分不同，可分为钛型（酸性渣）、钛钙型（中性或弱碱性渣）和碱性（碱性渣）药芯焊丝。粉剂的粒度应大于0.154 mm（100目），不应含吸湿性强的物质并有良好的流动性。

（三）焊接工艺参数的选择

焊接工艺参数主要有：焊接电流和电弧电压、焊丝伸出长度、保护气体流量等。

（1）焊接电流和电弧电压。由于药芯焊丝CO_2电弧焊使用的焊剂成分改变了电弧特性，因此直流、交流电源，平特性或下降特性电源均可以使用。但通常采用直流平特性电源。当其他条件不变时，焊接电流与送丝速度呈正比。当焊接电流变化时，电弧电压需做相应的变化，以保证电弧电压与焊接电流的最佳匹配关系。纯CO_2气体保护时，通常采用长弧焊接。

（2）焊丝伸出长度。焊丝伸出长度对电弧的稳定性、熔深、焊丝熔敷速度、电弧能量等均有影响。对于给定的焊接速度，焊丝伸出长度随焊接电流的增加而减小。焊丝伸出长度太长会使电弧不稳且飞溅过大；焊丝伸出长度太短会使电弧弧长过短，过多的飞溅物易堵塞焊嘴，使气体保护不良，焊缝中会产生气孔。通常焊丝伸出长度为19~38 mm。

（3）保护气体流量。保护气体流量由焊枪喷嘴形式和直径、喷嘴到工件的距离以及焊接环境决定。通常在静止空气中焊接时，保护气体流量在16~21 L/min范围内，若在流动空气环境中或喷嘴到工件距离较长时，流量应加大，可达26 L/min。

二、脉冲熔化极惰性气体保护焊

利用脉冲电流进行焊接的熔化极惰性气体保护电弧焊称脉冲熔化极惰性气体保护焊。这种焊接方法的焊接电流特征是在较低的基值电流上周期性地叠加高峰值的脉冲电流，而脉冲电流的波形及其基本参数可以在较宽范围内进行调节与控制。由于采用可控的脉冲电流取代恒定的直流电流（如图6-39所示），所以可以方便可靠地调节电弧能量，从而扩大了应用范围，提高了焊接质量，特别适合于热敏金属材料和薄、超薄板工件及薄壁管子的全位置焊接。

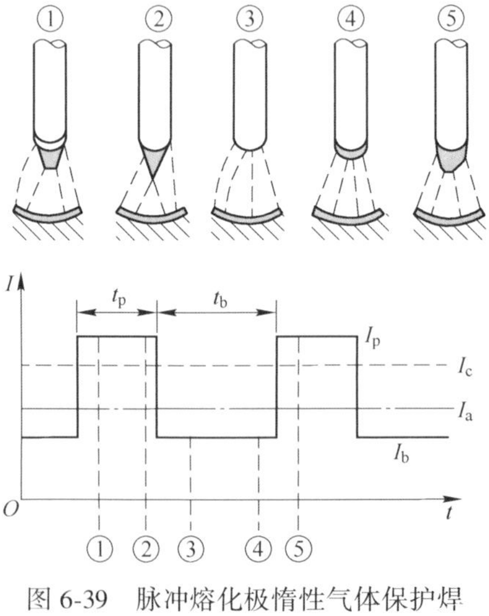

图6-39　脉冲熔化极惰性气体保护焊电流波形及熔滴过渡示意图

I_p—脉冲电流；I_b—基值电流；

t_p—脉冲电流持续时间；t_b—基值电流时间；

I_a—平均电流；I_c—射流过渡临界电流

（一）脉冲熔化极惰性气体保护焊的特点

（1）具有较宽的焊接参数调节范围。由于焊接电流由较大的脉冲电流I_p和较小的基值电流I_b组成，在平均电流I_a小于连续射流过渡氩弧焊的临界电流值I_c时，也可实现稳定的射流过渡焊接，而且电流可以在几十安培到几百安培之间调节。

（2）可以精确控制电弧的能量。对于脉冲熔化极惰性气体保护焊来说，焊接电流可以由以下四个参数来进行调节，即脉冲电流I_p、基值电流I_b、脉冲电流持续时间t_p、基值电流时间t_b。这样，可以在保证焊缝成形的前提下，降低焊接电流的平均值，减小电弧的热输入，焊缝热影响区和工件变形都较小，因此，适合于焊接热敏感性较大的金属材料。

（3）适于焊接薄板和全位置焊。采用脉冲熔化极惰性气体保护焊焊接时，无论仰焊或立焊，熔滴都呈轴向过渡，飞溅小。另外，平均电流小，熔池体积小，且熔池在基值电流期间可冷却结晶，所以液体金属不易流失，焊接热输入可精确控制，因而可用于铝合金薄板焊接（厚度1.6~2.0 mm）及全位置焊接。

（二）焊接工艺参数的选择

脉冲熔化极惰性气体保护焊的焊接工艺参数有：脉冲电流、基值电流、脉冲电流持续时间、基值电流时间、脉冲频率、焊丝直径、焊接速度等。选择脉冲熔化极惰性气体保护焊工艺参数必须考虑母材的性质、种类以及焊缝的空间位置。

（1）脉冲电流。脉冲电流是决定熔池形状及熔滴过渡形式的主要参数，为了保证熔滴呈射流过渡，必须使脉冲电流高于连续射流过渡的临界电流，但也不能过高，以免引起旋转电流现象。

在平均电流和送丝速度不变的情况下，随着脉冲电流的增大，熔深也相应增大。反之，熔深减小。因此可以通过调节脉冲电流来调节熔深。随着工件厚度的增加，为了保证焊缝根部焊透，脉冲电流也应增大。

（2）基值电流。基值电流主要作用是在脉冲电流休止期间，维持电弧稳定燃烧。同时有预热母材和焊丝的作用，为脉冲电流期间熔滴过渡做准备。调节基值电流也可调节母材的热输入，基值电流增大，母材热输入增加；反之则减小。

（3）脉冲电流持续时间。脉冲电流持续时间和脉冲电流一样是控制母材热输入的主要参数，时间长，母材的热输入就大；反之，热输入就小。在其他参数不变的条件下，只改变脉冲电流和脉冲电流持续时间，就可获得不同的熔池形状。

（4）脉冲频率。脉冲频率的大小主要由焊接电流来决定，应该保证熔滴过渡形式呈射流过渡，力求一个脉冲至少过渡一个熔滴。脉冲频率的选择有一定范围，过高会失去脉冲焊接的特点，过低导致焊接过程不稳定。熔化极脉冲氩弧焊的频率范围一般为30~120次/s。

（5）脉宽比。脉宽比就是脉冲电流持续时间和脉冲周期之比，反应脉冲焊接特点的强弱。脉宽比过大，特点不明显；过小，影响电弧稳定性。

三、窄间隙熔化极活性气体保护焊

窄间隙熔化极活性气体保护焊（图6-40）是焊接大厚板对接焊缝的一种高效率的特种焊接技术。接头形式为对接接头，不开坡口或开小角度V形坡口，间隙范围为6~15 mm，采用单道多层或双道多层焊，可焊厚度为30~300 mm。窄间隙熔化极活性气体保护焊可以焊接钢铁材料和非铁金属，目前主要用于焊接低碳钢、低合金高强度钢、高合金钢和铝、钛合金等。应用领域以锅炉、石油化工行业的压力容器为最多，其次是机械制造和建筑结构以及管道、造船等行业。

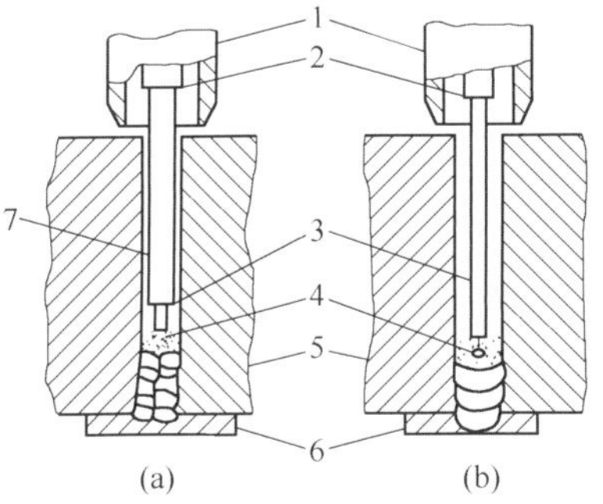

图6-40　窄间隙熔化极活性气体保护焊示意图

（a）细丝窄间隙焊；（b）粗丝窄间隙焊
1—喷嘴；2—导电嘴；3—焊丝；4—电弧；5—工件；6—衬垫；7—绝缘导管

（一）特点

（1）不需开坡口或开小角度V形坡口，因而减少了填充金属量，焊后又不需清渣，故可节省时间和材料，提高焊接生产率。

（2）焊缝热输入较低，热影响区小，焊接应力和工件变形都小，裂纹倾向小，焊缝的力学性能高。

（3）可以应用于平焊、立焊、横焊及全位置焊接。

（4）熔池和电弧观察比较困难，要求焊枪的位置能方便地进行调整。

（二）焊接工艺

窄间隙熔化极活性气体保护焊可分为两种：细丝窄间隙焊和粗丝窄间隙焊。

（1）细丝窄间隙焊。细丝窄间隙焊一般采用的焊丝直径为 0.8~1.6 mm，接头间隙为 6~9 mm，为了提高生产率，采用双丝或三丝，每根焊丝都有独立的送丝系统、控制系统和焊接电源。

焊接电源一般采用的是直流反极性，熔深大，能够保证焊透，裂纹倾向性小。

细丝窄间隙焊焊丝细，必须采用导电嘴在坡口内的焊枪，且导电管要求绝缘，水冷。此外，由于接头坡口深而窄，所以向坡口底部输送保护气体有困难，为了提高保护效果，必须采用特殊的送气装置，否则，保护效果差，易产生气孔。保护气体一般采用的是混合气体，大约为 Ar（>80%，体积分数）+CO_2（<20%）。

细丝窄间隙焊由于热输入低，熔池体积小，可以全位置焊接，且残余应力和工件变形都小。采用的是多道焊，后道焊缝对前道焊缝有回火作用，而前道焊缝对后道焊缝又有预热作用，所以焊缝金属的晶粒细小均匀，焊缝的力学性能好。

为了保证每一道焊层与坡口两侧均匀熔合，焊丝在坡口内应采取摆动措施。常用的摆动送丝方式如图 6-41 所示。

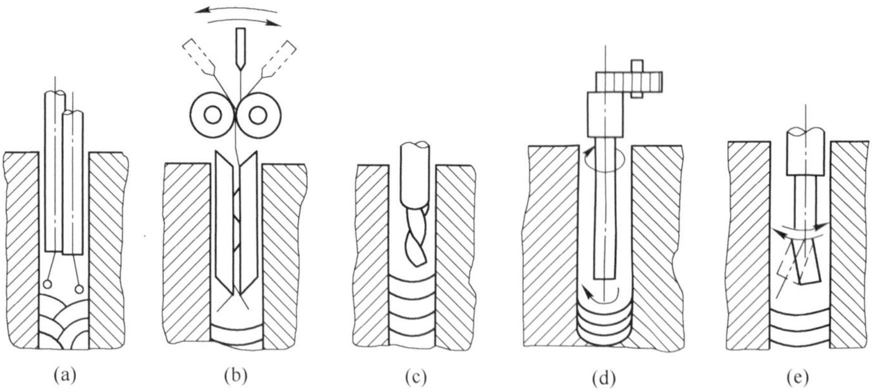

图 6-41　窄间隙焊接的送丝方式示意图

（a）双丝纵列定向法；（b）波状焊丝法；（c）麻花焊丝法；（d）偏心旋转焊丝法；（e）导电嘴倾斜法

（2）粗丝窄间隙焊。粗丝窄间隙焊一般采用的焊丝直径为 2~3 mm，接头间隙在 10~15 mm 之间。焊丝可以用单丝，也可用多丝。

粗丝窄间隙焊焊接时，导电嘴可不伸入间隙，为了保证焊丝的伸出长度不变，导电嘴应随着焊缝的上升而提高，但喷嘴应始终保持在坡口的上表面，这样气体保护效果才好。保护气体为 CO_2或 Ar 和 CO_2的混合气体。焊接电源一般采用直流正极性，熔滴细小且过渡平稳，飞溅小，焊缝成形系数大，裂纹倾向性小。若用反极性，熔深大，焊缝成形系数小，容易产生裂纹。

粗丝窄间隙焊焊接时，因导电嘴在坡口表面，焊丝的伸出长度较长，焊接参数也较大，故热输入大，焊接生产率高。由于受焊丝的伸出长度的限制，所焊工件厚度小于300 mm,只适合于平焊位置的焊缝。

（3）焊接工艺参数。窄间隙焊接的工艺参数必须根据它的母材性质、焊接位置、焊缝性能和焊接变形等进行选择。钢材窄间隙焊接的典型工艺参数如表6-19所示。

表6-19　窄间隙熔化极活性气体保护焊的典型焊接工艺参数

送丝方式	焊接位置	焊丝直径 /mm	保护气体（体积分数）	坡口形状（间隙）	焊接电流 /A	电弧电压 /V	焊接速度 /cm·min^{-1}	摆动
波状焊丝法	平	1.2	Ar+20%CO_2	I形（9 mm）	280~300	28~32	22~25	—
波状焊丝法	平	1.2	Ar+20%CO_2	V形（1°~4°）	260~280	29~30	18~22	250~900次/min
麻花焊丝法	平	2.0×2	Ar+(10%~20%)CO_2	I形（14 mm）	480~550	30~32	20~35	—
偏心旋转焊丝法	平	1.2	Ar+20%CO_2	I形（16~18 mm）	300	33	25	最大150 Hz
双丝纵列定向法	横	1.2，1.6	Ar+20%CO_2	I形（10~14 mm）	前丝170 后丝140	21~23	18~20	—
导电嘴倾斜法	横角	1.6	CO_2	I形（13 mm）	320~380	32~38	25~35	45次/min

四、协同控制的双丝脉冲MIG/MAG焊

为了提高MIG/MAG焊接的效率，降低生产成本，出现了双丝焊方法。双丝焊由两个脉冲电源供电，通过两个送丝机送丝和一个焊枪喷嘴送出两根焊丝，而两个导电嘴之间是绝缘的。焊接过程中两根焊丝分别与工件产生电弧，由于两根焊丝的距离较近，在工件上形成一个公共的熔池，双丝焊设备如图6-42所示。

同单丝MIG/MAG焊相比，双丝焊具有更高的焊接速度、很小的热影响区，低飞溅，低气孔率，高适应性。

五、方波脉冲MIG/MAG焊

交流脉冲MIG焊控制波形如图6-43所示，焊接电流是交流方波，主要通过调节正负半波比例来调整焊丝与母线之间的能量分配，控制焊缝成形，扩展焊接工件的范围，同时可克服直流电弧的磁偏吹，降低了对焊接工件的装配间隙的要求。

可控参数为：脉冲电流值，持续时间，正极性基值电流值，负极性基值电流值，正负基值电流的导通比例数。同直流脉冲MIG焊相比，增加了正负半波导通比例调节以及负电流值的调节，由于电流负时焊丝熔化量增加，母材熔化量降低，通过调节正负电流比例，可有效控制焊丝熔化量和焊缝的熔深，可焊接很薄的工件或装配间隙较大的工件。

图 6-42　双丝焊设备图

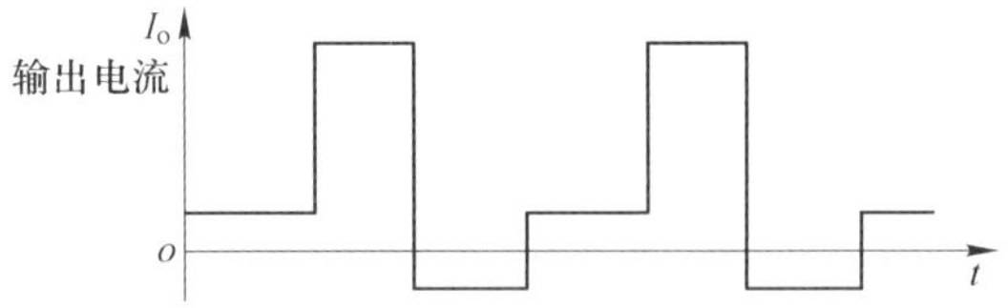

图 6-43　交流脉冲 MIG 焊的控制波形

六、冷金属过渡（CMT）焊

许多材料无法承受焊接过程中持续不断的热量输入，为了避免工件穿透，实现无飞溅熔滴过渡和良好的冶金连接，就必须降低热输入量，而 CMT 技术实现了这种可能。

CMT 技术第一次将送丝与熔滴过渡过程进行数字化协调控制。当焊机的 DSP 处理器监测到一个短路信号，就会反馈给送丝机，送丝机作出回应回抽焊丝，从而使焊丝与熔滴分离，使熔滴在无电流状态下过渡，从而使熔滴过渡无飞溅，如图 6-44 所示。

CMT 技术的电弧自身输入热量的过程很短。短路发生时，电弧即熄灭，热输入量迅速地减少，焊丝回抽熔滴分离，电弧在小电流下引燃，整个焊接过程即在冷热交替中循环往复。

通过 CMT 技术可以很轻松地实现无飞溅焊接、钎焊接缝、碳钢与铝的连接、0.3 mm 超薄板的焊接以及背面无气体保护的对接结构件的焊接。而传统的焊接技术要实现这些应用将耗费巨大的精力。

CMT 与脉冲焊相结合将扩大 CMT 的使用范围，在焊丝回抽后，增加一个或两个电流脉冲可增加熔深，扩大电流范围，使之适合打底焊以及全位置焊接。

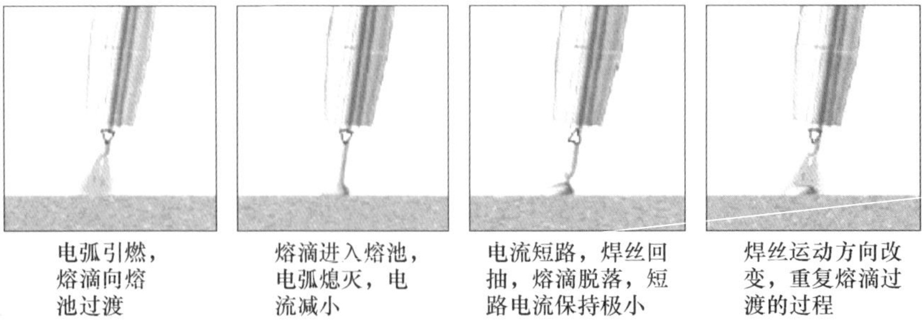

图 6-44　冷金属过渡焊接过程

七、双频率脉冲 MIG/MAG 焊

铝合金焊接过程中，为了降低焊缝中气体含量改善焊缝成形而提出双频脉冲焊。双脉冲焊就是用一个低频信号对脉冲 MAG/MIG 焊的脉冲再进行调制，得到周期性变化的强弱脉冲群，使电弧力和热输入随低频调制频率而变化，在得到美观的鱼鳞纹焊缝表面的同时，减少气孔发生率。

（一）实现双脉冲的方法

（1）采用电流波形调制，送丝速度不变。

（2）电流波形调制，配合送丝速度作脉动调整，其电流脉冲调制的控制原理如图 6-45 所示，焊接电流的平均值被低频调制，其平均电流发生周期性变化，其中强脉冲和弱脉冲的峰值电流、峰值时间、基值电流均可分别设定，低频调制的频率约 0.5～30 Hz，占空比一般为 50%。

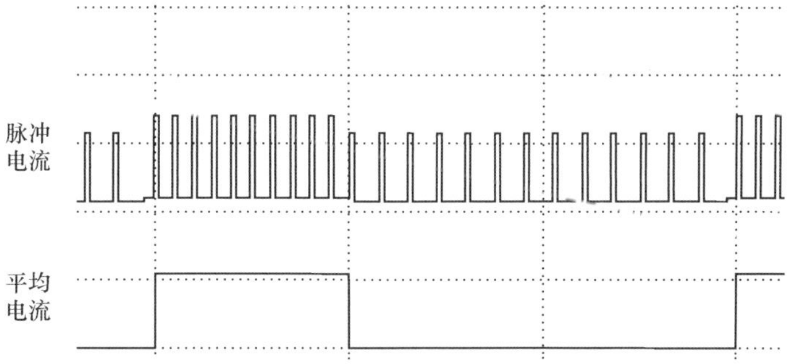

图 6-45　双脉冲电流波形图

在双脉冲焊接过程中，如果送丝速度保持恒定，电弧长度会发生周期的变化，当脉冲电流调制过大时，电弧长度会发生剧烈变化，易发生短路；在双脉冲调制配合脉动送丝的控制方式中，送丝速度随着低频脉冲进行调制，电弧长度基本保持不变，但由于送丝系统的调制较麻烦，因而控制较复杂，控制原理波形如图 6-46 所示。

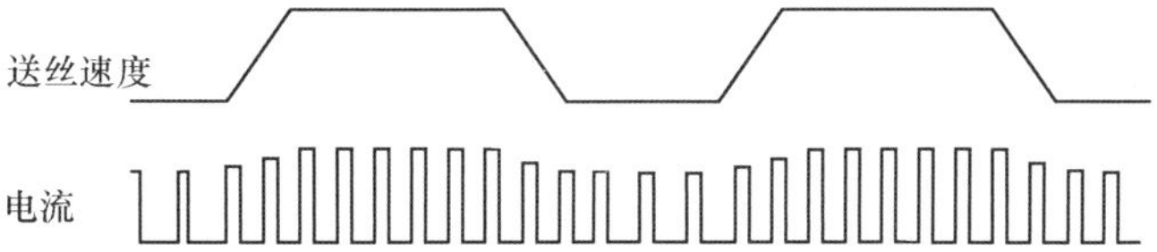

图 6-46　脉动送丝的双频脉冲 MIG 控制原理波形

（二）双脉冲 MIG 焊的优点

（1）降低气孔发生率。由于焊接铝时，发生气孔的主要原因是因焊材、保护气氛中含水，水分解后产生氢气，氢气留在焊缝中形成气孔，由于低脉冲群对熔池有冲击搅拌的作用，使熔池中气体更加容易逸出，降低气孔率。

（2）焊缝成形美观。采用低频脉冲调制后，焊缝会相应得到同低频脉冲一致的鱼鳞状花纹的外观，如图 6-47 所示。通过调节低频调制的频率可以调节花纹的密度，调节电流幅值变化程度可以调节花纹的明显程度。

图 6-47　双脉冲焊缝成形

习　题

一、填空题

1. 熔化极气体保护电弧焊的焊丝，有________和________两类。
2. 熔化极气体保护焊机的送丝系统根据其送丝方式的不同，通常可分为四种类型，即________、________、________、________。
3. 熔化极气体保护电弧焊所用的设备有________和________两类。
4. 熔化极气体保护电弧焊的控制系统由________和________两部分组成。
5. 送丝系统通常由________、________、________等组成。
6. MIG 焊熔滴过渡的形式主要有________、________、________。
7. 焊丝和焊缝的相对位置会影响焊缝成形，焊丝的相对位置有________、________、________三种。
8. 焊接电流是最重要的焊接工艺参数，应根据________、________、________及________来选择。
9. CO_2焊接时氧化有两种形式：________和________。
10. CO_2焊所用的脱氧剂，主要有________、________、________和________等合金元素。其中常用________和________进行联合脱氧。
11. CO_2有________、________和________三种形态。
12. 药芯焊丝的截面形状种类可以分成两大类：________、________。
13. 脉冲熔化极惰性气体保护焊焊接时，焊接电流由较大的________和较小的________组成。
14. 窄间隙熔化极活性气体保护焊可分为两种：________和________。

二、选择题

1. 短路过渡的形成条件为（　　）。
   A. 电流较小，电弧电压较高　　B. 电流较大，电弧电压较高
   C. 电流较小，电弧电压较低　　D. 电流较大，电弧电压较低
2. CO_2焊用直径大于 1.6 mm 的焊丝焊接时，可使用较大的电流和较高的电弧电压，实现（　　）过渡。
   A. 短路　　B. 细滴　　C. 射流　　D. 渣壁
3. CO_2气体保护焊应采用（　　）。
   A. 直流正接　　B. 直流反接　　C. 交流　　D. 任意
4. CO_2气瓶是（　　）气瓶。
   A. 溶解　　B. 压缩　　C. 液化　　D. 常压
5. CO_2焊的主要缺点是（　　）。
   A. 飞溅较大　　B. 生产率低　　C. 对氢敏感　　D. 有焊渣
6. CO_2气体保护焊最适合焊接（　　）。
   A. 钛合金　　B. 铝合金　　C. 低碳低合金钢　　D. 铜合金
7. CO_2气瓶瓶口压力表的读数越大，说明瓶内CO_2气体的量（　　）。
   A. 越多　　B. 越少　　C. 不能确定

8. CO_2焊焊接时，预热器应尽量装在（　　）。
A. 靠近钢瓶出气口处　B. 远离钢瓶出气口处　C. 无论远近都行
9. CO_2焊焊接时，焊丝的含碳量要（　　）。
A. 低　B. 高　C. 中等　D. 任意
10. 气体保护焊保护气体成本最低的是（　　）。
A. H_2　B. CO_2　C. He　D. Ar
11. 焊接区中的氮绝大部分都来自（　　）。
A. 空气　B. 保护气　C. 焊　D. 焊件
12. 氩气的密度比空气的密度（　　）。
A. 小　B. 大　C. 相同　D. 不确定
13. 下列气体中，不属于 MIG 焊用保护气的为（　　）。
A. Ar　B. Ar+He　C. Ar+ CO_2　D. He
14. 熔化极气体保护焊焊接时，电源外特性与送丝速度的配合关系不采用（　　）。
A. 平外特性电源配等速送丝系统　B. 下降外特性电源配变速送丝系统
C. 陡降外特性电源配等速送丝系统　D. 平外特性电源配变速送丝系统
15. 对于铜及铜合金，（　　）相当于惰性气体。
A. N_2　B. CO_2　C. H_2　D. O_2
16. 采用窄间隙气体保护焊焊接厚焊件时需要开（　　）坡口。
A. X 形　B. Y 形　C. V 形　D. I 形
17. 下列焊接方法中，对焊接清理要求最严格的是（　　）。
A. 焊条电弧焊　B. MIG 焊　C. CO_2焊　D. 埋弧焊

三、判断题（正确的画“√”，错误的画“×”）
1. 氧化性气体由于本身氧化性强，所以不适宜作为保护气体。（　　）
2. 因氮气不溶于铜，故可用氮气作为焊接铜及铜合金的保护气体。（　　）
3. 气体保护焊很适宜于全位置焊接。（　　）
4. CO_2气体保护焊电源采用直流正接时，产生的飞溅要比直流反接时严重得多。（　　）
5. CO_2气体保护焊和埋弧焊用的都是焊丝，所以一般可以互用。（　　）
6. CO_2气体保护焊用的焊丝有镀铜和不镀铜两种，镀铜的作用是防止生锈，改善焊丝导电性能，提高焊接过程的稳定性。（　　）
7. 推丝式送丝机构适用于长距离输送焊丝。（　　）
8. 熔化极氩弧焊熔滴过渡的形式采用射流过渡。（　　）
9. 药芯焊丝 CO_2气体保护焊是气—渣联合保护。（　　）
10. 富氩混合气体保护焊与纯 CO_2焊相比，电弧燃烧稳定、飞溅小，且易形成射流过渡。（　　）

四、简答题
1. 熔化极气体保护焊的优点是什么？
2. 简述熔化极气体保护焊的适用范围。
3. 熔化极气体保护焊的焊接设备主要由哪些部分组成？
4. 半自动焊枪分为几种，各有什么优缺点？
5. MIG 焊有哪些特点？
6. MIG 焊常用的保护气体有哪些？
7. 简述 CO_2焊的特点。
8. CO_2焊对焊丝有何要求？
9. 提高 CO_2气体纯度的措施有哪些？

10. CO_2焊有可能产生什么样的气孔？
11. 简述 CO_2焊飞溅的形成原因及其防止措施。
12. 采用活性保护气体具有什么优点？
13. 简述 MAG 焊的适用范围。
14. 药芯焊丝气体保护焊的特点有哪些？
15. 脉冲熔化极惰性气体保护焊的特点有哪些？
16. 简述窄间隙熔化极活性气体保护焊的特点及应用。

项目七　钨极惰性气体保护焊

钨极惰性气体保护焊是指利用钨极和焊件之间产生的焊接电弧熔化母材及焊丝的一种非熔化极的焊接方法，简称 TIG 焊（tungsten linert gas welding）。

钨极惰性气体保护焊（TIG 焊）可用于几乎所有金属及其合金的焊接，可获得高质量的焊缝，但由于成本较高，生产率低等原因，多用于焊接铝、镁、钛、铜、不锈钢等材料。

本部分重点讲述钨极惰性气体保护焊的原理、特点及应用；钨极惰性气体保护焊设备的组成；焊接工艺参数选择原则等相关知识。训练学生正确安装调试、操作使用和维护保养钨极惰性气体保护焊设备；根据实际生产条件和具体的焊接结构及其技术要求，正确选择钨极惰性气体保护焊工艺参数和制定工艺措施的能力。指导学生进行钨极惰性气体保护焊基本技能操作训练。

任务一　钨极氩弧焊（TIG 焊）的原理、特点及应用

一、钨极氩弧焊（TIG 焊）的原理

钨极氩弧焊（TIG 焊）通常又叫非熔化极氩弧焊，是利用氩气保护的一种气体保护焊。焊接过程中，钨极本身不熔化，只起发射电子产生电弧的作用。在如图 7-1 所示的焊接过程中，从喷嘴中喷出的氩气排开空气，在焊接区形成一个保护层，在氩气的保护下，电弧在钨极和工件之间燃烧，同时通过添加焊丝或自熔的方式形成焊缝。

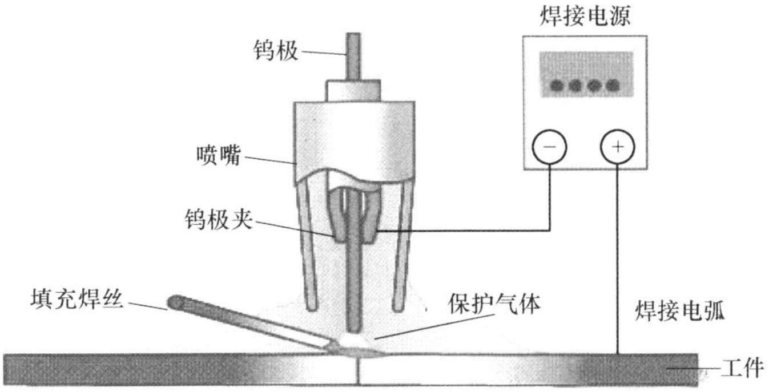

图 7-1　钨极氩弧焊示意图

二、钨极氩弧焊的特点

(1) 焊接质量高。由于氩气是一种惰性气体，高温下不分解，也不与金属发生化学

反应，合金元素不会氧化烧损，而且氩气也不溶解于金属。因此，保护效果好，能有效地保护熔池金属，获得较为纯净的高质量焊缝。且焊接接头的热影响区较窄，焊接应力与变形都比其他常用焊接方法小。

（2）焊接电弧稳定。氩气是单原子气体，高温下无二次吸热、放热分解反应，导热能力差，对电弧的冷却作用小。同时氩气流产生的压缩效应和冷却作用，使电弧热量损失小，热能集中，电弧温度高，电弧稳定性好，即使在低电流下（小于 10 A 时）电弧仍能稳定燃烧，特别适宜焊接很薄的材料，最薄可焊接 0. 3 mm 的板材。

（3）焊接范围很广。几乎所有的金属材料都可以进行氩弧焊，特别适宜焊接化学性质活泼的金属和合金，如铝、镁、钛、铜等，有时也应用于某些重要焊接结构的打底焊。

（4）操作简单，容易掌握。钨极氩弧焊属于明弧操作，焊接熔池可观性好，焊工能够很好地控制熔池尺寸和大小，便于观察和操作，技术容易掌握，适合各种空间位置焊接。

（5）焊接成本较高。由于氩气和钨极的价格较高，且钨极氩弧焊的焊接速度较低，使其焊接成本增加，目前一般只用于重要结构的打底焊、不锈钢和有色金属的焊接。

（6）影响操作人员的身体健康。氩气电离势高，引弧困难，焊接操作时高频引弧产生的高频磁场也会对人体造成伤害。磨削钨极时，一些放射性元素有可能被吸入人体而诱发病变。氩弧焊产生的紫外线强度更是高于手工焊条电弧焊 5~30 倍，这些都会影响人体健康。

（7）不宜焊接厚板。由于钨极载流量有限，使电弧功率受到限制，致使焊接熔深小，焊接速度低，所以，钨极氩弧焊一般只适宜焊接厚度小于 6 mm 的工件。

三、钨极氩弧焊的应用

钨极氩弧焊是一种高质量的焊接方法，因此在工业行业中被广泛地采用，特别是一些化学性能活泼的金属，用其他电弧焊焊接方法比较困难，而用氩弧焊则可容易地得到高质量的焊缝。另外，在压力容器和压力管道焊接中，基本采用氩弧焊打底以提高焊接接头的质量。实际生产中氩弧焊主要以焊接 3mm 以下薄板为主。不同材质适宜焊接的厚度如表 7-1 所示。

表 7-1　不同材质适宜焊接的厚度

被焊材料	焊件厚度/mm	焊接方法	电源和极性
钛及钛合金	0. 5~3. 0	钨极氩弧焊	直流正接
镁及镁合金	0. 5~5. 0	钨极氩弧焊	交流或直流反接（很少用）
铝及铝合金	0. 5~4. 0	钨极氩弧焊	交流或直流反接（很少用）
铜及铜合金	> 0. 5	钨极氩弧焊	直流正接
不锈钢耐热钢	0. 5~3. 0	钨极氩弧焊	直流正接

任务二　钨极氩弧焊（TIG 焊）设备

典型的手工 TIG 焊设备是由焊接电源、引弧及稳弧装置，程序控制系统、焊枪、供气系统和冷却水系统等部分组成，如图 7-2 所示。对于自动氩弧焊还应包括焊接小车行走机构及送丝装置，自动 TIG 焊如图 7-3 所示。

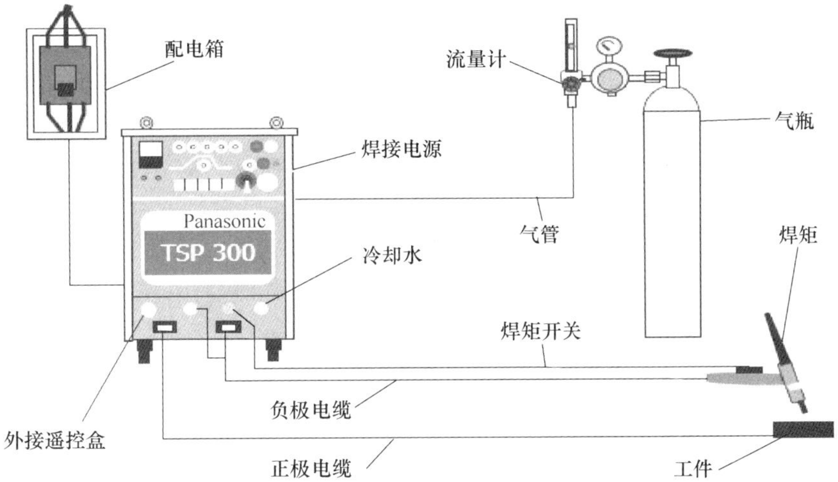

图 7-2　手工钨极惰性气体保护焊设备示意图

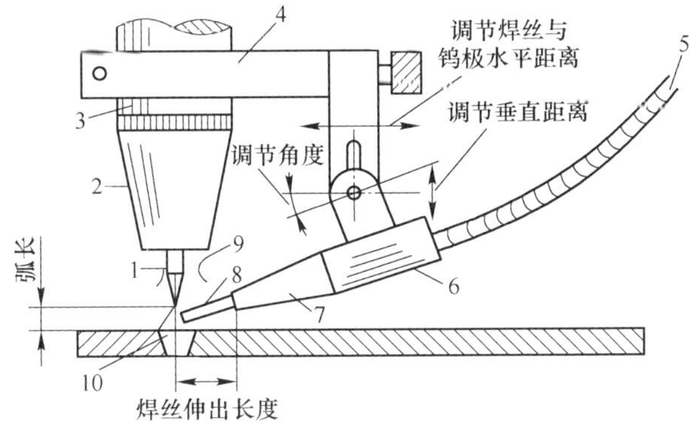

图 7-3　自动 TIG 焊示意图

1—钨极；2—喷嘴；3—焊枪体；4—焊枪夹；5—焊丝导管；6—导丝装置；7—导丝嘴；8—焊丝；9—保护气流；10—熔池

一、焊接电源

（一）按输出电流分类

焊接电源按输出电源分为直流钨极氩弧焊焊接电源、交流钨极氩弧焊焊接电源、脉冲钨极氩弧焊焊接电源。由于氩气的电离能较高，难以电离，引燃电弧困难，但又不宜使用提高空载电压的方法，所以钨极氩弧焊必须使用高频振荡器来引燃电弧。对于交流电源，由于电流每秒有 100 次经过零点，电弧不稳，故还需要使用脉冲稳弧器，以保证重复引燃电弧并稳弧。目前很多生产厂家都把焊接电源做成集交流、直流、脉冲为一体的焊接设备，这种设备具有体积小，重量轻，起弧容易，电弧稳定，控制调节性能好，一机多用，使用方便。在交流氩弧焊状态下可以有多种波形选择：标准方波、非标准方波、正弦波、三角波和混合波等。通过对峰值电流、基值电流、脉冲频率、占空比及交流电流、交流频率、清理比例的调节可得到焊缝所需的熔深、熔宽及表面波纹的均匀度。国产 TIG 焊设备类型很多，各有特点，下面以在焊接生产中应用较普遍的某国产 WSME Ⅲ逆变式交直流脉冲氩弧焊机为例介绍，WSME Ⅲ系列逆变式交直流脉冲氩弧焊机可实现手工电弧焊、直流恒流氩弧焊、直流脉冲氩弧焊、交流恒流氩弧焊、交流脉冲氩弧焊，用于焊接碳钢、铜、钛、铝及铝镁合金等各种材料。该系列逆变焊机具有理想的静外特性及良好的动态特性，控制功能比较完备。某设备厂家生产的一体机如图 7-4 所示，表 7-2 介绍了这种逆变式交直流脉冲氩弧焊机的技术数据。

图 7-4　国产 WSME Ⅲ系列交流方波/直流钨极氩弧焊焊机

表 7-2　国产 WSME Ⅲ系列交流方波/直流钨极氩弧焊焊机技术数据

型号	WSME-315Ⅲ	WSME-500Ⅲ	WSME-630Ⅲ
额定输入电压	三相 380 V±10%/50 Hz		
额定输入容量/kV · A	9.3	18.2	30
额定输入电流/A	13.1	27.2	50.4
恒流电流/A	5~315	20~500	20~630
峰值电流/A	5~315	20~500	20~630
手工焊焊接电流/A	20~315	20~500	20~630
手工焊推力电流/A	10~200		
基值电流/A	5~315	20~500	20~630
起弧电流/A	20~160		
收弧电流/A	5~315		
占空比例/%	1~100		
交流偏置比例/%	-50~30		
脉冲频率/Hz	0.2~20		

续表 7-2

型号	WSME-315Ⅲ	WSME-500Ⅲ	WSME-630Ⅲ
交流频率/Hz	20~200		
前气时间/s	0.1~15		
延气时间/s	0.1~15		
缓升时间/s	0.1~10		
衰减时间/s	0.1~15		
清理比例/%	-40~40		
额定负载持续率/%	60		
空载电压/V	64	76	76
效率/%	79	77	
功率因数	0.95		

WSMEⅢ钨极氩弧焊设备常用名词说明：

前气：提前送气时间。焊接前，提前送气将焊接区先用氩气保护，防止起弧点出现气孔，推荐取值为 0.1~0.5 s。

起弧：起弧电流。数值大时易于起弧，但应避免烧穿工件或烧损钨极，厚板焊接或铝板焊接时可选择较大值。

缓升：焊接电流的上升时间。从起弧电流到焊接电流所用的过渡时间。

恒流：恒流输出状态时的焊接电流。交流焊接时，正半周电流熔化母材及焊丝；负半周电流清理工件。

峰值：脉冲输出时的峰值电流。用于加热焊丝及工件并形成熔池。

占空比：脉冲输出时峰值电流所占的时间比例，可以控制焊缝熔深，以实现全位置焊接和薄板，焊接调节范围在 10%~100%之间，推荐取值为 25%~60%。

脉冲频率：脉冲输出时的工作频率，推荐取值为 3~8 Hz。

基值：脉冲输出时的维弧电流。维持电弧燃烧，同时使熔池冷却结晶。

衰减：从焊接电流到收弧电流所用的过渡时间，延长衰减时间，可以降低收弧时的热量，将焊缝尾部温度慢慢降下来，减少气孔或者温度骤降引发的缺陷，调节范围在 0.1~15 s 之间，推荐取值大于 3 s。

收弧：焊接熄弧前的电流值，一般取值选择最小电流。

延气：焊接结束后继续送气时间。保护焊缝及钨极不被氧化，一般设定时间要长，推荐取值为 5~15 s。

清理：焊机输出清理电流的时间比例。可以改变清理宽度及熔深的大小，以获得最优良的焊接效果。参数调大时，清理时间较长，氧化膜清理效果较好，但钨极受烧损较大，应尽量取小值。

交流偏置：清理电流相对于焊接电流的比例。调节此参数，可以调节清理电流的大小，从而达到合理的焊接清理效果。该参数较大时，清理电流相对较大，氧化膜清理效果较好，但钨极烧损严重，应酌情选取。在同样清理的效果下，减小清理比例，增大交流偏置比例，能获得较大的熔深，提高生产率，并能延长钨极使用寿命。

交流：交流输出时的工作频率，一般推荐 50~60 Hz。

（二）按操作方式分类

焊接电源按操作方式分为手工钨极氩弧焊焊接电源、自动钨极氩弧焊焊接电源。但是无论直流或交流 TIG 焊，都要求选用具有陡降（恒流）外特性的弧焊电源，并且要求外特性曲线更陡一些，可在电弧长度受到干扰变化时，焊接电流的变化更小，氩弧焊电源外特性曲线如图 7-5 所示，电源代号如表 7-3 所示。

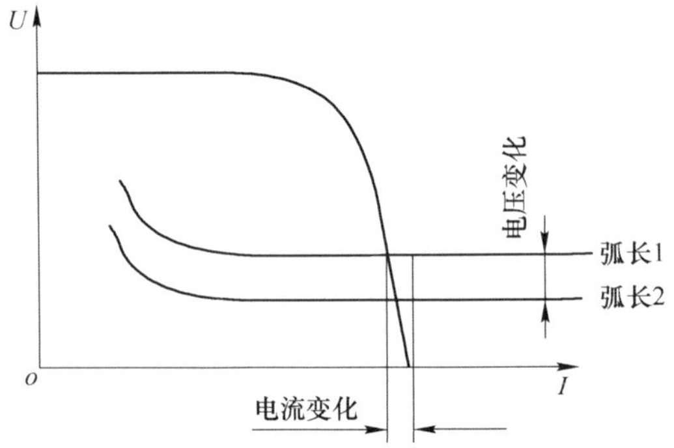

图 7-5　氩弧焊电源外特性曲线

表 7-3　氩弧焊电源代号

第一字位		第二字位		第三字位		第四字位		第五字位	
大类名称	代表字母	小类名称	代表字母	附注特征	代表字母	系列序号	代表字母	基本规格	代表字母
TIG 焊机	W	自动焊	Z	直流	省略	焊车式	省略	额定焊接电流	A
		手工焊	S	交流	J	全位置焊车式	1		
		点焊	D	交直流	E	横臂式	2		
		其他	Q	脉冲	M	机床式	3		
						旋转焊头式	4		
						台车式	5		
						机械手式	6		
						变位式	7		
						真空充气式	8		

二、控制系统

TIG 焊设备的控制系统由引弧器、稳弧器、行车速度控制器、程序控制器、电磁气阀和水压开关等组成。

（一）TIG 焊焊接过程的一般程序

氩弧焊的工作时序很多，但常用的工作时序分为：两步、四步和反复。

（1）两步方式：按下焊枪开关，打开保护气体，延时，启动焊机主回路，高频引弧，点燃电弧后，焊接电流爬升，达到焊接电流的稳态值，停止焊接时，松开焊枪开关，焊接电流衰减，电弧熄灭，延时关气，如图 7-6 所示。

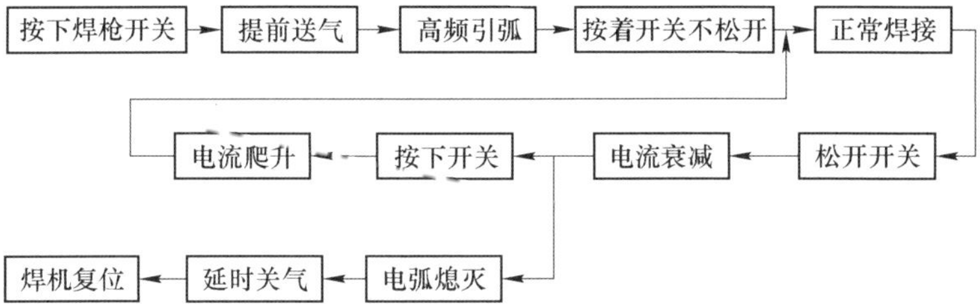

图 7-6　氩弧焊两步工作过程图

（2）四步方式：按下焊枪开关，打开保护气体，延时，启动焊机主回路，高频引弧，点燃电弧后，电流维持在引弧电流。松开焊枪开关后，焊接电流爬升，达到焊接电流的稳态值，焊接电流保持，再按下焊枪开关，焊接电流衰减，电流衰减至收弧电流保持，当松开焊枪开关，电弧立即熄灭，延时关气，焊接停止，四步的工作时序如图 7-7 所示。

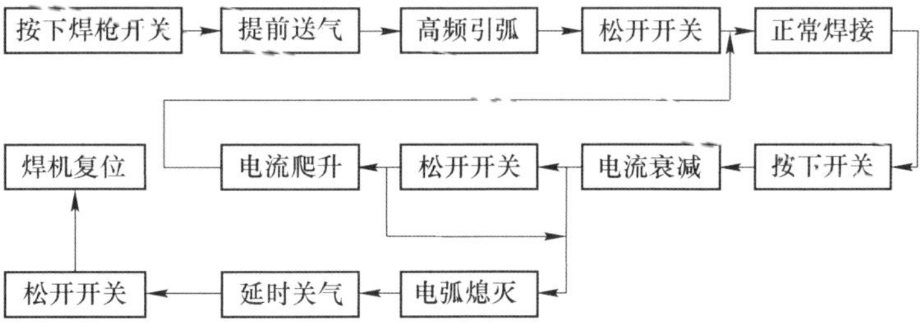

图 7-7　氩弧焊四步工作时序图

（3）反复方式：按下焊枪开关，打开保护气体，延时，启动焊机主回路，高频引弧，点燃电弧后，保持在引弧电流，松开焊枪开关，焊接电流爬升，达到焊接电流的稳态值，再按下焊枪开关，焊接电流衰减，焊接电流衰减到收弧电流值，电弧维持，再松开开关，电流又缓升到焊接电流值，如此反复。停止焊接时，需要提起焊枪拉断电弧，断弧后，延时关气，焊接停止。反复工作时序如图 7-8 所示。

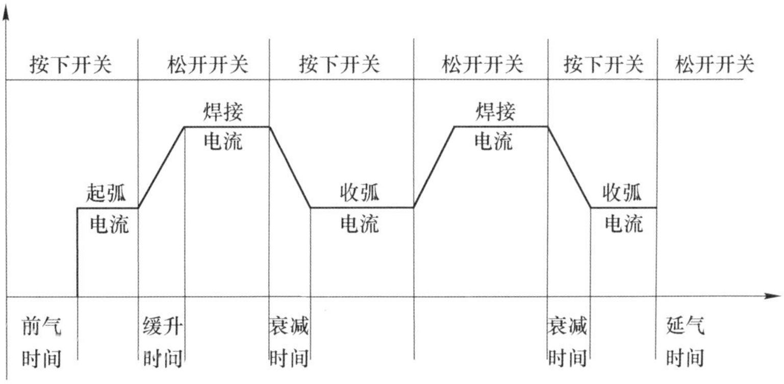

图 7-8　氩弧焊反复工作时序图

（二）引弧方式

氩弧焊有三种引弧方式：划擦引弧、提升引弧和高频引弧。

（1）划擦引弧是钨极与工件划擦，同时短路电流将钨极加热，提起焊枪即可将电弧引燃。此种引弧方式，控制简单，操作方便，其缺点是容易发生夹钨，污染工件。划擦引弧的焊接电流电压波形如图 7-9 所示。

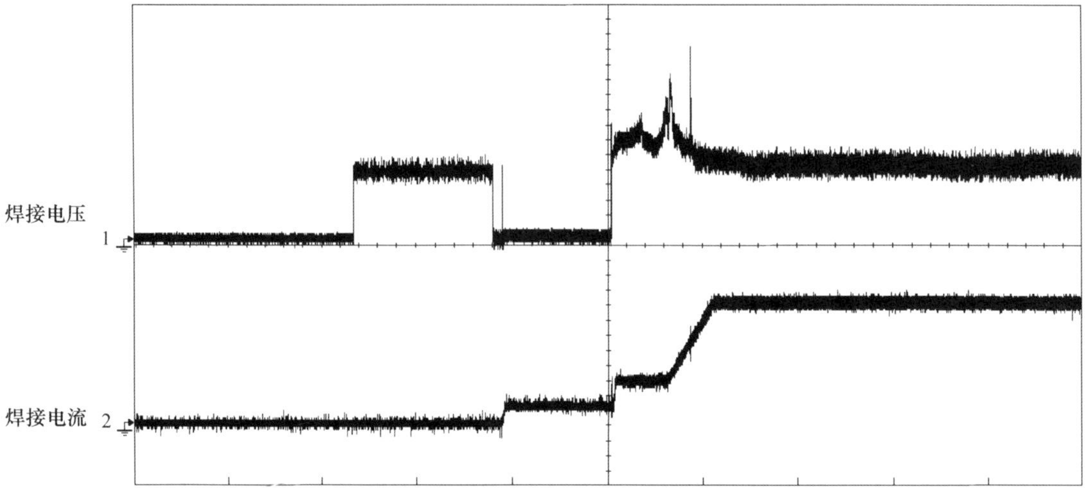

图 7-9　划擦引弧的焊接电流电压波形

（2）为降低直接划擦引弧钨极对工件的污染，提出一种提升引弧方式，引弧时先使钨极与工件短路，短路电流被控制得很小，将钨极加热，钨极提升离开工件时，电流在很短的时间内切换到引弧电流，将电弧引燃。其最大的优点是避免了高频干扰，降低了工件的钨污染，引弧时焊接电流、电压波形如图 7-10 所示。

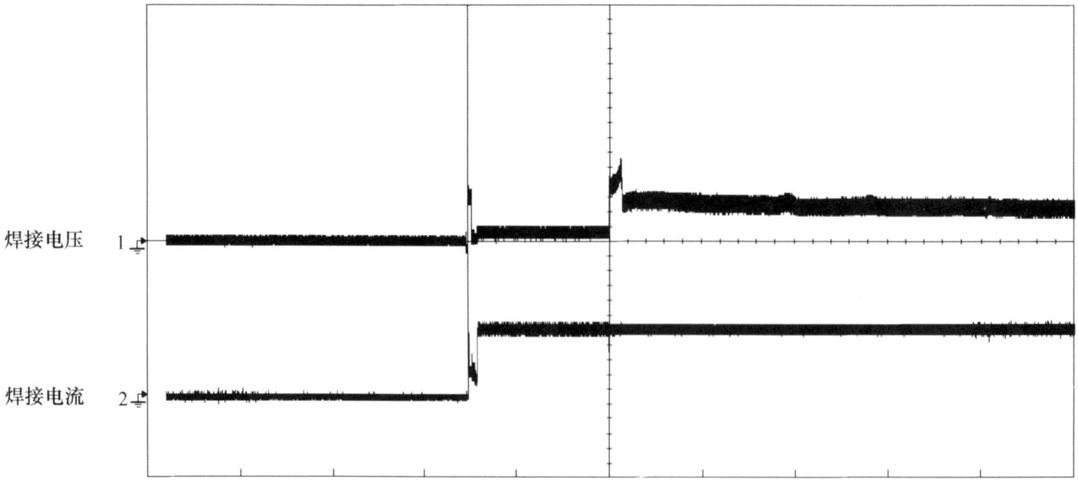

图 7-10　提升引弧的电流电压波形

（3）大电流氩弧焊机一般采用非接触引弧，利用高频高压发生器，在钨极与工件之间产生高压，击穿空气放电引燃电弧。引弧器与焊机的连接方式一般采用串联法，如图 7-11 所示。

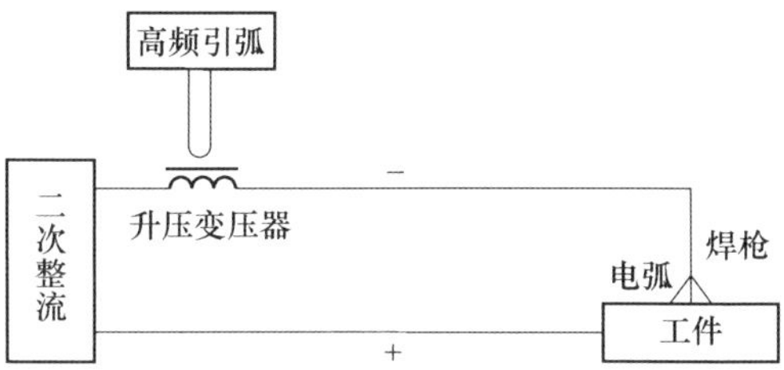

图 7-11　高频引弧器的连接方式

常用的非接触引弧电路有以下三种：工频升压引弧器、高频升压引弧器和高压脉冲引弧器，引弧电路原理图如图 7-12 所示。

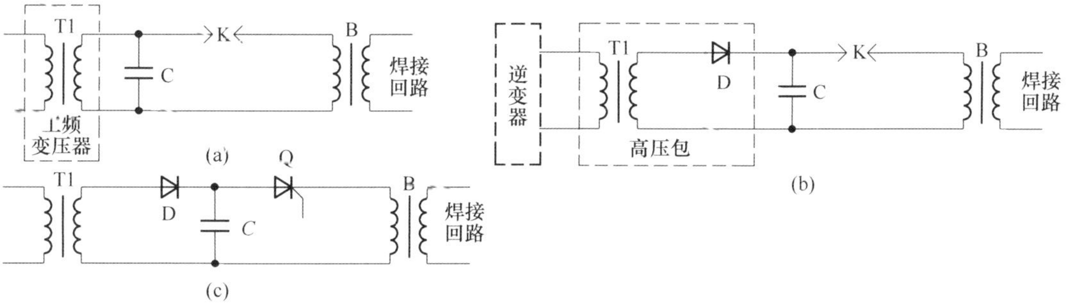

图 7-12　引弧电路原理图

（a）工频升压引弧器；（b）高频升压引弧器；（c）高压脉冲引弧器

1）工频升压引弧器。工频升压引弧器是最常用的高频引弧电路，采用高漏抗变压器将工频电压升高，给电容充电，电容电压超过放电器击穿电压，放电器击穿，振荡电路进行高频振荡，由高频耦合变压器将引弧电压耦合至焊接回路中。高频振荡器工作产生 150~300 kHz 的高频电压，振荡器在焊接回路中可采用串联和并联两种，由于串联方式的引弧能量损失较小，一般采用串联的方式。

高频引弧的缺点是：高频干扰严重，可通过焊接电缆的传导将干扰引入相接触的元器件，也可通过电网传导和空间辐射对附近的电子设备有干扰，对焊工有电击的危险，高频辐射对人的身体有一定损害。

操作时要注意，在更换焊枪的部件时要切断高频回路，比较安全的操作是先关闭电源再更换焊枪部件，高频一旦启动将产生严重的电击。为了降低高频的干扰，在焊接电弧引燃后应及时关闭高频振荡器。

2）高频升压引弧器。为了去掉笨重的工频变压器，而采用电视机中高压包来取代工频变压器，高压包原边接在高频小功率逆变器上，副边接高压电容，当电容电压升至一定值，击穿放电器，放电产生振荡，产生高压输出，可在逆变焊接变压器上绕一辅助绕组来取代高频小功率逆变器。

3）高压脉冲引弧器。在振荡电路中，用晶闸管来取代火花放电器，当引弧时，触发晶闸管，振荡的电容放电，产生引弧脉冲，由于晶闸管具有单向导电作用以及无触点的特点，因此避免了火花放电器产生多次的高频振荡，对外界干扰相对较小。

高频引弧时电流波形直接影响引弧的成功率，引弧时电流往往有振荡，造成电弧熄灭、燃弧的多次引弧过程，引弧电流电压波形如图 7-13 所示。

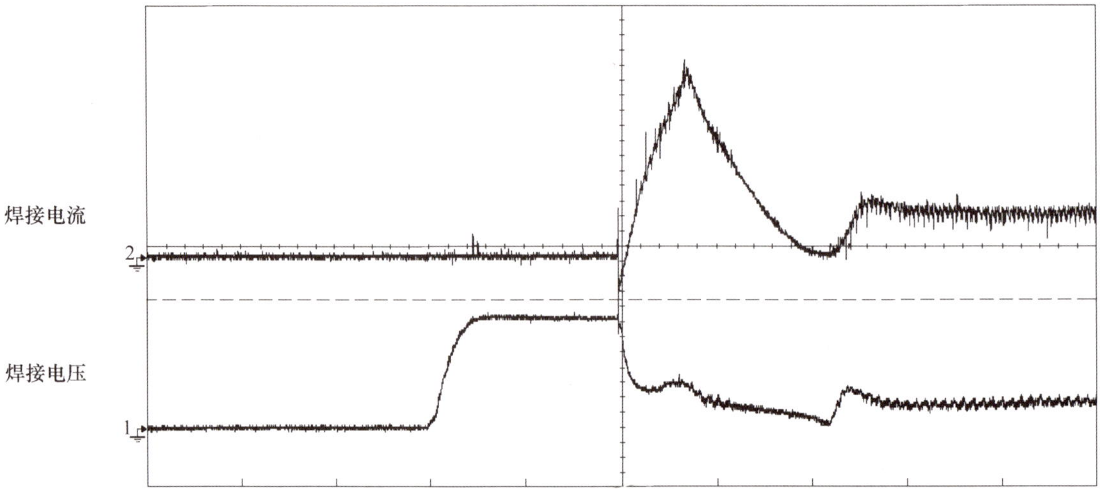

图 7-13　高频引弧电流电压波形

三、供气系统和水冷系统

（一）供气系统

供气系统的作用就是通过电子线路控制电磁阀的通断、气体指示灯、提前、滞后供气时间以及气体检查、焊接状态的转换控制。减压阀将高压气瓶中的气体压力降至焊接所要求的压力，流量计用来调节和测量气体的流量，电磁阀以电信号控制气流的通断。一般将流量计和减压阀做成一体，成为组合式。

供气系统由高压气瓶、减压阀、浮子流量计和电磁气阀组成，如图 7-14 所示。

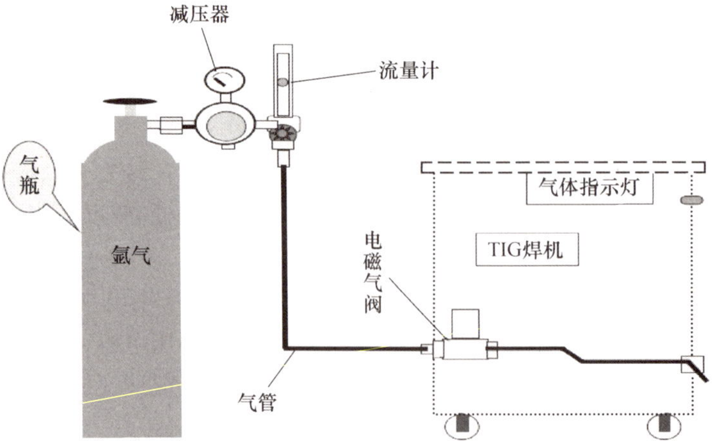

图 7-14　TIG 焊气路系统示意图

（二）水冷系统

许用电流大于 150 A 的焊枪一般为水冷式，用水冷却焊枪和钨极。对于手工水冷式焊枪，通常将焊接电缆装入通水软管中做成水冷电缆，这样可以大大提高电流密度，减轻电缆重量，使焊枪更轻便。有时水路中还接入水压开关，保证冷却水接通并有一定压力后才能启动焊机。水冷系统由进水管、出水管、水压阀等组成，如图 7-15 所示。

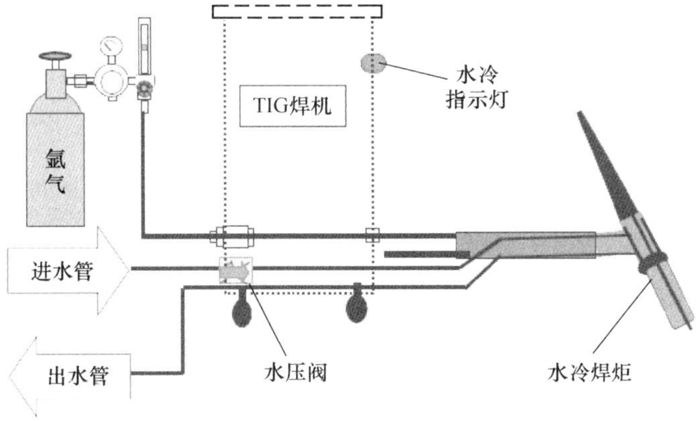

图 7-15　氩弧焊水冷系统组成

四、焊枪

（一）钨极氩弧焊焊枪的作用

（1）可更换不同的钨极夹来夹持不同直径的钨极。

（2）可传导焊接电流和把氩气瓶内的保护气体输送到焊接部位，以保护焊接熔池。

（二）钨极氩弧焊焊枪应满足的要求

（1）保护气流具有良好的流动性和挺度。

（2）有良好的导电性能。

（3）能充分冷却，以保证持久地工作。

（4）喷嘴与钨极间绝缘良好，以免喷嘴与焊件接触时短路、打弧。

（5）重量轻，结构紧凑，可达性好，装拆维修方便。

（三）氩弧焊焊枪分类及型号

1. 氩弧焊焊枪分类

氩弧焊焊枪分气冷式和水冷式两种，水冷焊枪用于小电流（<100 A）焊接，其中喷嘴的形状对气流的保护性能影响大。为了使出口处获得较厚的层流层，以取得良好的保护效果，采取以下措施：

（1）喷嘴上部有较大的空间作为缓冲室，以降低气流的初速。

（2）喷嘴下部为断面不变的圆柱形通道。通道越长，近壁层流层越厚，保护效果越佳；通道直径越大，保护范围越宽。

（3）有时在气流通道中加设多层铜丝网或多孔隔板（称气筛或气体透镜），以限制气体横向运动，有利于形成层流。

焊接喷嘴的材料有陶瓷、紫铜和石英三种，如图 7-16 所示。

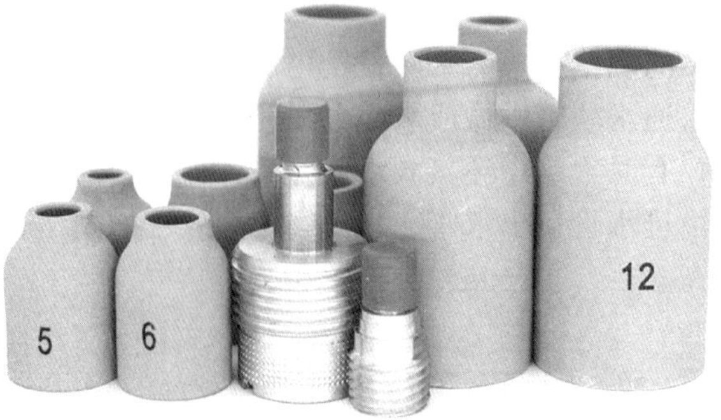

(a)

(b)

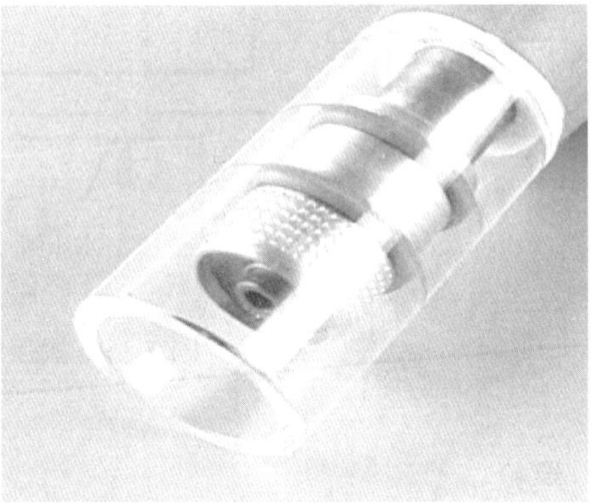

(c)

图 7-16　氩弧焊喷嘴种类

(a) 陶瓷喷嘴；(b) 紫铜喷嘴；(c) 石英喷嘴

高温陶瓷喷嘴既绝缘又耐热，应用广泛，但通常焊接电流不能超过 350 A。紫铜喷嘴使用电流可达 500 A，需用绝缘套将喷嘴和导电部分隔离。石英喷嘴较贵，但焊接时可见度好，操作者可以清楚地看到焊缝和电弧的走向，在摇摆焊的过程中能较好地控制钨极角度、摆动幅度和跨度，同时筛网可以将气体过滤得更加均匀，减少杂质，更能保证焊缝的质量。

2. 钨极氩弧焊焊枪的型号

TIG 焊焊枪的标志由形式符号及主要参数组成。形式符号主要有“QQ”和“QS”两种，“QQ”表示气冷；“QS”表示水冷。在形式符号后面的数字表示焊枪的参数。例如：

QQ － 85 / 100 － C

- C：焊枪由硅胶压膜制成
- 100：额定电流，A
- 85：喷嘴中心线与手柄轴线夹角，(°)
- QQ：冷却方式为气冷

一般常用的气冷焊枪如图 7-17 所示。焊枪主要由喷嘴、电极夹（导流件）、焊炬本体、钨极夹、电极帽等组成，如图 7-18 所示。

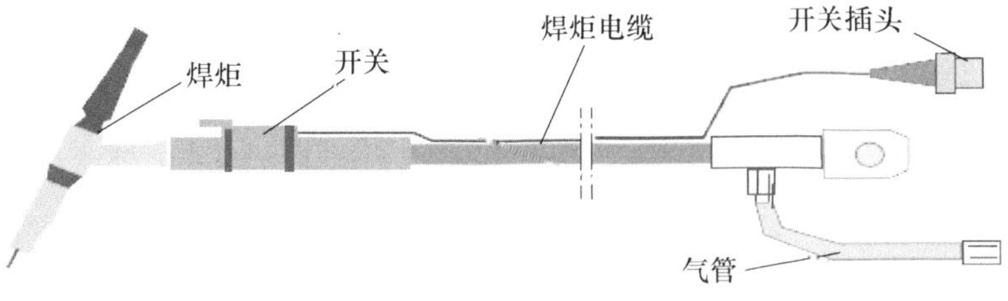

图 7-17　气冷焊枪示意图

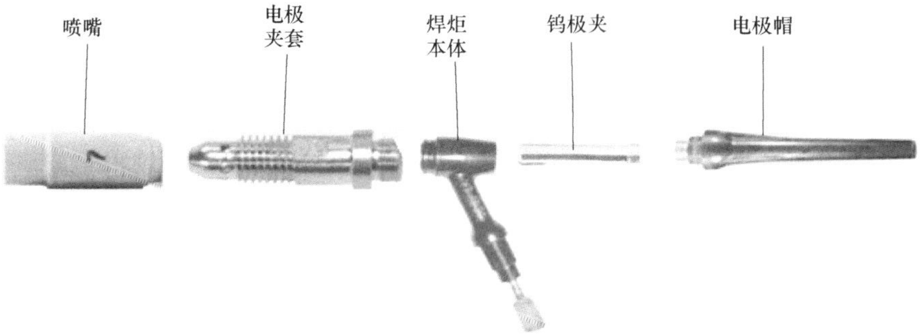

图 7-18　氩弧焊焊枪的组成

TIG 焊用典型的水冷式焊枪如图 7-19 所示，部分手工 TIG 焊焊枪的型号及技术规格如表 7-4 所示。

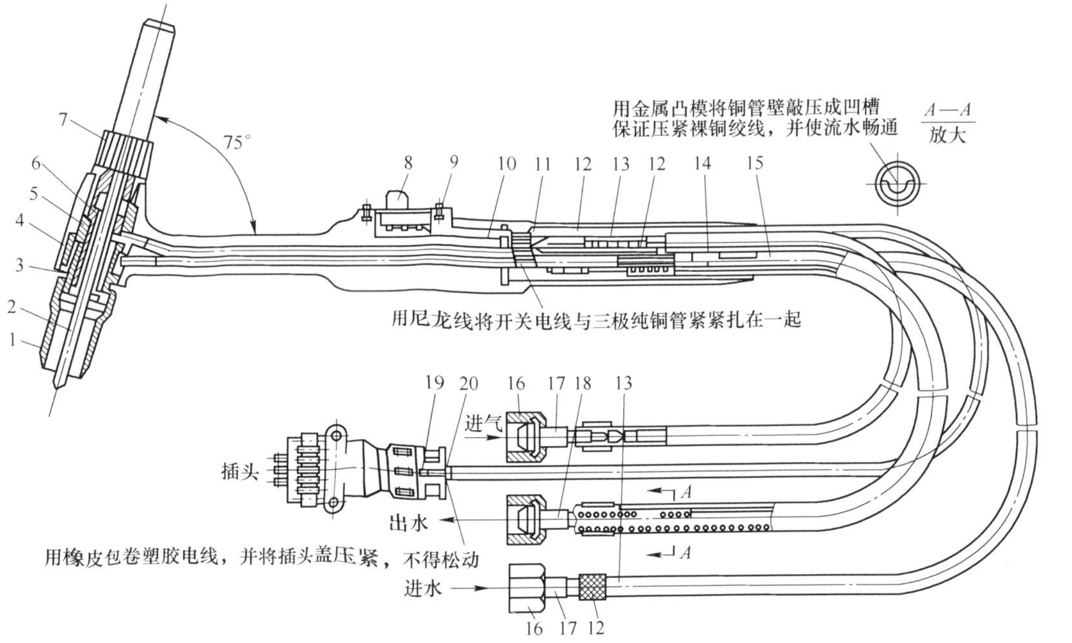

图 7-19　TIG 焊用典型的水冷式焊枪（PQ1-350-1）

1—陶瓷喷嘴；2—钨电极；3—封环（4 mm×26 mm）；4—枪体外罩；5—枪体塑料压制件；6—轧头套筒；7—绝缘帽；8—拨动式波段开关（KB-1 型）；9—球面圆柱螺钉（M2×6）；10—双股并联塑胶线（2×23/0.15 mm^2）；11—手柄；12—ϕ0.5 mm 尼龙线；13—聚氯乙烯半透明塑料管，长 5 m，内径为 ϕ5 mm；14—聚氯乙烯半透明塑料管，长 5 m，内径为 ϕ10 mm；15—400 根 36 号镀锡裸铜绞线，长 5 m；16—螺母；17，18—管接头；19—直式电缆接头（阳插头）；20—厚 2 mm 软橡皮（20 mm×60 mm）

表 7-4　部分手工 TIG 焊焊枪的型号及技术规格

型　号	冷却方式	出气角度/(°)	额定焊接电流/A	适用钨极尺寸/mm		开关形式	质量/kg
				长度	直径		
PQ1-150	循环水冷却	65	150	110	ϕ1.6、2.0、3.0	推键	0.13
PQ1-350		75	350	150	ϕ3.0、4.0、5.0	推键	0.3
PQ1-500		75	500	180	ϕ4.0、5.0、6.0	推键	0.45
QS-65/70		65	200	90	ϕ1.6、2.0、2.5	按钮	0.11
QS-85/250		85	250	160	ϕ2.0、3.0、4.0	船形开关	0.26
QS-75/400		75	400	150	ϕ3.0、4.0、5.0	推键	0.40
QQ-65/75	气冷却（自冷）	65	75	40	ϕ1.0、1.6	微动开关	0.09
QQ-85/100		85	100	160	ϕ1.6、2.0	船形开关	0.2
QQ-85/150		85	150	110	ϕ1.6、2.0、3.0	按钮	0.2
QQ-85/200		85	200	150	ϕ1.6、2.0、3.0	船形开关	0.26

任务三　氩弧焊设备的使用及操作规程

一、氩弧焊设备的使用

（一）氩弧焊设备的安装

（1）TIG 焊机其安装工作应由熟悉该焊机的电工和焊工配合完成。电工负责焊接电源的电气接线，焊工则负责供水、供气系统及焊枪的安装。

（2）检查各调节开关、旋钮、指示灯、保险丝、仪表及流量计等是否齐全，调节是否灵活可靠，对控制箱内的各管路、接头进行检查，看看是否有松弛、滑脱现象。

（3）根据配套电源选择合适的电源、电缆线、保险丝、开关等，然后按焊机说明书电气接线图进行接线。

（4）供水系统安装只要用选好的水管将各接头串接，保证水流畅通，不漏水即可。

（5）供气系统在装减压阀前，先将气瓶阀门转动 1/4 周左右，重复 1~2 次，将阀门口尘土吹净，并用扳手将减压阀拧紧即可。

（6）TIG 焊枪安装时，焊炬、电缆、气管、水管及控制线等分别拉直，不使其互相缠绕，然后用胶布或塑料带分段（约 300 mm）将其扎紧。

（7）整个焊机安装后，应按电气接线图及水、气路安装图进行仔细检查。然后接通电源、水源、气源，将气体调试开关接通，检查气路是否畅通及有无漏气故障。检查水流开关是否动作及回水管是否有足够的水流出，有无堵塞及漏水现象。若发现水流开关不动作，应对水流开关进行调节。水、气路检查正常后，可进行试焊，并检查焊接程序是否正常，有无异常现象。上述检查均正常后，焊机即可交付使用。

（二）氩弧焊机的保养

（1）检查焊机是否按外部接线图正确安装，并检查焊机铭牌电压值与供电网路电压值是否相符，不符时不准使用。

（2）焊机必须可靠接地，不接地不准使用。

（3）焊机在使用前必须检查水管、气管的连接情况，以保证焊接时正常供水、供气。

（4）应定期检查焊枪的弹性夹头夹紧情况和喷嘴的绝缘性能是否良好。

（5）气瓶不能与焊接区靠近，氩气瓶应固定可靠，防止歪倒伤人及损坏减压器。

（6）工作完毕或临时离开工作场地时必须切断焊机电源，关闭水源及气源。

（7）必须建立定期的维修制度。

（8）操作者应掌握焊机的一般构造、工作原理和使用方法。

（三）氩弧焊机的常见故障特征、产生原因及排除方法

氩弧焊机的常见故障特征、产生原因及排除方法见表 7-5。

表 7-5　氩弧焊机的常见故障特征、产生原因及排除方法

故障特征	产生原因	排除方法
开机后，指示灯不亮，焊机不工作	电源缺相； 机内保险管（2 A）断； 断线	检查元器件及线路； 检查风机、电源变压器、主控板是否完好； 查线
在没有大电流长时间工作时，后面板上自动空气开关跳闸	下列器件可能损坏：IGBT 模块、三相整流模块、输出二极管模块、其他器件； 线间短路	检查更换； IGBT 损坏时，检查驱动板上的 12 Ω、5.1 Ω 电阻、SR160 是否损坏
焊接电流不稳	缺相； 主控板损坏	检查电源； 检查更换主控板
焊接电流不可调	机内断线； 主控板损坏； 脚踏开关损坏	检查更换
保护，显示 E10（过压保护）	二次 IGBT 损坏； 主控板损坏	更换二次 IGBT 和主控板
保护，显示 E19（过热保护）	工作电流过大； 环境温度过高； 温度继电器损坏	空载等待冷却； 更换温度继电器
保护，显示 E10（焊枪开关状态异常）	无电流情况下，长时间按下焊枪开关	松开焊枪开关； 检修焊枪或更换

二、钨极氩弧焊操作过程中应遵守的操作规程

（1）氩弧焊焊接时，紫外线强度很大，易引起电光性眼炎、电弧灼伤，同时产生臭氧和氮氧化物刺激呼吸道。因此，焊工操作时应穿白色帆布工作服，戴好口罩、面罩及防护手套、脚盖等。为了防止触电，应在工作台附近地面覆盖绝缘橡皮，工作人员应穿戴绝缘胶鞋等安全防护用品。

（2）钨极氩弧焊机高频振荡器产生的高频电磁场会使人产生一定的头晕、疲乏。因此，焊接时应尽量减少高频电磁场作用时间，引燃电弧后立即切断高频电源，连续工作一般不超过 6 小时。焊枪和焊接电缆外应用软金属编织线屏蔽（软管一端接在焊枪上，另

一端接地，外面不包绝缘）。如有条件，应尽量采用晶体脉冲引弧取代高频引弧。

（3）手工钨极氩弧用焊机应放置在干燥通风处。严格按照焊机使用说明书操作。开机前检查设备有无异常振动，检查电源接头处有无非正常的发热或绝缘损坏处。检查机器内部有无紧固件松动现象。经常检查控制电缆是否破损，调节旋钮是否松动，面板上元件是否损坏。焊接电缆与焊机连接要紧密可靠，检查焊机接地（零）是否良好，有无漏电现象。焊接回路线必须和零件相接，不得用其他金属代替。焊机电源的通、断由电源板上的开关控制，严禁负载扳动开关，以免开关触头烧损。

（4）焊接工作场所必须备有防火设备，如砂箱、灭火器、消防栓、水桶等。易燃物品距离焊接场所不得小于 5 m。若无法满足规定距离时，可用石棉板、石棉布等妥善覆盖，防止火星落入易燃物品。易爆物品距离焊接场所不得小于 10 m。

（5）氩弧焊工作场地必须空气流通，要有良好的自然通风和固定的机械通风装置，认真检查通风装置是否良好，工作中应开动通风设备。通风装置失效时，应停止工作，以减少氩弧焊有害气体和金属烟尘的危害。工作时操作者应站在上风侧，并与焊枪保持 300 mm以上的距离。尽可能采用放射剂量极低的铈钨极。钍钨极和铈钨极加工时，应采用密封式或抽风式砂轮或钨极磨削机磨削，操作者应佩戴口罩、手套等个人防护用品，加工后要洗净手脸。钍钨极和铈钨极应放在铅盒内保存。

（6）在容器内部进行氩弧焊时，应戴专用面罩，以减少吸入有害烟气，容器外应设人监护和配合。

（7）气瓶必须直立放置，并放在指定位置固定支撑好，搬运时角度倾斜不宜过大，必须有防震胶圈，不用时必须加盖瓶帽，并远离明火 3 m 以上。气体不能用尽，应留有余量，工作结束后关闭气瓶。

（8）应经常检查氩弧焊枪冷却水或供气系统的工作情况，发现堵塞或泄漏时应即刻解决，防止烧坏焊枪和影响焊接质量。

（9）焊接人员离开工作场所或焊机不使用时，必须切断电源。若焊机发生故障，应由专业人员进行维修，检修时应做好防电击等安全措施。每 3~6 个月应用压缩空气为焊机除尘一次。

（10）工作完毕后清理好现场，关好气源、水源，切断电源总闸，然后方可离开工作岗位。

任务四　钨极氩弧焊焊接材料

一、保护气体和钨极

（一）保护气体氩气

（1）氩气的特点。氩气（Ar）是一种无色、无味的单原子气体，相对原子质量为 39.95。氩气的质量约为空气的 1.4 倍，因为氩气比空气重，使用时不易飘浮散失，因此能在熔池上方形成一层较好的覆盖层，有利于保护作用。另外在用氩气保护焊接时，产生的烟雾较少，便于控制熔池和电弧。

氩气是一种惰性气体，它既不与金属起化学反应，也不溶解于金属中。因此，可以避免焊缝金属中合金元素的烧损及由此带来的其他焊接缺陷，使得焊接冶金反应变得简单和容易控制。

氩气的另一个应用特点是热导率小且是单原子气体，高温时不分解，不吸热，所以在氩气中燃烧的电弧热量损失较少。在氩气中，电弧一旦引燃，燃烧就很稳定。在各种保护气体中，氩弧的稳定性最好，即使在低电压时也十分稳定。氩气对电弧的热收缩效应较小，加上氩弧的电位梯度和电流密度不大，即使氩弧长度稍有变化，也不会显著地改变电弧电压。因此电弧稳定，很适合于手工焊接。

（2）对氩气纯度的要求。氩气是制氧时的副产品，是通过分馏液化空气制取的。因为氩气沸点介于氧和氮之间，因此，制取时会残留一定量的其他杂质。若杂质含量多，在焊接过程中不但影响对熔化金属的保护，而且易使焊缝产生气孔、夹渣等缺陷，并使钨极的烧损增加。按现行规定，氩气纯度应达到 99.99%，才完全合乎焊接铝、钛等活泼金属的要求，而对于焊缝质量要求较高时，高纯氩气纯度应达到 99.999%。

（3）氩气的储运。氩气可在低于 -184 ℃的温度下以液态形式储存和运送，但焊接时氩气大多装入钢瓶中，供焊工使用。氩气瓶（图 7-20）是一种钢质圆柱形高压容器，其外表涂成银灰色并注有深绿色“氩”字标志字样。目前，常用氩气瓶的容积为 10 L、15 L 和 40 L，在室温下，瓶中最高工作压力为 15 MPa。

氩气瓶在使用中应直立放置，严禁敲击、碰撞等，不得用电磁起重搬运机搬运，防止暴晒。装运时应戴好瓶帽，以免损坏接口螺纹。

氩气作为手工钨极氩弧焊的常用保护气体，其气体的纯度对焊接质量有很大的影响。表 7-6 是不同材质对气体纯度的要求。

图 7-20　常用氩气瓶

表 7-6　不同材质对气体纯度的要求

金属材料	铜及其合金、铬镍不锈钢	铝、镁及其合金	钛及钛合金等难焊金属
氩气纯度/%	≥99.9	≥99.99	≥99.999

（二）钨极

钨极是钨极氩弧焊的电极材料，对电弧的稳定性和焊接质量有很大的影响。通常要求钨极具有电流容量大、施焊损耗小、引弧和稳弧性好等特性。这主要取决于钨极的电子发射能力大小。

1. 钨极的种类

钨极的种类有纯钨极、钍钨极、铈钨极、镧钨极、锆钨极和钇钨极等，直径从 0.25 mm到 6.4 mm，标准长度从 75 mm 到 600 mm，而最常使用的规格为直径 1.0 mm、1.6 mm、2.4 mm 和3.2 mm，几种常用钨极不同直径时焊接电流范围如表 7-7 所示。

表 7-7　钨极许用电流范围

钨极直径/mm	直流/A				交流/A	
	正接（电极-）		反接（电极+）			
	纯钨	钍钨、铈钨	纯钨	钍钨、铈钨	纯钨	钍钨、铈钨
0.5	2~20	2~20	—	—	2~15	2~15
1.0	10~75	10~75	—	—	15~55	15~70
1.6	40~130	60~150	10~20	10~20	45~90	60~125
2.0	75~180	100~200	15~25	15~25	65~125	85~160
2.5	130~230	160~250	17~30	17~30	80~140	120~210
3.2	160~310	225~330	20~35	20~35	150~190	150~250
4.0	275~450	350~480	35~50	35~50	180~260	240~350
5.0	400~625	500~675	50~70	50~70	240~350	330~460
6.3	550~675	650~950	65~100	65~100	300~450	430~575
8.0	—	—	—	—	—	650~830

（1）纯钨极。纯钨极含钨 99.85%以上，熔点很高（约为 3390~3470 ℃），沸点也很高（约为 5900 ℃），不易熔化和蒸发。它基本上可以满足焊接的要求，但在使用交流电时，纯钨极电流承载能力较低，抗污染能力差，要求焊接电源有较高的空载电压，故目前已很少采用。

（2）钍钨极。在纯钨极的基础上加入 1%~2%的氧化钍（Th）的钨极即钍钨极。由于钨棒内含有钍元素，使钨极的电子发射能力增强，具有电流承载能力较好，寿命较长且抗污染性能较好，并且容易引弧，所需的引弧电压小，电弧稳定性好等优点。其缺点是成本较高，具有微量的放射性。

（3）铈钨极。在纯钨中加入 2%的氧化铈（Ce）称为铈钨极。与钍钨极相比，在直流小电流焊接时，易建立电弧，引弧电压比钍钨极低 50%，具有电弧燃烧稳定、弧束较长、热量集中、烧损率比钍钨极低 5%~50%、最大许用电流密度比钍钨极高 5%~8%、使用寿命长等优点，更重要的特点是其几乎没有放射性，是一种理想的电极材料，也是目前建议尽量采用的钨极。

（4）镧钨极。最常见的镧钨极含有 2%氧化镧（La_2O_3）。氧化镧具有最低的电子逸出功，起弧最容易，尖端温度最低，这样有助于阻止晶粒长大，提升使用寿命。通过测试含镧 2%的镧钨极，如果无过载电流，寿命比钍钨更长，在大多数使用中起弧更容易。钨极中的镧是一种稀土元素，而且没有放射性。这种镧钨极主要用于直流焊，在交流焊接时也有不错的效果。

（5）锆钨极。最常见的锆钨极含有 0.91%~1.2%的氧化锆（ZrO_2）。锆钨极的焊接特点，总体来说位于纯钨极和钍钨极之间。锆钨极一般应用交流电，不推荐用于直流电。在交流焊接中，锆钨极是最常用的，因为焊接时比纯钨容易起弧，弧束稳定，能很好地防止污染，载流能力也较好。锆钨极适用于镁铝及其合金的交流焊接。从性能的角度来看，可以说锆钨极是最好的非放射性钨极。

（6）钇钨极。最常见的钇钨极含有 2%左右的氧化钇（Y_2O_3）。焊接时，弧束细长，压缩程度大，在中、大电流时其熔深最大，主要应用于军事工业和航空航天工业。

2. 钨极的牌号

目前对钨极的牌号没有统一的规定，但根据其化学元素符号及化学成分的平均含量来定牌号是比较流行的一种方法。为了使用方便，钨极的一端常涂有颜色，以便识别，如图 7-21 所示。

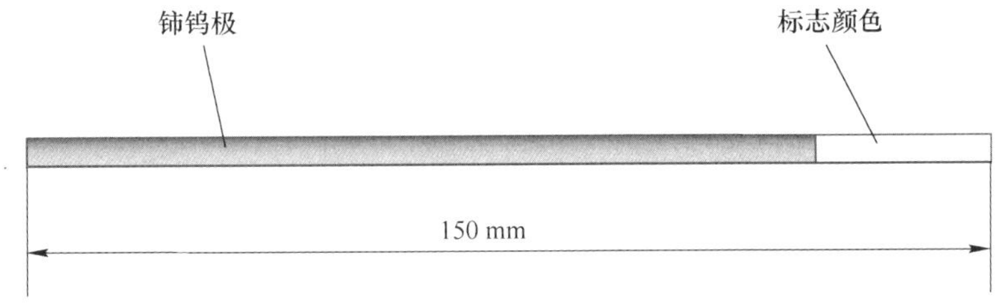

图 7-21　铈钨极端部颜色

儿种常用钨极的牌号及色标如表 7-8 所示。

表 7-8　常用钨极的牌号及色标

牌号名称		化学成分(质量分数)/%				标志颜色
		钨（最低）	掺杂量		其他元素	
纯钨	W1	99.92			<0.08	绿
钍钨	WT20	余量	ThO_2	1.8~2.2	<0.2	红
铈钨	WCe20	余量	CeO_2	1.8~2.2	<0.2	灰
镧钨	WL10	余量	La_2O_3	0.8~1.2	<0.2	黑
	WL15	余量	La_2O_3	1.3~1.7	<0.2	金黄
	WL20	余量	La_2O_3	1.8~2.2	<0.2	天蓝
锆钨	WZ3	余量	ZrO_2	0.2~0.4	<0.2	棕
	WZ8	余量	ZrO_2	0.7~0.9	<0.2	白
钇钨	WY20	余量	Y_2O_3	1.8~2.2	<0.2	蓝

例如：

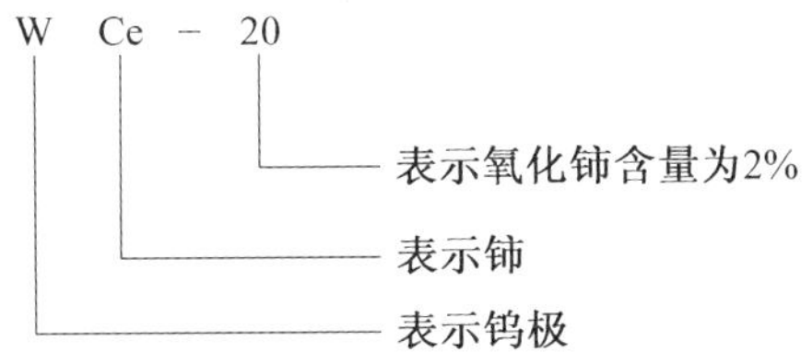

3. 钨极端部形状

钨极端部的形状对电弧的稳定性有影响，钨极端部必须磨光。焊接电流较小时，可用小直径钨极并将其末端磨成尖锥角（$\theta\approx20°\sim30°$），这样电弧容易引燃和稳定。但在焊接电流较大时，会因电流密度过大而使末端过热熔化并增加烧损，电弧斑点也会扩展到钨极末端的锥面上，使弧柱明显地扩散、飘荡、不稳，而影响焊缝成形。

大电流焊接时，要求钨极末端磨成钝锥角（$\theta>90°$或$\theta<90°$），但必须是带有平顶的锥形。这样可使电弧斑点稳定，弧柱的扩散减少，对焊件加热集中，焊缝成形均匀。钨极的尖端角度对焊缝的熔深和熔宽有一定的影响。钨极尖锥角越小，越会引起弧柱扩散，导致焊缝熔深小而熔宽大。随着角的增大，弧柱的扩散倾向减小而熔深增大，熔宽减小，如图7-22所示。

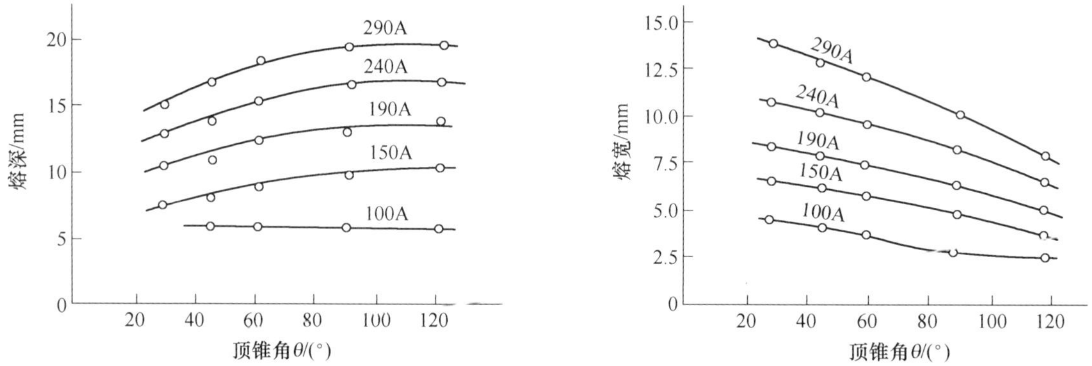

图 7-22　钨极尖端角度对熔深和熔宽的影响

当采用交流钨极氩弧焊时，一般将钨极磨成圆球形。否则，由于极性的变化致使钨极烧损过大。表7-9列出几种不同形状的端部效果，从结果看，采用锥形平端的效果最好，是目前经常采用的端部形状。

表 7-9　钨极端部形状的影响

电极端部形状	 锥形尖端	 锥形平端	 圆球形	 平端
电弧稳定性	稳定	稳定	不稳定	不稳定
焊缝成形	较好	好	铝镁合金较好 其他金属差	差

4. 钨极的磨削

在全位置管道氩弧焊或等离子电弧焊的焊接过程中，钨极的端部形状对焊接质量有着重要影响。良好的端部成形可以保证电弧的稳定，反之则造成电弧漂移、不稳定，易形成焊接缺陷。传统的钨极磨削方法是手工在普通的砂轮机上打磨，砂轮颗粒大，振动强，同时由于没有固定装置，钨极尖端很难保证均匀成型，这样会造成焊接电弧漂移、不稳定，焊接表面成型不美观，直接导致焊接缺陷。噪声、粉尘等也会直接影响焊工的身体健康，因此，目前一般采用钨极磨削机来磨削钨极。钨极磨削机一般有固定式和手持式两种，如图 7-23 所示，用金刚石磨削盘来获得高质量的表面和精确的锥形及角度，同时还减少了钨极损耗，无需频繁更换和磨削，提高了焊接效率。而且钨极磨削机采用全密封磨削腔体设计机构，打磨粉尘只会在机身内腔内沉积，一段时间后集中清洗干净即可，非常环保。

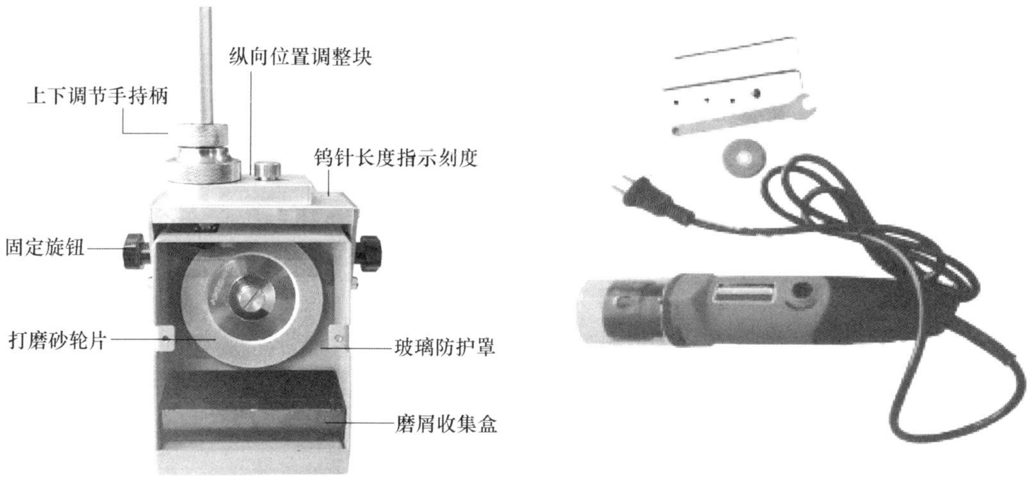

(a)　　(b)

图 7-23　钨极磨削机

(a) 固定式钨极磨削机；(b) 手持式钨极磨削机

二、焊丝

(一) 焊丝分类

根据《气体保护电弧焊用碳、低合金钢焊丝》规定，焊丝按化学成分分为碳钢、碳钼钢，铬钢、镍钢、锰钼钢和其他低合金钢等 6 类，而不锈钢焊丝根据《焊接用不锈钢焊丝》规定进行分类，有色金属焊丝分类参照相关标准执行。

(二) 型号划分

焊丝型号按化学成分和采用熔化极气体保护电弧焊时熔敷金属的力学性能进行划分。焊丝型号由三部分组成：第一部分用字母“ER”表示焊丝；第二部分两位数字表示焊丝熔敷金属的最低抗拉强度；第三部分为短划“-”后的字母或数字，表示焊丝化学成分代号。

例如：

ER 50-2 H5

- H5 —— 表示熔敷金属扩散氢含量不大于5.0 mL/100g
- 2 —— 表示化学成分分类代号
- 50 —— 表示熔敷金属抗拉强度最低值为500 MPa
- ER —— 表示焊丝

常用氩弧焊焊丝型号及用途如表 7-10 所示。

表 7-10　氩弧焊焊丝牌号与型号对照及用途

型　号	类别	主　要　用　途
ER49-1	碳钢焊丝	用于船舶、石化、核电等高压管的对接及角焊
ER50-G		用于薄板及打底焊接结构
ER50-6		用于管道、平板等需作抛光度准确时的焊接
ER55-B2	珠光体耐热钢焊丝	用于工作温度 550 ℃以下的锅炉受热面管子蒸汽管道，高压容器，石油精炼设备结构的焊接
ER55-G		用于工作温度 550 ℃以下的锅炉受热面管子蒸汽管道，高压容器，石油精炼设备结构的焊接
H09Cr21Ni9Mn4Mo	不锈钢焊丝	用于防弹钢、覆面不锈钢及碳钢异材的焊接
H10Cr21Ni10Mn6Si1		用于高锰钢、硬化性耐磨钢及非磁性钢的焊接
H08Cr21Ni10Si		用于 301、304、308 等不锈钢结构的焊接
H03Cr21Ni10Si		用于 304L、308L 等不锈钢结构的焊接
H03Cr21Ni10Si1		用于改善填充金属的工艺性、焊接操作性及流动性
H12Cr24Ni13Si		用于异种钢的焊接，如碳钢、低合金钢与不锈钢的焊接
H12Cr24Ni13Mo2		用于 Cr22Ni12Mo2 复合钢以及异种钢的焊接
H03Cr24Ni13Si		用于 309S、1Cr13、1Cr17、低碳不锈钢、低碳覆面钢以及异种钢的焊接
H03Cr24Ni13Si1		用于 309 型不锈钢以及 304 型不锈钢与碳钢的焊接
H03Cr24Ni13Mo2		用于异种钢的焊接或韧性较差的马氏体、铁素体不锈钢的焊接
H12Cr26Ni21Si		用于高温条件下工作的耐热钢以及 1Cr5Mo、1Cr13 等不能进行预热及后热处理的焊接
H15Cr30Ni9		用于异种母材不锈钢覆面、硬化性低合金钢以及焊接困难或易发生气孔情况的焊接
H08Cr19Ni12Mo2Si		用于磷酸、亚硫酸、醋酸及盐类腐蚀介质结构的焊接
H03Cr19Ni12Mo2Si		用于尿素、合成纤维等结构及不能进行热处理的铬不锈钢及复合钢的焊接
H03Cr19Ni12Mo2Si1		用于相同类型不锈钢以及复合钢结构的焊接
H08Cr19Ni14Mo3		用于重要的耐腐蚀化工容器的焊接
H03Cr19Ni14Mo3		用于重要的耐腐蚀化工容器的焊接
H08Cr19Ni10Ti		用于 304、321、347 型不锈钢以及耐热钢的焊接
H08Cr20Ni10Nb		用于 304、321、347 型不锈钢以及耐热钢的焊接
H12Cr13		用于 410、420 型不锈钢以及耐蚀耐磨表面的堆焊
H31Cr13		用于 Cr13 马氏体不锈钢耐腐蚀性材料的堆焊
H10Cr17		用于腐蚀（硝酸）、耐热同类型不锈钢表面堆焊
H03Cr22Ni8Mo3N		用于含 Cr22%双相不锈钢的焊接

（三）焊丝表面质量

焊丝表面应光滑，无毛刺、划痕、锈蚀、氧化皮等缺陷，也不应有其他不利于焊接操作或对焊缝金属有不良影响的杂质，镀铜焊丝的镀层应均匀牢固，不应出现起鳞与剥离，焊丝表面也可采用其他不影响焊接和力学性能的处理方法。

任务五　TIG 焊焊接工艺

一、接头及坡口形式的选择

钨极氩弧焊的接头形式有对接、搭接、角接、T 形接等基本类型。碳钢和低合金钢的焊接接头的坡口形式和尺寸可按 GB/T 985.1—2008《气焊、焊条电弧焊、气体保护焊和高能束焊的推荐坡口》选用。对于铝及铝合金的手工 TIG 焊，可按照 GB/T 985.3—2008《铝及铝合金气体保护焊的推荐坡口》选用。

生产中一般对于厚度小于等于 3 mm 的碳钢、低合金钢、不锈钢、铝及其合金的对接接头，及厚度小于等于 2.5 mm 的高镍合金，一般开 I 形坡口；厚度在 3～12mm 的上述材料可开 V 形和 Y 形坡口。

二、焊接工艺参数及选择

焊接操作过程中合理地选择焊接工艺至关重要，而按工艺规程去执行操作对提高焊缝质量有很大的保障，从而避免各类焊接缺陷的产生。

（一）钨极氩弧焊（TIG 焊）的电流种类和极性

1. TIG 焊的电弧静特性

TIG 焊的电弧静特性与所用的惰性气体有关，图 7-24 表示分别使用氩气和氦气作为保护气体时的两组静特性曲线。从图中可以看出，在任何给定的电流和电弧长度下，氩弧电压较氦弧低。这和氩气的电离电压（15.7 V）低于氦弧（24.5 V）有关，说明氩弧比氦弧容易引燃而稳定。

这两种电弧的电压也都随电弧长度的增加而提高，如图 7-25 所示。

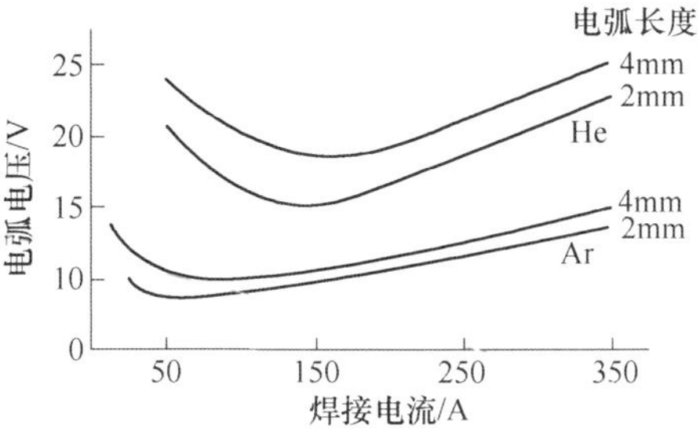

图 7-24　TIG 焊的电弧静特性

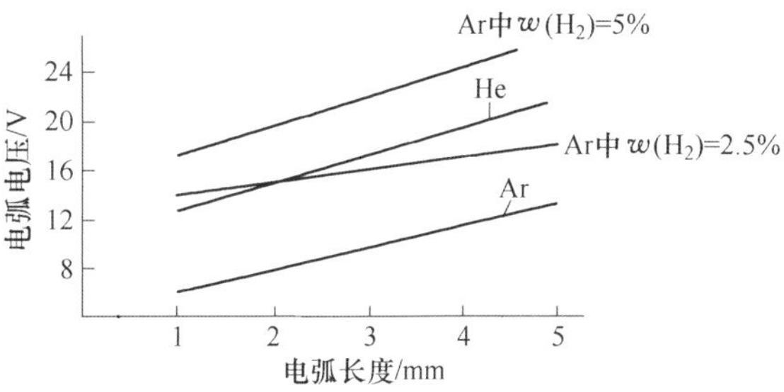

图 7-25　电弧电压与电弧长度的关系

2. 直流电源正接法

采用钨极氩弧焊焊接合金钢、耐热钢、不锈钢和钛合金等材料时，一般选用陡降外特性的直流电源，并采用正接法，即钨极接负极，焊件接正极，如图 7-26（a）所示。

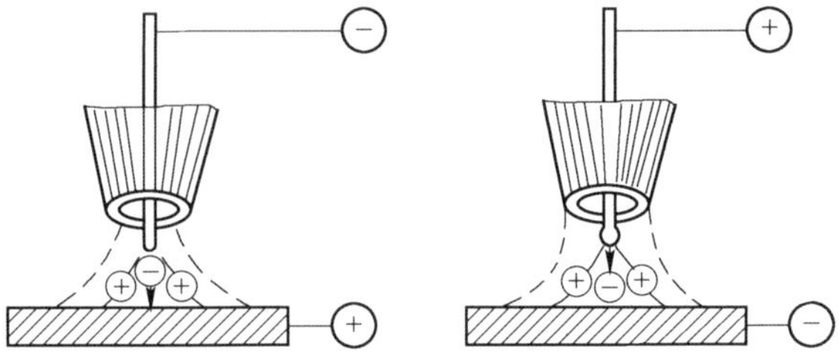

图 7-26　直流电源的极性接法示意图

（a）直流电源正接法；（b）直流电源反接法

3. 直流电源反接法

钨极氩弧焊采用直流电源反接法，即钨极接正极，焊件接负极，如图 7-26（b）所示。由于焊件对正离子的吸收作用，使得正离子向熔池和焊件表面冲击，并产生大量的热量，使焊件表面氧化膜被冲破而产生“阴极清洗”现象。图 7-27 是铝 TIG 焊阴极清洗的示意图。焊缝周围白色边，就是因清洗作用把母材表面氧化膜去除后的痕迹。但是，目前在 TIG 焊中，单纯的直流电源反接法已很少采用。

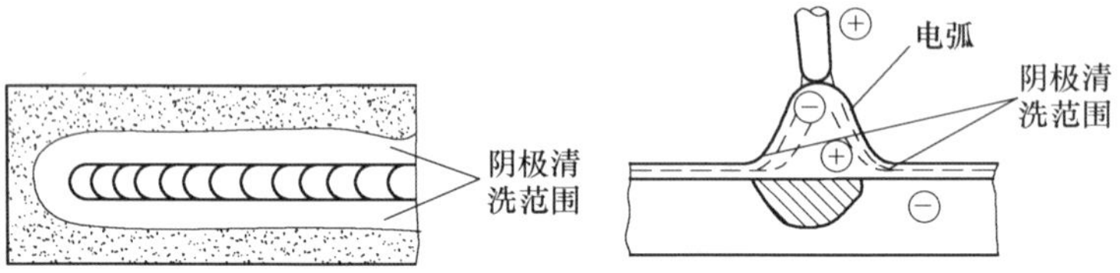

图 7-27　铝 TIG 焊阴极清洗示意图

4. 交流 TIG 焊

虽然交流 TIG 焊的阴极清洗作用不如直流反接的显著，但交流 TIG 焊的综合效果（如熔深、钨极寿命、生产率等）好，因此广泛地用于焊接铝、镁及其合金。

采用交流 TIG 焊时，电流极性每半个周期交换一次，因而兼备了直流正极性法和直流反极性法两者的优点。在交流负极性半周里，工件金属表面氧化膜会因“阴极清洗”作用而被清除；在交流正极性半周里，钨极又可以得到一定程度的冷却，且此时发射电子容易，有利于电弧的稳定燃烧。但是，由于交流电弧每秒钟要过零点 100 次，加上交流电弧在正、负半周里导电情况的差别，又出现了交流电弧过零点后复燃困难和焊接回路中产生直流分量的问题，必须采取适当的措施才能保证焊接过程的稳定进行。

不同电流种类 TIG 焊的特点如表 7-11 所示。

钨极氩弧焊（TIG 焊）的工艺参数主要有焊接电流、钨极直径及端部形状、保护气体流量、电弧长度等。

（二）焊接电流

电流种类一般根据工件材料来选择。焊接电流大小主要根据工件材料、厚度、接头型式、焊接位置、有时还考虑焊工技术水平（采用手工焊时）等因素选择。当焊接电流太大时，则焊缝易产生焊穿和咬边等缺陷；反之，焊接电流太小时，焊缝易产生未焊透等缺陷。

表 7-11　不同电流种类 TIG 焊的特点

电流种类	直流正接	直流反接	交流（对称的）
示意图	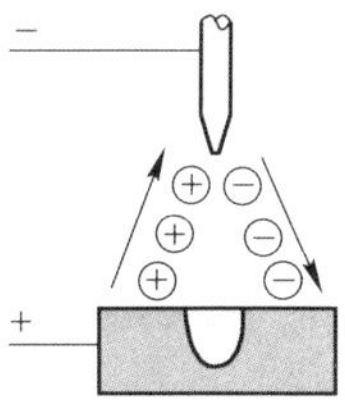	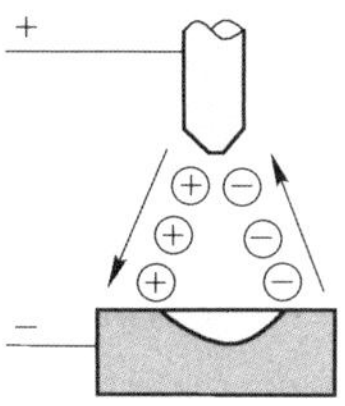	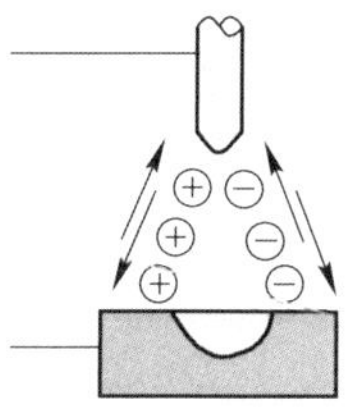
熔深特点	深、窄	浅、宽	中等
电极热量分布	工件 70%，钨极 30%	工件 30%，钨极 70%	工件 50%，钨极 50%
钨极许用电流	最大	小	较大
阴极清理作用	无	有	有（工件为负时）
适用材料	除铝、镁外金属	一般不采用	铝、镁、铝青铜等

（三）钨极直径及端头形状

钨极直径及端头形状的选择要根据焊件熔透程度和焊缝成形的要求来决定。小电流焊接时，选用小直径钨极和小的锥角，可使电弧容易引燃和稳定，在大电流焊接时，增大锥角可避免尖端过热熔化，减少损耗。但是，钨极端头直径增大到一定数值后，反而会引起电弧的飘动不稳。不同形状钨极端头的性能比较如表 7-12 所示。

表 7-12　不同形状钨极端头的性能比较

钨极形状	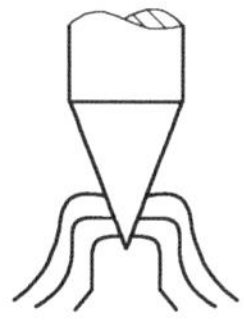	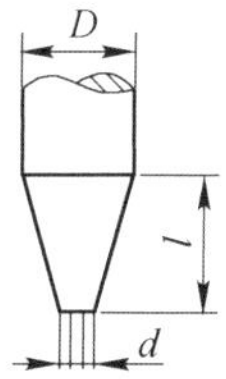	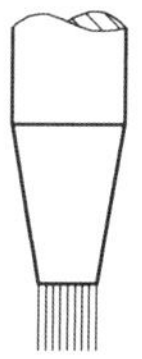
电弧稳定性	稳定	稳定	不稳定
焊缝成形	焊缝不均匀	良好	焊缝不均匀

（四）气体流量和喷嘴直径

当气体流量太大时，则气体流速增大，会产生气体紊流，使保护性能显著下降，导致电弧不稳定、焊缝产生气孔和氧化缺陷。反之，气体流量太小时，氩气层流的挺度较弱，空气容易侵入熔池而使焊缝产生气孔和氧化缺陷。所以，气体流量和喷嘴直径要有一定配合。一般手工氩弧焊喷嘴内径范围为 5~20 mm，流量范围为 5~25 L/min。

（五）焊接速度

焊接速度的选择主要根据工件厚度决定，并和焊接电流、预热温度等配合以保证获得所需的熔深和熔宽。当焊接速度太快时，焊缝容易产生未焊透和气孔等缺陷；反之，焊缝也容易产生焊穿和咬边等缺陷。焊接速度对气体保护效果的影响如图 7-28 所示。由图中可以看到，使用较小的焊接速度是有利于焊接的。

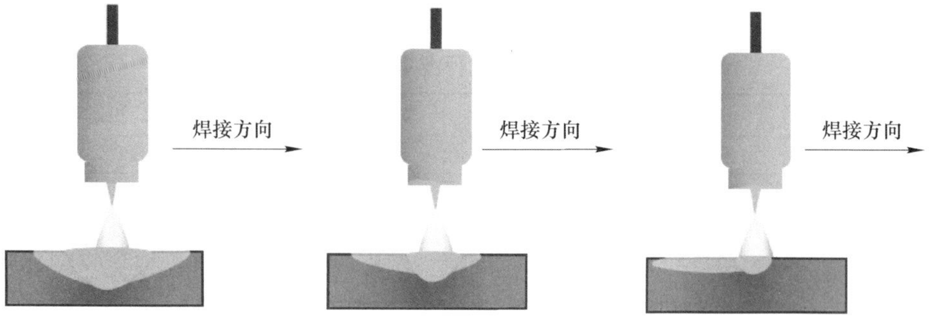

(a)　　(b)　　(c)

图 7-28　焊接速度对气体保护效果的影响

（a）静止；（b）正常速度；（c）速度过快

（六）喷嘴与工件的距离

距离越大，气体保护效果越差，但距离太近会影响焊工视线，且容易使钨极与熔池接触，产生夹钨。一般喷嘴端部与工件的距离在 8~14 mm 之间，如图 7-29 所示。

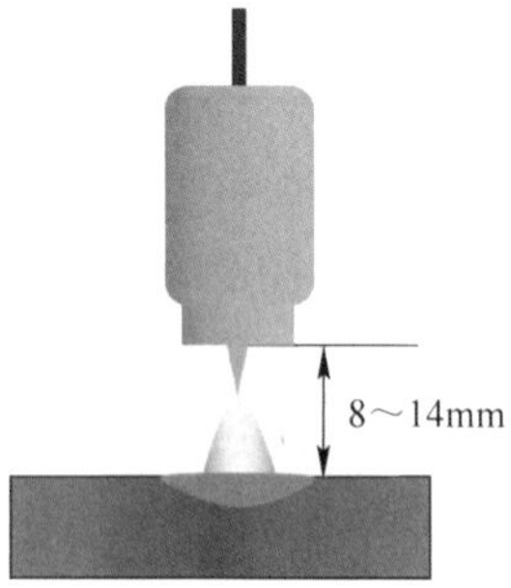

图 7-29　喷嘴与工件距离

（七）电弧长度

当电弧长度太长时，焊道宽度增加，熔深减小，保护效果变差，焊缝容易产生未焊透和氧化等缺陷。所以，在保证电弧不短路的情况下，尽量采用短弧焊接。这样气体保护效果好、热量集中、电弧稳定、焊缝均匀以及焊件变形最小。电弧长度对焊缝成形的影响如图 7-30 所示。

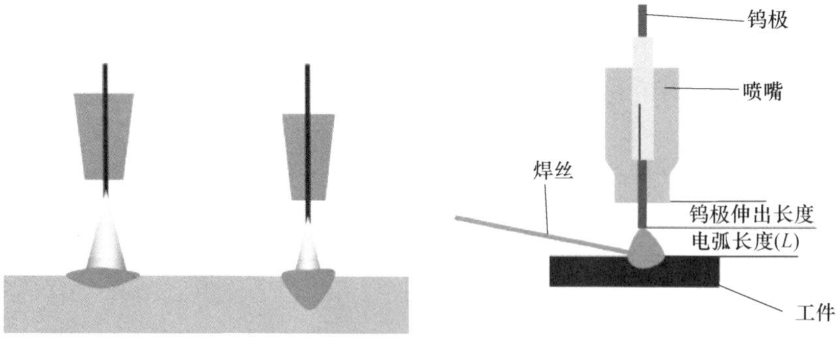

图 7-30　电弧长度对焊缝成形的影响

表 7-13 列出铝及铝合金 TIG 焊的工艺参数，可作为选择工艺参数的参考。

表 7-13　纯铝手工 TIG 焊焊接工艺参数（平位、交流）

工件示意图	厚度 /mm	焊接电流 /A	焊丝直径 /mm	钨极直径 /mm	氩气流量 /L · min^{-1}	喷嘴直径 /mm	焊接速度 /m · h^{-1}
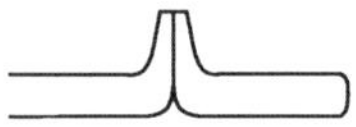	0. 9	45~60	1. 6	1. 6	5	9. 5	21

续表 7-13

工件示意图	厚度 /mm	焊接电流 /A	焊丝直径 /mm	钨极直径 /mm	氩气流量 /L·min^{-1}	喷嘴直径 /mm	焊接速度 /m·h^{-1}
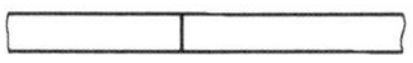	1.2	60~70	2.4	2.4	5	9.5	18
	1.6	75~90	2.4	3.2	5	9.5	18
	2.0	90~110	2.4	3.2	5	12.7	18
	3.3	135~150	3.2	3.2	6	12.7	17
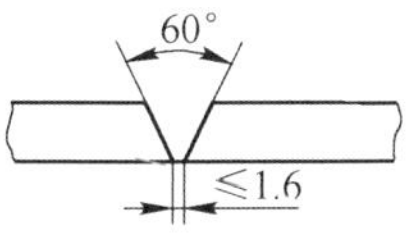	4.8	150~200	3.2	4.8	7	12.7	15
	6.4	200~250	4.8	4.8	7	16	15
	9.5	270~320	4.8	6.4	8	16	10~12
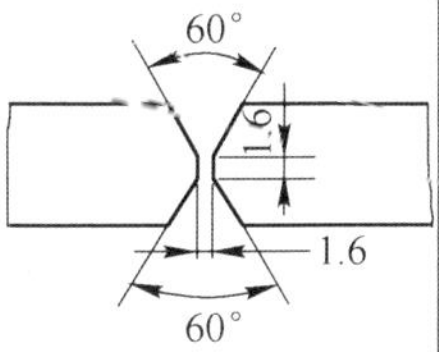	12.7	320~380	6.4	8.0	9	16	9~10

任务六　钨极氩弧焊操作训练

一、焊前准备

(一) 焊接设备的焊前检查

焊接设备的焊前检查工作大体可分为以下几个方面：

(1) 检查水路。检查水管有无破损和管接头滴漏的情况，检查水路是否畅通。

(2) 检查气路。检查气路是否畅通，气管有无破损、漏气现象。钢瓶内是否有氩气。

(3) 检查电路。检查控制箱及焊接电源接地（或接零）情况。

(4) 负载检查。正式操作前，应对设备进行一次负载检查。其目的是通过短路焊接，进一步检查水路、气路、电路系统工作是否正常以及空载检验中无法暴露的问题。

(二) TIG 焊焊接的装配

以薄板（≤1 mm）为例，对装配工作的基本要求是严格控制装配间隙和错边量，并尽可能使接头能处在刚性固定下施焊，如图 7-31 所示。

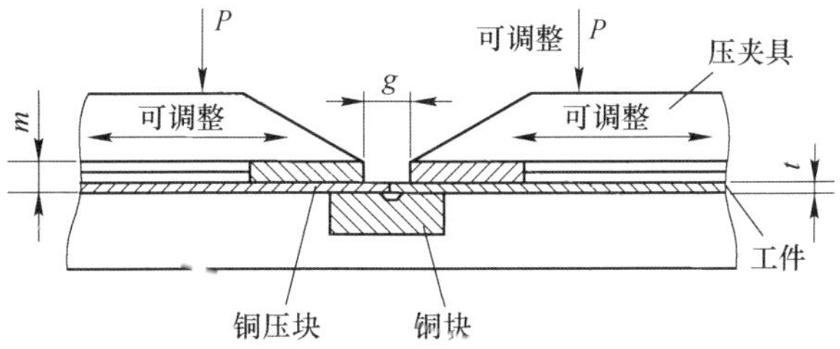

图 7-31　薄板对接焊夹紧装置（琴键式）

对于薄板通常采用薄板机上剪切后即可装配焊接，装配时应注意正、反向，如图 7-32 所示。

图 7-32　薄板对接剪切边的装配

（a）正确；（b）不正确

（三）焊件清理

因为氩气是惰性气体，在焊接过程中没有脱氧和去氢的作用，因此 TIG 焊对油、水、锈等非常敏感，焊前必须对材料的表面进行严格清理。清除填充焊丝及工件坡口和坡口两侧表面至少 20mm 范围内的油污、水分、灰尘、氧化膜等。常用清理方法有机械清理和化学清理。表 7-14 为铝及铝合金的化学清理方法，供参考。

表 7-14　铝及铝合金的化学清理

材料	碱洗			冲洗	光洗			冲洗	干燥/℃
	w(NaOH)/%	温度/℃	时间/min		w(NaOH)/%	温度/℃	时间/min		
纯铝	15	室温	10～15	冷净水	30	室温	2	冷净水	60～110
	4～5	60～70	1～2						
铝合金	8	50～60	5	冷净水	30	室温	2	冷净水	60～110

（四）安全防护措施

（1）通风措施。氩弧焊焊接时会产生大量的有毒气体臭氧，所以工作现场要有良好的通风，排出有害气体及烟尘。除厂房通风外，可在焊接工作量大、焊机集中的地方，安装几台轴流风机向外排风。

（2）防护射线措施。尽可能采用放射剂量极低的铈钨极。钍钨极和铈钨极加工时，应采用密封式或抽风式砂轮磨削，操作者应佩戴口罩、手套等个人防护用品，加工后要洗净手脸。钍钨极和铈钨极应放在铅盒内保存。

（3）防护高频的措施。焊接时工件进行良好的接地，焊枪电缆和地线要用金属编织线屏蔽，降低高频的使用频率和电作用时间，同时采用送风式头盔、送风口罩或防毒口罩等个人防护措施。

（五）TIG 焊氩气保护效果的判定

（1）试验法。按选定的焊接工艺在试板上引弧焊接，保持焊枪不动电弧燃烧 5～10 s 后熄弧。检查熔化焊点及其周围有无明显的白色圆圈，白色圆圈越大，保护效果越好。

（2）颜色鉴别法。在试板上焊接，焊后观察焊缝表面的氧化颜色。

不锈钢：表面呈银白色和黄色最好，蓝色次之，灰色不良，黑色最差。

钛及钛合金：银白、淡黄色最好，深黄色次之，深蓝色最差。

铝及铝合金：焊缝两侧出现一条亮白色条纹，则保护效果最好。

(3) 电极颜色鉴别法。焊枪按正常使用的电流、气流量规范在焊接试板上施焊，10~20 s 后熄弧，观察电极，若呈银白色为良好，若呈蓝色为不良。

(六) 加强气体保护作用的措施

接头形式的不同，氩气流的保护效果也不相同，如图 7-33 所示。

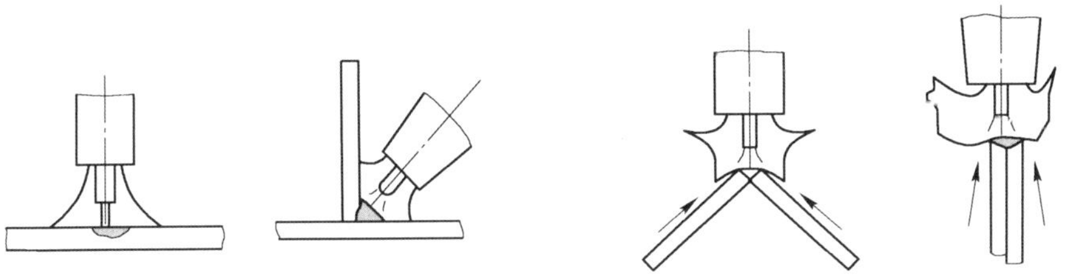

图 7-33　焊接接头形式对气体保护效果的影响

(a) 保护效果好；(b) 保护效果不好

对氧化、氮化非常敏感的金属和合金（如钛及其合金）或散热慢、高温停留时间长的材料（如不锈钢），要求有更强的保护作用。加强气体保护作用的具体措施有：

(1) 在焊枪后面附加通有氩气的拖罩，如图 7-34 所示。

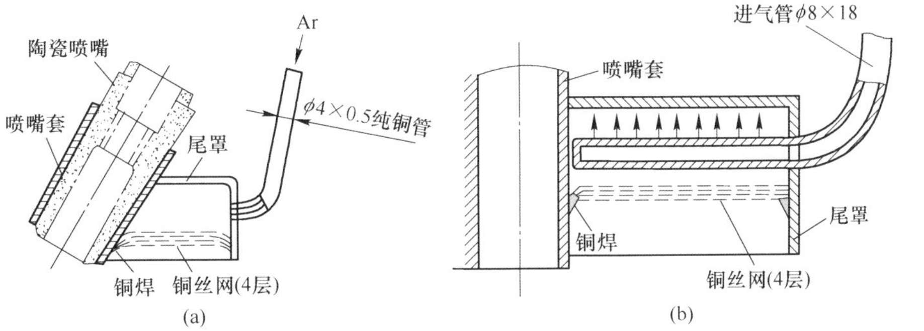

图 7-34　钨极氩弧焊焊炬尾罩示意图

(a) 手工钨极氩弧焊；(b) 自动钨极氩弧焊

(2) 在焊缝背面采用可通氩气保护的垫板、反面保护罩或在被焊管子内部局部密闭气腔内充满氩气，以加强反面的保护，如图 7-35 所示。

二、钨极氩弧焊基本操作

钨极氩弧焊是一种需要焊工用双手同时操作的焊接方法。

(一) 基本操作技术主要包括引弧、焊枪摆动、送丝、收弧和焊道接头等

(1) 引弧。手工钨极氩弧焊的引弧方法有两种。一种是借助引弧器的非接触引弧；另一种是短路接触引弧。图 7-36 所示为短路接触引弧。

(2) 焊枪摆动方式。手工钨极氩弧焊的焊枪运行基本动作包括沿焊枪轴线的送进、

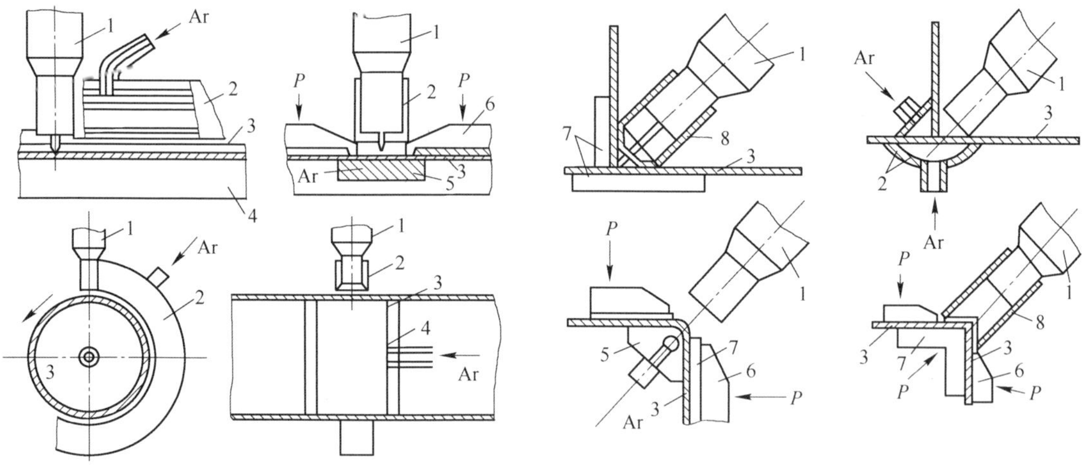

图 7-35　氩弧焊局部保护装置示意图

1—焊炬；2—气体保护罩；3—焊件；4—挡板；5—气体保护垫板；6—压板；7-‑冷却块；8—玻璃罩

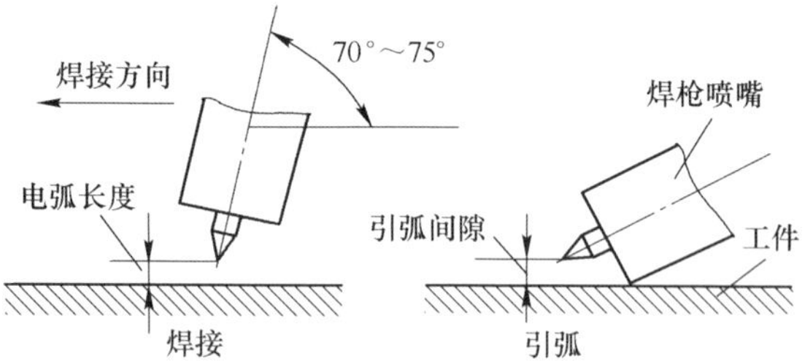

图 7-36　引弧方法示意图

沿焊缝轴线方向纵向移动和横向摆动。手工钨极氩弧焊焊枪基本的摆动方式及适用范围如表 7-15 所示。

表 7-15　手工钨极氩弧焊焊枪基本的摆动方式及适用范围

焊枪摆动方式	摆动方式的示意图	适用范围
直线形		I 形坡口对接焊，多层多道焊的打底焊
锯齿形	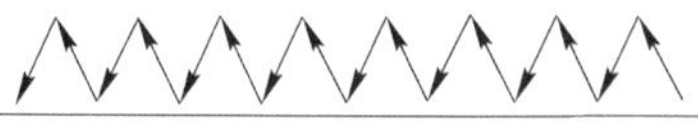	对接接头全位置焊，角接接头的立焊、横焊和仰焊
月牙形		
圆圈形	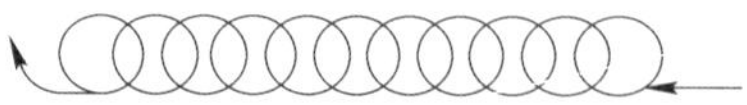	厚件对接平焊

（3）填丝。手工钨极氩弧焊焊接时可以根据具体情况添加填充焊丝或不添加焊丝。常用的有连续填丝法、断续填丝法和特殊填丝法。

连续填丝时，左手小指和无名指夹住焊丝来控制方向，大拇指和食指有节奏地将焊丝送入熔池区，如图 7-37 所示。

断续填丝又叫点动送丝。操作时左手大拇指、食指和中指捏紧焊丝，小指和无名指夹住焊丝控制方向，焊丝末端应始终处于氩气保护区内，点动进行送丝。填丝动作要轻，不得扰动氩气保护层，禁止跳动，全位置焊时多用此法。

填丝时，焊丝应与试件表面水平夹角呈 15°～20°左右；不应把焊丝直接置于电弧下面，也不应让熔滴向熔池“滴渡”。填丝位置的正确与否如图 7-38 所示。

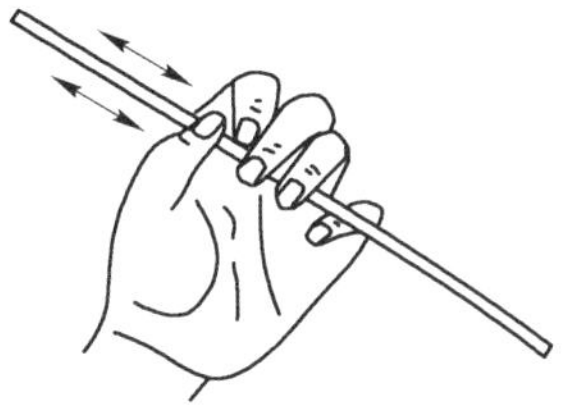

图 7-37　连续填丝操作技术

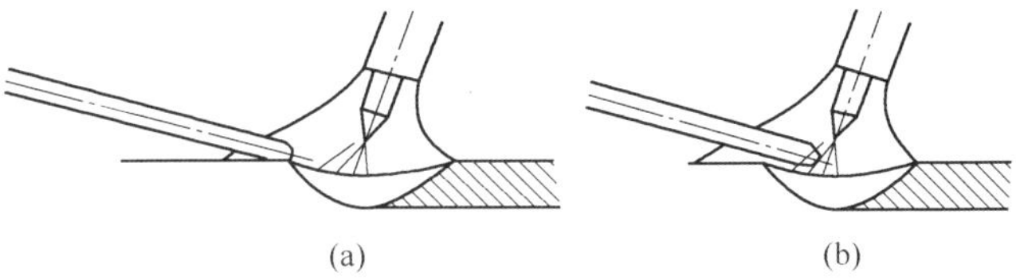

图 7-38　填丝位置的示意图
（a）正确；（b）错误

（4）收弧。一般常用的收弧法是焊接电流衰减法。熄弧时，焊接电流自动减小，氩气开关延时 10 s 左右关闭，以防止焊缝金属在高温下氧化。

（5）焊道接头。焊道接头首先要控制好收弧，其次是焊枪在停弧的地方重新引燃电弧、待熔池基本形成后，再向后压 1～2 个波纹，可不加或稍加焊丝，待充分熔化后方可转入正常焊接。

（6）操作手法。TIG 焊有左焊法和右焊法两种。一般普遍采用左焊法进行焊接。左焊法时电弧指向未焊部分，焊工能比较好地观察和控制熔池，利于焊接薄件，特别是管子对接的打底焊和易熔金属的焊接；右焊法时电弧指向已凝固的焊缝，电弧的热量利用率高，有利于减少焊缝中的气孔和夹渣，适合焊接厚度较大、熔点较高的工件。但右焊法影响焊工的视线，不便于观察和控制熔池，不利于在管道上施焊。

（二）不同位置的焊接操作要点

下面以板对接（板厚 6 mm、材质 Q235A、V 形坡口）平焊和立焊为例进行简要叙述。

1. 板试件对接平焊

（1）板试件对接平焊主要焊接工艺参数如表 7-16 所示。

表 7-16　板试件对接平焊主要焊接工艺参数

焊道分布	焊道层次	焊丝规格/mm	焊接电流/A	焊接电压/V	气体流量/L · min^{-1}
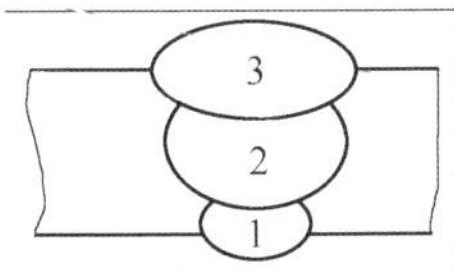	打底焊（1）	2.5	85～90	12～14	6～10
	填充焊（2）		90～100		
	盖面焊（3）		85～95		

（2）操作要点。打底焊采用左焊法，焊接角度如图 7-39 所示，填丝采用断续送丝。

起焊处在试件端部，进行充分预热，等熔池基本形成后，再进行焊接。焊接时钨极端部距离熔池高度 2 mm，并随时调整焊枪倾角，在坡口两侧稍作停留，熔池不能太大，防止熔融金属下坠。当焊接过程中断时，重新引弧的位置应重叠焊缝 5~15 mm。若发现局部有较大的间隙时，应快速向熔池添加填充焊丝，然后移动焊枪。

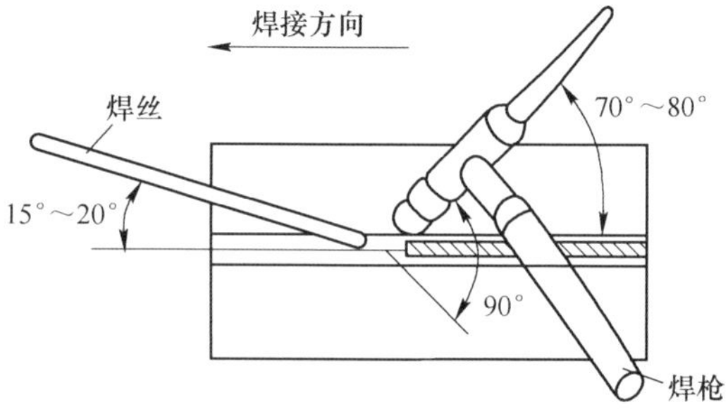

图 7-39　平焊焊枪、焊丝角度

收弧时在填满弧坑后，逐渐降低熔池温度；然后将熔池由慢变快引至前方一侧的坡口面上，以逐渐减小熔深。最后熄弧时，保持焊枪不动，延长氩气对弧坑的保护。待熔池冷却后再移开焊枪。

填充层的焊接步骤与打底焊基本相同，所不同的是焊枪的摆动幅度稍大，保证坡口两侧熔合良好。注意层间温度，当层间温度过高时，容易发生烧穿或焊瘤现象。填充层的焊道表面离试件表面应有 0. 5~1 mm 的余量，不准熔化棱边。

盖面焊焊接步骤同填充焊，但焊枪应摆动到坡口两侧将棱边熔化，控制每侧增宽 0. 5~1. 5 mm。

2. 板试件对接立焊（向上焊）

（1）板试件对接立焊（向上焊）主要焊接工艺参数如表 7-17 所示。

表 7-17　板试件对接立焊（向上焊）主要焊接工艺参数

焊道分布	焊道层次	焊丝规格/mm	焊接电流/A	焊接电压/V	气体流量/L · min^{-1}
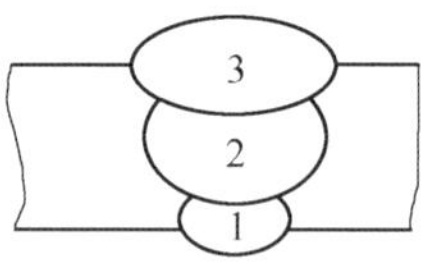	打底焊（1）	2. 5	85~90	12~14	6~10
	填充焊（2）		90~100		
	盖面焊（3）		85~95		6~8

（2）操作要点。打底焊采用立向上焊法，焊接角度如图 7-40 所示，填丝采用断续送丝。

焊接操作时，焊接方向是由下而上焊接，下端的定位焊缝处要用锉刀或角向砂轮打磨成斜坡状。焊枪在试件下端定位焊缝上引燃电弧并移至预先打磨出的斜坡处，等熔池基本形成后，再转入正常焊接。

焊接过程中随时观察熔孔大小，若发现熔孔不明显，则应暂停送丝，待出现熔孔后再送丝。为保证背面焊缝成形饱满，左手握焊丝贴着坡口均匀、有节奏地送进。

焊道接头处应重叠焊缝 5~10 mm，当焊接电弧移动到斜坡口时，稍加焊丝，待焊至斜坡端部并出现熔孔后，再转入正常焊接。

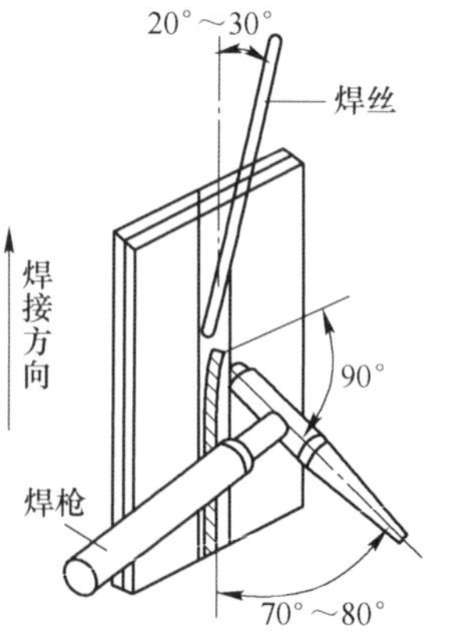

图 7-40　立焊焊枪、焊丝角度

填充层施焊时，焊丝端头轻擦打底层焊缝表面，均匀地向熔池送进。焊枪的运行轨迹应为锯齿形摆动向上移动，在摆动拐角处，电弧稍加停留，使两侧的坡口面充分熔化。填充焊道接头应注意与打底焊道接头错开，错开距离应不小于 50 mm。当填充层焊完后，焊道表面应离试板表面约 0.5～1 mm。

盖面层的焊接操作方法均与填充层相同，盖面层的焊接电流与填充层基本相同。

三、奥氏体不锈钢的焊接

不锈钢薄板的物理特性和板形直接影响焊缝质量。不锈钢薄板导热系数小，线膨胀系数较大，当焊接温度变化较快时产生的热应力大，很容易出现烧穿、咬边和波浪变形。不锈钢薄板焊接多采用平板对接焊，在相同的焊接方法和工艺参数下，采用不同形状的钨极，减少焊接接头上的热输入量，可以解决焊缝烧穿和工件变形等问题。另外，焊接奥氏体不锈钢时，一定要加强待焊部位的背面保护，如果不重视焊件背面保护或保护效果不好，焊接时焊缝背面会因氧化而发黑、发渣，影响焊件的使用性能，甚至整个焊件报废。工程上常用背面充氩保护方法，该方法的特点是保护效果稳定且成本较低。对于管道可在待焊部位内部一定范围内，利用密封性材料形成氩气室；板状材料可采用直接通氩气排开空气，也可采用不锈钢背面保护剂，焊前在待焊部位的背面涂上一层保护剂来防止焊接时被氧化。

（一）焊前准备

（1）试件材质：1Cr18Ni9Ti 不锈钢钢板；规格 300 mm×100 mm×3 mm；

（2）焊丝：型号 H08Cr19Ni10Ti 焊丝，直径 $\phi=2.5$ mm；

（3）焊接设备：交直流两用焊机，采用直流正接法；

（4）铈钨极：直径 $\phi=2.5$ mm；

（5）氩气：纯度不低于 99.99%；

（6）焊接面罩、劳保防护用品、清理工具等。

（二）试件清理和装配

检查钢板平直度，并修整，用不锈钢丝刷打磨坡口两侧正反面 20 mm 内的水、锈、油污等。装配时两试件不留间隙，始焊端定位长度约 10 mm 左右，终焊端长度 10～15 mm，要求熔透。为防止焊接变形，最好对试件进行刚性固定。试件装配示意图如图 7-41所示。

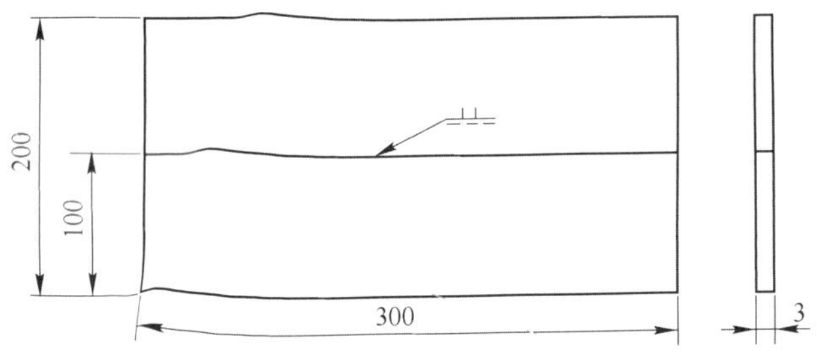

图 7-41　装配示意图

（三）确定焊接工艺参数

焊接工艺参数如表7-18 所示。

表 7-18　焊接工艺参数

焊道层次	焊丝直径/mm	钨极直径/mm	钨极伸出长度/mm	焊接电流/A	焊接电压/V	喷嘴直径/mm	气体流量/L·min^{-1}
一层	2.5	2.5	4~6	55~65	12~14	8~10	10~15

（四）焊接操作

不锈钢钨极氩弧焊焊接时，焊枪的移动有两种方式（也适用于碳钢）。

（1）摇把焊。操作者把焊枪喷嘴稍用力压在焊缝上面，手臂大幅度逆时针摇动进行焊接，喷嘴端部的运动轨迹呈锯齿形，钨棒端部的运动轨迹呈月牙形。该操作方式的优点是焊嘴始终压在焊缝上，降低了焊工的劳动强度。焊把按一定规律摆动，电弧长度和焊接速度保持稳定，焊接熔池始终处于氩气氛围的良好保护下，焊缝内部几乎无缺陷，正面的鱼鳞纹排列非常漂亮，焊缝合格率高。其缺点是有规律地大幅度摇摆对初学者来说一时难以掌握，要通过持枪反复练习才能达成。另外由于手臂摇动幅度大，有障碍处难以施焊。

（2）拖把焊。操作者把焊嘴轻轻靠近焊缝表面，手臂几乎不摆动，手腕可稍加摆动，依靠焊枪沿焊接方向行走来实现焊接。其优点是操作方法易掌握，并且对焊件厚度和焊接位置没严格的要求，适合初学者学习。缺点是焊缝的表面成形和内部质量没摇把焊接的效果好。

（3）操作要点。本实例采用第二种焊枪移动方式，焊前检查好焊接设备并调好各项焊接工艺参数，电弧引燃后先在焊接起始点进行预热，待被焊处形成熔池后，开始送入焊丝，焊接转入正常，焊丝始终跟随熔池。焊接过程中，焊丝和焊枪要始终保持合适角度，焊丝与工件表面间呈 15°~ 20°，试件与焊枪间呈 70°~85°，如图 7-42 所示。

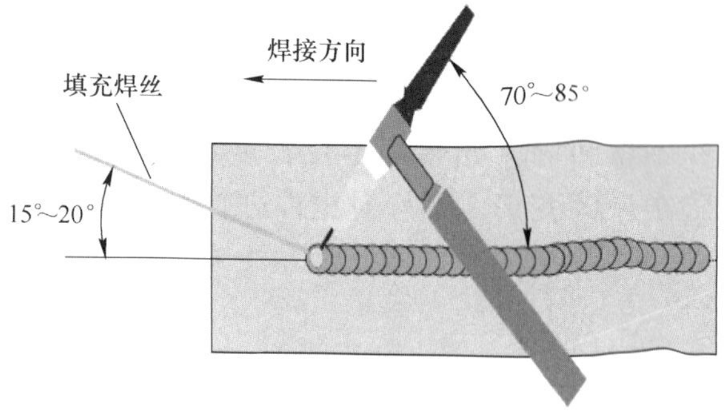

图 7-42　对接焊缝焊枪、焊枪和试件角度

在不妨碍视线前提下，尽量采用短弧焊接以增强氩气保护效果。焊丝送进频率要规律，焊接速度要平稳，焊接电弧始终处于坡口中心位置，焊枪不做左右摆动，这样可形成厚度均匀的焊缝。焊速和焊丝应根据具体情况密切配合，尽量减少接头。若中途停顿后再继续施焊时，要用电弧把原熔池的焊道重新熔化，形成新的熔池后再加焊丝并与前焊道重叠 3~5mm，在重叠处要少加焊丝，使接头处圆滑过渡。收弧时使用焊接电流衰减装功能，在焊接结束前关闭控制按钮，此时电弧继续燃烧，电流减小，焊接操作继续，直至电弧熄灭。这样既保证了焊缝端部不被烧穿，又保证了焊缝表面质量。薄板对接单面焊双面成形如图 7-43 所示。

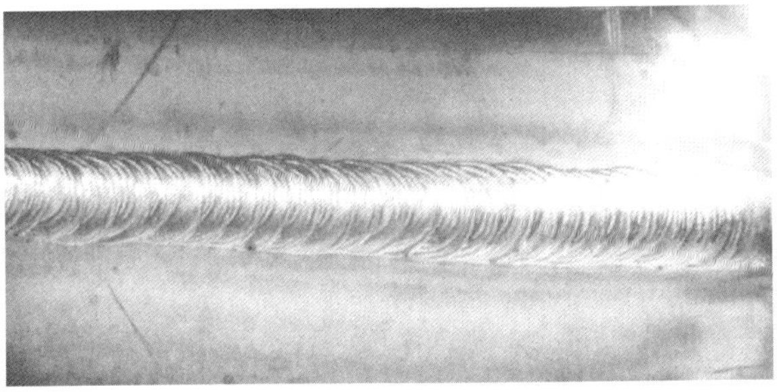

(a)

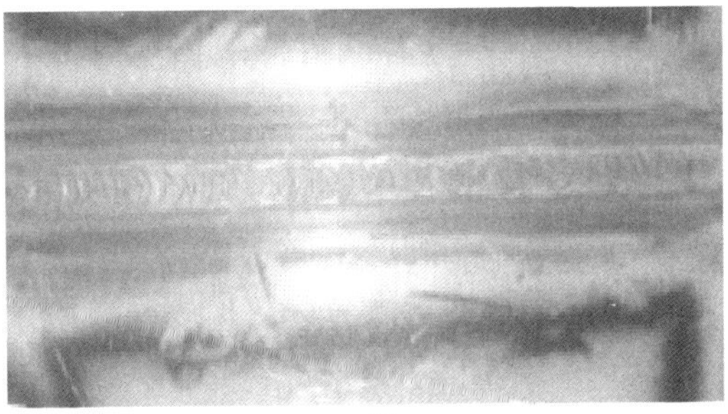

(b)

图 7-43　薄板对接单面焊双面成形

(a) 正面形状；(b) 背面形状

不锈钢手工焊接质量的好坏与操作者在焊接时对焊缝熔池的观察密不可分。当熔池变大或熔池出现塌陷时，说明被焊处受热过多，此时焊工要适当加快焊速或降低焊接电流。若当熔池出现母材和填充金属不能快速熔合时，说明被焊处受热不足，此时要放慢焊接速度或者加大焊接电流。

(五) 影响不锈钢颜色的因素

奥氏体不锈钢的焊接，由于焊接工艺参数及焊工的技术水平的原因，会导致焊后出现不同颜色的焊缝，如表 7-19 所示。

表 7-19　不锈钢焊接颜色效果

焊接材料	效　果				
不锈钢	最好	良好	较好	较差	最差
	银白	金黄	蓝	灰	黑

造成焊缝出现不同颜色的具体原因如下：

(1) 焊前坡口的清洁度。焊接前的清理必须严格按照焊接工艺规程清理。

(2) 保护气体的纯度及流量。氩气必须满足焊接不锈钢的要求，适当加大喷嘴直径和气流量加强保护效果。

(3) 焊接电流的大小。尽量采用小电流、短弧、快速焊，熄弧后待熔池完全冷却后再移开焊枪。

(4) 焊材的质量。选择符合要求的焊材。

(5) 热输入量的控制。严格控制热输入量。

四、铝合金管与管对接 V 形坡口垂直固定焊

铝及铝合金具有良好的耐蚀性，有较高的导电性，无低温脆性等优点，被广泛应用在航空、航天、电工及石油化工领域。但在铝及铝合金焊接过程中，常常会出现氧化、气孔、热裂纹、烧穿、塌陷等缺陷。为避免这类缺陷发生，下面以铝合金管与管对接 V 形坡口垂直固定焊为例，介绍其焊接方法和工艺要求。

(一) 焊前准备

(1) 试件材质。5A06 铝合金。采用车床或管子坡口机加工，加工后坡口表面应平

整，无毛刺和飞边，坡口形式一般为 V 形，无钝边，坡口角度为 60°~65°。

（2）焊丝。型号 ER5356 焊丝，直径 ϕ=2.5 mm；

（3）焊接设备。交直流两用焊机，使用交流功能；

（4）铈钨极或锆钨极。直径 ϕ=2.5 mm；

（5）氩气。纯度不低于 99.99%；

（6）焊接面罩、劳保防护用品、清理工具等。

（二）试件清理与装配

在焊接前，将铝管坡口内外 30~50 mm 范围内油污、氧化膜清除干净。用丙酮或四氯化碳等有机溶剂，去除表面油污，用化学方法或机械方法清除表面氧化膜，还可用锉削、刮削、铣削或不锈钢丝刷清除，如图 7-44（a）所示。对被污染及氧化的焊丝也同样按此类方法清理，清理好的管子坡口、焊丝等要采取有效的保护措施，避免二次污染，并尽快在 8 h 内施焊，否则应重新清理。将清理好的试件按要求进行组对，组对时两个管口之间不留间隙（这点特别重要），如图 7-44（b）所示。保证管的同心度，如果管口有错边现象，一定要校正后再装配，错边量应控制在壁厚的 0.1 倍。采用三点定位，固定焊长度约 7~8 mm，厚度约 3 mm。

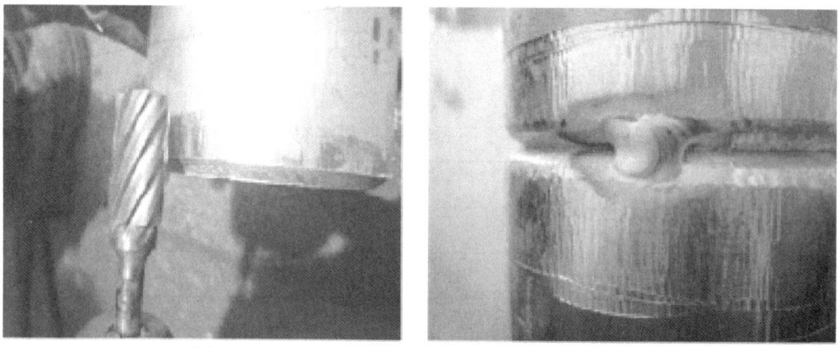

(a) (b)

图 7-44 铝合金管清理和点固

（a）清理；（b）点固

（三）确定焊接工艺参数

焊接工艺参数如表 7-20 所示。

表 7-20 铝管对接焊接工艺参数选择

焊接层次	焊丝直径 /mm	焊接电流 /A	引弧电流 /A	缓升时间 /s	清理强度 /%	交流频率 /Hz	衰减时间 /s	收弧电流 /A	延续时间 /s	喷嘴直径 /mm	氩流 /L·min^{-1}
打底	2.5	150~170	50	1~2	-30	50~60	3~4	40	10	14	20~25
盖面	2.5	110~140	50	1~2	-30	50~60	3~4	40	10	14	20~25

（四）焊接操作

（1）打底焊。打底焊接时尽量采用直径 2.5 mm 的焊丝焊接，由于熔滴小颗粒过渡，成型容易控制。

采用顺时针焊接方向，焊枪与下侧管呈 70°~80°夹角，焊枪与所焊点切线呈 75°~85°

夹角，焊丝与管子切线方向呈 20°～30°夹角。铝镁合金导热性较好，较难形成熔池，所以引燃电弧后首先对坡口进行预热，钨极端部与试件表面保持约 3 mm 的距离。形成熔池后，迅速加入适量焊丝，这时电弧不要移动，在熔池温度升起，感觉轻微下塌的时候，迅速加入焊丝向前焊接。焊丝末端在氩气保护层内，往复断续地送入熔池的 1/4～1/3 处，焊丝移出熔池时不可脱离气体保护区，送入时不可接触钨极。刚开始一段电弧移动要慢一点，防止熔池温度低出现背面焊不透，等温度升起后根据熔池形状加快行走速度。焊接速度要适中，太快则出现根部未焊透，太慢则出现根部下塌。焊丝送进时，焊丝端部始终在氩气保护区内，不可脱离氩气保护区域，每一个氧化的焊丝端头都要用钳子剪掉。

在中间接头时，电弧在接头后方 20 mm 处引燃，在对焊缝预热的过程中向接头处缓慢移动，感觉接头点开始下塌再添加焊丝正常行走。注意焊接时，焊缝温度越来越高，行走速度也要越来越快。要保证打底焊缝边线平直、宽度相等，比母材表面低 2 mm 左右，这样才能保证盖面整齐，成形美观，焊缝根部如图 7-45 所示。

打底焊道焊完后，应认真采用合金锉刀清理焊道表面的氧化膜和气孔，为盖面焊创造条件。

(a)

(b)

图 7-45　焊缝根部成形

（a）焊缝正面成形；（b）焊缝背面成形

（2）盖面焊接。盖面焊接时，引燃电弧预热打底焊道，形成熔池后送入焊丝，由于起头点温度低，所以摆动和行走速度要慢。待温度升起后，焊丝送到焊道上端，电弧由上至下，斜椭圆或者斜锯齿形摆动铺开铁水形成焊道，防止下坠。控制熔池宽窄要均匀一致，电弧摆动要有节奏，铁水少送勤送，保持好焊枪角度，保证盖面焊道成型美观。同时要注意，随着铝管温度的升高，会感觉电流增大，容易出现熔池下坠和上部咬边现象。盖面焊缝焊至重叠处时要超过起点约 10 mm，并往熔池中再快速添加一两滴铝液，焊丝添加量要适当，以免接头处焊缝过高。然后将焊枪移离焊缝中心，利用电流衰减装置，逐渐减小电流，在焊缝的一侧熄弧，熄弧后不要移走焊枪，待焊缝冷却凝固后，再抬起焊枪，这样能有效地防止气孔及缩孔的产生，焊缝正面外观形状如图 7-46 所示。

注意环形焊缝焊接时，焊工站位非常关键，会影响焊工视线、焊枪角度、焊丝送进角度，从而影响焊缝成形和内部质量。同时注意焊机清理强度的设置，清理强度参数过大，会造成熔池熔宽大，下坠严重；太小，则清理不干净，焊道发黑。

由于工艺参数和操作者技术水平的原因，铝合金焊后也会出现不同的焊缝色泽，如表 7-21 所示。

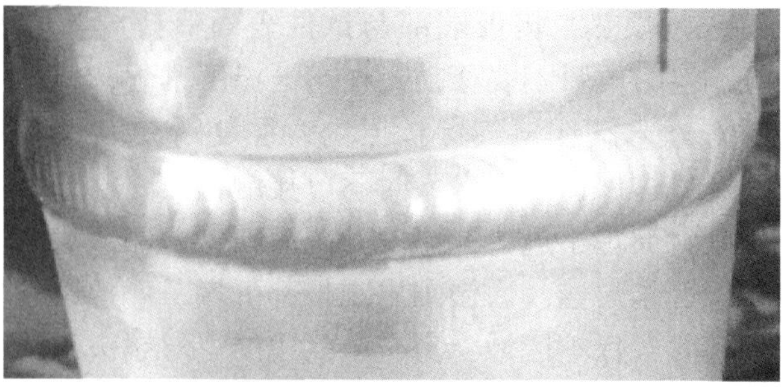

图 7-46　焊缝正面外观成形

表 7-21　铝及铝合金焊缝表面色泽

焊缝色泽	银白有光泽	白色无光泽	灰白色无光泽	灰黑无光泽
保护效果	最好	较好	差	最差

五、钛合金焊接

TA7(Ti-5A1-2.5Sn) 是目前使用最广泛的一种钛合金，具有较好的高温强度和高温抗蠕变性能，组织稳定，耐蚀性好，焊接性好，可进行各种结构形式的焊接，焊接接头强度和塑性可与基体金属相等，是航空发动机的理想材料。

（一）焊前准备

（1）试件材质。TA7 钛合金，$\delta=8$ mm；试件开钝边 V 形坡口，坡口角度为 60°~70°。

（2）焊丝。钛板焊接时原则上应选择与基本金属成分相同的钛丝，但 TA7 板焊接为了提高焊缝金属的塑性，经常采用纯钛焊丝。同时要保证焊丝中的杂质含量应比母材金属低，直径 $\phi=2.0$ mm。

（3）焊接设备。交直流两用焊机，采用直流正接法。

（4）铈钨极。直径 $\phi=2.5$ mm。

（5）氩气。纯度不低于 99.999%。

（6）焊接面罩、劳保防护用品、清理工具等。

（二）焊件清理与装配

钛合金焊接接头的质量在很大程度上取决于焊件和焊丝的表面质量，焊前必须进行严格清理，当清理不彻底时会在焊件和焊丝表面形成吸气层，并导致焊接接头形成裂纹和气孔，对焊接接头的力学性能带来很大影响。钛板及钛焊丝可采用机械清理及化学清理两种方法。

（1）机械清理：焊前用细纱布或不锈钢丝刷擦拭焊件和焊丝，最好是用硬质合金刮刀刮削钛板待焊区边缘，刮深 0.025 mm 去除表面氧化膜。如果焊前经过热加工或在无保护气体的情况下热处理的工件，需要进行喷丸或喷砂处理清除焊接区的污物和氧化皮等，然后进行化学清理。

（2）化学清理：热轧后未经酸洗的钛板氧化膜较厚，应将焊件及焊丝先进行碱洗再进行酸洗（如表 7-22 和表 7-23 所示）；热轧后已经酸洗但由于存放较久又生成新的氧化膜的钛板，可直接进行酸洗（如表 7-24 所示）。酸洗后的焊件、焊丝应在 4 h 内焊完，否则要重新酸洗，焊丝放在温度为 150～200 ℃的烘箱内保存，随取随用，取焊丝要戴洁净的白手套，以免污染焊丝。

表 7-22　钛合金 TA7 的碱洗溶液配方

碱洗溶液配方	碱洗工艺
烧碱 70%～80%、碳酸氢钠 10%～20%的浓碱水溶液	溶液温度 40～50 ℃；浸泡时间 10～15 min；碱洗后冲洗，进行酸洗

表 7-23　钛合金 TA7 的酸洗溶液配方（一）

酸洗溶液配方	酸洗工艺
每升溶液中，硝酸 50～60 mL，盐酸 340～350 mL，氢氟酸 5 mL	室温下浸泡；浸泡时间 10～15 min，酸洗后清水冲洗，烘干

表 7-24　钛合金 TA7 的酸洗溶液配方（二）

酸洗溶液配方	酸洗工艺
氢氟酸 2%～4%，硝酸 30%～40%的水溶液	室温下浸泡；浸泡时间 15～20 min；酸洗后清水冲洗，烘干

为了使焊接过程顺利进行，同时减少焊接变形，焊前必须进行定位焊，要求焊缝间隙留 1～2 mm，定位焊间距为 100～150 mm，长度为 10～15 mm。定位焊所用的焊丝、焊接工艺参数及气体保护条件应与正式焊接时相同。

（三）确定焊接工艺参数

焊接工艺参数如表 7-25 所示。

表 7-25　TA7 钨极氩弧焊工艺参数

钨极直径/mm	焊丝直径/mm	焊接电流/A		氩气流量/L·min^{-1}				喷嘴孔径/mm
		根部	2 层	盖面	主喷嘴	拖罩	背面	
2.5	2.0	100	115	125	15	24	12	18

（四）焊接操作

钨极氩弧焊焊接钛合金时，无论是正面和背面都要做好保护。焊接时采用左焊法，焊枪基本不做横向摆动，当需要摆动时，频率要低，摆幅不宜过大。焊接钛合金宜采用较小的热输入，如果热输入过大会使焊接接头表面呈现出深蓝、暗灰色，接头氧化严重。同时出现力学性能弯曲试验不合格的现象，说明焊接接头塑性显著降低，达不到技术要求。焊接时喷嘴与焊件的距离一般为 6～10 mm，焊丝与焊件间应尽量保持最小的夹角（10°～15°），焊丝沿熔池前端有节奏地送入熔池，不得将焊丝端部移出氩气保护区。焊接速度控制在确保 350 ℃以上的焊件高温区能处在氩气的保护之下，氩气流量以达到良好的焊缝表面色泽为准。过大的流量不易形成稳定的层流，并增大焊缝的冷却速度，使焊缝表面层出现较多的α相，以至引起微裂纹。拖罩中的氩气流量不足时，焊缝呈现出不同的氧化色泽；而流量过大时，将对主喷嘴的气流产生干扰作用。焊缝背面的氩气流量也不能太大，否则会影响到正面第一层焊缝的气体保护效果。按以上参数施焊，焊缝表面呈银白、浅黄色，说明保护效果良好。

任务七　脉冲钨极氩弧焊

一、脉冲钨极氩弧焊原理

焊接时，脉冲电流产生的大而明亮的脉冲电弧和基值电流产生的小而暗淡的基值电弧交替作用在焊件上。当每一次脉冲电流通过时，焊件上就形成一个点状熔池，待脉冲电流停歇后，由于热量减少，点状熔池结晶形成一个焊点。这时由基值电流来维持电弧燃烧，以便下一次脉冲电流来临时，脉冲电弧能可靠而稳定地复燃。如此循环，最后形成一条呈鱼鳞纹形的，由许多焊点连续搭接而成的链状焊缝如图 7-47 所示。

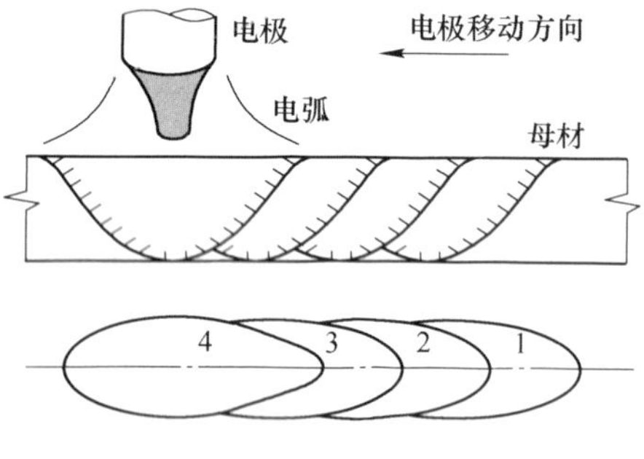

图 7-47　脉冲焊缝成形示意图

1~4—焊点

脉冲 TIG 焊和普通 TIG 焊的主要区别在于它采用低频调制的直流或交流脉冲电流加热工件。焊接电流的波形如图 7-48 所示。电流幅值（或交流电流的有效值）按一定频率周期地变化。只要合理地调节脉冲间隙时间 t_j 和适当的焊枪移动速度，保证相邻两焊点之间有一定相互重叠量，就可获得一条连续致密的焊缝。焊接时，通过对脉冲波形、脉冲电流的幅值、基值电流的大小、脉冲电流持续时间和基值电流持续时间的调节，就可以对焊接热输入进行控制，从而控制焊缝及热影响区的尺寸和质量。

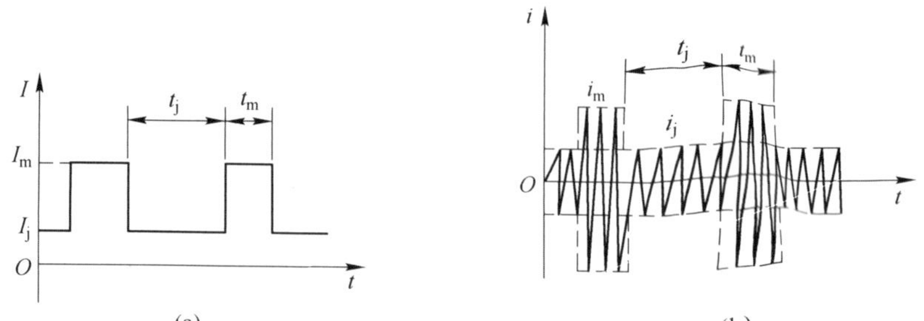

图 7-48　钨极脉冲氩弧焊电流波形

（a）直流脉冲电流波形；（b）交流脉冲电流波形

I_m—直流脉冲电流；I_j—直流基值电流；i_m—交流脉冲电流幅值；

i_j—交流基值电流幅值；t_m—脉冲电流持续时间；t_j—基值电流持续时间

二、脉冲 TIG 焊特点

（1）接头质量好。

（2）能有效地控制焊接热输入和接头金属的高温停留时间，减小了焊缝和热影响区金属过热，减少焊接变形与应力。

（3）扩大了氩弧焊的使用范围。

（4）可焊板厚范围广。可焊接 TIG 焊不能焊接的薄板构件，用它焊接小于 0.1 mm 薄钢板能获得满意结果。

（5）适用于全位置焊。

（6）可用较小的平均电流值进行焊接，减小了熔池体积，并且熔滴过渡和熔池金属加热是间歇性的，更易进行全位置焊接。

三、脉冲 TIG 焊的焊接参数

脉冲 TIG 焊的焊接工艺参数除普通 TIG 焊的参数外，还有脉冲电流、基值电流、脉冲持续时间、基值电流持续时间、脉冲频率等。

（1）脉冲电流和脉冲持续时间。决定焊缝成形尺寸的主要参数。脉冲电流大，脉冲持续时间长，焊缝的熔深和熔宽增加，其中脉冲电流的作用比脉冲持续时间大。

（2）基值电流。一般选用较小的基值电流，只要能维持电弧的稳定燃烧即可。改变基值电流可调节工件的预热和熔池的冷却速度。

习　题

一、填空题

1. 钨极惰性气体保护焊简称________焊，具有________和________等优点。
2. 直流正极性法 TIG 焊焊接时________接焊接电源正极，________接电源负极。
3. 交流 TIG 焊法中存在________作用，有利于除去镁、铝及其合金表面氧化膜。
4. TIG 焊设备按操作方式可分________ TIG 焊设备和________ TIG 焊设备。
5. TIG 焊所用电极有________、________和________。
6. TIG 焊的焊接工艺参数有________、________、________等。
7. TIG 焊操作技术中，引弧方式有________和________。
8. TIG 焊操作手法有________、________两种。一般普遍采用________进行焊接。
9. TIG 焊工作现场要有良好的________装置，以排出有害气体及烟尘。焊接时尽可能采用放射剂量极低的________电极。尽量不要使用________作为稳弧装置，减少高频电作用时间。
10. 手工钨极氩弧焊的焊枪运行基本动作包括沿________的送进、沿焊缝轴线方向________和________三种。
11. 焊接设备的焊前检查工作大体可分为检查水路、________、________、________和焊后检查等方面。

二、选择题

1.（　　）TIG 焊，其阴极破碎作用效果最好。

A. 交流　B. 直流正极性　C. 直流反极性　D. 交流正极

2. 交流 TIG 焊过程中，直流分量的存在会使阴极破碎作用（　　）。

A. 减弱　B. 增强　C. 无影响　D. 恶化

3. TIG 焊应根据（　　）选择电源种类与极性。

A. 钨极　B. 工件厚度　C. 焊丝　D. 被焊材料种类

4. TIG 焊引弧前应提前（　　）s 送气。

A. 2~3　B. 3~4　C. 5　D. 5~10

5. TIG 焊铝及铝合金，焊缝两侧出现一条（　　）条纹，则保护效果最好。

A. 淡黄色　B. 蓝色　C. 亮白色　D. 黑色

6. 钨极氩弧焊的接头形式有对接、搭接、角接、T 形接和端接五种基本类型。其中（　　）接头仅在薄板焊接时采用。

A. 对接　B. 角接　C. T 形接　D. 端接

7. 钨极氩弧焊填充焊道接头应注意与打底焊道的接头错开；填充层的焊道表面离试件表面应有（　　）mm 的余量，不准熔化棱边。

A. 0~0.5　B. 0.5~1　C. 1~2　D. 2~3

三、判断题（正确的画"√"，错误的画"×"）

1. TIG 焊由于使用的焊接电流较大，所以生产率高。（　　）
2. TIG 焊由于使用的是非熔化电极，所以焊接过程中容易维持焊接电弧的恒定。（　　）
3. 除焊接铝、镁及其合金外，TIG 焊一般都采用直流正极性。（　　）
4. TIG 焊采用气冷式焊枪时，使用焊接电流最大不超过 100 A。（　　）
5. TIG 焊的电极材料对焊接电弧的稳定性和焊接质量无影响。（　　）
6. TIG 焊因使用惰性气体作为保护气，所以焊前可不必清理焊件与焊丝。（　　）
7. 当进行端接和角接焊缝焊接时，空气不容易沿着焊件表面向上侵入熔池，破坏气体保护层，引起焊缝氧化。（　　）
8. 与电阻点焊相比，TIG 点焊有设备费用低、耗电少、施加的压力小、焊接速度高、更易于焊接厚度相差悬殊的焊件等优点。（　　）
9. TIG 焊机其安装工作应由熟悉该焊机的电工和焊工配合完成。电工负责焊接电源及控制箱的电气接线，焊工则负责供水、供气系统及焊炬的安装。（　　）

四、简答题

1. 简述 TIG 焊的电流种类、极性及适用范围。
2. 简述交流 TIG 焊焊接时存在的问题及解决方法。
3. 简述氩弧焊设备的安装、保养和常见故障的排除。
4. 简述 TIG 焊工艺参数及选择。
5. 简述 TIG 焊氩气保护效果的判定方法。
6. 以板试件对接平焊为例，简述其焊接操作要点。

参考文献

[1] 陈祝年．焊接工程师手册［M］．北京：机械工业出版社，2010.
[2] 生利英，王文山．焊接方法与操作技术［M］．北京：机械工业出版社，2019.
[3] 张光先，等．逆变焊机原理与设计［M］．北京：机械工业出版社，2008.
[4] 宋金虎．焊接方法与设备［M］．大连：大连理工大学出版社，2022.
[5] 邱霞菲．焊接方法与工艺［M］．北京：机械工业出版社，2021.
[6] 侯勇．焊条电弧焊［M］．北京：机械工业出版社，2020.
[7] 罗诚．最新焊接和切割新技术、新工艺与应用技术标准实用手册［M］．北京：中国科技文化出版社，2006.
[8] 中国机械工程学会焊接学会．焊接手册［M］．北京：中国机械工业出版社，2008.
[9] 中国就业培训技术指导中心．焊工［M］．北京：中国劳动社会保障出版社，2015.
[10] 雷世明．焊接方法与设备［M］．北京：机械工业出版社，2017.
[11] 杨跃．典型焊接接头电弧焊实作［M］．北京：机械工业出版社，2019.